# 生理心理学

邵 郊 编著

人民教育出版社

·北京·

**图书在版编目（CIP）数据**

生理心理学/邵郊编著. —北京：人民教育出版社，1999
ISBN 978 – 7 – 107 – 13500 – 2

Ⅰ. 生… Ⅱ. 邵… Ⅲ. 生理心理学 Ⅳ. B845

中国版本图书馆 CIP 数据核字（1999）第 75197 号

人民教育出版社 出版发行

网址：http://www.pep.com.cn
北京天宇星印刷厂印装　全国新华书店经销
1999 年 12 月第 2 版　2013 年 5 月第 13 次印刷
开本：890 毫米 × 1 240 毫米　1/32　印张：17.5
字数：474 千字　印数：34 001 ~ 37 000 册
定价：24.30 元

如发现印、装质量问题，影响阅读，请与本社出版科联系调换。
（联系地址：北京市海淀区中关村南大街 17 号院 1 号楼　邮编：100081）

# 前　　言

　　生理心理学是研究行为和心理过程的生理基础的科学，现已定为高等学校心理学专业学生的必修课。近年来，国内学习心理专业的本科生和研究生，以及其他专业要求学习心理学课程的人数逐渐增加，对于生理心理学教科书的需要甚为迫切。因此编者在多年来教学和研究的基础上，参阅了国外出版的十几本生理心理学的教科书，编写成这一本供心理学专业的学生学习的教材。

　　估计大多数心理学专业的学生未必系统地学习过神经解剖和生理学。如缺乏这方面的基础知识，学习生理心理学将有困难。所以本书的第二、三章简单地介绍了必要的神经解剖和生理学的知识。以后的几章基本上是按照心理学的系统来讲述的：如感知觉的信息的神经加工过程（第四、五章），运动反应的控制机制的原理（第六章），维持生存的几种主要活动的内驱力的生理基础（第七、八、九和十章），学习和记忆——行为改变的神经基础（第十一章），语言和认知功能——高级心理过程的脑结构（第十二章）。

　　由于这门科学正在迅速发展，不断有新的发现和新的认识，而编者囿于信息渠道的偏僻或成见，自然不免有疏漏和过时的见解，希望读者发现后及时予以补充和纠正。

　　本书手稿的抄写工作由严康慧、王立华和周茵完成。绘图皆由严康慧完成。在此谨向她们致以衷心的感谢。

# 目 录

前言
第一章　绪论 …………………………………………… 1
第二章　行为和心理的神经解剖学基础：神经系统的
　　　　宏观和微观、发生和发育 ……………………… 31
第三章　动物有机体内部的信息传递和加工的基本过程
　　　　………………………………………………… 89
第四章　感觉的基本过程 ………………………………… 143
第五章　知觉的加工过程 ………………………………… 184
第六章　运动系统的功能和组织 ………………………… 234
第七章　生殖行为 ………………………………………… 275
第八章　摄食和饮水行为 ………………………………… 313
第九章　睡眠和觉醒 ……………………………………… 355
第十章　情绪和精神失常 ………………………………… 393
第十一章　学习和记忆 …………………………………… 430
第十二章　高级心理过程的脑基础 ……………………… 507

参考文献 …………………………………………………… 552

目 録

# 第一章 绪 论

生理心理学的要旨
生理心理学的基本观点
生理心理学研究的途径和原则
    临床病例的研究
    实验室内的研究
        一、动物实验和问题
        二、动物实验的方法范例
生理心理学研究的技术和方法
    神经解剖学的技术
        一、组织学的方法
        二、追踪神经通路
    活脑的研究方法
        一、计算机轴断层摄像术（CAT）
        二、正电子放射层描术（PET）
        三、核磁共振扫描（NMR-S）
    电子显微镜的应用
    实体定位脑手术
        一、脑图谱
        二、立体定位仪
    脑损毁术
        一、吸出法
        二、热烙
        三、电损毁法
        四、药物损毁法
    脑损伤后的行为后果的评定问题
    脑电的记录
        一、记录的原理和方法
        二、记录的电极
        三、记录设备
    在行为研究中脑电记录的应用
        一、研究感觉刺激引起的脑电变化
        二、研究与行为变化有关的脑电位变化
        三、研究有关学习的脑电位和神经元的放电模式
        四、研究与短时记忆有关的神经元的活动
    脑的电刺激
        一、探索神经联系
        二、探察各脑区的重要功能

化学技术
    一、微离子透入法
    二、免疫学的技术
    三、药物的应用
    四、放射性示踪物的应用

行为的研究
    一、数量化的记录
    二、行为性质的观察和分析
结　论

## 生理心理学的要旨

　　生理心理学是研究心理现象的生理和生物基础的科学。这是一门涉及面很广的科学。它和心理学、生理学、解剖学、生物化学、内分泌学、神经病学、精神病学、遗传学、动物学以及哲学都有密切关系。

　　现代生理心理学研究的问题范围很广，比较集中的和系统的研究有：行为的动机和情绪，睡眠和觉醒，学习和记忆，语言和思维的心理过程，感觉和知觉过程，以及心理障碍等问题的生理机制。这些方面的研究成果构成了本学科的主要内容。学习这门科学不仅是深入理解和探讨人类本身的行为和种种心理现象产生的心理机制及其生物根源，而且也会给诊断和治疗各种心理缺陷和精神障碍提供基础知识。实际上，研究生理心理学的巨大动力和这门科学的生命力，就在于研究者们对人类自身是如何工作的这个问题有寻根究底的精神。

## 生理心理学的基本观点

　　古代我国有许多思想家曾认为，我们的一切思想和言行皆来源于心脏，所谓"心之官则思"。这是错误的。西方古代的哲学家也有持此论者，但流行的时间没有像我国的长远。近世的科学家和一般群众都已正确地认识到我们是用脑思维的。至于脑是如何工作的，感觉、知觉、情绪和意识这样一些心理现象是如何产生的，则仍是科学家们孜孜不倦地在研究着的问题。在这里涉及到一个在哲学上称为精神和物质的关系的问题，或更具体地叫做"心"和脑的问题。这是自古以来，属于哲学家们争论的问题，并因此而产生了唯心论与唯物论之分。古代和近代哲学家们的思想对现代的科学家们并非全无影响，不过这种影响常常是和他们的专业知识融合在一起的，形成了他们对某一问题的不同的观点。

例如，对于心理现象和脑的物质活动的关系这样一个问题，在心理学家和神经生理学家之中，都存在着不同的观点。有的主张心和身是两个分别的系统的称为二元论者，其中有人认为心理过程和脑的生理过程永远是平行的，心理事件和脑内的生理事件虽然常常是相关的，但它们之间并不存在因果关系。这种观点称为心身平行论；也有人认为心是一个世界，身是一个世界，在这两个世界之间可以发生交互的作用，这叫做交互作用的二元论。另一派称为一元论者，认为心和物基本上是一个系统的两个方面。他们说，心理过程和脑的生理过程是同时的。其中有人主张心理是神经细胞组织的"层出"特性。正如水是氢和氧原子化合的特性一样，它既不是氢的特性也不是氧的特性，而是在两者化合后的层面上出现的特性。

我们认为这种"层出"的观点基本上是可取的。按照这一观点，我们认为一切心理过程都是脑细胞的有组织的整体活动。因此在生理心理学的研究中，例如在研究学习和记忆的神经基础时，去考察在学习过程中脑的某些部位的单个神经元放电模式的变化，突触的生长和细胞的分子水平的变化固然是重要的，但不能忘记整体活动的概念。因为我们不是用一个细胞记忆一件事情的，在单个细胞中不可能找到哪怕是一个词的记忆痕迹，所以必须从整体活动的角度分析和综合这类研究的成果。而更重要的还应该是对完整的脑的活动进行系统的行为研究。

脑组织的整体活动的观点并不忽视整个神经系统活动的组织等级（或水平）关系。最基层的组织是在突触的受体部分，最高层的组织是在大脑皮质。中间有各种层次（见表1-1）。心理活动发生在神经系统的最高级部位，即大脑两半球，特别是它的皮质部位。低级部分的神经活动虽然都可能是心理活动的组成部分,但是在达不到大脑的水平时，往往是不能被意识到的。

表 1-1　神经系统的组织水平

| 水　平 | 例　子 |
| --- | --- |
| 整体器官 | 脑，脊髓 |
| 重要部位 | 大脑皮质，小脑 |
| 区　域 | 运动皮质，视觉皮质 |
| 基本过程单位 | 神经元线路 |
| 神经细胞 | 两百种以上的神经元（如锥体细胞、浦肯野（Purkinje）氏细胞等） |
| 神经元间的机能连接 | 化学突触 |
| 神经细胞膜的机能部位 | 突触的受体部位 |

# 生理心理学研究的途径和原则

## 临床病例的研究

病毒、战争和意外的事故都会伤及人脑，造成许多脑损伤的病例，并且给治疗和护理提出很多迫切需要解决的问题。生理心理学家，特别是被称为神经心理学家的研究者们集中注意的是局部脑损伤对行为和心理能力的影响。这是关于人脑各部分功能的知识的直接来源。早在19世纪，神经病学家就已看到脑的不同部分的局部损伤所产生的某些行为变化。

意外的事故有时会给人带来意外的发现。在认识脑的部分功能的历史上，有过一个非常著名的事件。1848年9月13日下午四点半，在美国佛蒙特州的一个名叫加文狄希的小镇附近，有一组铁路工人在修筑从拉特兰到柏林敦的一段路基。工头叫樊尼斯·

盖齐(Phineas Gage)。在他用一根三英尺\*半长、重13磅\*\*的铁钎子捣岩石炮眼中的火药时，钎子撞到石头上，迸出的火星点燃了火药，火药的爆炸崩飞了钎子，钎子从他的左眼下边穿入，从额顶穿出，又飞出去50码\*\*\*远。他倒在地上，手脚痉挛。但是在几分钟之内，他奇迹般地恢复了意识，而且能够说话。工人们把他抬到一辆牛车上，他坐在车上，经过0.75公里到达小镇上的一个旅店里，他不用人帮助，自己从车上下来并登上一段长长的楼梯走进了一个房间。这时才把头上流着血的大伤口包扎起来，等待医生的到来。不久来了小镇上的两位医生，检查了他的伤口。他们都不敢相信他还能活。然而，就在当晚十点钟的时候，他的伤口还在流血，他却很有理智地说，他并不需要朋友们来看他，因为过一两天他就可以回去工作了。几天以后伤口受到感染而发炎，开始出现贫血和昏迷。医生用甘汞、大黄和海狸香给他治疗，病情慢慢好转。三个星期后，他要穿他的裤子，并急于要起床。到了十一月中他就在小镇上游荡了，并开始计划他的将来。奇怪的是，他的性格和脾气完全变了。在受伤以前，他是一个和善可爱的人。现在他变得粗暴无礼、固执，不能容忍别人的不同意见，而且反复无常，优柔寡断。总之，他不再是以前那个樊尼斯·盖齐了。但是，这个意外的事故却使研究脑功能的学者们看到了因脑的局部受伤而导致行为之改变的病例。

在生理心理学中，有关人脑功能的知识多数来自对各种脑损伤病人的心理现象的临床观察，例如对治疗精神病和癫痫病所做的脑外科手术的效果的观察，进行脑外科手术时用电流直接刺激大脑皮质或深部的局部区域所得到的病人的口头报告和行为反应。从这类全凭偶然的机会得到的知识的累积、整理和分析中，获得了推测脑的各部分功能的根据。然而，等待特殊的机会是费时间的，也是难得的。更何况如此收集的资料缺乏科学研究所要求

---

\*　1英尺≈0.30米。
\*\*　1磅≈0.45公斤。
\*\*\*　1码≈0.91米。

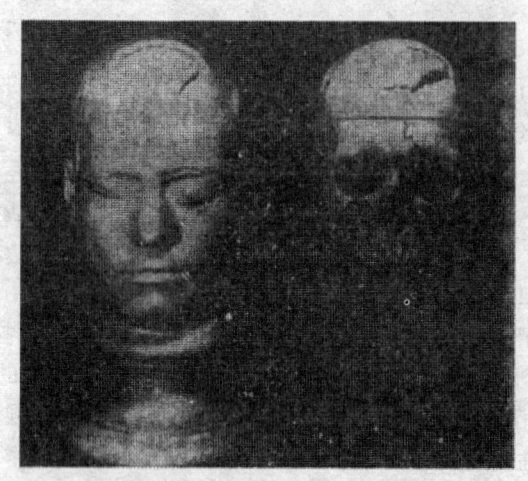

图 1-1 盖齐受伤的颅骨

左边是复原后的样子

图 1-2 穿过盖齐头颅的铁钎

现陈列在哈佛大学医学院的博物馆中

的系统性和来源的一致性。例如,可能有许多颞叶皮质受伤的病人,他们会有不同的症状。损伤的确切部位和范围也可能是很不相同的,要想从这些不同的症状中准确地判断颞叶某一部分的功能很不容易。因此,利用适当的动物进行系统的和严格控制条件的实验研究就成了必要的补充手段。当然,研究动物行为的脑机制本身也有它的重要意义。

# 实验室内的研究

**一、动物实验和问题** 研究生理心理学的最终目的虽然是为了阐明人的行为和心理活动的脑基础，但是在实际的实验研究中大都利用动物标本。用人做的实验比较少，而且只能在不损害脑和身体的外科手术或药物的有限条件下进行。因此，在生理心理学的教科书中引用大量的动物实验材料就无可厚非了。

在生理心理学的实验中最常用的动物有大鼠、豚鼠、猫、猴和黑猩猩。其他的如鸽、鸡和鱼，甚至更低等的爬行动物，诸如两栖动物和无脊椎动物（如海兔和章鱼等），由于它们有某种特殊行为或因它们的神经系统的某种特点或简单性，因而也常被利用。

应当指出，这些动物在系统发展的等级上有的和人类较为接近（如猴和黑猩猩），有的则距离人类甚远。它们的神经系统的结构是很不相同的。虽然神经生理学家至今并未发现神经组织的基本单位——神经元工作的原理，在各种类型的神经系统中有任何本质的不同，但是在神经元构成的脑中枢的水平上，在这些种类的动物中是有巨大差异的。就是在系统等级上接近的动物中，它们的某些同名的脑中枢在神经元线路的连接和功能上也不尽相同。原因是每种动物都有其特殊的生存条件和相应的适应行为，这就需要脑的特别的控制机制。例如，人和黑猩猩都有发达的大脑皮质。但在人类的生活中需要用语言彼此传达复杂的信息，黑猩猩的生活则不需要这样。因此在人类的大脑皮质中就演化出特别的为学习语言用的神经元线路，这种线路的构成不仅使人类有了学习语言的能力，而且也使大脑皮质整体的功能更加完善，甚至可以说有了质的不同。

因此，在利用各种动物做实验时，应该有比较的观点。从比较和分析各种动物实验的结果中发现一般的规律和鉴别那些属于个别物种的特殊性质。

不幸的是，一个人不大可能用多种动物进行研究，如果没有别的目的，大都从经济和易得的角度选择实验动物，并且强调了动物和人在某些方面的大同小异。于是大白鼠成了生理心理学实验中的明星。因此，有必要提请学生们注意，在生理心理学的教科书中，当说明某种心理能力（如学习和记忆）的脑机制时，虽然不可避免地要引用大量的大鼠实验，但是并没有一个人单凭大鼠实验的结果做出直接应用于人类的结论。这种情况往往使学生感到失望。但是要知道，科学是靠综合大量的确凿事实而从中发现真理的，我们不能急于根据片面材料去下靠不住的结论。

为了进行系统的比较，和从事心理学的生理和生物基础的研究，有四方面的工作要结合：（一）动物行为的结构模式和功能；（二）行为的演化；（三）行为的个体发生和发育；（四）行为的生理机制。这四方面的工作合起来成为一个完整的心理生物学（Psychobiology）。而在一般的以生理心理学命名的教科书中，则是把重点放在行为的生理机制方面，当然，也不能不涉及其他三个方面的知识。

## 二、动物实验的方法范例

具体的实验方法因研究的具体问题的不同而各异。所需要的技术也是如此，一般地说，一切先进的、物理的、化学的、生理的、行为学的和组织学的技术都可能被利用。

例如，用电生理学的方法检验脑的各个部分在工作时的电信号——电位的变化；用化学的方法鉴别脑内各条神经通路中的物质代谢和功能的关系；用测验行为的方法观察局部脑手术或药物的使用产生的行为变化；最后是对手术后的脑进行组织的检查。

生理心理学实验研究一般地说有两种方式：其一，以对脑或整体施加的各种干涉（如脑的局部破坏、电刺激、化学刺激、血液中激素水平的控制，以及外界的各种刺激）作为自变量，以行为的变化作为因变量，来探索它们之间的因果关系；其二，以控制行为（如束缚、隔离、挑斗和训练某种技能）作为自变量，以脑内或体内的物质变化（包括神经组织的物质代谢、生长和体内激素水平的变化等）作为因变量，观察它们之间的因果关系。

前一种方式例如，给某些动物注射激素，另一些动物不注射，然后比较这两组动物在同样情境中的行为；再如，切断两个神经中枢之间的连接后测验行为的变化。

后一种方式例如，将两个异性动物放在一起，过一定时间测量它们的某些激素的分泌是否增加；在给动物或人以视觉刺激时，记录它们脑的某些部分的电活动或血流量；在动物经过某种训练之后，测量它的脑的各个部分的电生理的、生化的和解剖的变化等等。

总之，两种方式的研究都是在探索脑和行为的关系，寻找脑或身体的某种变化和一定的行为改变的相关。例如，脑的某一部分的损伤和记忆的丧失是否有明显的相关；一个动物的生殖活动是否于某种激素的释放有显著相关……诸如此类的问题不胜枚举。

值得注意的是，一旦发现了两个变量在统计学上的相关，并不能立刻肯定两者之间的因果关系。因为，第一，假定即使有因果关系，统计学上的相关在某些事例中也并不能直接揭示关系的方向，即不能肯定何者为因，何者为果。例如，性激素的水平和性行为的关系，需要多因素的分析才能判断它们的因果关系。第二，两个变量的相关可能取决于第三个因子。相关只表示变量之间有某种联系——直接的或间接的。为此研究者们就要提出一种假说，然后用操纵各种可能因子的技术来检验它。

须知有许多控制的实验是纯属探索性质的，即假若如此，会发生什么？探索的实验和详细的描述工作是从事研究的第一步。而要获得透彻的知识，则必须先提出解释现象的假说，并设计实验检验它。通不过检验的假说必须放弃，然后提出和检验其他的假说。当假说通过实验的检验之后，研究者可以提出更深入的假说并验证。科学家们用这种一步一个脚印的做法，可以逐渐地达到对任何科学问题（包括行为和脑的关系）的比较充分的理解。

现在我们对脑和行为（生理和心理）的关系有一个概括的认识，这两者之间有交互作用。用任何手段干涉脑的活动必然产生行为的变化，反之，用任何手段操纵行为也必然会引起脑内的变化。学生们将通过对本课程的学习更清楚地认识这个关系。

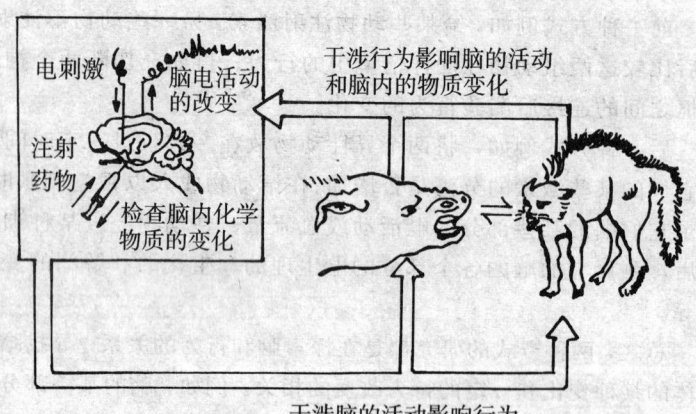

图 1-3 研究脑内过程和行为之间的关系的示意图

# 生理心理学研究的技术和方法

生理心理学的研究涉及到许多专业（其中有生理学、神经解剖学、生物化学、心理学、内分泌学和组织学等）的知识和技术。完成一个生理心理学的研究常常要应用多方面的技术。由于不同的实验方法和技术往往产生极其不同的结果，所以研究者们必须熟悉各自采用的方法和技术的优点和局限性。科学的研究是要探讨某一现象或问题的性质，而所采用的方法常常决定了问题的性质。因此，有时我们获得了一个令人难以理解的结果，后来用了其他的研究方法才知道原来我们并没有探讨我们想要探讨的问题。我们在以后的学习中将会看到，关于某种行为的最好的认识常常是在比较了用不同方法研究这个问题得到的一些结果之后达到的。用两种或多种方法研究一个问题叫做集中的工作（converging operation）。在讲到学习和记忆的问题时，我们将会更清楚地认识到这一点。

生理心理学的研究大都是针对活生生的有机体的行为，因此研究者们必须知道他们的实验动物的健康状况。为保证动物的健康状况，必须注意实验动物的饲养条件：营养要充分，生活环境要清洁和舒适。许多国家对实验动物的笼养条件和动物的健康状况都有严格的规定。此外，任何外科手术都要在适当的麻醉状态下进行。

在生理心理学中，对脑的研究是中心问题。我们的文化和现代的科学技术都是脑活动的产物。生理心理学的研究都是为了揭露脑工作的原理，以便将获得的知识应用于改善我们的行为，治疗各种神经病和精神障碍。但是要达到这个目的，必须综合各方面的研究成果。例如，新近研究者们发现 Alzheimer's 症（一种老年病）是一种致命的脑退化病，原因是前脑靠近视前区的一个神经核（nucleus basalis of meyner）中的分泌乙酰胆碱的神经元的溃变，从而也导致了海马中的接受乙酰胆碱的神经元的溃变。这种知识使得人们可以进一步去研究发生这种溃变的个体的体质的、生理的和遗传的原因。之所以有这种可能性，是因为其他方面的研究者们发明了必要的研究方法和技术，包括能显示乙酰胆碱能的神经元的染色方法和其他组织化学的方法。当然发明这些方法的目的不一定是专为研究生理心理学的问题的，但生理心理学可以借用这些技术研究生理心理学感兴趣的问题。

具体地说，目前生理心理学的实验中采用的技术包括有神经解剖学的、脑外科手术的、电生理学的（电刺激和电记录）和生物化学的。（应该指出，以学科来划分这些技术也已过时，因为一种技术常常是被多门科学使用的。例如，电生理学的技术也被用来专门研究神经解剖学的问题。这种划分只是一种习惯。）

## 神经解剖学的技术

**一、组织学的方法** 关于脑结构的细微的解剖知识得自各种组织学的制备技术。做脑组织的检查包括下面三个步骤。

（一）固定（fixation）——在研究死的组织时必须先破坏它自身分解的酶（autolytic enzymes），否则组织就会变成无结构的一团浆糊，同时也要防止细菌的腐败作用。欲达到这些目的，必须将组织放入固定剂中。通常用的固定剂是甲醛溶液。它能终止组织的自身分解，并能使软而易碎的脑变得柔韧并杀死微生物。

在固定脑之前，一般都是先灌流，洗去血液，代之以生理盐水，继之以 10% 的甲醛溶液。这样可以获得洁净的脑组织。

灌流时先麻醉，如用戊巴比妥钠或乙醚将动物麻醉。然后打开胸腔，切开右心房（right atrium），将注射针头插入左心房（left atrium）或主动脉中，注入生理盐水替换出血液来，继之注入甲醛溶液，以加速脑组织的固定。最后取出脑，放入有固定液的瓶中。

待脑固定好之后，切成极薄的片，用适当的方法染制各种细胞结构，以便观察解剖细节。有些染色方法需要在切片之前再做一些处理。在生理心理学的研究工作中一般都是先切片后处理、染制。

（二）切片（sectioning）——一般的切片机都能切 10～80 μm 的薄片。这是用光学显微镜作检查时常用的厚度。如果用电子显微镜，切片的厚度都要在 1 μm 以下。

固定后的脑切片仍然是太柔软和容易破碎的，因此还需要硬化。一种办法是冷冻，另一种办法是用石腊或火棉胶包埋。

冷冻最简单。用冷冻机将脑组织冻成硬块。在冷冻之前先将脑块浸在蔗糖溶液中，待浸透之后再冻，这是防止冷冻后脑组织内的水结成水晶，破坏了组织的结构。在冻的时候，冷度要适当。冻得过硬组织容易破碎，硬度不够切片又容易扯破，切不成完整的片子。

石腊包埋的软硬度也要掌握好。石腊的软硬度受温度影响，因此室温合适才能切出最好的切片。包埋时先把脑块浸在溶有石腊的二甲苯（xylene）中，然后一步一步地浸入更浓的石腊溶液中，需放在温箱内。最后将脑块移入融化的石腊中。融化的石腊盛在一个适当大小的小盒之中。等待包含着脑块的石腊冷固变硬之后，取出整块石腊装在切片机的载物台上，开始切片。石腊为脑组织提供了物理的支持。当切片机的刀切过石腊的包埋块时，使腊的温度略微提高，因此切片能一片一片地连起来，成为一条带子，像电影的胶卷一样,可以看到连续的切面。然后选择适当切面的片子,把它放在洁净的玻璃载物片上。玻璃片上可先涂匀一点蛋白,这样可使脑组织切片固定在玻璃片上。装好切片后,可略微加热,使蛋白凝固不能再被溶解。然后将装上切片的玻璃片投入二甲苯中使切片脱腊。最后浸入染色液中染色。染好的切片晾干后滴一点中性胶,盖上极薄的玻璃片。待完全干后即可放在显微镜下观察。

(三)染色(staining)——在不染色的切片上可以看到细胞和纤维束的轮廓,但看不清楚,因此需要染色。在生理心理学的实验中,常用的有三种基本的染色:染细胞体,染神经纤维的髓鞘,染细胞膜(整个细胞的,或只是轴突的)。

细胞体的染色常用的是一种比较老的方法,叫做尼氏染色。19世纪末德国的神经学家 Franz Nissl 发现从煤焦油中提炼出来的亚甲基蓝(methylene blue)可以染制脑细胞的胞体。胞体的胞浆中吸收这种染料的物质就称为尼氏质(nissl substance)。现在知道其中包含有 RNA、DNA、核内的蛋白质和散布在胞浆中形成颗粒状的一些蛋白质。还有另外一些可以染细胞体的染料,最常用的是结晶紫(cresyl violet)。

染细胞体后可以看到脑内的神经核,也可以在染色的切片上看到纤维束的轮廓,因为它们是不着色的,看来是色淡的部分。但胶质细胞也是染上色的,所以必须根据细胞的大小和形状来辨认何者是神经细胞,何者是胶质细胞。

髓鞘染色是显示有髓鞘的纤维束的 种方法。但不能追踪单个的神经纤维。常用的染色方法是 pal-Weigert 法。将脑块放在重铬酸钾溶液(müller's fluid)中处理数星期后,髓鞘获得对苏木紫(he matoxylin)的特殊的亲合力,因而在遇到这种溶液时髓鞘变为深蓝色。胞体和无髓鞘的轴突和树突皆不能着色。

细胞膜染色。各种金属盐(如硝酸银)都能和细胞体、树突和轴突的膜结合。Golgi-Cox 染色法就是用硝酸银染色,也称为镀银法。这是一种高度选择性的染色,只能染一个区域内的少数神经元,因此用这种方法不能观察到众多的神经元。但可以看到个别神经元的树突和轴突的无髓鞘的部分,也能够看到神经元之间的突触连接。胶质细胞的膜也被染色。

新的镀银方法还可以染制正在死亡和正在被吞噬细胞破坏的轴突。

**二、追踪神经通路** 中枢神经系统包含着几千亿的神经元,大多数聚集成团,形成数以千计的神经核。它们之间有着极其复杂的轴突系统的交互联系。神经解剖学的问题是追查那些核和那些有联系以及联系的线路。解决这一问题,单靠染色方法是不够的。必须加以特殊的处理和采用新的技术。

(一)溃变轴突的研究。已知神经元的胞体被破坏,或轴突被切断,它的远端的轴突会迅速死亡和溃变。这叫做顺行溃变(anterograde degeneration)。有一种经 Nauta-Gygax 改良的镀银技术专门染制溃变的轴突。用这种技术可以追踪脑内某一个神经核中的神经元的轴突的去向。方法是利用定位仪准确地将电极插入要破坏的神经核中,通直流电将神经元的胞体电解(也可用小刀将某处的纤维束切断)。让手术后的动物活几天,这期间被破坏的神经元的轴突开始溃变。这时杀死动物,取脑固定和切片,用 Nauta-Gygax 方法染色。这时,只有溃变的轴突吸收银,在切片上呈黑色。这样就可以从一片一片的脑切片上追踪由损毁的神经核中发出的轴突的去向。这种技术在研究神经元线路时极为有用。

(二)氨基酸自体放射摄影术(amino acid autoradiography)。氨基酸是神经元用来合成蛋白质的物质。这类物质是神经细胞从胞外的液体中摄入细胞内的。进入细胞内的多种氨基酸合成为蛋白质,然后通过轴浆的流动将合成的蛋白分子输送到轴突的终端(终钮处)。

氨基酸自体放射摄影术是利用轴浆输送合成的蛋白分子这一过程实现的。做法是将有放射性的氨基酸注入脑内的某一确定的区域,让注射过的动物活一到两天。在此期间,神经细胞吸收了带放射性的氨基酸,并合成了蛋白质,有些蛋白分子被送到终钮处。这时将动物杀死,取脑做切片。切片置于暗室中涂一层感光乳胶。几星期后用显像液冲洗涂乳胶的切片（像冲洗照相的底片那样）。由于感光的乳胶受到了放射，所以冲洗后的切片上显示出一些黑色的点子，这就是含有放射性氨基酸的蛋白质的痕迹。凡是有蛋白质痕迹的切片所在的部位都是注射区的神经元的轴突终止的地方。

例如，将带放射性的脯氨酸（proline）和亮氨酸（leucine）的溶液注入兔脑的前额皮质，过一天后杀兔取脑，按上法制成的显影片在暗视野显微镜下查看，可以看到杏仁核处的片上有沉淀的银粒（在乳胶膜内，发亮）。这说明前额叶的神经元吸收的放射性物质可以送到杏仁核中，即杏仁核接受自前额皮质发来的轴突。

（三）辣根过氧化酶的研究（horseradish peroxidase studies）。辣根过氧化酶（HRP）是一种蛋白质酶，它能分裂某些过氧化物的分子，使之成为不能溶解的盐。当 HRP 注入脑中后，它被轴突和终钮吸收，通过轴浆的逆流输送到胞体中。因此可以用此法追查注射区的轴突末梢是从哪些脑区来的。但是由于轴突本身也吸收 HRP，所以还需同时注射一种从小麦胚中提取的物质，它能防止轴突吸收 HRP。这样可以排除从其他的过路轴突分来的末梢。

一般是将两种物质注入中枢神经系统的某一区域。注射后的动物活一天或两天后杀死，取脑，制成切片，经过一系列化学溶液的浸洗，在暗视野的显微镜下观察，可见含有 HRP 的神经细胞呈白色。例如，将 HRP 注入兔脑的杏仁核中央核中，在脑的黑质部分的切片上可以看到被吸收的 HRP 的痕迹（有些白亮细胞）。说明杏仁核的中央核接收黑质神经元的轴突末梢。

## 活脑的研究方法

**一、计算机轴断层摄像术**（computerized axial tomography, CAT）

这是将 X 光照相和计算机处理方法结合起来观察活脑的组织病变的技术，也叫做计算机轴断层扫描（CAT SCAN）。使用时将病人的头安置在一个大的圆圈形仪器中,其中装有 X 射线管。在头的另一边,正对着 X 射线管有一个 X 光检测器。通过病人脑的 X 射线量由检测器测定。X 射线管和检测器可以在圆圈内移动。开始时,X 射线管和检测器的连线可通过脑的正中线。透射一次后,向左或右移动几度(如 3 度)再透射一次。如此连续地在一个平面上移动和透视多次,可将这一个平面上的各个角度透射的检测结果输入计算机处理,得到整个平面的图像。然后向上或向下移动圆圈,如法扫描另一平面的脑组织。因为正常的组织和病变的组织对 X 光的吸收量是不同的,所以在相片上可以看到如脑瘤、血栓、脑积水和多发性硬化溃变的区域的影子,查明病变的位置范围。这对神经心理学家研究脑的局部损伤和行为及心理障碍的关系是极其有用的。

**二、正电子放射层描术**(positron emission tomography,PET)

这是研究脑的各个部分的代谢活动的一种新技术。先给病人注射经过加速器处理后能放射正电子的、可被神经细胞吸收的物质(如 2-脱氧葡萄糖,2-DG),然后把病人的头置于正电子放射检测器中,一个平面一个平面地扫描。扫描的结果经计算机处理制成各个平面的断层图。可以看到所注射的放射物质在脑的某些区域被吸收的多寡。此种技术可用来研究人们在进行各种心理活动时脑的某些部分的某种物质的代谢情况。

**三、核磁共振扫描**(nuclear magnetic resonance scanning,NMR-S)

这是利用某些物质的原子核,在强磁场中向一定方向旋转而发生射频波的原理,来研究脑工作时脑内物质变化的技术。如用一种射电频率的波通过脑时,脑内的某些物质的原子核就会发射出自己的射频波。不同的分子发射的频率不同,可以使 NMR 与已知的某种分子(例如氢分子或氧分子)的波频调谐,以检测该种物质在脑进行某种工作时,在脑的各部分的集中情况。这种扫描的信息也需要通过计算机分析制成脑的层面图像。

## 电子显微镜的应用

光学显微镜能放大一千五百多倍,尚不足以观察细微结构,如突触泡和细胞内的小器官,因此需要利用电子显微镜(electronmicroscope)。

用电子显微镜观察神经元的微观结构和神经元之间的突触联系的细节时脑切片须极薄,还要涂一层特殊的物质,使不同的部分对电子束的阻抗有细微的差别,增加组织的分辨度。

电子显微镜可以照相,称为电子光显微图(electron photomicrograph)。此外还有计算机处理的扫描电子显微镜(scanning electron microscope),此种电子显微镜放大倍数较小,但可呈现组织的三维照片。

## 实体定位脑手术

损伤动物的脑组织,用电流刺激脑组织,或向脑内注射某种药物,都必须确定靶的组织的部位。

### 一、脑图谱

脑图谱也叫做立体定位图谱(stereotaxic atlas)。现在大鼠、兔、猫、猴和鸽都有脑图谱。一般都是脑的各阶段的冠状切面,或矢状切面的系列图。在冠状切面上,以距离前囟(bregma)或两耳孔连线的前后的尺度(以 mm 计)标出切面的前后坐标,在此切面上绘有各种神经核和纤维束的位置,并以它们与中线(矢状裂正中)的距离和与头骨表面的距离(或与耳孔连线的垂直距离)标定它们在此面上的左右和上下的坐标。这样每一结构都有了一个三维的坐标,通过前后(AP)、左右(LR)和深度(H)的三个数据来确定一个结构的位置。

现在一种动物的脑常有多家制订的图谱,他们取的脑的前后

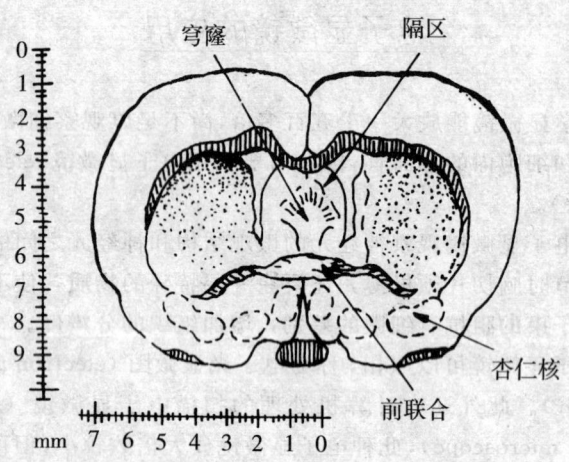

图 1-4　鼠脑的一个冠状切面的图谱

的倾斜度或略有差异,但都是根据标准的成年动物的脑绘制的。因此参照某一家的脑图谱时,或用于不同年龄和品种的动物时,应注意做适当的校正。

## 二、立体定位仪 (stereotaxic apparatus)

立体定位仪的种类和样式很多,但基本原理是一样的,都有三个主要部分:上下、左右和前后移动的三个标尺(刻有 mm 度);与标尺连在一起的电极或导管夹持器;固定动物头部位置的耳杆和门齿钩。

使用立体定位仪时必须按照脑图谱的说明将动物的头固定在正确的水平位置。然后切开头皮,擦净头骨,划到前囟,按照靶的结构在图谱上的三维坐标移动三个标尺。如果是给动物的脑埋植电极,电极事先要夹在夹持器中,调整好三个标尺之后,电极尖端所指的部位即插电极的地点,即电钻打眼的地方。钻透头骨后,按顺时针方向旋转垂直标尺顶上的螺丝钮,即可将电极徐徐插入脑内。注意标尺上的刻度,到达确定的度数即停止旋转。这时电极已经中靶。可将电极的插销座用牙膏、水泥固定在头骨上。待牙膏、水泥凝固后,松开夹持器,移开标尺,最后将头皮缝合。

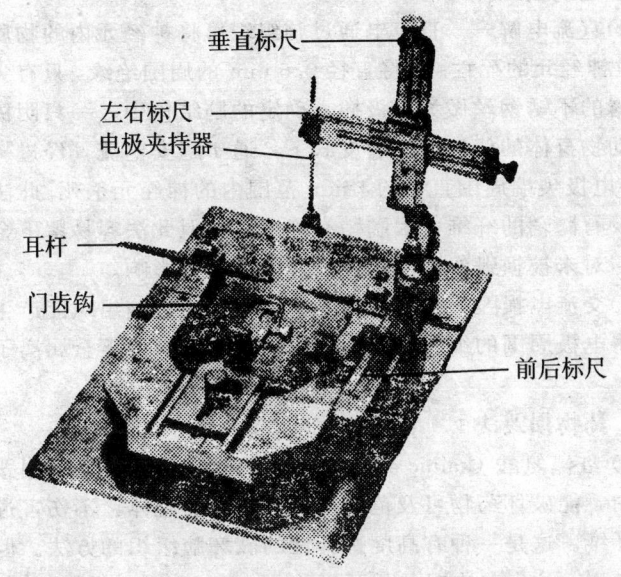

图 1-5 立体定位仪

# 脑损毁术

**一、吸出法**

这是一种古老的方法,最适宜用于摘除部分大脑皮质。在将要摘除的部位打开头骨,切开脑膜,皮质即暴露出来。用一只连着抽气泵的小管(可用玻璃管烧制),将管口放在要吸出的皮质表面,借助吸管内的适当负压,皮质组织即被吸在管口内。如果负压适当可以只吸出皮质而不伤及白质,因为白质纤维比较坚韧。

**二、热烙**(cautery)

用温度在 40 ℃~50 ℃ 的小烙勺在皮质上轻轻地熨,可将皮质细胞烫坏。此法也只适宜损毁皮质,现在已经不常用了。

### 三、电损毁法

（一）直流电解——直流电通过脑组织可将神经元内的物质电解，导致神经元的死亡。如将直径 0.5 mm 的周围绝缘，只有尖端部分裸露的不锈钢丝做为阳极插入确定的脑结构中，一只阴极电极插入动物身体的任何部位的皮肤下，通 1 毫安电流，经过一秒钟，可将电极尖端周围直径约 1 mm 范围内的神经元杀死。此法可以不伤及有髓鞘的纤维，因髓鞘有绝缘性。但此法容易留下金属的离子，对未被损毁的周围的神经元的活动有影响。

（二）交流电损毁——高频率的交流电流通过脑组织能产生热量，可将电极周围的细胞体和轴突烧伤，但不会留下金属离子。

### 四、药物损毁法

（一）红藻氨酸（kainic acid）损毁。将这种药物注入要损毁的脑结构中，能破坏药物可及范围内的神经元的胞体，不伤害过路的神经纤维。这是一种有高度选择性的破坏脑组织的方法。但是这种药有毒，注射量大时能杀死动物。

（二）6-羟多巴胺（6-HD）损毁。6-HD 类似去甲肾上腺素和多巴胺，可以被去甲肾上腺能或多巴胺能的神经元的轴突末梢的突触受体吸收。但这种物质是有毒的，因此能破坏轴突和突触，以及胞体。这也是一种高度选择性的破坏作用的药物，只能破坏去甲肾上腺能和多巴胺能的神经元。

## 脑损伤后的行为后果的评定问题

用损毁部分脑组织的方法研究脑的某一结构的功能，是认为脑的某一结构损毁后，可以从动物丧失的行为能力方面推论所损毁的脑结构的功能。例如，损毁了猴子的枕叶皮质，猴子丧失了视觉辨别物体的能力，于是推论枕叶有视觉辨别功能。

然而在解释脑损伤的行为后果时尚须谨慎。要首先确定损伤后的动物是否确实完全丧失了某种能力。例如，如何决定视觉的丧失？看它行走时是否碰撞路上的东西，在迷津中是否不像手术前那样准确地向有灯光信号的地方去取食，或瞳孔对光照是否还有收缩反应？

须知，动物行走时碰撞东西也可能是因动作不协调所致，在迷津中不能向光信号走去可能是由于丧失了以前的记忆，而失去了对光的缩瞳反射也不一定丧失视觉。因此实验者必须细心检验各种答案的正确与否。在研究有关饥饿、注意或记忆等复杂过程的脑功能的结构关系时，这类问题是特别值得注意的。例如，一个真正丧失了视觉的大鼠仍然可以用胡须的触觉，或嗅觉线索来正确地通过迷津。如果只根据它走迷津的行为来推断它的视觉功能并未丧失，那就全错了。

解释脑的局部损伤的行为后果还有另一种困难。脑的许多区域之间有复杂的相互联系，没有一个区域只负担一种功能。当一个核群被破坏之后，通过这个区域的轴突也可能受到伤害。此外，如果一个结构的功能是抑制另一个结构的功能，当前者被损毁后，所产生的行为改变可能就是后一结构的功能去抑制的结果，而不是与被损毁的结构的直接关系。

有时还会看到部分脑区损毁之后丧失的行为不久又出现了。这将如何解释呢？如何判断这是由于其他脑区取代了被损毁部分的功能？抑或是被伤害的神经元或突轴得到了修复？这些问题都不易解决，需要周密的考虑和检验各种可能性。

还要注意的是，脑的损伤部位的组织检查有时不易确定确切的范围，而且有时因手术不熟练，想损毁某一处，而实际上却损毁了另外的部分。因此，除了按照脑图谱的坐标做损毁手术之外，在观察了行为后果之后，必须做脑组织的详细检查。有时发现误伤的结构比想要损伤的结构更有研究的意义。

## 脑电的记录

### 一、记录的原理和方法

神经元的轴突产生动作电位，传至末梢的终钮引起神经递质的释放，触发下一个神经元的后突触膜的电位变化。这种电位变化可以记录出来，而且某一区域的这种电位变化可以用来判断这一区域在某种行为改变中是否有一定作用。动物在接受刺激时和在运动反应时都可以做这种电记录，但是电记录和行为的关系有时也是不容易解释的。

可以做长时的电记录，也可以做短时的电记录。长时记录是在动物的清醒状态下通过预先埋植在动物脑中的电极记录的。短时记录或称急性记录，是在做手术时的麻醉状态下的动物脑中记录的。急性记录多用于研究感觉通路或脑内其他神经线路。做记录时不能进行行为观察。

用微形电极可以记录单个神经元的胞内或膜上的电位变化，有时称为单位放电。用一般的电极只能记录大群神经元的电活动的总和。两种电极所记录的电位变化都是很小的，都必须经过放大才能显示出来。现代的电子技术创造了可以记录极微弱的电信号的放大器。放大的电信号可以显示在阴极显波器的屏幕上，可以记录在多道仪的纸带上，可以通过扬声器变为声音，也可以记录在磁带上输入电子计算机处理。

## 二、记录的电极

（一）微电极（microelectrodes）是一种尖端极细的电极，一般尖端直径在 $10\sim20~\mu m$ 时可刺入大的神经细胞体中，或插在细胞的表面，记录单个神经元的放电。这种记录叫做单位记录（single-unite record）。微电极可以用金属丝做，也可以用细玻璃管抽制。前者是将不锈钢丝用酸腐蚀后制成的。不锈钢丝通以电流浸入盐酸中立刻提出，再浸入，再提出，如此多次，其末端被腐蚀成极细的尖。然后用特殊的清漆绝缘，只留下尖端赤裸，因此可以拾取电信号。后者是将一段直径约 1 mm 的细玻璃管的中段塞入用电阻丝做的加热圈中，待玻璃软化后拉断，断头即成为极细的带微孔的电极尖端。玻璃不导电，需要将微电极放在导电的氯化钾溶液中浸泡多时，待小管中充满溶液后才能使用。

（二）大电极（macroelectrodes）是记录大量神经元的总和的电位变化用的，比较容易制作。多数是用不锈钢丝或白金丝制成的。表面涂以清漆绝缘，只留尖端赤裸以拾取电信号。在头皮上记录脑电多是用银片做成的圆形电极。为防止极化，要经过氯化处理。用一种导电的胶将电极贴在脑皮上即可拾取脑电。用这种电极在头皮上记录的是电极下面的上百万的突触后电位。

### 三、记录设备

所记录的电信号必须放大后才能显示和测量。除了需要生物电放大器外还要有显示的设备。生物电放大器一般都称为前置放大器，有专门放大交流电和直流电的两种前置放大器。前者可放大脑电和高频的脉冲波，后者记录慢的电位变化。

（一）示波器。其基本部分是一电子枪，它发射一束电子，射到前面的荧光屏上，可将电子束变为可见的光点。电子束可被带正电的金属板吸引，被带负电的金属板排斥。电子束通过上下左右安置的四块金属板。如果这四块金属板的极性交互地变动，电子束就会上下左右地移动，荧光屏上的光点随之移动，荧光屏可保留一定时间的光效应，因此光点的移动可呈现为光的线条。

一般使用时，左边的金属板加负压，右边的加正电压，并连一控制时间的线路，使电子束自左向右扫射的时间和速度受电信号的控制。经过放大的生物电信号输送到上下两个金属板上。这样，当电子束向右移动时，同时会受到上下金属板上的电信号的变化的影响，因而上下波动，于是荧光屏上显示出光亮的曲线，称为波形。波的幅度随上下金属板上接收的电信号的电压变化而变化。波形还受电子束自左向右的扫射速度的影响而变异。

在记录单位放电时，因神经元的放电短促，频率高，在荧光屏上看到的是一串一串的脉冲波。应注意的是，在向脑中推进电极时，如果在荧光屏上看到了比较好的记录，应立刻放松推进的压力，要待受到压力的脑组织自己弹起来，否则当脑组织升起时，电极可能穿透胞体，无法再得到神经元的电信号。

人的听觉比视觉更能觉察噪音背景上的神经元发出的电信号。因此，常常需要将生物电放大器输出的电信号送到扬声器中，以便监听有意义的信号。

在记录皮质神经元因刺激产生的诱发电位时，需要经过计算机多次的累加才能显示出来,并且要区分出传入神经的动作电位。大电极的位置如果靠近感觉系统的传导线路,就会记录到轴突的动作电位。

(二)墨水笔描。这是脑电图的一般的描记方法。即将从头皮上记录的脑电位变化经过前置放大器和功率放大器输入一个强磁场中的线圈内,与线圈的旋转轴相连的空心笔,在输入的电信号变化时,随着线圈旋转有限的角度,即摆动。笔芯中贮有墨水,如果笔尖放在向前移动的纸带上,即可画出曲线。一般纸的移动度有规定的速度。实验室中常用的脑电机或多道仪都是按此原理装置的。这类仪器因有机械惰性,不能记录频率很高的电位变化。在低频范围内记录较高频率的电位变化时,可将纸的移动速度加快。

(三)计算机。脑电变化的记录可以储存在计算机中,计算机可以把连续的生物电信号的变化加以分析,并转变为一系列的数字,或将这些数字值画成曲线或直方图。

计算机还可以计算从刺激到诱发电位出现的延迟时间,可以计算刺激在一个神经元中产生的动作电位的次数。最常用的是将在自发电位的噪音背景上得到的一系列诱发电位累加起来除以刺激次数,使每次刺激引起的诱发电位更明显地呈现出来。这常被称为平均诱发电位(average evoked potentials——AEPS)。

## 在行为研究中脑电记录的应用

脑电记录一般应用于下述四类研究。

### 一、研究感觉刺激引起的脑电变化

可以用微电极记录脑内某些区域的神经元的放电,或大电极在脑的深部结构和头皮上记录脑电活动,以研究感觉的加工过程和有关的脑中枢。

### 二、研究与行为变化有关的脑电位变化

在动物或人出现某种行为变化的过程中记录脑的各部分的电

位变化,研究行为和脑的各部分的电活动的关系。例如,睡眠时的快速眼动与脑桥、外侧膝状体和枕叶的电活动的关系。又例如,一个随意运动出现前额叶皮质各部分的电位变化等等。这类工作需要利用计算机处理多次动作时记录的电位变化才能得到明显的可分辨的记录。

### 三、研究有关学习的脑电位和神经元的放电模式

一般是比较动物或人在完成某一学习任务之前和之后的脑的某些区域的神经元放电模式的变化、某些脑区的平均诱发电位的变化。

### 四、研究与短时记忆有关的神经元的活动

常常是在动物进行延迟反应时,观察反应的延迟期间皮质或脑的深层结构中某些神经元放电模式。

## 脑的电刺激

电流作用于神经或脑细胞膜上可以引起神经元的兴奋,这已是神经生理学的基本知识。其原理将在第三章中说明。现在要讲的是电刺激的应用。

### 一、探索神经联系

如果用电流刺激脑的一个部分能在另一个部分记录到诱发电位,或单个神经元放电模式的改变,则可以推测这两个脑区之间有直接或间接的联系。

### 二、探察各脑区的重要功能

它有两方面的用处。

(一)在给癫痫病人做切除癫痫灶的皮质时,为避免伤及有重要功能的区域(如语言区),可以先用小的电极在大脑皮质的某些地点进行电刺激,观察病人的反应。因为这种手术能在头部的局

部麻醉下进行,所以可以得到病人的口头报告。用这种方法发现了皮质上的许多特别的功能区域,如一级视区、听区、躯体感觉区和运动区,还有唤起特殊记忆的区域。在刺激到有关语言的运动区(Broca's area)时,病人往往立刻停止说话,拿去电极后立刻又接着说下去。这个区域自然是不能伤害的,如果伤及这个区域,手术后病人将失去说话的能力。

(二)通过埋植在脑的某些结构中的永久电极刺激自由行动的动物,可以引起某些行为的改变。例如,电刺激大鼠的下丘脑外侧核可以引起饱食后的大鼠再吃食或饮水,说明下丘脑外侧核可能参与控制摄食行为的机制。又例如,电刺激尾状核常常使动物停止正在进行的行为,说明尾状核可能参与抑制运动的功能。

电极埋在下丘脑的内侧前脑束中,大鼠可以学会按电键进行自我刺激,说明内侧前脑束的电刺激可能产生快感,或参与强化机制。这将在以后的有关章节中细讲。

但是电刺激产生的行为反应未必和自然出现的行为性质相同。实际上电刺激的作用往往打乱了脑中正常进行的活动,因此所产生的行为带有强迫性质,这是值得注意的问题。

## 化 学 技 术

现在采用各种生物化学技术研究行为的神经生理基础的工作日见增加,此处只举几种基本的方法。

**一、微离子透入法**(microiontophoresis)

这是常和电记录配合起来使用的一种辨认某种神经递质受体的方法。

当突触后的细胞受体接触到适合的神经递质时,细胞膜对于各种离子的透过性会发生改变,从而产生兴奋性或抑制性的突触后电位变化。这种变化增加或降低细胞的放电频率。为确定某一种神经元反应何种神经递质,可使用两个套起来的微细管(double-barreled micropipette)。外管接近细胞体的膜,管中充满要测试的离子化的神经递质。当电流通过外管时就携带了微量的递质离子，这样就能将这种离子注射在细胞膜上。内管较长，内有导电物能插入细胞体中，用来记录细胞的电活动（突触后电位）。内管也可以停在细胞体外的膜上，记录动作电位。如果外管通电流给细胞注射神经递质，可以从内管记录到细胞内的电位变化，或细胞的放电频率的改变时，就能证明这个神经元的膜上有该种神经递质分子的受体。

## 二、免疫学的技术 (immunological technigues)

身体的免疫系统能够对抗原产生抗体。抗原是一种蛋白质（或肽类），在病毒的表面就有这类抗原。抗体也是蛋白质，它是白血球产生的，它的功能是破坏入侵的微生物。抗体在白血球的表面就像神经元膜上的神经递质的受体那样，当它接触到它已认识的病毒表面的抗原时，抗体即触发白血球攻击病毒的活动。

细胞生物学家利用特殊的方法可以制造对各种分子的抗体。例如，可以使细胞产生对胆碱乙酰转移酶 (choline acetyltransferase) 的抗体。这种酶是产生乙酰胆碱所需要的一种酶，对于这种酶的抗体的分子吸附一种接受紫外光照射后能发光的染料。这种染料就如同抗原一样（类似竞争受体的物质）。如果要检查脑的哪些部分含有胆碱乙酰转移酶，就可将脑组织的新鲜切片放在这种染料中，如果这种染料被吸收，将切片放在紫外光源的显微镜下就可看到发光的神经元。说明脑的这部分组织中含有胆碱乙酰转移酶的抗体，这里也一定有过这种酶和它所产生的乙酰胆碱。这里的神经元很可能是乙酰胆碱能的。这种技术也叫做免疫化学方法 (immunohistochemical procedure)。现在已经发明出产生许多物质抗体的方法，如对肽类神经递质、某些神经抑制剂和激素的抗体。这些方法在神经科学的研究中都很有用处。

## 三、药物的应用

有许多化学制剂能模拟某些神经递质的作用，使神经元兴奋或抑制，或阻止神经递质的产生或吸收。研究者可以用这类药物研究某种神经递质的行为效果。例如，拟氯苯基丙氨酸 (parachlorophenylalamine——PCPA)阻止五羟色胺的合成,用后产生失眠。这说明睡眠与 5-羟色胺的减少有关。

有些药物可通过预先埋植在动物脑的一定部位的小管在动物自由活动的情况下注射,以观察药物对动物正在进行的活动的影响。

**四、放射性示踪物的应用**

放射性标记的物质称为示踪物,一般应用的是可以在细胞内结合到蛋白分子中的物质。脑内有了这种物质,可以用各种手段跟踪它的去向。例如,神经细胞内有了放射性的氨基酸,将会顺轴突流到远端的投射区,因此就可以利用氨基酸自体放射摄影术(amino acid autoradiography)追查某一脑区神经元的轴突的去路。除此之外还有其他的用途。

(一)可以用放射性示踪物测定脑内的这类物质的代谢速度,和在脑的不同区域的结合量。例如,要测定各脑区的蛋白合成的相对数量,可以给动物注射一定量的合成蛋白质所需要的某种放射性的氨基酸。过一定的时间将动物杀死,分出脑的各个部分,提取它们的蛋白质,测定各个区的蛋白质的放射量就可以知道在注射到杀死动物的这段时间内各个脑区中合成的蛋白质的相对数量。因为旧有的蛋白质是没有放射活动的,所以有放射性的蛋白质都应该是新合成的。

(二)许多激素对行为也有影响。通过对神经系统活动的调节作用产生行为反应,放射标记的激素可以帮助研究者查明受激素刺激的神经元的地点。假定我们想查明脑内哪个地方的神经元接受雌二醇的刺激,我们就给动物注射放射性的雌二醇,一段时间后,杀死动物,取脑做切片,用前面讲过的自体放射摄影术即可检查脑的哪些部分的神经元吸收雌二醇。这些部分就是雌二醇作用的地方。

## 行 为 的 研 究

生理心理学研究的中心问题是脑的工作和行为的关系,所以不能忽略对行为的观察和分析。要分析行为的性质,须注意观察行为的模式、运动的组成部分和它的功能,为此首先要做客观的和尽可能的数量化的记录。

### 一、数量化的记录

动物的任何行为都能进行数量化的分析,例如奔跑的速度、跳跃的高度、缩腿或伸腿的强度、对刺激反应的速度(潜伏期)、在一定时间内某种行为或动作出现的次数(如交配的次数、摄食和饮水的次数及数量和排泄粪尿的数量),还有内脏反应(如心搏的变化、内分泌腺的活动)也都能做数量化的记录和分析。

行为的数量化的记录和分析现在多用自动化的记录仪器和计算机联合处理。例如,计算机程序控制的操作箱,和记录动物走动、直立以及蹲坐时间的电子仪器,等等。动物的某些简单的反应行为也可以用马表、记数机和纸笔记录。能用简单方法准确地记录下来的,就不一定要用昂贵的仪器。

### 二、行为性质的观察和分析

要使行为的数量化分析有意义,首先要确定行为的性质,否则数量的分析是没有意义的。确定行为的性质必须对行为进行细致的观察,要注意行为出现的情境、行为的模式、运动的组成部分和行为的功能。一种行为往往包含着许多运动或动作成分。相似的行为在细节上可能有所不同,因此其功能未必一样。例如大鼠的洗脸有时前爪过耳和低头,有时不过耳和不低头。这两种洗脸的方法出现的情境不同,功能也不相同。前一种方法可能出现在安定的情境中,具有修饰的性质,后一种洗脸可能出现在不安的情况下,也许是由紧张产生的,习性学家称之为替代的行为。因此两种洗脸的神经过程也可能是很不相同的。如果不细致观察这两种行为的细节和出现的情境,而皆以洗脸记录下来,那就会混淆许多问题,失去了数量化的意义。

要能正确认识动物的某种行为模式的意义,除细致观察其运动成分和出现的场合之外,还必须对该种动物的习性和个体的生活经历有所了解。因此生理心理学的研究者要很熟悉所使用的动物的物种习性和个体的生活条件。

对实验动物的行为模式的描述一定要客观，避免把主观臆测的解释搀杂在描述之中。现在有录像设备，可以把实验动物在实验中的行为录下来，进行详细的分析，也可以供同行们研究。

## 结　　论

生理心理学的研究对象是很复杂的脑的活动和行为表现，往往不是用一种方法就能完全认识的。如果用不同的方法，从多方面对一个问题进行研究得到了一致的结果，就会更合理地理解它。例如，要确定雌大鼠的性接受行为是否受雌二醇的影响，研究者们可以给雌大鼠注射雌二醇以观察行为反应；可以给雌大鼠注射放射性雌二醇后，用自体放射摄影术检查脑内哪些部分的神经元吸收雌二醇；可以用微离子透入法验证这些神经元是否有雌二醇的受体；可以用脑损毁的手术破坏含有这些神经元的脑区后观察雌大鼠对雌二醇的注射是否还有性行为的反应；也可以用电刺激和电记录的方法观察这些脑神经元的活动和性行为的关系；还可以用注射 HRP 的方法查看含有这些神经元的脑区与其他脑区之间的联系。用不同的方法研究一个问题会给人们提供对于这个问题的更全面的知识。

最后还应指出，生理心理学的研究可利用的技术和方法虽然很多，但是无论用何种技术和方法，首先要明确所研究的问题的性质，才能选择更合适的方法。

# 第二章　行为和心理的神经解剖学基础：神经系统的宏观和微观、发生和发育

神经系统的解剖学定位
脑的概观
　　脑的血液供给
　　脑　膜
　　脑室系统和脑积液的产生
　　脑的解剖部分
　　　　一、大脑皮质
　　　　二、边缘系统
　　　　三、基底神经节
　　　　四、丘脑
　　　　五、下丘脑
　　　　六、中脑
　　　　七、后脑
　　　　八、末脑
脊髓的概观
周缘神经系统
　　脊神经
　　脑神经
　　自主神经系统
　　　　一、交感神经系
　　　　二、副交感神经系

神经系统的微观
脑结构的等级
神经细胞和它们的连接
　　一、神经元的类型
　　二、细胞体
　　三、轴突
　　四、树突和突触
胶质细胞
神经细胞的演化
神经细胞的个体发生
　　一、细胞的增殖
　　二、细胞的迁移
　　三、细胞的分化
　　四、神经元的死亡
　　五、生髓
　　六、树突和突触的形成
　　七、生后神经元的增殖
　　八、胶质细胞的形成
脑区和其中的神经元线路
　　一、小脑皮质
　　二、大脑皮质

在演化中脑的变化 | 大脑皮质的演化
近似原型的脑 | 人脑的演化

人们的思想、感情和行为，无论多么复杂，都是脑工作的产物。这是生理心理学发展的认识论基础。在这一基础上，生理心理学家坚持不懈地从事心理和行为的脑的结构和工作的研究。因此研究者和初学者都必须首先熟悉神经系统的解剖学和生理学。本章试图为还没有学习过神经解剖学课程的学生提供这方面的最基本和最必要的知识。

神经解剖学家常把神经系统分为中枢和周缘部分。中枢部分包括脑和脊髓。脑处于颅腔内，脊髓藏在脊柱中。周缘部分包括脑神经、脊神经和周缘的交感、副交感神经节和神经。

## 神经系统的解剖学定位

在描述神经系统的结构和它们互相连接的通路时，需要使用许多说明部位关系的术语。比如说，一个结构在某一结构之前、之后、之上或之下。然而须知，直立的人类的神经系统是垂直于地面的，动物的神经系统则是与地面平行的。如果一般地使用这样的词，就会产生混乱。因此在神经解剖学中要采取有共同坐标的标准术语。正规的是以相对于神经轴（neuraxis）的方向说明神经系统中的各种结构的部位关系。神经轴是一条想象的、从脑的前端直贯脊髓的线。

例如，在图 2-1 中所示。以鳄鱼和人类来说明。鳄鱼的神经系统与地面完全平行。这条线是从它的两眼之间，在正中直划到脊髓。头端就是前（anterior），尾端就是后（posterior）。有时也称为嘴方（rostral）和尾方（caudal）。头顶和背都是背侧（dorsal），对着地的一面为腹侧（ventral）。所以说，脊髓是在这个动物的肚子的背侧、脊背的腹侧。在人类，方向就比较复杂了。因为神经轴在前脑和中脑之间有 90° 的弯曲，中脑以后是垂直于地面的。于是前后变成了上下,而背腹侧变成了前后,但在神经解剖学中,为了与动物中的术语统一,仍经常使用背腹代替前后,也用上(superior)和下(inferior)来代替前后。但比较严格的说法是嘴端和尾端,这在动物和人类中是通用无误的。靠近中线的为内侧的(medial),靠旁边的为外侧的(lateral),这在动物和人类中是一样的。

此外是切面的关系,如图2-2所示。在鳄鱼和其他动物中,从前到后平行于地面的切面为水平面(horizontal plane),与神经轴平行的,垂直于地面的为矢状切面(sagital plane),垂直于神经轴的为横切面(transverse plane)。在人脑和动物脑中这个切面常称

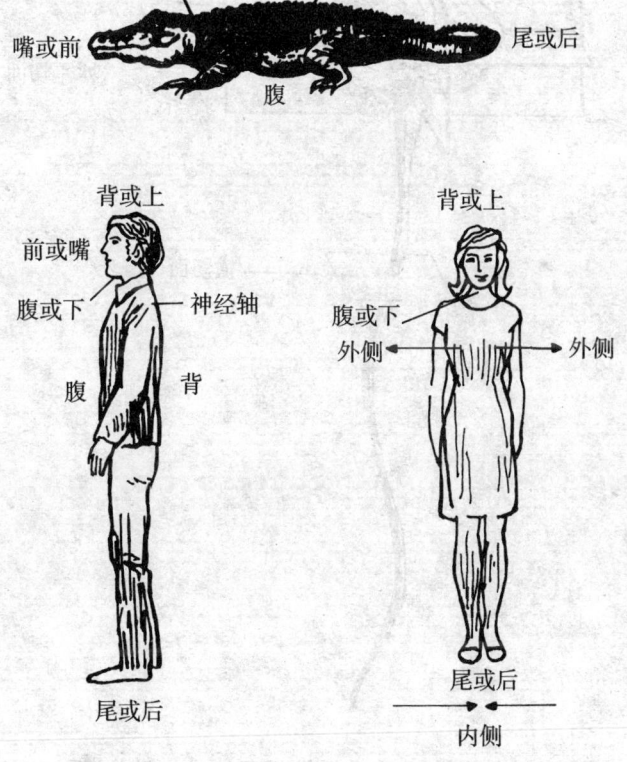

图2-1 人和鳄鱼(代表四足行走的动物)的身体定向的比较

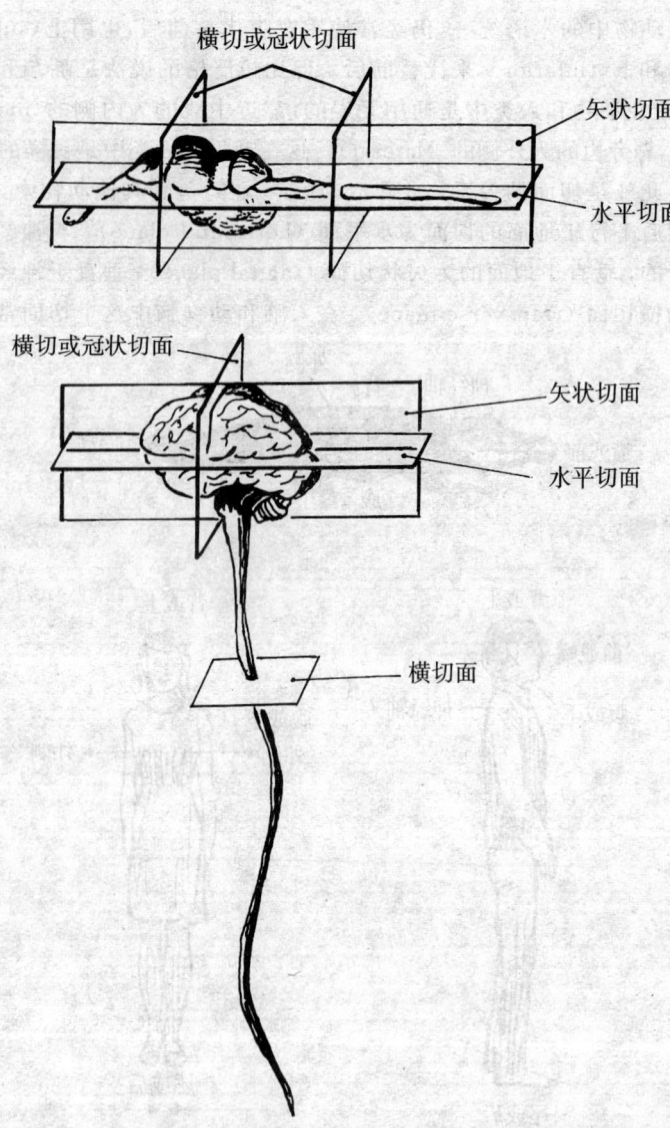

图 2-2 鳄鱼和人的中枢神经系统的三种切面的比较

为冠状切面（coronal plane）。它是垂直于地面的。在人的脊髓中这个面是与地面平行的。有的书中，冠状切面也称为额切面（frontal section），矢状切面如在中线上则称正中矢状切面（midsagital section）。

## 脑的概观

脑是由神经元（neuron）、胶质（glia）和其他的支持细胞组成的。它是身体中受到最严密的保护的器官。它悬浮在颅腔内的脑脊液（cerebrospinal fluid）中，并接受大量的血液供应，此外还有血脑屏障（blood-brain barrier），防止粗重的化学物质的侵入。

脑的工作是消耗大量能源的，要有充分的血液供给。因此，先考察脑的供血系统是必要的。

### 脑的血液供给

脑接受心脏流出的血液总量的 20%，而且这个量是不能少的。这是因为脑不能储存燃料（主要是葡萄糖和酮酸），也不能在缺氧中提取能量，所以要不停地供给大量的血流。停止供血一秒钟，脑的氧即被用尽。中断血流六秒钟即丧失意识。几分钟的缺血会造成不可逆转的损伤。

脑和身体其他部分的供血系统是一样的，新鲜的血从动脉流到小动脉，分入毛细血管，再汇入小静脉，最后经静脉回到心脏。局部的血流是由动脉和小动脉管上的平滑肌控制的。管壁上的环形肌纤维收缩时，血管变细，血流减少；纵行肌纤维收缩时，血管变粗，血流增加。小动脉管的平滑肌受神经末梢和多种激素水平的控制。然而，脑的小血管对身体一般的生理状况的变化反应不敏感。相反的，脑的局部的二氧化碳的水平上升会引起脑血管的舒张。

有两套动脉给脑供血。

（一）颈总动脉（common carotid arteries）自颈的左右两边上

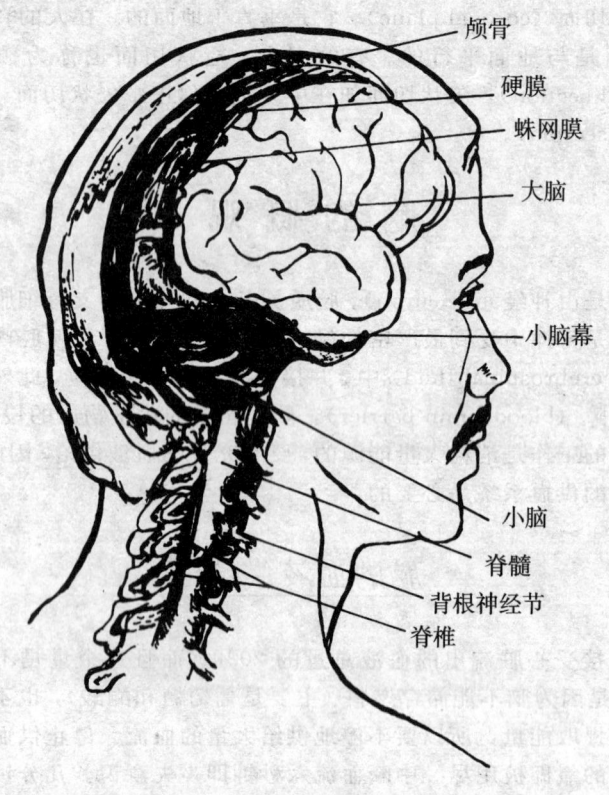

图 2-3 脑和脊髓在头颅和脊椎内的位置

升,其分支之一为颈内动脉(internal carotid artery),自颅底的动脉孔进入颅内,分支成为大脑的前动脉和中动脉,供给大脑半球大部分的血液(见图 2-4)。

(二)椎动脉(vertebral arteries)沿脊椎两侧上升进入颅底。在脑干的腹侧,合并成为一条基底动脉(basilar artery),其分支供给大脑半球的后部和脑干的血液。

在大脑的底部,颈动脉和基底动静脉连接成为韦利斯氏环(circle of Willis)。血管的这种连接使脑的供血有了更好的保障。因为任何一条颈内动脉或椎动脉受伤或被堵塞,由于这个环路的存在,都不会严重影响脑的任何部分的供血。

给脑细胞输送营养物质和清除废物，实际上，都是由小动脉分出的毛细血管执行的。但在脑中，脑细胞和毛细血管之间的物质交换和身体其他部分的情况有所不同。在脑中有一种叫做血脑

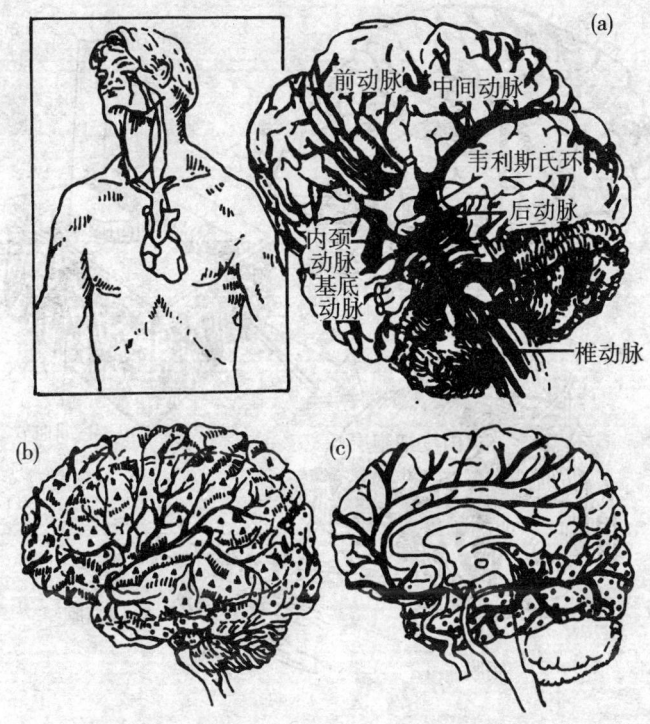

图 2-4　大脑两半球的各支动脉的分布区域

大脑前动脉的分支分布在大脑半球的背侧和内侧，中间动脉的分支分布在大脑半球的外侧面（有▲的区域），后动脉的分支分布在颞叶部和内侧面（有●的区域）。

屏障的过滤器，它使得大分子的物质很难从毛细血管中进入脑细胞。这是因为在脑中构成毛细血管的内皮细胞（endothelial cell）结合得特别紧（见图 2-5）。这样就使大的分子通不过去。这类的物质往往是脑细胞所不能利用的。但是在下丘脑（hypothalamus）的地方，血脑屏障较弱，这可能使下丘脑易于接触和反应血液中的更多的物质。

脑内的静脉分布与动脉相似。大部分的血液由颈内静脉（internal jugular vein）回到心脏。在脑的顶部，两个半球之间有一大的静脉，名为上矢状窦（superior sagital sinus）。

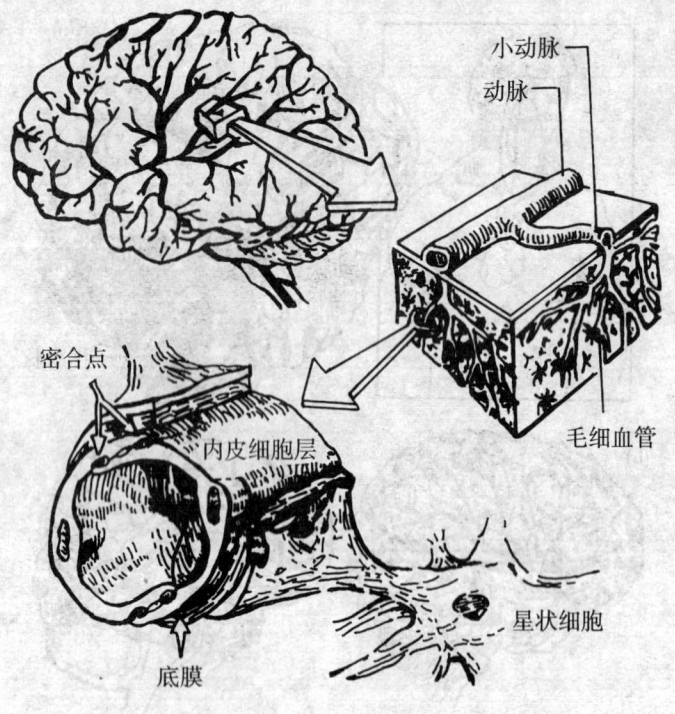

图 2-5 脑内毛细血管和脑细胞之间的物质交换的途径

## 脑　　膜

整个的神经系统——脑、脊髓、脑神经、脊神经和自主（交感和副交感）神经节都是有坚强的结缔组织的膜包着的。包着脑和脊髓的叫做脑膜（menings）。脑膜共有三层：最外面的一层厚而硬，称为硬膜（dura mater）；中间的一层形似蛛网，因而称为蛛网膜（arachnoidea），它软似海棉；紧贴在脑和脊髓表面的一层是软膜（pia mater）（图 2-6）。它随着大脑皮质的沟回曲折回转。脑和脊髓表面的小血管包含在这一层中。在蛛网膜和软膜之间的空隙叫做蛛网膜下腔（subarachnoid space）。在这个空隙间充满了脑脊液，大的血管也在此空隙间穿行。

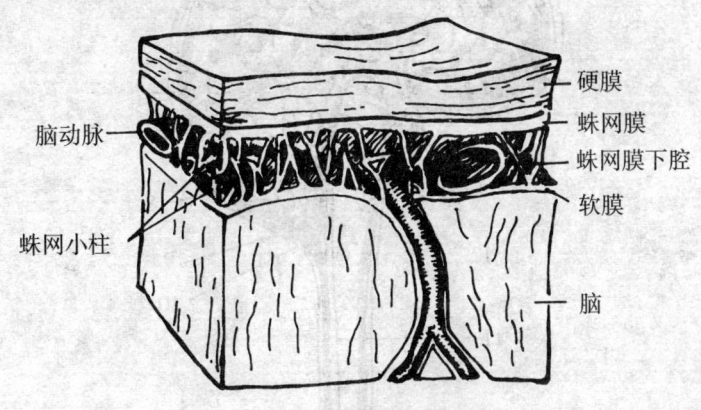

图 2-6  三层脑膜示意图

周缘的神经系统只有两层膜，没有蛛网膜。硬膜和软膜合成一个鞘裹在脑神经、脊神经和自主神经节的外面。

除脑膜外，在大脑两半球和小脑两半球之间，还有一厚而硬的结缔组织的隔膜，称为小脑幕（tentorium）（图 2-7）。幕的下缘有一豁口，间脑以后的脑干皆由此豁口通过。头部经常遭受拳击震动的拳击家常常出现所谓"拳醉"（punch drunk）的症状，可能就是因为脑干在小脑幕的这一边缘上受撞伤的结果。

## 脑室系统和脑积液的产生

脑是很软的状如老豆腐的物质。人脑的重量约有 1 400 克。它的结构非常纤细而且娇弱。因此必须严防震荡。人脑甚至不能支持其本身的重量。从刚死的人的头颅中取出的新鲜脑是很难持握的。

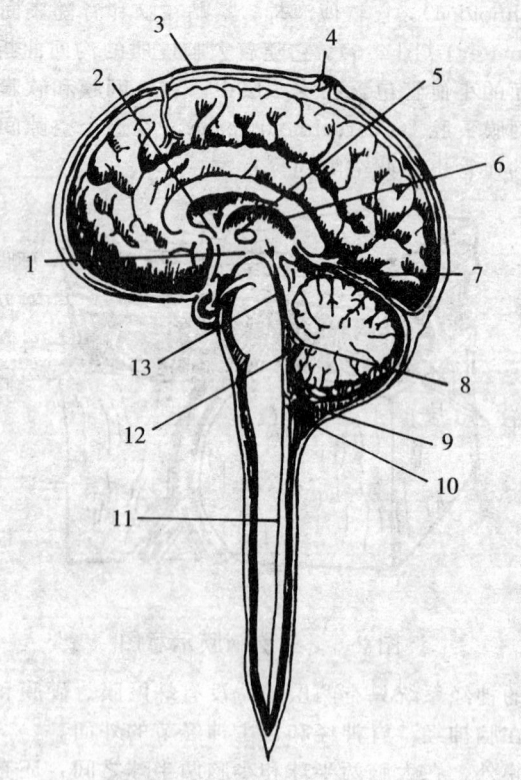

图 2-7 脑的正中矢切面

1. 第三脑室；2. Monro 孔；3. 上矢状窦；4. 蛛网膜粒；5. 中间块；6. 第三脑室的脉络丛；7. 小脑幕；8. 第四脑室；9. Magendie 孔；10. 小脑延髓池；11. 中央管；12. 第四脑室脉络丛；13. 大脑导水管

　　活人的脑是受到妥善保护的。它悬浮在颅内的一个充满脑积液的软囊中。这个软囊就是前面讲的脑膜系统。脑悬浮在液体之中，重力就可减到 80 克，这样加在脑底的压力也大为减小。包围着脑和脊髓的脑积液也减轻了脑由于头部的突然运动而受到的震荡。在临床上，如果因特殊需要抽出过多的脑积液，病人在摇动时常常感到头痛。这表明在正常情况下，丰满的脑积液有吸收震动的作用。

脑的内部有几个互相联通的腔,称为脑室(ventricles),里面也充满了脑积液。这些脑室也有小孔(foramena),与蛛网膜下腔相通,它们也和脊髓中的中央管(central canal)连通。

在成人的脑中,脑室系统形迹迷离,但在发育的初期,它只是由胚胎背部的外胚层细胞形成的神经板(neural plate)下陷的神经沟(neural groove)在背部对合而成的神经管(neural tube)(图 2-8)。这是一切脊椎动物的神经系统发育开始的通型。成人的脑虽然外形极为曲折,但仍然未失其管的特性,即从大脑的两半球直到脊髓中央有一细管一脉相通。脑内的部分称为脑室(ventricles),脊髓部分名为中央管。脑室和中央管中流通着脑积液。这在维持中枢神经系统的营养和代谢上是极为重要的。

脑室的形成是神经管发育的结果。约当胚胎发育的 4 周时,神经管前部出现了三个膨大部分,这就是最初的前脑、中脑和后脑。6 个星期之后,前脑背侧凸出来两个空泡,这就是大脑两半球的起始。其中的腔就是两个侧脑室。这两个空泡的泡壁因神经细胞的增生而加厚并随着大脑皮质的曲折,两个侧室变成了两个窄狭的具有上、下和后三个角的脑室(图 2-9)。

前脑泡的后面部分随着细胞的增生而加厚形成间脑(diencephalon)或称丘脑(thalamus),它下面的部分称为下丘脑。这一部的管腔被厚壁挤成为一个很窄的脑室,称为第三脑室。它下通中脑的大脑导水管(cerebral acqueduct)。中脑的这一部分变化不大,仍保持着管的原形。后脑泡后来发育成为脑桥和延脑,原来的神经管的被腹侧的神经组织的增生挤向背方,背方只剩了很薄的管组织的膜质顶,覆盖着一个好像是从背面切破又撑开来的软管。这就是第四脑室,它上面是小脑,下面通脊髓的中央管。

侧脑室中有脉络丛(choroid plexus)产生脑脊液,通过室间孔(monroe foramen)流入第三脑室。这个脑室也产生脑脊液。这些脑脊液通过大脑导水管流入第四脑室。再加上第四脑室中产生的脑脊液,从这一脑室的膜质顶上的小孔(magendie foramen)和两旁的小孔(luschka foramen)中流到包着整个脑的蛛网膜下腔中。然后由伸入到上矢状窦内的蛛网膜粒吸收(arachnoid granulation),再归入静脉的血流中。

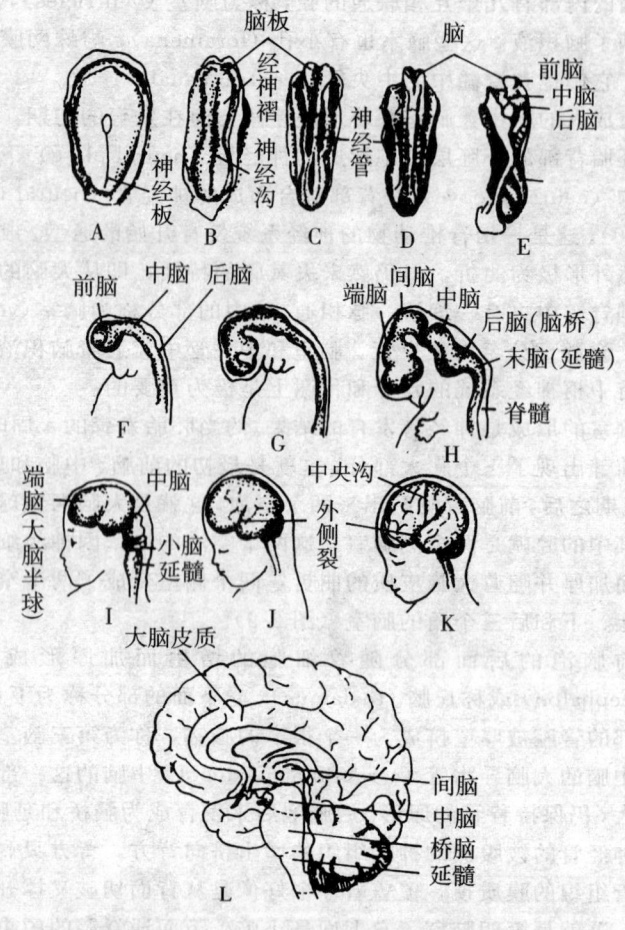

图 2-8 脑的发育

神经沟开始于外胚层的一条神经板（A），然后下陷形成神经沟（B），神经沟两边合拢形成神经管（C、D），神经管前端发育成为脑（E），最初形成前、中、后三个脑泡（F），以后前脑泡分化为端脑和间脑（G、H），端脑形成大脑半球（I），大脑半球皮质的发育盖住了间脑和中脑（J、K）。人胚：F.3 星期；G.4 星期；H.7 星期；I.11 星期；J.6 月；K. 新生儿；L. 成人。

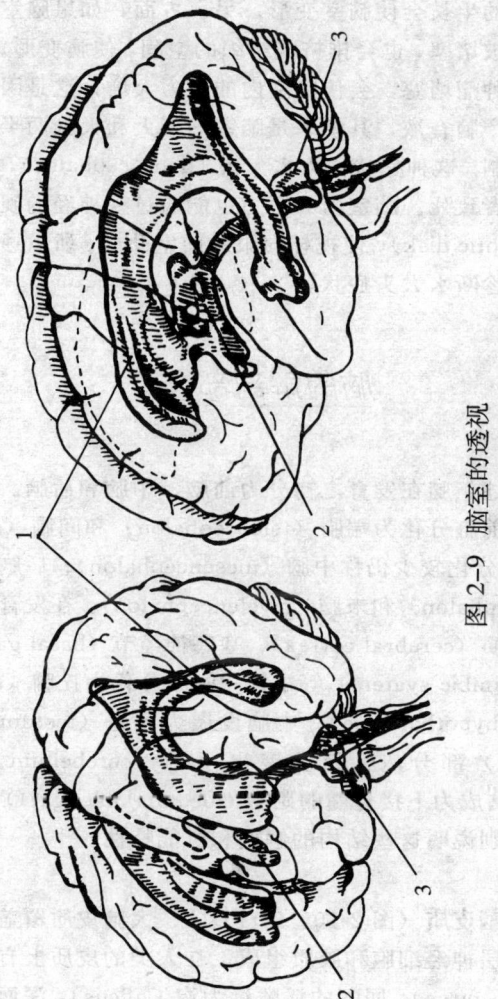

图 2-9 脑室的透视
1.两个侧脑室; 2.第三脑室; 3.第四脑室

· 43 ·

颅骨、椎骨和脑膜把中枢神经系统（脑和脊椎）包在一个容积固定的容器之内。这一实际使得任何原因引起的脑的体积的增长（除正常发育之外）都会挤掉脑脊液的空间。例如，靠近某一脑室的肿瘤的生长会使脑室变形。另一方面，如果脑室中的脑脊液的流出口被堵塞，也会排挤脑组织的空间，使脑变形。例如，大脑导水管被肿瘤堵塞，会使脑室内的压力大增，这是因为脉络丛仍不停地生产脑脊液，其结果是脑室的膨大和大脑两半球的细胞生长受到限制。这种症状称为水大头（hydrocephalus），患者智力落后，严重者致死。脑室内的压力也能通过视神经的硬膜下空隙传到视杯（optic disk），使视杯向眼的前室凸出。所以通过瞳孔检查眼底可以诊断水大头症状。

## 脑的解剖部分

如前所述，脑在发育之初分为前脑、中脑和后脑。进一步发育和分化，前脑分化为端脑（telencephalon）和间脑（diencephalon）；中脑分化较少仍称中脑（mesencephalon）；后脑分化为后脑（metencephalon）和末脑（myelencephalon）。在发育中端脑形成了大脑皮质（cerebral cortex）、基底神经节（basal ganglia）和边缘系统（limbic syatem）等结构；间脑分化为丘脑（thalamus）和下丘脑（hypothalamus）；中脑发展为顶盖（tectum）和被盖（tegmentum）部分；后脑发展出小脑（cerebellum）和脑桥（pons）；末脑成为下接脊髓的延脑（medulla oblongata）（图 2-8）。

下面分别说明这些结构的解剖和机能特性。

一、**大脑皮质**（图 2-10、2-11）　　大脑皮质覆盖着大脑两半球，由六层神经细胞和胶质组成。在人类的皮质上有大量的皱起，称为回（gyrus），回间的浅隙称为沟（sulcus），深而较宽的沟称为裂（fissures）。沟回的形成增加了皮质的面积。在鼠类中，大脑皮质是光滑的，其面积小。在人类，大脑皮质的面积约 1 800 平方厘米，比普通的一个大写字台的面积还大。大脑皮质与脑的其他部分的比例的大小与动物发展的等级有很高的相关。越是高级的动物其大脑皮质所占比例越大。

大脑皮质的表面分为五叶。从外侧面上可以看到额叶（frontal lobe）顶叶、颞叶和枕叶（occipital lobe）（图 2-9）；在正中矢状面可以看到内侧面的边叶（limbic lobe），还可以看到联合两半球皮质的巨大对合纤维束（commissure），称为胼胝体（carpus callosum）。这些纤维都是两半球皮质中的锥体细胞的有髓鞘的轴突。

额叶、顶叶、颞叶和枕叶的皮质在系统的发生上出现较晚，所以称为新皮质（neucortex），边叶的发生较早，称为旧皮质（paleocortex），它是构成边缘系统的一个重要部分。

大脑皮质的各叶是由几条重要的沟和裂分界的。在额叶和顶叶之间有一条自上而下的沟，称为中央沟（central sulcus），沟前为额叶，沟后为顶叶。顶叶与枕叶之间有一条深沟，称为顶枕裂（parieto-occipital fissure）。侧面有一条自前向后上方伸去的深裂，称为大脑外侧裂（lateral fissure of cerebrum），它上方是额和顶叶，下方是颞叶。撑开外侧裂还可以看到一块皮质，常称为脑岛（insula）。边叶和顶叶的内侧面之间有一条沟，称为下顶沟（subparietal sulcus）。边叶与额叶的内侧面之间的沟称为扣带沟（sulcus cinguli）。边叶与胼胝体之间的沟称为胼胝体沟（sulcus of corpus callosum）。处于胼胝体沟与扣带沟和下顶沟之间的边叶，状似一条弯带，故亦称为扣带回（gyrus cinguli）。

在新皮质上有几个区域的功能联系比较确定，它们常被称为一级的感觉或运动区，如中央沟前面的前中央回（precentral gyrus），是控制肢体的随意运动的，称为运动皮质（motor cortex）；后中央回（postcentral gyrus）直接接受从丘脑投射上来的传递躯体表面信息的神经纤维，称为躯体感觉皮质（somatosensory cortex），触、压、温和味觉在此初步加工。枕叶的最后部分，称为枕极（occipital pole），这部分皮质接受传递视觉信息的投射纤维，称为视觉皮质（visual cortex）；颞叶上部最靠里面的颞横回，接受传递听觉信息的投射纤维，称为听觉皮质（auditory cortex）。此外，在前中央回的下前方有一块皮质，称为布洛卡语言区（Broca's area），大多数右利手的人（习惯用右手持工具者），如果左边半球

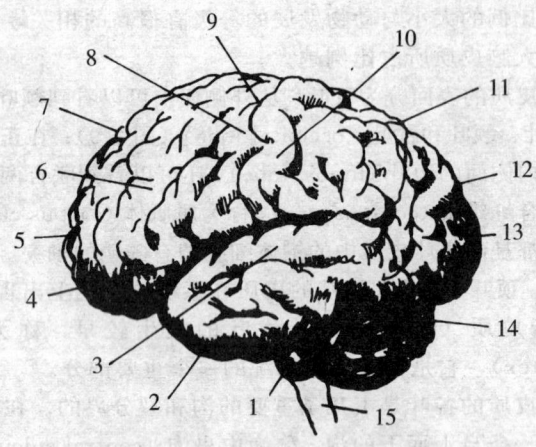

图 2-10 大脑半球侧面观

1. 脑桥；2. 颞叶；3. 颞上回；4. 外侧裂（sylvian fissure）；5. 额极；6. 前额区；7. 额叶；8. 前中央回；9. 中央沟；10. 后中央回；11. 顶叶；12. 枕叶；13. 枕极；14. 小脑；15. 延髓

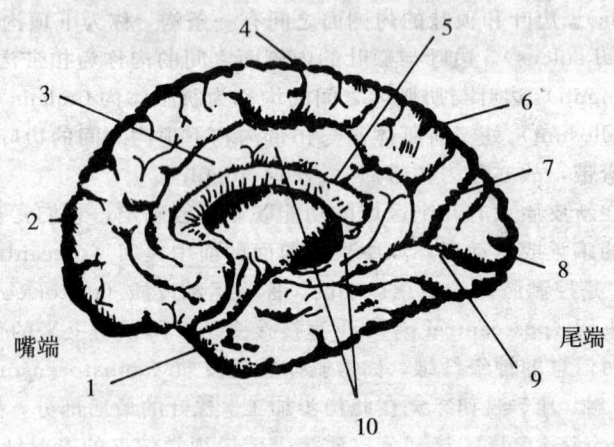

图 2-11 大脑两半球矢状正切面

1. 颞极；2. 额极；3. 扣带回；4. 中央沟；5. 胼胝体；6. 顶叶；7. 顶枕裂；8. 枕极；9. 矩状裂；10. 边叶

的这部分皮质损伤，即不能说话（见图2-12）。

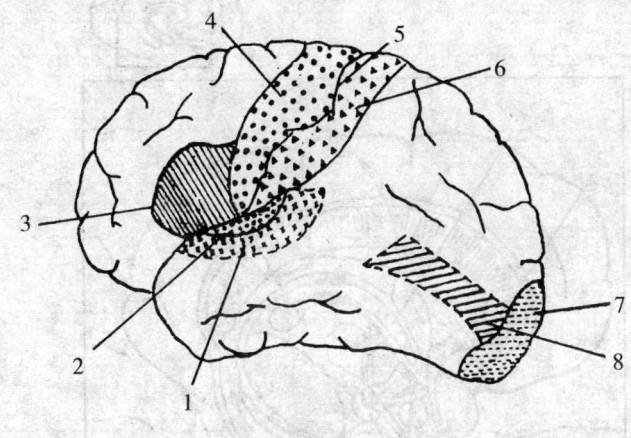

图 2-12　大脑皮质的几个重要的机能专化区
1.2. 听觉皮质（大部在颞叶内侧面）；3. 布洛卡区；4. 运动皮质；
5. 中央沟；6. 躯体感觉皮质；7.8. 视觉皮质（大部在内侧面）

**二、边缘系统**（图2-13）　　边缘系统包含着几个互相联系着的结构。除上面提到的扣带回外，还包括有海马结构(hippocampal formation)、杏仁核团(amygdaloid complex)（一般称为杏仁核，amygdala)、隔(septum)、前丘脑(anterior thalamus)和乳头体(mammillary boby)。后两结构是间脑部分，不属端脑。但一般总是把它们算做是边缘系统的一部分。边缘系统的功能涉及到情绪行为、动机和记忆等过程。这将在后儿章中论及。

**三、基底神经节**（图2-14、2-15）　　基底神经节是包在大脑皮质里面的几个大的神经细胞集团，包括其头部成为侧脑室底和外壁的尾状核(caudate nucleus)，在出入大脑皮质的巨大纤维束——内囊(capsula interna)外侧的豆状核(lenticular nucleus)。豆状核可分为两部，内部称为苍白球(globus pallidus)，外部称为壳核(putamen)。这些核间有许多神经纤维穿行，切面呈灰白间隔的纹状，所以合起来总的称为纹状体(corpus striatum)。处于

· 47 ·

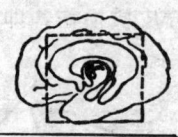
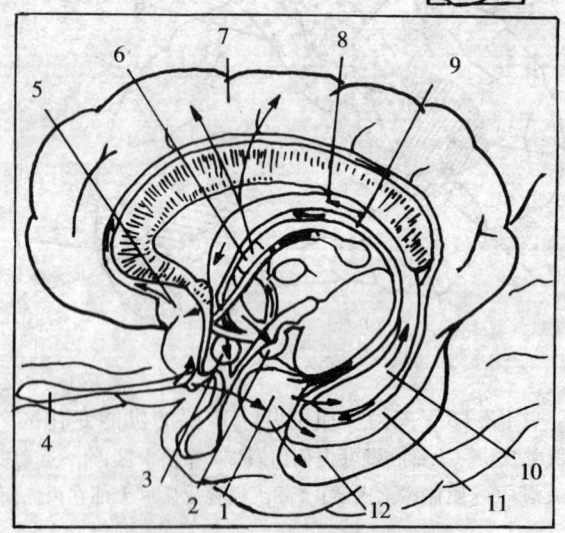

图 2-13 边缘系统的图示
1.杏仁核；2.乳头体；3.下丘脑；4.嗅球；5.隔区；6.丘脑前核；
7.扣带回；8.穹窿；9.终纹；10.海马缴；11.海马结构；12.内鼻区

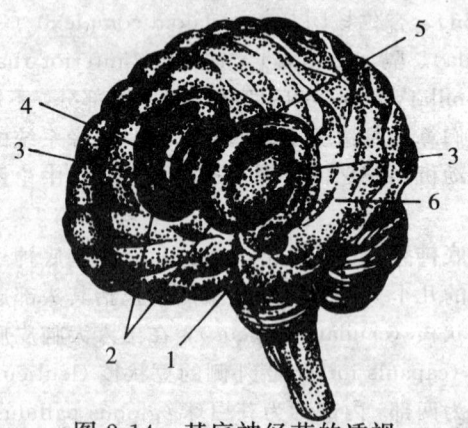

图 2-14 基底神经节的透视
1. 杏仁核；2. 尾核头部；3. 壳核；4. 苍白球；5. 丘脑；6. 尾核尾部

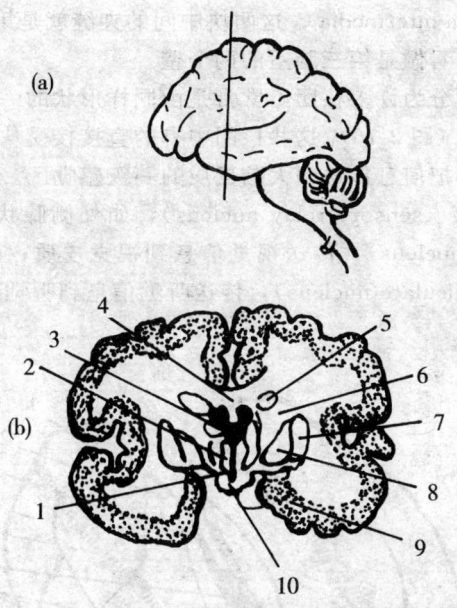

图 2-15 大脑冠状切面[(a)切面部位;(b)切面观]
1. 第三脑室;2. 丘脑;3. 侧脑室;4. 胼胝体;5. 尾核头;6. 内囊(出入大脑皮质的神经纤维通过之处);7. 壳核;8. 苍白球;9. 杏仁核;10. 下丘脑

尾状核尾端的杏仁核也包括在基底神经节系统中,它是边缘系统和基底神经节系统共有的。

基底神经节大都参与控制运动的机制。它们是锥体外运动系统(extrapyramidal motor system)的主要组成部分。进入纹状体的多巴胺能的(dopaminergic)神经纤维的溃变常产生走路迈不开步和手不自主地颤抖症状,临床上称为帕金森氏症(parkinson's disease)。基底神经节也在情绪行为中起重要作用。一个攻击性很强的猴子,如果破坏了它的杏仁核,会变驯服。过去也曾用外科手术破坏躁狂病人的杏仁核以缓解其疯狂。

**四、丘脑**(图 2-14、2-15) 间脑的背部称为丘脑(thalamus),它实际上是两大块神经细胞集团,中间连接的部分称为中间块（massa intermedia）。这两块中间的夹缝就是第三脑室，所以也可以把它看做是第三脑室的两个壁。

丘脑可分为许多核团，常常是由同样形状的一些神经细胞组成一个核团（图2-16）。这些核团中有的直接接受从初级中枢传来的信息，并把信息传送到大脑皮质的一级感觉区。这些核可称为感觉中继核（sensory relay nucleus），如外侧膝状体核（lateral geniculate nucleus），传送视觉信息到视觉皮质；内侧膝状体核（medial geniculate nucleus），传送听觉信息到听觉皮质；还有外

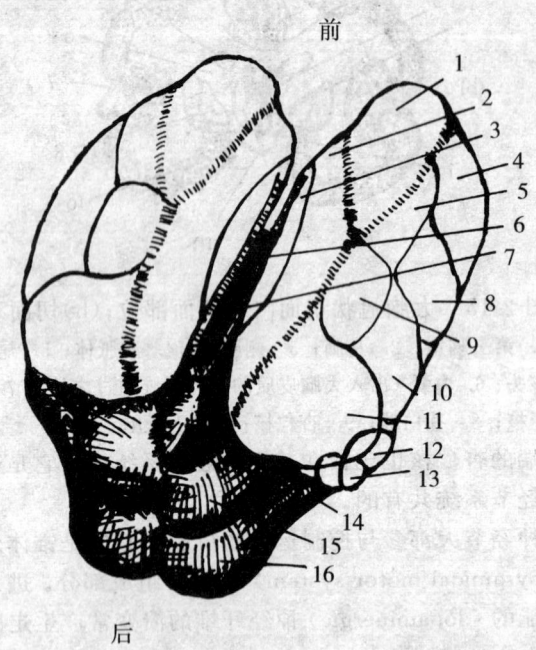

图 2-16 丘脑的整体形式和各个核团的部位

1. 前核；2. 内侧核（包括背腹两部分）；3. 中线核；4. 前腹核；5. 外侧背核；6. 中间块；7. 第三脑室；8. 外侧腹核；9. 外侧后核；10. 后腹核；11. 枕核；12. 外侧膝状体；13. 内侧膝状体；14. 松果体；15. 上丘（中脑）；16. 下丘（中脑）。上丘和下丘合称四叠体（copora quadrigemina）。

侧腹后核（lateral ventral posterior nucleus），传送躯体信息到躯体感觉皮质。还有一些核也是传送信息到皮质的特定区域的，但它们传送的不是单纯的感觉信息。如腹外侧核（ventral laterior nucleus），纤维是投射到运动皮质的；背内侧核（dorsomedial nucleus）的投射到前额皮质（prefrontal cortex）；枕核（pulvinar nucleus）的投射到顶叶皮质（parietal cortex）；前核（anterior nucleus）的投射到边叶皮质。这些核，如背内侧核、枕核和相应的皮质都有双向的神经纤维联系。其他的一些核，如中线核（midline nucleus）和网状核（reticular nucleus），它们的纤维分散地投射到大脑皮质的广泛的区域，也投射到丘脑的其他核中（图2-17）。

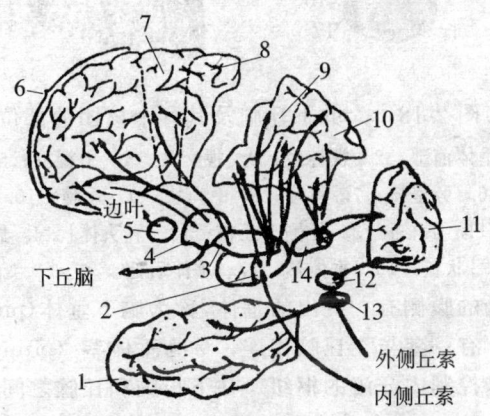

图 2-17 丘脑核与大脑皮质的联系
1. 颞叶；2. 腹核团；3. 外侧核团；4. 内侧核团；5. 前核；6. 额叶；7. 前运动皮质；8. 运动皮质；9. 躯体感觉皮质；10. 顶叶；11. 枕叶；12. 外侧膝状体；13. 内侧膝状体；14. 枕核

**五、下丘脑**（图 2-18） 下丘脑处间脑的底部，在第三脑室下部的两旁。它是由许多核团组成的一个比较小的结构。但是，其功能是非常重要的。它控制自主神经系统（autonomic nerve system）和内分泌系统（endocrine system），整合各种反射活动和组织与种族生存攸关的行为，如战斗、摄食、逃遁和交配等行为。它的各个核的解剖部位如图 2-19 所示。其功能将在有关的章节中详述。

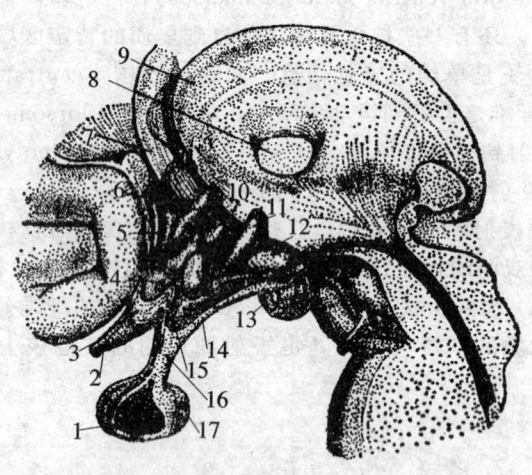

图 2-18 人的下丘脑及其各个核团的部位

1. 垂体前部；2. 视神经；3. 视交叉；4. 上视核；5. 前视核；6. 旁室核；7. 穹窿；8. 中间块；9. 丘脑；10. 背内侧核；11. 后核；12. 外侧下丘核；13. 乳头体；14. 腹内侧核；15. 弓状核；16. 垂体柄；17. 垂体后部

下丘脑的腹侧有一突出的垂体，称为脑下垂体（pituitary body or gland），有一茎与下丘脑相连，称为垂体茎（pituitary stalk），这是下丘脑控制内分泌的枢纽。在下丘脑和丘脑之间有一小块区域称为底丘脑（subthalamus），是与运动的控制有关的。

**六、中脑** 脑去掉大脑皮质其余的部分通称脑干（brain stem）（图 2-19）。中脑（mesencephalon）是脑干的一个重要部分。它紧接间脑的尾端，通常分为两部：背侧称为顶盖（tectum），腹侧称为被盖（tegmentum）。

顶盖有上丘（superior colliculi）和下丘（inferior colliculi）两个部分，合称为四叠体（corpora quadrigemina）。下丘是听觉系统的一个重要部分。传递听觉信息的神经纤维皆经下丘到内侧膝状体，再到听觉皮质。有许多纤维终止在下丘，和这里的神经元形成突触连接（synaptic junction），与听觉反射有重要关系。

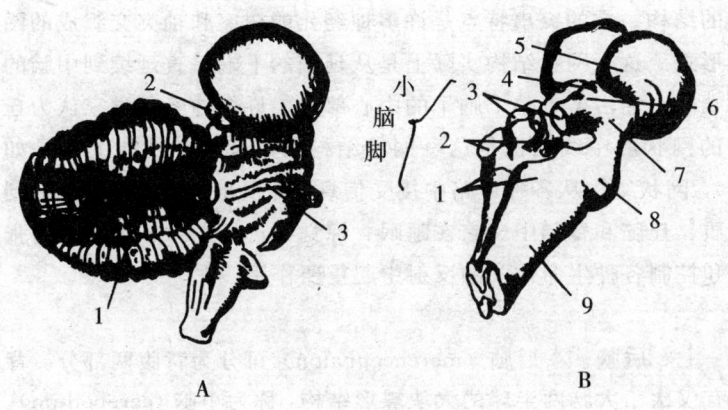

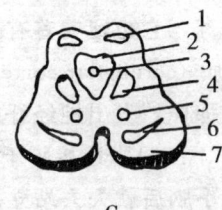

图 2-19  A. 小脑和脑干的侧面观 1.小脑；2.上丘；3.滑车神经
　　　　 B. 脑干的背侧面 1.小脑下脚；2.小脑中脚；3.小脑上脚；4.
　　　　    上丘；5.间丘；6.下丘；7.中脑；8.脑桥；9.延脑
　　　　 C. 在上丘水平的横切面 1.上丘核；2.导水管周围灰质；3.大
　　　　    脑导水管；4.中脑网状结构；5.红核；6.黑质；7.大脑脚

　　上丘是视觉系统的一部分。在低等的脊椎动物中，它是重要的视觉中枢。但在哺乳动物中，因为演化出直接的网膜—膝状体—视觉皮质系统，给上丘留下来的主要功能是视觉定向反应和对运动刺激的动眼反应。然而最近有人认为这可能低估了哺乳动物的上丘的作用。

　　被盖部分有许多运动核和感觉核。许多上行的感觉纤维皆通过被盖部分上至丘脑。最重要的是它中间的网状结构（retcular formation）。

　　网状结构是由许多（总数多达九十多个）核组成的一个相当

大的结构。它的突出特点是许多神经元的树突和轴突交织成的网状形式。这个网状结构实际上是从延脑的下端一直延续到中脑的上端的。它占据着整个脑干的中心部分。许多神经科学家认为丘脑的网状的中线核也是这一网状结构的延续（在功能上也是如此）。网状结构从各种通路中接受信息，并发出神经纤维，投射到皮质、丘脑和脊髓中。它在睡眠、惊觉、选择注意、维持肌肉张力和控制各种生命攸关的反射中起重要作用。

**七、后脑** 后脑（metencephalon）可分为背腹两部分。背部有仅次于大脑两半球的大块蝶形结构，称为小脑（cerebellum）。腹侧有一桥状结构，称为脑桥（pons）。

小脑类似大脑两半球，它也覆盖着有三层不同的神经细胞组织的皮质，称为小脑皮质（cerebellar cortex）。其深部也有许多核团，也类似许多丘脑核那样，发出神经纤维投射到小脑皮质的各个部分。小脑有上、中、下三只脚连接脑干，如图2-19中所示。在高等哺乳动物中，摘除小脑后就失去站立、行走和任何协调的运动。熟练的技巧如弹钢琴、走钢丝和各种杂技都需要小脑的精确控制。小脑也接受视、听、前庭和躯体感觉的信息，同时也接受由大脑皮质指挥的个别肌肉运动的信息。小脑整合这些信息以调整肌肉的运动，使动作协调而圆滑。小脑受伤会产生跳动式的、不协调和夸张的运动。在运动技能的学习中，小脑起重要作用。

脑桥是脑干腹侧的一个相当大的凸出结构。脑桥的被盖部分的中心是网状结构的一部分，包括其中的某些与睡眠和惊觉有关的重要核。还有几个支配面部肌肉和面部感觉的面神经核。脑桥的基底部分（腹侧）是大脑皮质和小脑皮质联系的通路。

**八、末脑** 末脑（myelencephalon）也称延髓（medulla oblongada），是脑干的最尾端的部分，下接脊髓。延髓中也有一部分网状结构，其中也有调整心血管活动、呼吸和肌肉张力的生命攸关的中枢（神经核）。

# 脊髓的概观

脊髓（spinal cord）（图 2-20）是一柱状结构，有两个膨大部分，一在颈部，一在腰部。其尾端形状为锥状。脊髓的主要功能是发出运动神经纤维控制身体的肌肉和腺体的活动，以及收集身体的各种感觉信息向脑传送。脊髓中也有一部分自主的反射线路，将在有关章节中论及。

脊髓藏在脊柱中，它的长度只有脊柱的 2/3，仅达第一腰椎的节段，以下的脊椎中完全是脊神经根，称为马尾（cauda equina）。在胚胎发育的早期，脊髓和脊柱是一样长的。后来脊柱生长快，脊髓相对的短了。这就使得原来与椎间孔对应的脊神经根向下行才能从相对的椎间孔（intervertebral foramena）中穿出，而越靠下的脊神经根下行的距离越远。马尾即因此而形成。在分娩时有时常用尾部封闭（caudal block），就是将麻醉剂注射到马尾周围的脑脊液中以镇痛。

脊髓的最尾端有从背外侧和腹外侧发出的两条脊神经根垂直下行称为终丝（fila），它们合成第 31 对（即最后一对）脊神经。

脊髓和脑一样，有神经细胞聚集的灰质和神经纤维聚集的白质，白质中的纤维大部分是上行和下行的有髓鞘的轴突。它们都是在灰质的外围。图 2-21 是脊髓的横切面。中心 H 形部分表示灰质部分。外周各小区表示上行纤维束的部位，靠里的区域表示下行纤维束的部位。上行的是传送感觉信息的。下行者多是传达运动命令的。

# 周缘神经系统

身体的骨骼肌肉系统和各种感觉器官是通过脊神经（spinal nerve）和脑神经（cranial nerve）与脊髓和脑交通的。自主神经系统包括交感神经（sympathetic nerve）、副交感神经（parasympa-

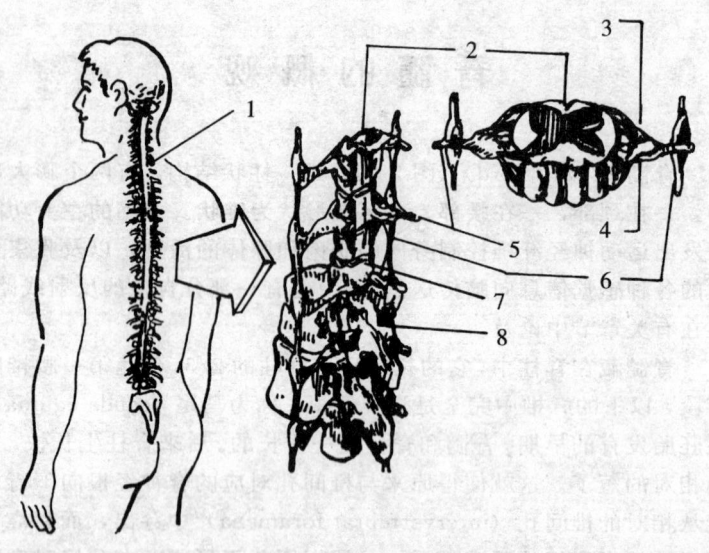

**图 2-20 脊髓和脊神经**

1. 脊髓；2. 灰质；3. 腹（前）根；4. 背根和神经节；5. 脊神经；6. 交感神经链；7. 硬膜；8. 脊椎骨

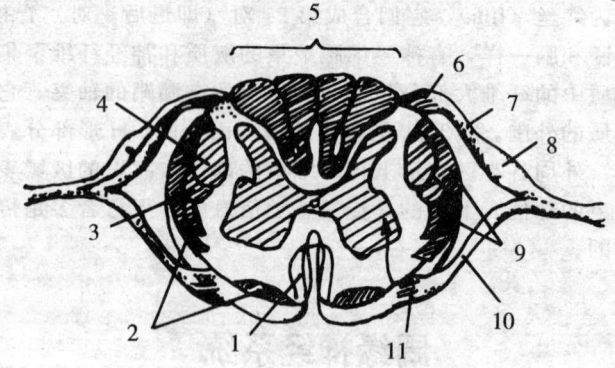

**图 2-21 脊髓腰节横切面**

1. 前锥体束；2. 脊髓丘脑束；3. 红核脊髓束；4. 侧锥体束；5. 背柱；6. 背根丝；7. 背根；8. 背根神经节；9. 脊髓小脑束；10. 腹根；11. 腹根丝

thetic nerve）和它们的神经节，也是通过脑神经和脊神经与中枢神经系统联系的。腺体、平滑肌和心肌是受交感和副交感神经节的节后神经纤维控制的。

## 脊 神 经

由脊髓的腹侧和背侧发出的脊神经的腹根（ventral root）和背根（dorsal root）在出椎间孔之前合成脊神经（图 2-20、2-21）。脊神经离开脊柱后分支分配到身体的肌肉和感觉感受器中，属于自主系的则分配到交感或副交感神经节中。脊神经的这些分支常常是跟随血管走的，特别是到骨骼肌中去的更是如此。胸部的脊神经则都在肋间行走，称为肋间神经（intercostal nerve）。这些神经的走向是和肋间的动脉和静脉平行的。有些脊神经散开后又再混起来成为神经丛（plexuses）。

分配到身体的感觉感受器中的神经纤维都是从背根来的。它们的细胞体在中枢之外，在背根的膨大处，此处称为背根神经节（图 2-21）。这些节细胞是单极的，即只在一端生出纤维，然后分为中枢支和周缘支。中枢支由背根进入脊髓，周缘支加入脊神经，然后分布到躯体的感觉感受器中。所以称背根是感觉性的，或内导的（afferent）。

脊神经的前根发自脊髓灰质的前角（ventral horn）（图 2-21），它们是位于这里的多极神经细胞（或称为运动神经元）的轴突（axons）。它们分布到身体的骨骼肌中，控制肌肉的收缩。前根中还有一部分纤维发自脊髓灰质的中间角（intermediate horn）内的较小的多极细胞。它们是到交感神经节中去的，因此前根的神经纤维都是外导的（efferent），或谓运动性的。

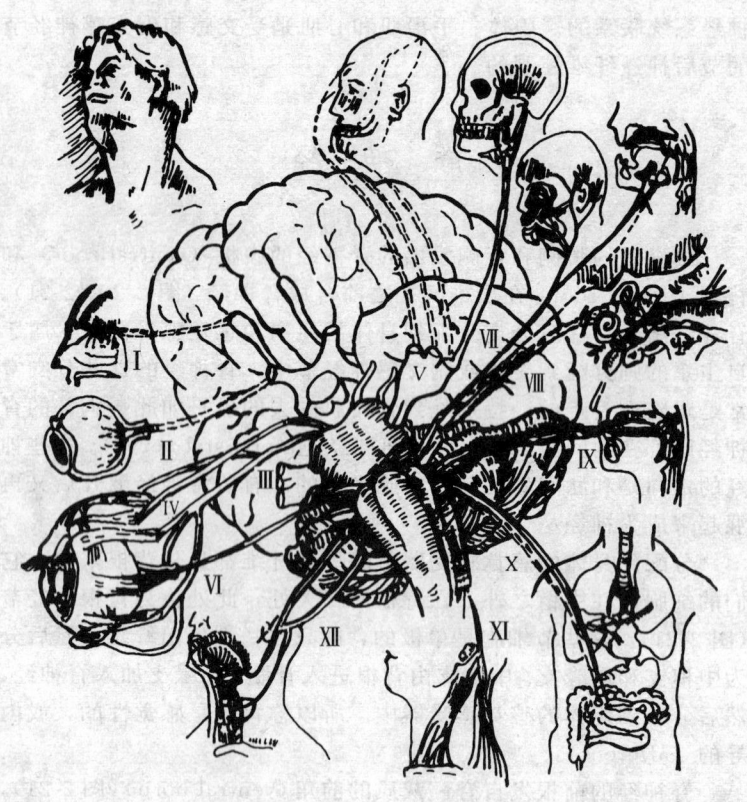

图 2-22 脑神经发出和分布的部位

Ⅰ.嗅球（嗅神经出处）；Ⅱ.视神经；Ⅲ.动眼神经（支配除上斜肌和外直肌以外的一切眼肌）；Ⅳ.滑车神经（支配上斜肌）；Ⅴ.三叉神经（颌部肌肉运动和面部及牙齿的感觉）；Ⅵ.外展神经（支配外直肌）；Ⅶ.面神经（支配面部肌肉、颌下腺、舌下腺，以及舌和腭的感觉）；Ⅷ.听神经（分布于耳蜗及前庭器官）；Ⅸ.舌咽神经（支配舌的后部和咽部的肌肉，以及这些部位的感觉）；Ⅹ.迷走神经（支配心脏、胃肠道、肺、气管、支气管和喉的运动及感觉）；Ⅺ.副神经（支配胸锁乳突肌、斜方肌）；Ⅻ.舌下神经（支配舌肌）

# 脑 神 经

有12对脑神经从脑的腹面出来（图2-22）。这些神经分配到头和颈部的肌肉和感官中。其中的第十对，即迷走神经（vagus nerve）支配胸腔和腹腔内的器官的自主功能。图2-26中所示，第一对是嗅神经（olfactory nerves），第二对是视神经（optic nerves），第三对是动眼神经（oculomotor nerves），第四对是滑车神经（tro-chlear nerves），第五对是三叉神经（trigeminal nerves），第六对是外展神经（abducens nerves），第七对是面神经（facial nerves），第八对是听神经（auditory nerves）（其中有听的（acoustic）和前庭的（vestibular）成分，第九对是舌咽神经（glossopharyngeal nerves），第十对是迷走神经（vagus nerves），第十一对是脊髓的副神经（spinal accessory nerves），第十二对是舌下神经（hypoglossal nerves）。关于这些神经的来源和功能将在以后有关各种感觉过程的章节中详述。此间仅以图2-22的形式表示它们的出处、分布和功能。

# 自主神经系统

自主神经系统是控制平滑肌、心肌和腺体的系统（图2-23）。例如，血管舒张、收缩，瞳孔的放大和缩小，眼中晶体的曲度变化，胃肠道的蠕动，膀胱和胆囊的括约，毛发的竖立，都是由平滑肌的收缩产生的。许多腺体的分泌也是受自主系统的神经支配的，这些常被称为植物性功能。自主神经系统分为交感（sympathetic）和副交感（parasympathetic）两个部分。

**一、交感神经系**（图2-24） 在体内需要释放贮存的能量时，即在异化的（catabolic）过程中，交感神经系最为活跃。

脊髓中支配交感系的运动神经的细胞体在胸和腰节段的灰质的中间角（intermediate horn）中。如前所述，这些神经元的轴突，由前根出脊髓成为白交通支（white rami）进入脊交感神经节（spinal sympathetic ganglia）。这些神经节连接起来形成了交感链（sympathetic chain）。

所有的交感运动纤维都进入交感链上的神经节，但不是都在这里与节内的神经细胞形成突触联系。有的穿过这里的神经节走相当远的路线进入距离脊髓很远的交感神经节，如下肠系膜神经节（inferior mesenteric ganglia），在这里与节后神经元（postganglionic neuron）形成突触联系。这些节后神经元发出轴突到达目的器官（如肠、胃或肾）。而终止在脊交感链上的神经节内的纤维则与这里的节后神经元形成突触连接。后突触神经元的轴突有一

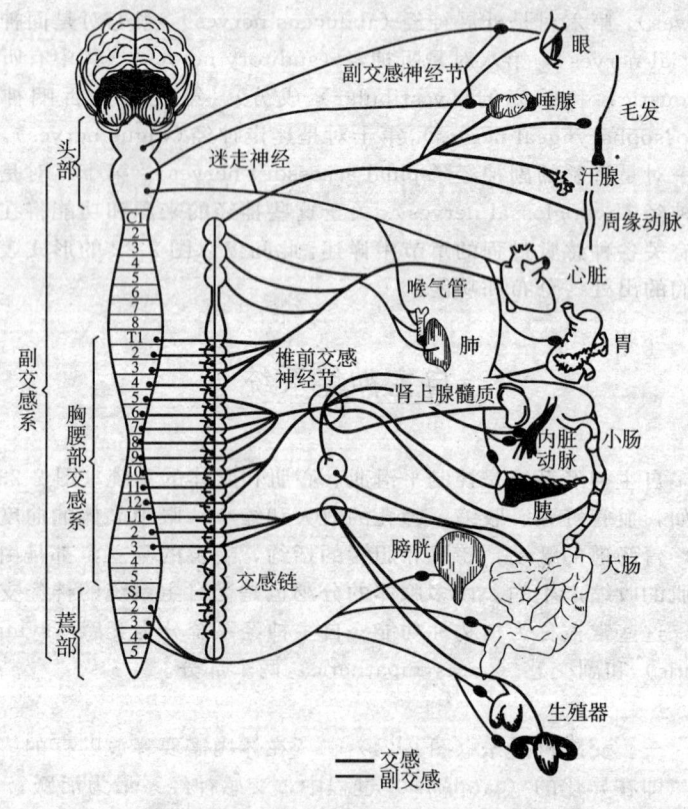

图 2-23  自主神经系统的支配概观

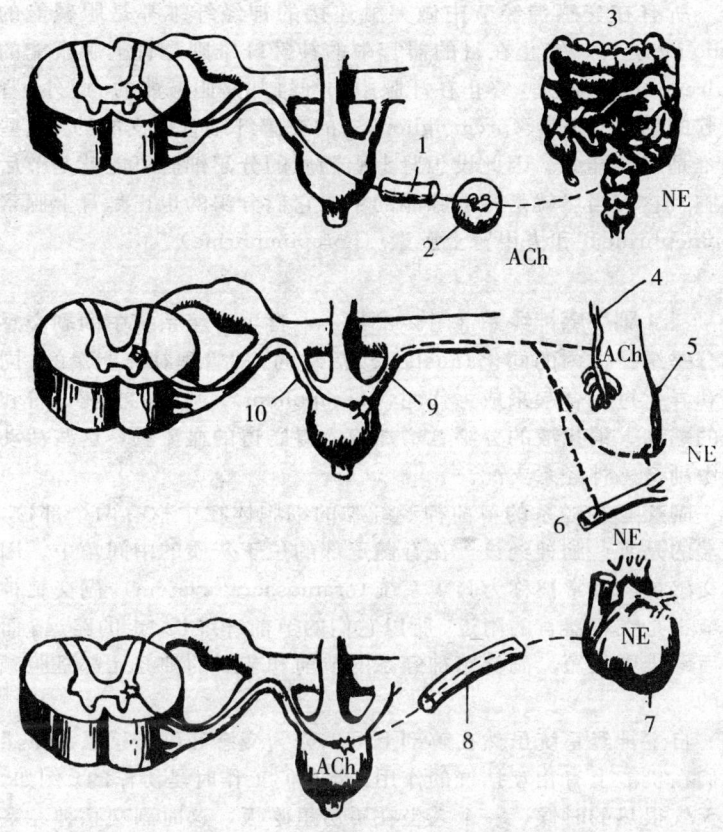

图 2-24 交感神经的传出通路
1. 内脏神经;2. 下肠系膜神经节;3. 胃肠道;4. 汗腺;5. 毛囊;
6. 周缘小动脉;7. 心脏;8. 心脏神经;9. 灰交通支;10. 白交通支;
NE. 去甲肾上腺能的;ACh. 乙酰胆碱能的

路组成灰交通支(gray rami)再回到脊神经中,伴随脊神经分配到皮肤及皮肤中的血管、汗腺和毛囊中。组成灰交通支的这些节后纤维是没有髓鞘的(unmyelinated),所以呈灰色。另一路节后纤维离开交感链之后伴随心神经或肺神经走一段路,然后进入它的目的器官,例如心脏、支气管、大的内脏血管以及头内的某些器官。

所有在交感神经节中做突触连接的神经纤维都是胆碱能的（cholinergic），终止在目的器官中的神经纤维则是肾上腺素能的（adrenergic）。但是，终止在汗腺中的纤维却是胆碱能的。此外，肾上腺的髓质是节前（preganglionic）的交感纤维直接支配的。这些纤维是胆碱能的。因此设想肾上腺髓质的分泌细胞可能就是节后细胞，它们当然就是肾上腺能的了，它们分泌的也正是肾上腺素（epinephrine）和去甲肾上腺素（norepinephrine）。

## 二、副交感神经系（图 2-23）

自主神经系统中的副交感部分是维持体内的同化（anabolic）活动的，即管理补充能量的。同化和异化过程合起来成为代谢（metabolism）。唾液的分泌、胃和肠的蠕动、消化液的分泌、增加流入胃肠道的血流量，这些活动皆由副交感神经系支配。

副交感神经系的节前神经纤维的细胞体在中枢有两个部位，头端的是某些脑神经核，在脊髓荐部的位于灰质的中间角中。因此交感神经系常被称为脑荐系统（craniosacral system）。副交感神经节都是在靶器官的附近，所以它们的节前纤维长，走的路远。而节后纤维则较短。副交感神经系的节前和节后的神经元都是胆碱能的。

自主神经系统虽然在解剖上可以分为交感和副交感系。虽然它们在机能上有相互拮抗的作用，但它们工作时是协作的。例如，在天气很热的时候，一个人坐在厨房里吃饭，这时副交感神经系的活动增加到胃肠道中去的血流量，刺激胃和食道的蠕动，和增加消化液的分泌。这些活动的结果是增加能量的吸收和贮存。但在同时，交感神经系也在活动，使汗腺分泌汗，这是消耗能量的活动。在夏天吃饭固然重要，出汗也是调节体温所必需的，不然人就会发烧，饭也吃不下去了。因此我们可以了解到自主神经系统的这两部分的工作虽然都有其特殊作用，但它们的工作配合起来使功能不同的器官同时活动，以支持整个机体生存的正常条件。当这两个部分的工作不配合或配合不好时，人就会生病，即所谓植物性功能紊乱（vegetative function disorder）。"植物性"一词的由来非常古老，古希腊的伟大思想家亚里士多德（Aristotle）把动物所具有的营养能力称为植物性的精神。流传至今，人们把内脏活动称为植物性过程（vegetative processes），而管理这些活动的自主神经系统的失调也就被称为植物性功能紊乱了。

## 神经系统的微观

本节要讲的是神经系统的细微结构，因此先要有一个大小的概念。为便于参考，在表 2-1 中列出本节将要提到的一些结构的度量和单位。

表 2-1 脑结构的大小、放大倍数和度量单位

| 放 大 倍 数 | 可 见 结 构 | 结构的实际大小 | 度 量 单 位 |
|---|---|---|---|
| ×1（等身） | 整个脑 | 从额极到枕极 15 cm | 1 cm＝$10^{-2}$ m |
| ×10 | 皮质；大纤维束 | 人类大脑皮质厚 3 mm | 1 mm＝$10^{-3}$ m |
| ×100（$10^2$） | 皮质细胞层 | 大神经元细胞直径 100 $\mu$m | 1 $\mu$m＝$10^{-6}$ m |
| ×1 000（$10^3$） | 神经元的个别部分 | 大的轴突和树突直径约 10 $\mu$m | 同上 |
| ×10 000（$10^4$） | 突触（终钮和树突刺） | 终钮直径约 1 $\mu$m | 同上 |
| ×100 000（$10^5$） | 突触的细节 | 在突触处两神经元的间隙约 20 nm | 1 nm＝$10^{-9}$ m |

［注］$\mu$m＝micron (micrometer)；nm＝nanometer。

许多肉眼看不见的结构，必须将脑组织切成极薄的片，经过特别的染色处理，置于放大倍数足够的显微镜下才能看到。做脑切片和染制技术也是生理心理学的研究工作中所必备的。

## 脑结构的等级

脑的组织是有等级的,或者说它是由许多更小的子系统组成,直到最小的结构。这就是从整个的脑到突触(synapses)的一个等级系统。

从功能方面说,脑包含着几个大的功能系统。例如,视觉系统就是把视觉信息从眼中经过几个中转站传送到大脑皮质的一个系统。脑也可以分为几个大的部分,例如大脑皮质、基底神经节和小脑等等。大脑皮质还可以分为不同的功能亚区(subregions),例如,一级视觉皮质、一级听觉皮质和一级运动皮质等等。这些亚区不仅在功能上各不相同,在细胞和层次的构筑上也各不相同。据估计人的大脑皮质可能有 50~100 个不同的区域(D. H. Hubel and T. N. Wiesel,1979)。

大脑皮质的某些区域的细胞有特殊的几何学的排列,可以作为一些信息加工的单位。在大脑皮质上可以看到细胞柱的组织形式(图 2-25)。每一个柱纵贯皮质的全厚。在人类,它们约 3 mm 长,直径约 400~1000 $\mu m$(微米)。在这样的柱中,细胞之间的机能连接(突触式的)主要是垂直方向的,但也有一些是水平方向的。有人称这些单位为"大柱"(macrocolums)(V. B. Mountcastle,1979)。估计在人的大脑皮质中有 100 万($10^6$)这样的柱。这些柱被认为是皮质工作的机能组合单位(functional modules)。

"大柱"又是由"小柱"(minicolums)组装成的。这也是一些垂直于皮质表面的神经元柱,直径约 30 $\mu m$,估计人的大脑皮质中有 5 亿这样的柱。每一小柱中约有 110 个神经元,从大鼠到人类的皮质的各个区域其数目大都是这样,在测量过的五种动物的大脑皮质中,变异不超过这个数目的 10%(A. J. Rockel et al.,1974)。

即使在很小的单位中也存在着更小的局部线路(local circuit)。这种小的局部线路是由少量的神经元连接成的,这些神经元在机能上有紧密的联系,在大脑皮质的每一个别的区域中都有其典型的最小的线路。

神经元的线路这个概念就是指神经元和它们相互连接的一种编排。这样的一个神经元装配常常被认为是执行个别的有限的功能的。例如所谓加强视觉对比的神经线路，执行有节奏的行走运动的线路，或交配反应的线路等等。"线路"一词的使用含有与电子线路类比的意思。人们知道一个电子线路是由电阻、电容、晶体管和导线连接起来完成一种功能的，如放大、振荡或滤波等。这一功能并非其中的任何一个元件能单独完成的。人脑的各种工作很可能也是靠类似的线路完成的。

现在有很多的研究工作致力于查明某些确定的行为单位的神经线路。这种研究工作可以采取两种方式：(一)利用解剖学的或电生理学的技术追踪神经的

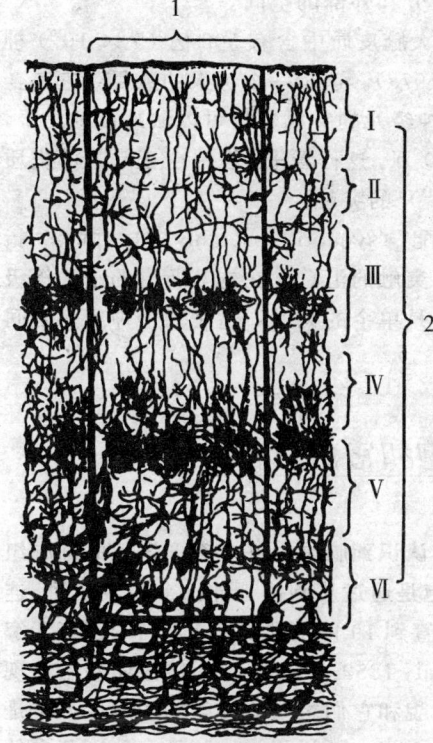

图 2-25　大脑皮质的垂直切面
1．一个机能小柱；2．细胞层；Ⅰ．分子层；Ⅱ．外颗粒层；Ⅲ．中形锥体细胞层；Ⅳ．内颗粒层；Ⅴ．大锥体细胞层；Ⅵ．梭形细胞层

连接线路；(二)从各种行为测验的结果中推论各种可能的神经线路。以后当我们讲到感知觉过程、运动的控制、动机行为的调整、学习和记忆以及高级的认知行为时，将提到一些有关的神经线路。

通常所谓的一个系统，常被认为是一种比线路更高级的组织，例如视觉系统是由许多分别完成视觉系统的部分功能的专职线路组成的。

线路进一步分解，就到了单个神经元的水平，以及它的突触

终端周围的胶质细胞血管成分和外部的空间。

目前的估计,一般人的大脑皮质中含有 500 亿（$5 \times 10^{10}$）神经元（T. P. S. Powell, 1978）。这是一个惊人的数目,它是全球的人口的十倍。而每一个神经元的突触数目可以从几百到几千,在人类的小脑中可以多达 10 万。这样看来,在一个正常人的皮质中可能有 50 000 亿（$5 \times 10^{13}$）的突触。

在书中常见的"突触装配"（synaptic assembly）这一术语,指的是在一个神经元上的所有突触的汇总。在本节所讲的脑的等级组织中,最低级的组织应当是单个的突触,这是两个神经元之间的基本的功能连接。

## 神经细胞和它们的连接

在 19 世纪,人们就已经认识到脑是由许多奇形怪状的细胞组成的。当时曾认为,这些细胞是通过从胞体延伸出来的微细的、连通的小管互相交织起来的。直到 19 世纪的晚期,著名的西班牙解剖学家卡哈尔（Ramon y Cajal, 1852—1934）才用镀银染制法发现了神经细胞的比较完全的面貌和它们之间的接触式的连接,于是提出神经元说（neuron doctrine）。此说指出,脑是由分别开来的细胞构成的。这些细胞在结构上、代谢上和机能上是自成一体的。它们是神经系统的基本单位,称之为神经元（neurons）。神经元之间的信息传递是要通过接连处的一段极窄的（约 20 nm）间隙的。神经元彼此接连的地方称之为突触（synapse）。20 世纪 50 年代,电子显微镜的发明使得神经解剖学家观察到突触处的详细结构,进一步肯定了神经元说,并注意到神经元的一些与传导、整合和辨别信息有关的结构特性。比以前更清楚地认识到与这些功能有关的脑的主要构成是：

（一）以突触方式连接的个别的神经细胞（或叫神经元）；

（二）第二类的细胞,叫做胶质细胞（glial cell or glia）或神经胶质（neuroglia）；

（三）细胞间的空间,称为细胞外空间（extra-cellular space）,

这部分空间占脑的体积的 10%～15%，其中充满胞外液，内含许多离子和大分子；

（四）液体空间，中有血管和脑脊液。

一、**神经元的类型** 脑的细胞类型的多样化是其他器官无与伦比的。粗略估计，在哺乳动物的脑中大约有两百种形体不同的神经细胞。它们的区别在于大小和形状。这种大小和形状的不同，反映这些神经元加工信息的方式的不同。须知，神经细胞并不仅仅是传导和中继信息的。一个典型的神经元的功能有：收集数种来源的信号，整合这些信号，改变它们，把它们编码组成复杂的传出信号，并把这些信号分送给大量的其他细胞。在神经系统中表达和加工信息的方式决定于神经元怎样来调理信息的特性。

神经细胞的造型虽然变化很多，但我们可以从几个重要的方面来认识神经元的基本的构造特性。很多的神经元都有三个明显的与细胞的功能特性有关的部分或"地带"（zones）。这就是：（一）胞体（cell body）部分，这一部分有细胞核；（二）胞体伸展出来的类似树枝的部分，这一部分称为树突（dendrites），这些树突增加了神经元的接受面；（三）细长的纤维状的延长部分，称为轴突（axon）。许多神经元的轴突只有几毫米长，但脊神经的感觉神经元和运动神经元的轴突可长达一米，或更长些。在你动脚指头的时候，命令就是由这种长轴突传达下来的。脚指头的感觉也是由这种长轴突传入脑中的。

因此解剖学家常常是以细胞体、树突和轴突的形式作为分类标准。最一般的是以突起的多寡和模式，分为主要的三个类型。

（一）多极神经元（multipolar neurons）。这类神经元有许多树突、一个轴突。在脊椎动物的脑中，大多数都是这类神经元。

（二）双极神经元（bipolar neurons）。这类神经元在胞体的一端有一个树突，另一端有一个轴突。在脊椎动物的视网膜，视上皮和其他感觉系统中都有这类神经元。

（三）单极神经元（monopolar neurons）。这类神经元只有一个突起，从胞体上生出后随即分成两支向两个方向延伸。一端是接受的,相当于树突,另一端是传出的,相当于轴突。这类神经元在无脊椎动物的神经系统中占多数。在哺乳动物的脊神经的背根神经节中的细胞也属此类。

另一种常用的分类主要是根据细胞体的大小和形状。例如,把小的神经细胞分别称为颗粒的(granule)、梭状的(spindle)或星状(stellate)细胞。大的细胞有锥体型的(pyramidal)、高尔基Ⅰ型(Golgi type Ⅰ)和浦肯野氏细胞(Purkinje cell)(图2-26)。

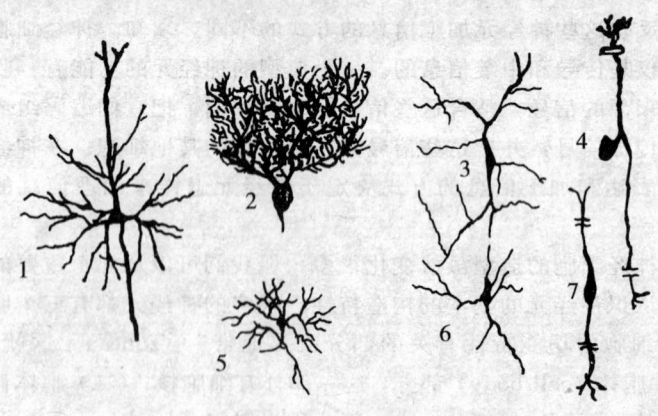

图 2-26 几种典型神经元的形式

1. 大脑皮质内的锥体细胞;2. 小脑皮质内的浦肯野氏细胞;
3. 梭状细胞;4. 脊神经节中的一级感觉神经元(单极细胞);
5. 颗粒细胞;6. 星状细胞;7. 耳蜗神经节和视网膜中的双极细胞。1、2、3、5、6皆为双极细胞。1、2、4和7为大型细胞。
5和6皆为小型细胞

脑的每一个部分都是大小神经元配合组成的。在哺乳动物中,神经细胞体的大小范围在 10 μm(最小的)到 50 μm(最大的)之间。一般轴突长而粗的神经元的胞体总是大的,细胞体小的神经元其轴突往往是短的或较细的。长轴突的也叫做投射神经元(projection neurons),短轴突的多是构成局部线路的神经元(local-circuit neurons)。

投射神经元是把信息传到脑或身体的其他部分去的,所以需要有长的轴突,并需要大的细胞体供给能量。然而在脑中大多数的神经元是只与临近的或一个功能单位内的神经元连接,因此多是轴突短的小型神经元,即局部线路神经元。在人的视网膜中有几亿小型神经元构成局部线路,而只有一百万大型网膜节细胞把视觉信息传入脑中。在越复杂的动物中,局部线路神经元所占的比率越大。例如,在运动比较简单的呆板的蛙类中,局部线路神经元与投射神经元的比率为 20∶1。而在运动复杂和多样化的小鼠中,这两类神经元的比率为 140∶1,到了人类,这个比率就变为 1 600∶1 了!

下面约略说明神经元的细胞体、轴突、树突和突触的结构。

**二、细胞体** 神经细胞体内含有细胞核(nucleus),核内含有染色体,带有遗传指令,称为基因(genes),是细胞的一切代谢活动的蓝图。一个神经细胞在工作时,其中的化学过程是极为复杂的。我们在此举出一些估计的数量来,使初学者对此略有一个概念。在一个正常的神经细胞中,除其他组织成分不计外,主要含有几百万蛋白分子、数十亿脂类分子、数千亿 RNA 分子和数万亿钾离子。此外,这许许多多的分子在代谢过程中都是高速地分解旧的和合成新的。在细胞体的膜上有许多极小的区域,其中有的是激素的受体,有的是食物进入或废物排出的地点。

从机能方面来看,细胞体和树突是接受和整合信息的地方。而轴突是专为把信息传给其他细胞用的。

**三、轴突** 一般认为轴突好像是从细胞体上抻出的一根细丝。然而实际上,一根典型的轴突是可以在结构和功能上分成几个区段的。在多极神经元中,轴突是从细胞体的一个叫做轴突小丘(axon hillock)的锥形部分长出来的。这是传递信息的神经冲动(neural impulse)开始的地方。由这一段向外,即成为一条细管,在哺乳动物中其直径最小者约 0.5 $\mu m$,最大者约有 20 $\mu m$,在某些无脊椎动物(如章鱼)中,巨型轴突的直径可达 500 $\mu m$(0.5 mm)。轴突的长度也极其不同,有短至几个微米者,有长达一米以上者。轴突常常是分出旁支来的,不分支的很少。因有大量的分支,所以一根轴突可以对许许多多的神经细胞施加影响。在接近终点时轴突或轴突的分支再分为无数的更细的支。这些细小分支的末梢有一特殊的结构形成突触，即与下一个细胞的连接之处。

大多数的轴突都有鞘，称为髓鞘（myelinsheath）。髓鞘是由紧靠轴突上的非神经性的细胞构成的。粗大轴突都包着这种鞘（图 2-27）。在神经元发育中生成这层外皮的过程称为生髓（myelinization）。髓鞘的生成增加了神经冲动的传导速度。髓鞘发生任何病变都会产生严重后果，例如在多发性脑硬化中看到的种种脱髓鞘（demyelination）病变。

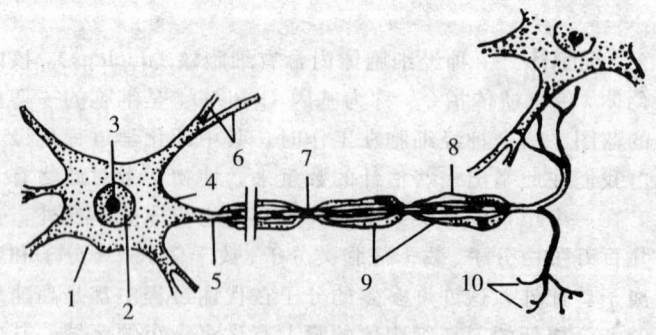

图 2-27  一个被覆髓鞘的轴突的结构

1. 细胞体；2. 细胞核；3. 核仁；4. 轴突小丘；5. 轴突；6. 树突；7. 郎飞氏结；8. 许旺氏细胞；9. 髓鞘；10. 终扣（钮）

在脑和脊髓中，髓鞘是由一种胶质细胞（glial cell）形成的。在脑和脊髓外，形成髓鞘的细胞叫做许旺氏细胞（Schwann cell）（图 2-28A）。一个许旺氏细胞只构成轴突上的一小段髓鞘，其长度不能超过 200 $\mu m$。因此一根长轴突上需要很多许旺氏细胞。在许旺氏细胞形成的诸段髓鞘之间都有一缺口，称为郎飞氏结（Ranvier's node），在此处轴突的膜是裸露的。

有许多轴突外面不包髓鞘，称为无髓鞘纤维（unmyelinated fiber），这些一般都是细轴突。这些纤维虽然一般不包髓鞘，但和胶质细胞也有一定的关系。这就是说，常常是几根这样的纤维共处在许旺氏细胞形成的槽中，但未被紧密地包裹起来。

在细胞体中合成的许多物质被输送到树突和轴突中。在轴突中的运输过程称为轴浆流（axoplasmic streaming），有时也叫做原生质流（protoplasmic streaming）。在轴突中物质流动的速度慢者一天 1～3 mm，快者一天 400 mm。已查明在轴突和树突中流动着许许多多的细胞成分。至于这些成分在树突和轴突中是怎样流动的，现在所知尚浅。有的研究者观察到轴突中有微管（microtubules）结构（图 2-28B）。这些微管的直径约 20～26 nm。还有直径更小的（10 nm）系统称为神经原纤维或细丝（neurofilament）。

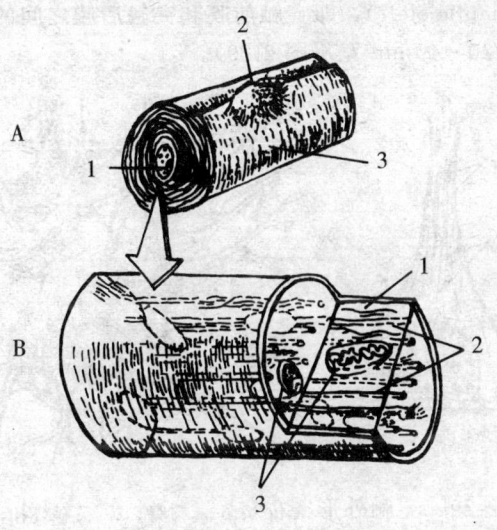

图 2-28  A. 许旺氏细胞示意图 1. 轴突；2. 许旺氏细胞核；3. 细胞形成的髓鞘

B. 轴突内部的主要结构 1. 神经原纤维；2. 微管；3. 线粒体

用选择性地干扰微管功能的秋水仙碱（colchicine）做实验发现，这种药物能阻止轴突中的物质流动但并不妨碍神经元的电兴奋。这证明微管系统对于轴浆流动是起重要作用的。现在神经生物学家们正在积极地研究这种现象的分子机理以及单个神经细胞的各种分子特性。

**四、树突和突触**　　神经细胞的多样性主要来自于树突的造型,即从胞体上长出的树突的多少和树突分支的繁简及模式。树突的造型常常是与它的信息加工的特性有关的。在树突的表面布满接触点,即所谓的突触。在皮质的锥体细胞中,树突占了整个细胞体积的95%。

突触或突触部位,有三个主要组成部分:(一)突触前的特异化的末梢,称为突触终扣(synaptic bouton);(二)胞体和树突表面的特异化的突触后膜(postsynatptic membrane);(三)突触间隙(synaptic sleft),即突触前膜和突触后膜之间的空隙。这个间隙约有20~40 nm宽(图2-29)。

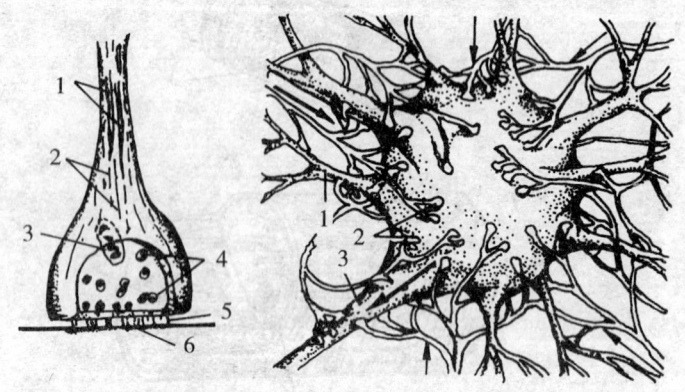

图2-29 突触外形(右):1.树突;2.突触终扣;3.轴突起始段;突触结构(左):1.微管;2神经原纤维;3.线粒体;4.突触泡;5.突触间隙的突触网;6.突触后膜

在电子显微镜下观察突触前终扣,可以看到其中有许多小的球形结构,称为突触泡(synaptic vesicles),大小约在30~14 nm的范围。这些突触泡中含有化学物质,可以释放到突触间隙中。释放是由轴突的电活动触发的。释放的物质渡过间隙流到突触后膜,引起突触后膜的变化。这种化学物质称为突触递质(synaptic transmitter)。现在已经鉴别出脑中有许多种递质。突触后膜的变化是一个神经元对另一个神经元施加兴奋或抑制影响的基础。在突触间隙中充满了一种和其他胞外空间中的物质极不相同的传递物质。而突触后膜的表面的性质也不同于其他部分的细胞膜的性质,这是因为,突触后膜的表面含有特殊的受体(receptors),它能捕捉和反应突触递质的分子。

在树突和胞体的表面布满了无数的突触。脑中有一些细胞,其表面可能有多达十万的突触。但一般较大的细胞上面的突触数目约在 5 000～10 000 之间。

脑内许多神经元的树突上生长着小棘,叫做树突棘(dentritic spines)。这些棘使得树突的表面看来非常粗糙。它们深受神经生理学家们的注意,因为它们是可以变化的,能够因动物个体的学习和经历而改变。

## 胶 质 细 胞

在灵长目的某些脑区,最多的细胞不是神经细胞,而是胶质(glia)或叫做神经胶质(neuroglia)。它们的名称来源于最初关于它们的功能的看法,即认为它们是脑细胞间的一种类似胶体的支持结构。神经胶质的数目在动物的一生中是可以增生的。在这方面和神经细胞是完全不同的。关于神经胶质的功能现在并未完全了解,但研究者们根据某些事实提出了许多有趣的见解。

在显微镜下可以辨别出有几种类型的胶质细胞。一种叫做星状细胞(astrocyte),它有许多突起,伸向各个方向,其状似星,因而得名。有些星状细胞的突起的末端附在脑内的血管上,形成终脚(end feet),看来好像吸盘一样。

另一种类型的称为寡突细胞(oligodendrocyte)。这种细胞比星状细胞小,突起也少,因而叫做寡突细胞。它们一般是和神经细胞联合起来的,特别是和较大神经元的胞体联合在一起。因此,它们常被认为是一种神经元的卫星细胞(satellite cells)。

第三种类型的胶质细胞称为微型胶质细胞(microglia),因为它们特别小。微型胶质细胞常常大批地迁移到神经系统受伤的部分。它们似乎是受到病变的刺激去清除受伤区的死细胞的残骸的。

看来不同类型的胶质细胞的功能也是不一样的。最初只将它们看做是中枢神经系统中的支持物,这是因为它们占据的是神经元之间的空间。作为一种支持成分显然是它们的功能之一。此外，它们也可能有营养作用的功能，即作为一种从血管系统到神经细胞去的转运道路，给神经细胞运送合成复杂化合物的原料。

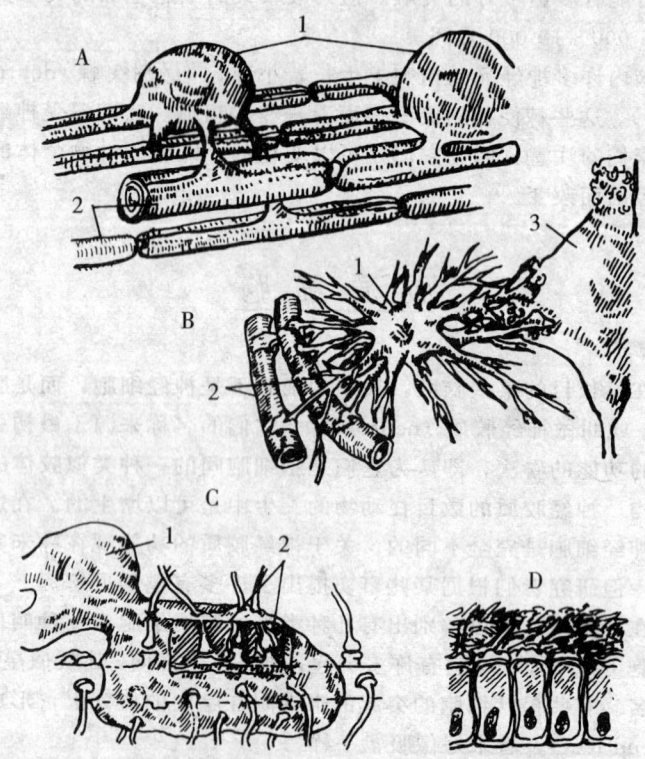

图 2-30　神经胶质细胞和神经元的各种关系。A. 寡突细胞伸延形成中枢的神经纤维髓鞘：1. 寡突细胞；2. 神经纤维髓鞘。B. 星状神经胶质细胞与毛细血管和神经元的联系，构成营养物质的运输线：1. 星状细胞；2. 毛细血管；3. 神经元。C.：1. 包围神经元的寡突细胞；2. 构成突触之间的隔离物。D. 构成脑室壁的管膜细胞，在胚胎初期，神经和胶质细胞皆由此分化而来。

从胶质细胞包围神经元的形势,特别是在突触表面的状况来看,它们另一种功能可能是隔离受体的表面,以免和附近的一些轴突的互相影响。

寡突细胞形成中枢神经系统中的轴突的髓鞘(图 2-30)。

胶质细胞在神经病临床上也很受到重视,因为它们是形成脑和脊髓瘤的主要组织。此外,特别是星形细胞,在脑损伤后可以膨胀,这叫做水肿(edema),膨胀干扰神经元的功能,因而与脑损伤后的许多症状有重要关系。

## 神经细胞的演化

神经细胞和身体的其他细胞的基本的生物性质是一样的。所不同的是,只有神经细胞能够产生和长距离地传导电信号。在细胞的演化过程中,这种特性的出现对于我们了解神经系统的生物渊源是十分重要的。

有一种观点认为,神经细胞的这种特性的演化发展是和动物身体的增大、器官和行为的复杂化有关的。

在单细胞动物中,细胞膜就具有接受刺激和传导兴奋的功能。在简单的多细胞动物中,例如,海绵,其惟一的行为表现是排水孔(oscula)的开闭,就在排水孔的周围的皮层中出现了类似平滑肌的能收缩的细胞。这些细胞也能反应外界直接作用于它的刺激,刺激引起它收缩。这时还没有出现神经细胞。发展到腔肠动物,如海葵,它的外皮层中出现了专供接受刺激的细胞,可以称之为感觉细胞,这些细胞也可以把自己的兴奋直接传给比邻的肌肉细胞,这就具有了一部分神经的性质。此外,在大的腔肠动物中,也有了专为把感觉兴奋传给身体其他部分的真正的神经细胞。这些神经细胞彼此连接成为网状的结构,称为神经网。所以当海葵的一个触手受到强刺激时可以引起全身收缩。有了神经细胞和它们组成的神经系统的动物增加了对环境影响的反应能力,生存的机会也相应地增加。概言之,神经细胞是从外皮细胞中分化出来的,最初分化的是既能接受外界刺激又能短距离传导兴奋的细胞,可以称之为感受器细胞。随着动物的形体的增大和整体活动的需要,分化出了具有特殊的兴奋和远距离传导兴奋能力的神经细胞。在高等动物中,神经细胞分化出多种的类型,并各有特殊的功能(图2-31)。

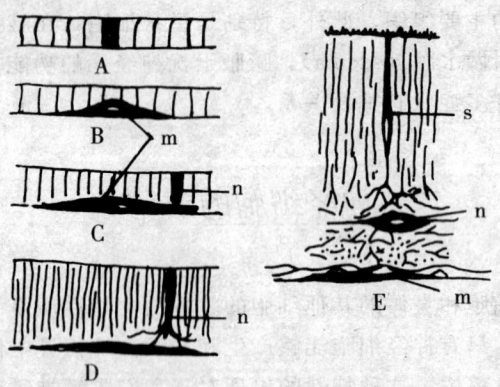

图 2-31　神经细胞的演化阶段的设想。A. 上皮细胞;B. 肌肉细胞(m)(海绵阶段);C. 部分分化的神经性的细胞(n);D. 神经性细胞的进一步分化(腔肠动物的阶段),这种细胞兼有感受和传导功能;E. 真正的神经细胞(n)和感觉细胞(s)分化出来(海葵中已有)。

# 神经细胞的个体发生

前面曾经讲过,脊椎动物的神经系统起源于胚胎背部的外皮细胞(ectodermal cells)。开始时,胚胎背部正中表面的细胞层加厚,形成了一个椭圆形的板,称为神经板(neural plate)。以后神经板的两边卷起并下陷成为神经沟(neuroral groove)。神经沟两边合拢,形成了神经管(neural tube)(图2-8)。神经管的头端发展成为外形复杂的脑。这是由于神经管的细胞增殖的结果。

一、细胞的增殖　　神经细胞的产生叫做细胞增殖（cell proliferation）。神经细胞发生于神经管的内表面。神经管最初是由同形的细胞构成的。这些细胞形成了挤得很紧的一层，称为室管膜层（ependymal layer）。所有的神经元和胶质细胞都起源于这一层细胞。在大多数的哺乳动物中，在室管膜层中产生神经细胞的过程一直继续到出生之时，有少数动物，出生后还在生殖，在灵长目中大部分的皮质神经元在胚胎的第六个月的末尾都已形成。但有些例子证明出生后也还有增加。

二、细胞的迁移（图 2-32）　　室管膜层的细胞经过有丝分裂（mitosis），增殖的细胞到了一阶段就迁移到它们将来发挥作用的区域。这一过程叫做细胞迁移（cell migration）。在迁移阶段的细胞叫做神经母胞（neuroblast）。这种细胞的头尾已经有了短的突起。在灵长目中，接近出生的时候迁移过程就都完成了。但在大鼠中，脑的某些部分的迁移继续到出生后几个星期。

三、细胞的分化（图 2-33）　　在开始的时候，神经细胞和其他细胞并无区别。但是，当它们到达了自己的目的地后，它们就长成具有其区域特点的神经元的样子。这一变形的过程就叫做细胞的分化（cell-differentiation）。在这一过程中不同区域的神经母胞长出不同特点的树突和轴突，成为成熟的神经细胞。在脑的任何部分都会含有两种或两种以上的成熟的神经细胞。例如，在小脑皮质中有浦肯野氏细胞和颗粒细胞（granule cell），它们的外形和大小是很不相同的，但在神经母胞的阶段是相同的。所以神经母胞具有分化成不同类型的神经元的潜力。神经母胞分化成什么样子的神经元，部分取决于其内在因素，部分取决于邻近细胞的影响。但在任何区域或部位的分化似乎也有预定的次序，一般的规律是：如果是在一个有层次组织的部位，例如在大脑皮质或小脑皮质中，大的细胞分化在先，小的细胞分化在后。所以在小脑皮质中先形成的是浦肯野氏细胞。当这些大细胞排成一排时，将要分化为小细胞的神经母胞才开始迁移。

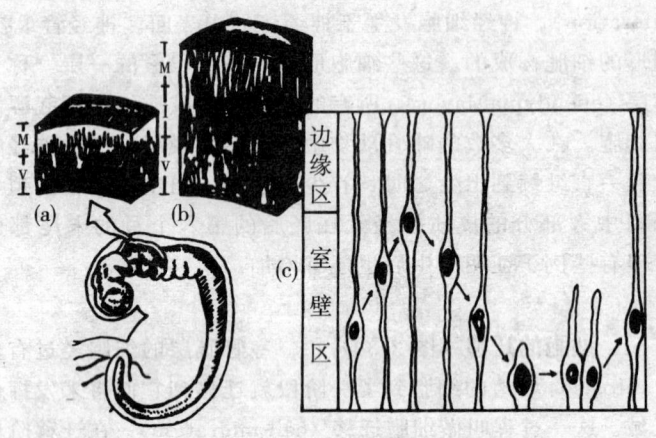

图 2-32 神经元和胶质细胞的增殖和迁移过程。(a)胚胎初期的脑管只有室壁(V)和边缘(M)两层。(b)脑管壁加厚,发展出中间的一层(I)。(c)神经母胞的迁移。从室壁层迁至边缘区,但有些细胞往往再回到室壁层进行分裂,分裂出的姊妹细胞再迁移到外面的边缘区。

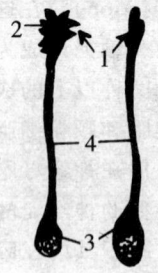

图 2-33 神经母胞的分化和生长

1. 生长端; 2. 变形虫式假脚,将伸入目的组织的间隙中形成轴突末梢; 3. 母胞胞体; 4. 生长的轴突

**四、神经元的死亡**　　在神经系统的最后的形成过程中有一个矛盾的现象,这就是神经细胞的大量的死亡。在脑的某些部分中,在生命的早期多达50%的细胞要死去!有几种因素控制着这一过程,其中之一是最终与这一部分脑发生联系的躯体表面的面积的大小。例如,在蝌蚪中,如果在脊神经还未生长到腿中之前,将一条腿切除,脊髓中正在发育的运动神经元就会比有这条腿时死去更多。如果移植上一条外加的腿,就可以减少神经元死亡的数目,这个成熟的畸形蛙的脊髓中的神经元就会比正常的数目多。

另一个决定因素是躯体周缘的某些化学物质的水平。这类物质常被称为神经生长素(nerve growth factor,缩写为NGF)。

神经细胞成熟的过程在出生之前并未全部完成,出生后还要继续一个时期。一个成熟的人脑要比初生时的脑重四倍。这种增长在猫、兔、鼠和其他动物中大致相似(见表2-2)。根据狄卡班和萨都斯基(A. S. Dekaban and D. Sadowsky,1978)对生长在不同城市中的年龄不同的5 826人的脑的测量,脑的重量是随着年龄变化的,生长最快的时间是从初生到3岁之间,重量继续增加到18岁至30岁。然后缓慢下降。婴幼脑重量和体积的增加,在神经细胞的发育方面,有下述原因。

表2-2　几种哺乳动物从初生到成熟脑重量的增加率

| 物　种 | 新　生　的 | 成　年　的 | 增　加　率 |
| --- | --- | --- | --- |
| 豚　鼠 | 2.5克 | 4克 | 60% |
| 人　类 | 335克 | 1 300克 | 290% |
| 猫 | 5克 | 25克 | 400% |
| 兔 | 2克 | 10.5克 | 425% |
| 大　鼠 | 0.3克 | 1.9克 | 530% |

**五、生髓**　　神经元的轴突包上髓鞘的过程叫做生髓(myelination),这一过程发展最快的时期在出生后不久。轴突的生鞘增加了传导信息的速度,标志着机能的成熟。对行为的发展是极为重要的。有的研究者认为,人类的脑中终身都有生髓过程。一般

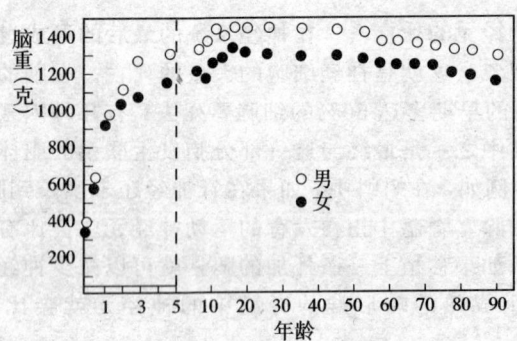

图 2-34　人脑重量随年龄变化的趋势。1~5 岁是脑重量增加最快的时期 (Dekaban 和 Sadowsky, 1978)。

是脊髓中的轴突首生髓,然后扩展到后脑、中脑和前脑。然而,最早生髓的是脑神经和脊神经。有证明,在受孕后 24 周,这些周缘神经即开始生髓。在大脑皮质中,感觉区比运动区生髓早,因此感觉功能比运动功能发展较早。

## 六、树突和突触的形成

从初生到成熟,脑细胞的最大变化是突起的分支和神经元之间的连接的形成。在这一过程中,树突和轴突的总长度有巨大的增加。在树突延长时其末梢长成圆锥状,称为生长锥(growth cones),和轴突生长时一样。这可能是由于末梢膨胀之故。有的人在成年动物的脑中发现也有这样的生长锥,说明在动物的一生中,在神经系统适应功能的需要中,树突可能是继续生长的(图 2-35)。

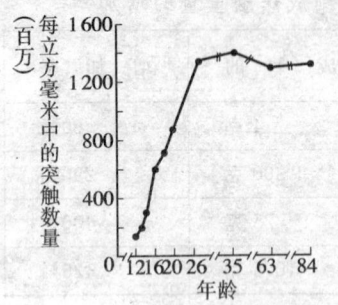

图 2-35　大脑皮质单位体积中突触数量随年龄增加的曲线(Aqhajanian 和 Bloom, 1967)

突触,特别是树突上的突触迅速增加。在许多神经细胞中,突触多是在树突刺上形成的。树突刺在降生后也迅速增加。这些连接点可以受出生后的经验影响。为了支持扩展后的树突的代谢需要,神经元的胞体也生长,很快地增加了体积。

**七、生后神经元的增殖**　　过去研究神经系统的个体发生的学者们一直相信,在大多数的哺乳动物降生时,它们都已具备了所有的神经细胞,而出生后脑的生长完全是由于神经元体积的增长和胶质细胞的增加。在最近几年中,这种认识已经改变。首先是因为在出生后的某一段时间内,小型神经元似乎有所增加。有的研究者甚至认为降生能触发小细胞增殖的加速,但这一观点证据不多。反之,有人认为是脑的成熟决定降生日期。

广为接受的一个新的观点是,在降生时已具备了所有的大型神经元。但在脑室周围有少数地区,称为近室带(subventricular zones),其中的神经细胞的先驱细胞在降生时还在进行有丝分裂。大鼠的嗅球和海马中,出生后增加的小细胞即来源于这一部分。而且有人(P. C. Graziadi and G. A. Monti Graziadi,1978)已指出过,嗅觉感受器官中的神经细胞在一生中是更换的。

**八、胶质细胞的形成**　　胶质细胞的来源与神经元的来源一样。但什么因素决定一个未成熟的细胞发育成为神经元或胶质细胞,现在还是一个未解之谜。胶质细胞与神经元不同,它们在动物的一生中是不断增殖的。有时异常的增殖会长成胶质瘤(gliomas)。胶质细胞增殖最快的时期是在出生后。出生后增殖的胶质细胞皆来源于近室带的未成熟细胞。

## 脑区和其中的神经元线路

脑的不同区域是由其中含有的神经元的种类、神经元的布置、和轴突的分布等特点区分的。脑内的大纤维束在脑切片中肉眼可见,细微的特点则必须在显微镜下才能看到。在某些脑区神经元排成水平的层次，各层都有一定大小的神经元胞体。有的层中胞体小，有的层中胞体大。在另一些区域中，神经元还可能排成纵柱。还有些区域，其中神经元的胞体和树突的方向可能是无秩序的，树突和轴突向各个方向伸展。

脑的结构上不同的区域在功能上也是不同的。实际上，在每一个脑区中神经细胞的不同的连接方式也就是该地区加工和控制信息的线路的组织特性。每一个线路都使用其特有的电和化学的信号（将在下章中说明）。要理解任何区域在行为中的作用，必须理解它特有的线路安排。在此，我们只讲两个最重要的部分：大脑皮质和小脑皮质。

一、小脑皮质　　小脑出现在后脑的背方。在宏观上小脑有许多褶和回，称为小叶（folia）。在一个小叶中细胞的排列是有层次的。在显微镜下，可以清楚地看到有三层：分子层（molecular layer）、浦肯野氏细胞层（layer of purkinje cell）和颗粒细胞层（layer of granular cell）。

分子层在表面，其最外边的部分是平行纤维；这是颗粒细胞的轴突，这些细胞的胞体在下面的第三层。分子层中的胞体是星状细胞的，处在分子层的底部。

中间的一层是由浦肯野氏细胞排成的一个整齐的单列细胞层。这些细胞的树突像扇面一样伸向分子层。扇面与小叶的矢状切面平行。因此从矢状切面看它们是展开的，从冠状切面看它们是并拢的。

第三层是最深的一层，是由小神经元，即颗粒细胞组成的。

这三层构成为小脑皮质，它的下面就是白质。小脑皮质的各部都是这种模式。

浦肯野氏细胞的轴突是惟一的从小脑到其他脑区的出路。小脑皮质的这种紧密的线路是一种整合这些细胞活动的特殊设计（将在小脑参与的功能中详述）（图 2-36）。

二、大脑皮质　　大脑皮质的细胞排列比小脑皮质的更为精

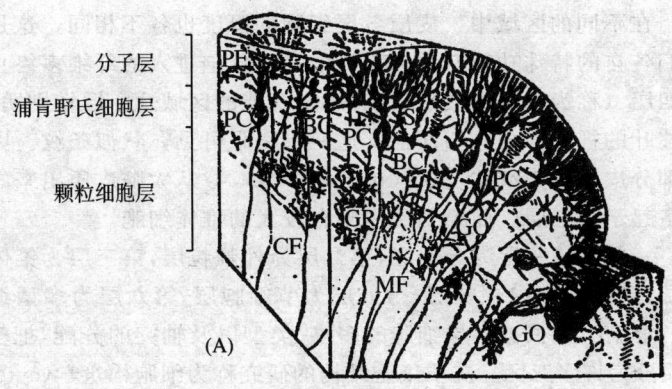

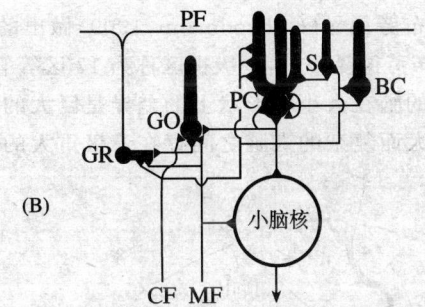

图 2-36 (A) 小脑小叶的切面观　(B) 小脑皮质内的线路
BC. 筐篮细胞；CF. 攀缘纤维；GO. 高尔基氏细胞；GR. 颗粒细胞；MF. 苔藓纤维；PF. 平行纤维；S. 星状细胞

致和多样化。大脑皮质不同的区域细胞的排列各有特点。但有一共同特性是都分为六层（图 2-25）。

在大脑皮质中最显著的神经元是锥体细胞（pyramidal cell）。这些细胞的胞体大都在第 3、5 层。这些锥体细胞的树突中都有一根是伸向皮质表面的，叫做顶端树突（apical dendrites），其他的水平方向伸展的则称为基底树突（basal dendrites）。皮质的神经细胞从功能的组合上看似乎是排列成为纵柱形式的。在分析皮质接受感觉传入的单细胞放电的实验中看到，一个柱中虽有多种细胞，但似乎是共有一种功能特性的。

在不同的区域中,皮质各层细胞的厚度也各不相同,这是和它们各自的特殊功能有关的。例如,从丘脑进入的纤维多终止在第四层(称为颗粒内层),在有感觉功能的区域这一层特别明显。在枕叶的视觉部分的切面上,这一层肉眼可见,状似条纹。因此这部分皮质称为纹状皮质(striate cortex)。从大脑皮质出来的纤维多起于第三层。而第三层中则有较大的锥体细胞。

一般称第一层为分子层,第二层为外颗粒层,第三层为锥体细胞层,第四层为内颗粒层,第五层为节细胞层,第六层为多型细胞层。解剖学家根据各层细胞的多寡、类型以及轴突的分配,把整个皮质分为许多亚区。皮质细胞结构的研究称为细胞构筑学(cytoarchitectonics)。这种解剖学的分区常常是和功能分区有关系的。但要进一步探明这些皮质区内的线路的详情还是一个相当复杂的工作。在一般解剖学、神经生理学和心理学的教科书中常引用的经典的细胞建筑学的分区是由布劳德曼(K. Brodmann, 1909)做出的(图2-37),如运动区常称为布劳德曼4区,一级视区称为17区等等。

不同的脊椎动物的脑在大小和形状上的差异是巨大的。例如,在小而简单的蛙脑和大而复杂的人脑之间存在着极重大的差别。

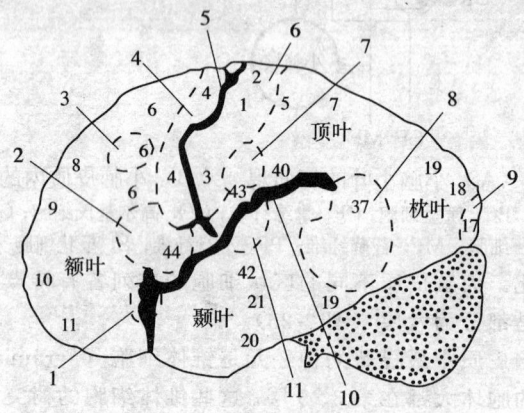

图 2-37 Brodmann 皮质分区的几个代表的部分,如图内数字标出的,图外数字指主要的功能区。1. 味觉;2. 言语运动;3. 书写运动;4. 运动;5. 中央沟;6. 躯体觉;7. 前庭觉;8. 言语知觉;9. 视觉;10. 外侧裂;11. 听觉。

然而，它们也有基本的相似之处。

基本的相似反映了脊椎动物的脑的共同起源。巨大的差异则是四亿余年在不同条件下生存适应的产物。可以说今天生存着的各种脊椎动物的脑的特点都和它们各自的生存所需要的特殊能力有关。

## 在演化中脑的变化

在各种脊椎动物中，脑的差别不在于基本的部分，而在于这些部分的相对的大小和精致程度。

### 近似原型的脑

现在生存在海中的一种比较原始的鱼，名为八目鳗（lamprey）。它的脑曲折尚少，基本上类似一个初成的胚胎脑——前、中和后三个脑泡的形式比较明显（图 2-38）。然而，也已经有了与功能特性有关的变化。如，前脑有突出的嗅球和其相连的较大的端脑，中脑的背部发展为两个大球，称为视叶（optic lobe）。这种变化反映嗅觉和视觉在这种鱼的生活中是十分重要的。

在嗅觉敏锐的鲨鱼中，前脑的嗅球部分也是发达的。而在视觉敏锐的蛙和鸟中，中脑背部也很发达，称为视觉顶盖（optic tectum）。

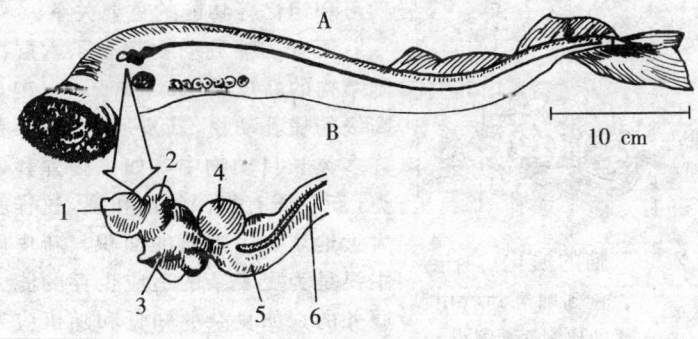

图 2-38 八目鳗和它的脑。A. 八目鳗的外形；B. 八目鳗的脑：1. 嗅球；2. 端脑；3. 间脑；4. 中脑；5. 后脑；6. 末脑。

## 大脑皮质的演化

对于动物的全面的适应能力的发展来说，前脑结构的复杂化极为重要。其中大脑皮质的出现和发展尤其重要。在适应行为比较简单和呆板的鱼和两栖动物中完全没有皮质。在爬行动物中才开始看到有较大的大脑半球和不分层次的极简单的一点皮质。研究者认为这点皮质是哺乳动物海马（hippocampus）的同源结构，因此称哺乳动物的海马为古皮质（archicortex），意思是说它在演化上是出现最早的。

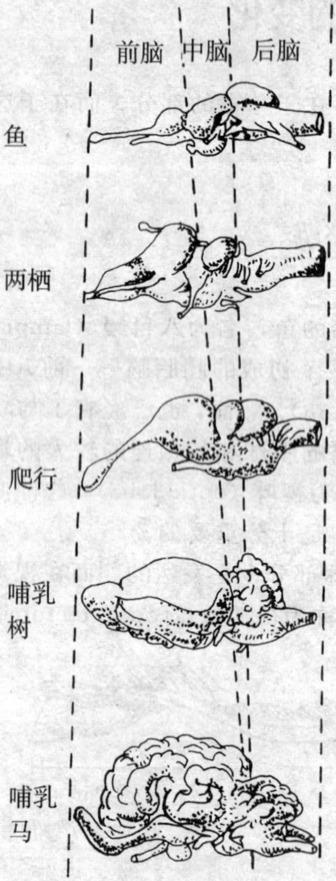

比较原始的哺乳动物如袋鼠等，古皮质和与其有关的结构发展起来，形成所谓的边缘系统（limbic system），这是因为这些皮质正处于大脑两半球皮质内侧的边缘上。以后将讲到这部分皮质与情绪、动机、学习和记忆等功能的重要关系。

所有的哺乳动物都有了六层细胞结构的新皮质（neocortex）。越是高级的哺乳动物，新皮质越发达。在许多灵长目动物中，如黑猩猩和人类，新皮质有很深的沟和裂，这样就大大地增加了皮质的面积。新皮质主要是为更复杂的适应生存的能力服务的，如复杂的知觉和随机应变的行为都是通过新皮质组织起来的。在低等动物中的那些比较重要

图 2-39　脑的演化。图示从鱼到哺乳动物中脑的比例逐渐缩小，前脑大为发展。

的中枢，如八目鳗的视叶，蛙的视觉顶盖，在高等哺乳动物脑的相应部位只剩下中转信息和执行反射活动的功能（图 2-39）。

应当指出，鸟类有相当大的大脑两半球，但没有新皮质。它们的大脑半球大部分是相当于哺乳动物的纹状体（基底神经节）的部分，但有了进一步的发展，这和鸟类具有复杂的本能行为和灵活的飞行能力有密切关系。

在哺乳动物中，靠猎食为生的食肉动物的大脑皮质一般都比食草动物发达。需要到各处寻找食物的杂食动物的脑也比同类的靠一种食物为生的动物的脑发达。例如，食水果、花蜜和吸兽血的蝙蝠的脑几乎比在空间飞着吞食昆虫的、身体同样大小的蝙蝠的脑大 70%。这是因为寻找不同的可吃的对象和分析这些食物的质量需要整合从各种感官来的信息，这种工作是复杂的。而飞着吞食昆虫的蝙蝠，只靠听觉就可以找到食物。因此脑的工作比较简单。由此看来，脑的大小（与身体的比例而言），是和它所担负的工作的复杂性有关的。

## 人脑的演化

人脑的出类拔萃的方面是大脑皮质的极端发达。大脑皮质几乎占整个脑的体积的一半还要多。

人的巨大的脑发展起来的时间是最晚的，堪称大器晚成。古人类学的研究指出，最早出现的两腿走路并能使用工具的人形动物，是一种叫做南方古猿（Australopithecu's）的猿人。根据发现的化石推测，它们大约生活在 250 万年前。它们的脑的体积和现代的黑猩猩的脑相差无几。大约是 450 立方厘米。但它们已能制造粗糙的工具用以打猎和切剥猎物。这是现代的黑猩猩所不能的。由此看来，脑的工作和体积似乎不是经常相称的。南方古猿似乎是充分利用了这 450 立方厘米的脑结构，而且维持了约 300 万年几乎没发生多大变化。

约在 50 到 75 万年之前，出现了直立人（homo erectus），取代了南方古猿。直立人的脑约有 1 000 立方厘米。它们能制造比较精致的石具,能用火并能杀死大的动物。南方古猿的骨化石只在非洲发现过,而直立人的化石和工具则在三个大陆上都发现过。这说明,这种人有了更大的能力开辟新的生活环境和克服地理上的种种限制。

现代的人称为智人(homo sapiens),大约出现在20万年之前,发展出了大约1 300~1 400立方厘米的脑。这样,从南方古猿到现代人的200多万年中,脑量增加到了原来的3倍。但是在智人出现后的20万年中,人类的生活方式虽然经历了从狩猎、畜牧、农业和近代的工业化的巨大变化,脑量并没有再增加。这是为什么呢?一个可能的解释是:脑量的增加是一个远比这个时间还要长的缓慢过程。此外,同样的脑量或在脑量不变的情况下,脑内的细致的结构和功能特性是会有所不同和变化的。例如,南方古猿和现代的黑猩猩的脑量虽然近似,但是南方古猿多半是靠猎食为生的,生活条件要求它使用坚硬的石器和制造坚硬的石器。它们的适应行为远比黑猩猩的复杂。现代的黑猩猩基本上是靠树叶和野果为生的,猎食小动物和利用树枝、树叶作为工具只是偶而为之。生活条件不同,对脑的工作要求也不同。在脑量增加之前,应当先有内部结构和机能联系上的变化。脑细胞的增加是在生存条件的压力下缓慢选择的结果。

今天我们的复杂的社会生活,我们上天入地的发明创造,以及我们利用遗传学的知识改造或创造物种的才能,是否说明我们已经充分地调动了我们这个1 300立方厘米的脑的全部潜力?我们的智力的进一步发展是否到了必须增加脑细胞的程度?这是很令人感兴趣的问题,也是难以回答的问题。但一切事物都是在变化和发展的,脑不能是例外,十万年或百万年之后脑是什么样子,人和人的生活是什么样子?现在只能到科学幻想中去找答案。

# 第三章 动物有机体内部的信息传递和加工的基本过程

概论
神经系统中的电信号
    神经信号的电性质是怎样发现的
    静息膜电位
    神经冲动
    神经冲动的传导
    突触后电位
    突触传递和神经元的信息加工
      一、有选择地反应刺激
      二、明暗对比现象
神经元兴奋和传导的离子运动
    静息电位的离子机制
    动作电位的机制
突触传递的化学性质
    有关的结构
    递质的存贮和释放
    受体蛋白的作用
    为递质作用推波助澜的第二信使
    突触的递质活动的停止
    突触传递过程中的事件摘要
    已知的和可能的化学递质
    几种神经递质的分布
    神经药物对突触的作用
脑表面的整体电位
    脑电图的特性：自发的和诱导的
    脑电位的来源问题
    带有病理特征的脑电图：癫痫病例
激素：也是一种化学通讯的系统
    激素的重要性的发现
    人体中重要的内分泌腺
    激素和神经系统通讯的比较
    激素和神经的整合活动

# 概 论

　　动物有机体可以被看作是一个处理信息的系统。信息的传递和加工是一切行为的基础。在动物体内信息的来源极其繁多,主要来自感觉的感受器、神经系统内部正在进行的活动和内分泌系统中发生的变化。一个动物的整体行为决定于在神经系统中传递的来自身体各部分的信息的整合。在本章中要讲的是在神经系统中信息是怎样传递的。首要的是神经细胞如何产生传递信息的神经信号(neural signals),和这些信号在它们之间是如何传递的。传递信息的除神经信号外,还有激素信号。在本讲中也要对激素的通讯系统作一概括的说明。激素对行为的影响将在有关章节中详述。

## 神经系统中的电信号

### 神经信号的电性质是怎样发现的

　　在神经生理学中,人们对神经信号的电性质的认识早于对其化学性质的认识。最初一位意大利的医生和解剖学教授,并在物理学中也是很著名的人物——伽伐尼(Luigi Galvani, 1737—1798),在一次偶然的实验中发现,如果将一种金属棒接触到连着蛙腿肌肉的一根切断的神经的断头,用另一种金属棒接触蛙脚,然后使这两种金属棒的另一头互相接触,这时蛙的腿肌就会抽动。伽伐尼根据这一现象的观察,得出结论说,蛙腿的正常运动是由电力产生的,他称这种电为动物电,并认为它是从神经组织中来的。当时著名的物理学家伏特(Alessando Volta, 1745—1827)对此提出异议,认为伽伐尼所谓的动物电并非来自动物组织本身,而是由另外一种原因产生的。他证明，当把两种不同的金属丝插在同一电解质中时，如果把它们的另一端连接起来就会产生电流。根据这一原理他发明了伏打电池。但是伽伐尼随后又证明，在他所观察的现象中，金属丝不是必要的成分。因为，只要使肌肉接触切断的神经，肌肉就会抽动。伽伐尼当时的推测是正确的。约在19世纪的40年代，由于电学技术的进步，人们真的测量到神经和肌肉在活动时的电位变化。最初完成这种实验的是瑞士的德国生理学家埃米尔·杜布瓦-雷蒙德（Emil du Bois-Reymond，1818—1896）。他在1849年测量成功之后，曾激动地声言："如果我没有欺骗自己，我已经确确实实成功地实现了百年来物理学家和生物学家的梦想，这就是，把神经原理同电学密切结合起来。"

神经元能发出电信号，的确是动物演化中的奇迹。这种奇迹出现在从最低等的多细胞动物一直到人类的各式各样的动物中。这种神经信号是从简单的运动到复杂的思维，从动手指到作曲，从拿铅笔到解决数学难题，从鼓掌到发怒等等一切活动的基础。要理解神经系统的工作，就必须要进一步了解神经的电信号是怎样产生的。为此，神经生理学家在研究单个神经元的活动时测量了三种状态的电位和变化。

（一）静息电位（resting potential），或称为膜电位（membrane potential）。这是神经元在不活动时的电位。

（二）神经冲动（merve impulse），也叫做动作电位（action potential）。这是沿神经元的轴突传导的脉冲式的电位变化。这代表神经元高度兴奋，有时称为放电（fire）。

（三）局部电位变化（local potential changes），或称为渐变的电位（graded potentials）。它们发生在突触后地点，也常常叫做突触后电位（postsynaptic potential）。

## 静息膜电位

在神经细胞膜的表面和里面之间有微小的电位差。这是由于被膜分隔开的离子不同而产生的。其他种类的细胞，如肌细胞、血细胞等等也有膜电位。神经细胞的独特之处是它们能将静息电位的变化作为信号传送给其他细胞。

有一些简单的实验能显示神经细胞的电位特征。图 3-1 可以说明最初的实验设计的原理。

这个设计的要点是：将一根活的神经细胞的轴突置于和自然的细胞外液相同的液体中，用一个电极插入此液中，作为参照电极，用另一尖端极细的微电极作为记录电极。这两个电极的导线接到一个放大器的输入中去，放大器的输出连接一显示器（现多

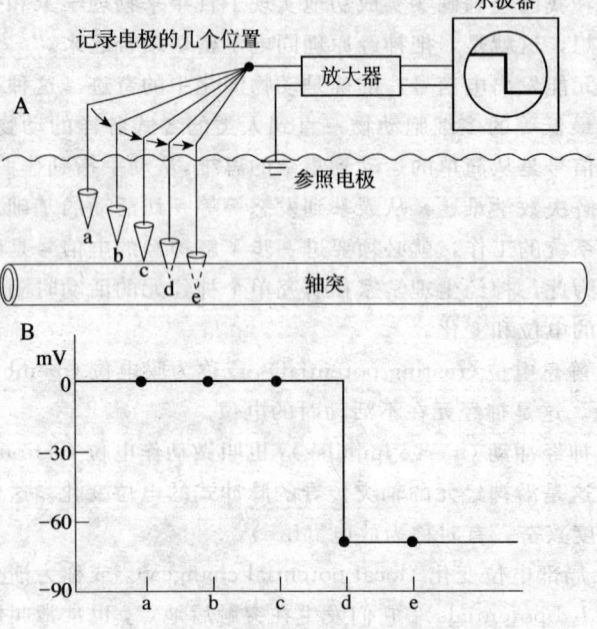

图 3-1 记录神经细胞膜的静息电位的图解。A 图表示记录的方法和电极的几种位置。B 图表示在不同位置记录到的电位。当电极的尖端在细胞外的液体中时，或甚至接触到细胞膜的表面时（如图中 a、b、c 的位置），在记录电极于参照电极之间没有电位。但当电极插入轴突中时，记录到一个约 $-70\text{ mV}$ 的静息电位。

用阴极示波器)。开始将微电极插在轴突的附近,这时显示器上看不到有电位。然后将微电极慢慢移动,直到与轴突的表面接触,仍不见有电位。但当微电极突然刺穿轴突的膜时,立刻看到显示器上呈现出一个突然的电位下降,下降幅度约为 $-70$ mV 到 $-80$ mV。这说明轴突的里面相对于外面的电压是负的。这个电位差就是膜电位,这也证明轴突的膜分隔开内外的电荷。这还可以表明细胞内的液体和细胞外的液体的成分有所不同。关于这种不同的实质将在后面讨论。

现在要说明的是,上述的实验很难在一般哺乳动物的神经细胞的轴突上做。因为大多数哺乳动物的神经元轴突直径都在 20 μm 以下,很难将微电极刺入。但自然界给神经生理学家提供了一种巨型轴突(giant axons)。这是一位姓杨的动物学家(J. Z. Young)于 1938 年在乌贼的神经系统中发现的。乌贼的这种巨型轴突直径可达 1 mm。肉眼可见。一个直径 0.2 mm 的空心电极可以很容易地插入这种轴突中,而不妨碍它的活动,或改变它的性质。而且插入的电极尖端会被周围的膜封住,膜内的液体不会顺

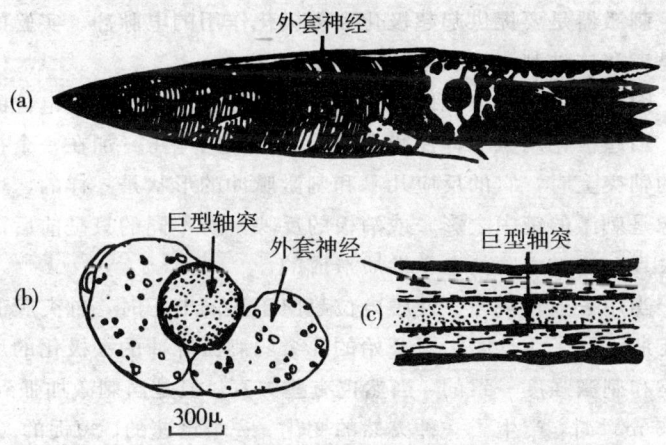

图 3-2 乌贼和它的外套神经。巨型纤维是藏在外套神经中的。外套的收缩是这种神经活动支配的。外套的收缩使乌贼喷水和产生强烈的倒退运动 (J. C. Eccles, 1973)。

电极流出。现在人们对神经细胞膜的结构和功能的基本特性的认识，多来自于用这种巨型轴突做的实验。

## 神 经 冲 动

神经元轴突的脉冲式的电位变化是以连锁反应的方式传导的，而且在传导中它的电位变化的大小保持一致。因此它使得轴突能够成为一种迅速通讯的渠道。

检验这种电位变化需要外加一个电刺激器。在记录方面和上述的实验设计一样〔见图 3-3 (a)〕。

描述这种电位变化，需先介绍两个名词：

（一）超级化（hyperpolarization），指的是膜电位的提高，这时膜内负性较高，也就是膜内外电位差的提高；

（二）去极化（depolarization），指的是膜电位的下降，即膜内负性降低，以至变为正的。

刺激器是要提供起超极化和去极化作用的电脉冲。实验的目的是考察这种刺激对膜电位的影响。

图 3-3 (b) 所表示的是，在连续的强脉冲刺激下膜电位的变化。当超极化刺激（即使膜电位变为负性的电压）加在一个神经元的轴突上时，它的反应几乎和刺激脉冲的形状是一样的，可以说像是刺激的镜中之影，或消极的反映，所不同的只是前后沿有些失真。这是由膜的电学性质造成的。

当用去极化刺激（使膜电位趋向于正的电压时，轴突膜的反应有所不同了。这时，对开始的几个弱刺激脉冲的去极化的反应也是和刺激强度一致的，当然也有些失真。但是当刺激加强到 10～15 mV 时，产生了一种突然的变化。一个迅速的、短促的（0.5～2.0毫秒）、大的反应出现了。这个大的电位变化能够以不减幅的形式沿轴突传下去。这就叫做动作电位，或谓神经冲动。引起神经冲动的最低刺激强度就是神经冲动的阈限（threshold），在正常活动时膜内相对于膜表面的负性降低到一定程度就会超过阈限

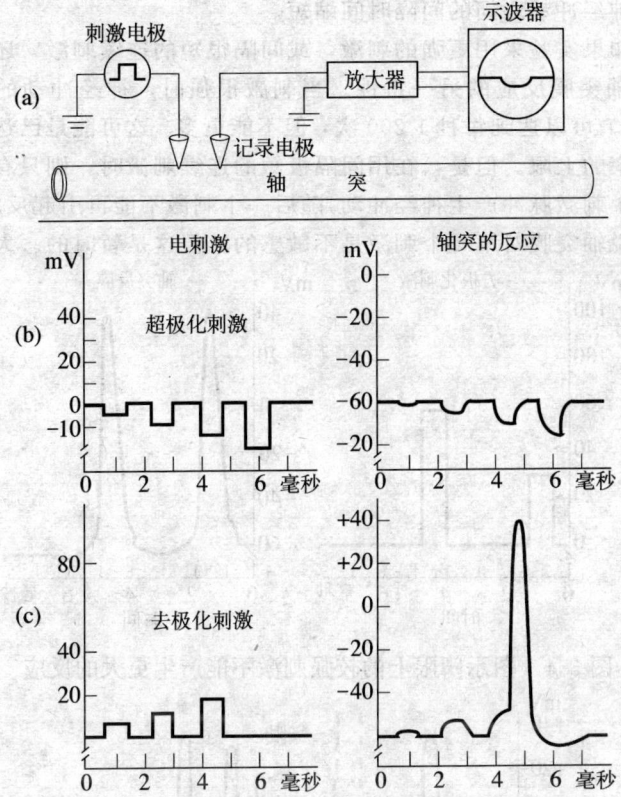

图 3-3 超极化和去极化刺激对轴突的作用。上方的 (a) 图是记录设计原理,下面的 (b) 和 (c) 图表示两种刺激产生的不同反应。轴突对连续增强的超极化刺激的反应是镜影式的反映,对连续增强的去极化刺激的反应则不同,当刺激强度达到 10~15mV 时出现了一个大的电位变化,如 (c) 右图。

而产生神经冲动,有时也叫做放电。神经冲动除了在传导过程中不减幅外,还有另一个特点,即在刺激强度超过阈限,或更强时,它的幅度也不再增加。这就是神经冲动的全或无(all-or-non)的特性。刺激强度的增加虽然不能增加神经冲动的幅度,但在一定的强度范围内能增加神经冲动的频率——较强的刺激可使连续产生的神经冲动之间的间隔时间缩短。

如果实验采用更强的刺激,或间隔很短的连续刺激,还可以看到轴突膜反应的另一特性。当刺激很强时,神经冲动的次数(频率)可以达到每秒 1 200 次,但不能更多。这可能是已达到它的频率的上限。但是,在用间隔极短的连续刺激时,则只有开始的一个刺激脉冲产生神经冲动,随后一个刺激不能再引起反应。这就是说轴突膜对第二个刺激是不敏感的。但这是暂时的。大约在

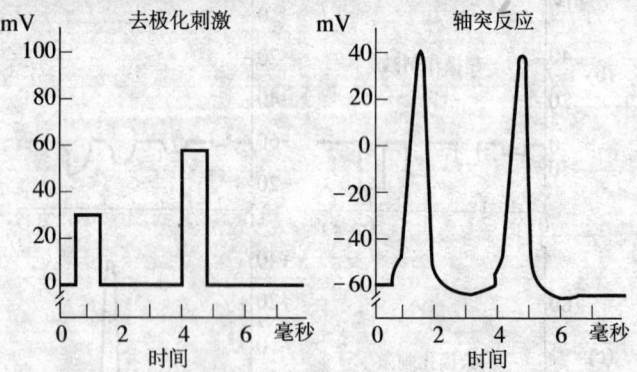

图 3-4　图示阈限上的较强刺激不能产生更大的反应

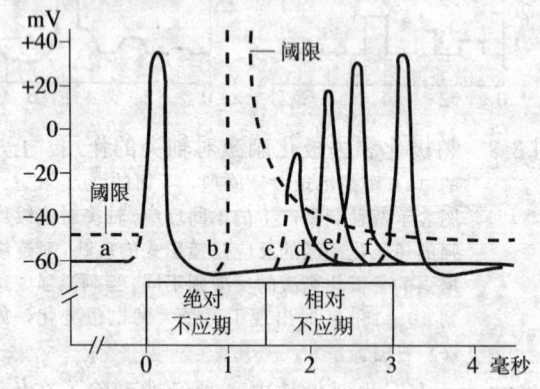

图 3-5　神经冲动后的不应期。图中的虚线表示阈限,(a) 表示一个弱的刺激能达到原有的阈限而产生神经冲动,(b) 冲动后在绝对不应期内很强刺激也达不到阈限。(c~f) 在相对不应期内阈限逐渐下降,较强刺激能逐渐达到阈限,引起神经冲动。

第一个刺激过后 1 毫秒之内，很强的刺激也不能引起反应，这个时期称为绝对不应期（absolute refractory phase）。在此之后有一个时期只有强刺激才可引起反应,这个时期称为相对不应期（relative refractory phase），历时约 1.5 毫秒（这个时间不是绝对的，不同的轴突有不同的不应期），过此不应期，轴突对刺激的敏感性（神经冲动阈限）又回到原来的水平。

有许多神经元轴突的膜电位在发生了神经冲动之后，并不是从不应期直接回到原有的水平，而常伴有大的电位波动，这种变化称为后电位（afterpotential）。

## 神经冲动的传导

轴突的特殊功能是传导神经冲动。它是如何传导的呢？这需要用图 3-6 所表示的方法实验。

如照图中的方式将三个记录电极按一定距离放在轴突上，在轴突的一头给适当强度的短促刺激，则将在最靠近刺激地点的记录电极上最先记录到神经冲动。然后依次在较远的记录电极上得到同样幅度的神经冲动。这说明最初在刺激地点产生的神经冲动可以不减幅地沿轴突传导下去。从本质上讲，神经冲动是膜电位的变化，这种变化是在轴突的各个连续的地段相继再生的。它从一个地段传到下一段是由于伴随这种小而迅速的电压变化的电流刺激了邻接的地段。因为这种电流环路可以沿轴突连锁式地形成，所以这种电流就成为去极化的刺激，一环接一环地使邻接的轴突地段去极化。这样就出现了所谓的动作电位，即神经冲动（图 3-7）。

从 1848 年德国著名生理学家赫尔姆霍茨（Hermann Ludwig Ferdinand von Helmholtz，1821—1894）用蛙的神经肌肉标本测量神经冲动的传导速度以来，人们用了不同的方法测量了包括无脊椎动物在内的各种动物的各种类型的神经传导冲动的速度。发现除低等动物的神经传导冲动的速度比高等的、温血动物的神经传

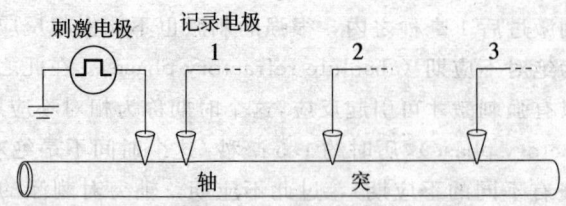
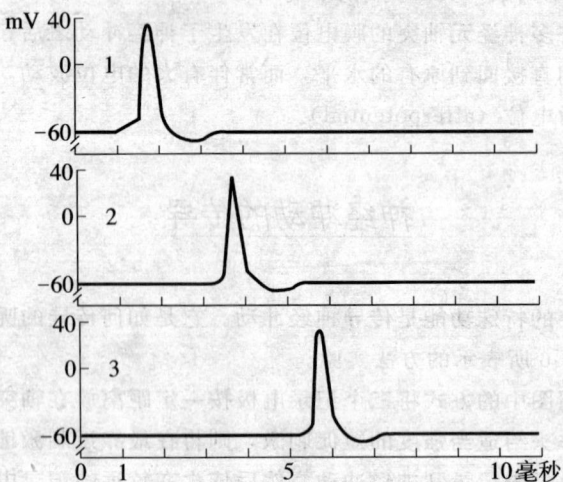

一个刺激之后，在1、2和3地点记录的电位

图 3-6　神经冲动沿轴突传导的图示。在给轴突一个短促的（1毫秒）刺激之后，立刻从记录电极1得到一个神经冲动，接着从2和3处也相继得到同样幅度（图中约 40 mV）的神经冲动，所不同的是记录到的时间都相应地晚了一点。

导冲动的速度慢之外，还有一个一般的规律，即直径越大的轴突传导神经冲动的速度越快。在哺乳动物中，感觉和运动神经元的有髓鞘的轴突：直径 2 μm 的传导速度约为 5 m/s，直径 20 μm 的则可达 120 m/s。神经传导的最高速度大约是声速的 1/3。哺乳动物最小的无髓鞘轴突，如直径为 1 μm 的，传导速度只有 2m/s。

较大的哺乳动物的有髓鞘的神经纤维的传导速度快，是因为它是一种跳跃式的传导（saltatory conduction）。以前提到过，轴突的髓鞘是分节的，每节约有 1 mm 长。节与节之间有极小的一段是裸露部分，称为郎飞氏节。在有髓鞘的段落轴突膜不能去极化，

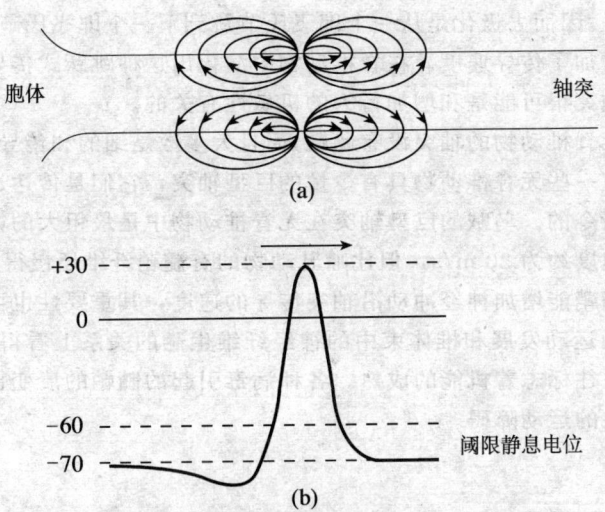

图 3-7 神经冲动沿轴突传导示意。(a) 箭头指电流方向。电流通过轴突使轴突膜去极化,但只能在向前去的地点产生锋电位变化,不能在过后的地段产生。因为每一锋电位过后的地段都有一不应期。(b) 表示锋电位(即动作电位)产生的地段。它前面的低电位表示处于不应期的地段。

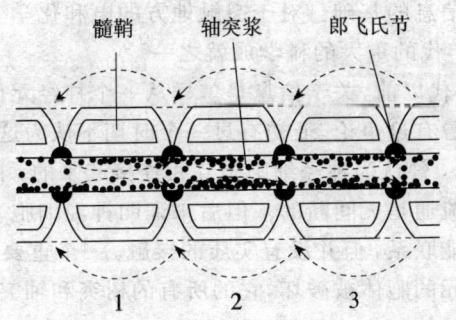

图 3-8 有髓鞘神经纤维的传导方式,神经冲动从一个郎飞氏节跳到下一个郎飞氏节。

因为离子不能穿过髓鞘（将在下节说明），所以电流只能在郎飞氏节通过。因而去极化是从一个郎飞氏节跳到下一个郎飞氏节的。这样就增加了传导速度。在脊椎动物中演化出这种跳跃式传导的神经元轴突很可能是和增加行为的机敏性有关的。

无脊椎动物的轴突没有髓鞘，而且大多数是细的和传导慢的。但也有一些无脊椎动物具有少量的巨型轴突，它们是传达迅速逃走的命令的。乌贼的巨型轴突在无脊椎动物中是最粗大的，它的传导速度约为 20 m/s，但比哺乳动物的有髓鞘纤维还慢得多。

髓鞘能增加神经冲动沿轴突传导的速度，其重要性也可以从婴儿的运动发展和椎体束中的神经纤维生髓的关系上看得出来。生髓往往标志着机能的成熟。各种病毒引起的髓鞘的溃变也会产生严重的运动障碍。

# 突触后电位

突触后电位（postsynaptic potentials）是突触前的轴突（presynaptic axon）传导的神经冲动到达突触时，通过一系列的生化过程在突触后地点引起的电位变化。这种电位变化有大有小、有正有负。这些电位之间常以相加或相减的方式互相影响。这就是神经元加工信息的基础。对于突触地方的电和化学变化的认识是 20 世纪 50 年代的重大的科学成就之一。

在 50 年代以前，关于信息是怎样从一个神经元传给另一个神经元的问题曾有过争论。最初有过一个时期不认为这有什么问题。例如 19 世纪，曾认为神经细胞是互相连接起来的，神经冲动在神经元之间的流通是无间断的。但后来证明神经细胞个体之间虽然有紧密的功能联系，但并没有实质的接触。一个重要的证据是，如果一个神经元的胞体被破坏，它的所有的树突和轴突都会死掉，而与它联系的其他细胞一般都保持完好。1892 年，西班牙的著名神经解剖学家卡哈尔根据大量的解剖学研究的结果，提出了神经细胞是自成一个单位的"神经元说"。但是也有人，如 1906 年和他共同获得诺贝尔奖的意大利神经解剖学家高尔基（Camillo Golgi），仍未相信此说。直到20世纪50年代，由于电子显微镜的发明，神经元说才获得了确实的证明。人们在电子显微镜下，清楚地看到互相紧密接触的每一个神经元实际上都有自己的完整的膜包裹着，而且两个细胞的膜之间还有一定的距离，约20 mm。

在认识到神经元之间并无实质的连接之后，关于神经元间的信息传递的性质是电的还是化学的，也有过不同的看法。但现在终于发现，在神经系统中两种性质的传递都有。在讲这个问题之前，先看看在传导神经冲动时，突触处的电位变化。

检验突触电位的实验设计如图3-9。基本方法是，将微电极插入经过选择的突触前和突触后的神经元的胞体中。神经元的细胞膜可将电极周围密封，不使胞浆流出，因此神经元尚可暂时维持正常活动。插入的电极既可做刺激又可做记录。图3-9（a）表示在突触前神经元上分别装有刺激和记录电极。突触后神经元只有记录电极。

在20世纪的50年代到60年代之间，在哺乳动物的神经系统中做这类实验多选择脊髓中的运动神经元作为突触后神经元，记录它对前突触神经元刺激的反应。这是因为这种神经元的胞体较大，而且人们对其传入方面的许多特性已有所了解。例如，已知在每一个脊神经运动神经元的表面上都有许多的突触连接，从行为效果上看，有的是兴奋性的，有的是抑制性的。选择适当的突触前神经元来刺激，就可以看到突触后神经元如何反应来自兴奋的或抑制的突触连接的信号。

刺激一个兴奋性的突触前神经元引起突触后神经元的全或无的动作电位。首先在突触后的细胞体上看到一个小的局部的去极化［如图3-9（c）所示］。一般要使突触后神经元产生一个动作电位常常需要有几个兴奋的突触前神经元同时作用。这就是说，几个兴奋性突触前神经元所引起的兴奋的突触后电位（excitatory postsynaptic potentials——EPSP）可以在突触后神经元上总和起来，产生一个达到阈限以上的去极化，从而触发动作电位。应该注意的是，在这一过程中，突触后去极化开始的时间比前冲动到达突触的时间约迟0.5毫秒。这一延迟时间是非常重要的。它证明突触后的电位变化不是突触前电流的直接流过和衰减了的反映。

突触的特殊作用还可以从突触前的抑制性刺激中看到。抑制性的突触前神经元和兴奋性的突触前神经元完全一样，使用同一种信号——动作电位（或谓神经冲动）。但是当刺激抑制性突触前神经元时，突触后的电位变化则相反，不是去极化，而是增加极化，即超极化［如图 3-9（b）所示］。超极化使运动神经元暴发神经冲动的可能性减少，因此叫做被抑制。这时突触后的超极化电

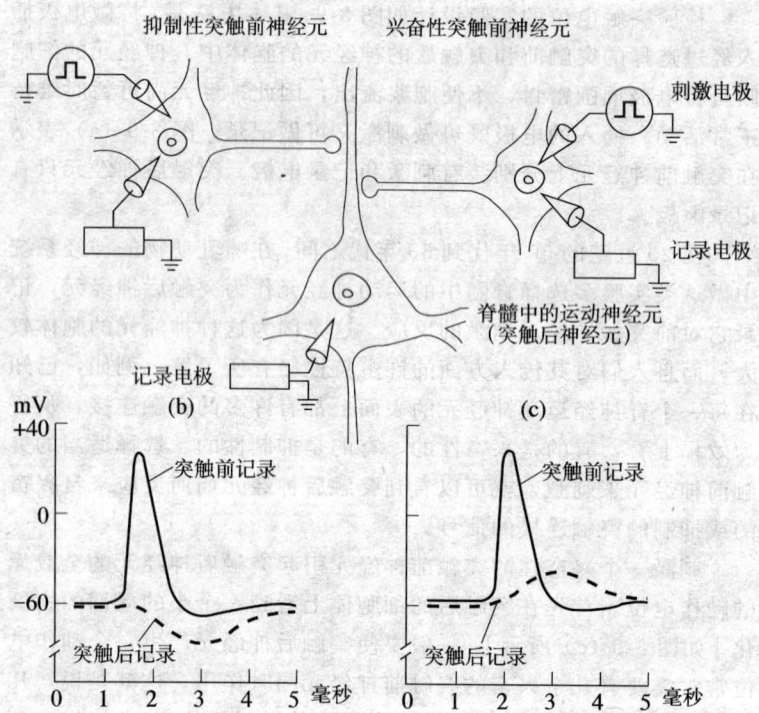

图 3-9　（a）记录突触后电位的图式。（b）图中虚线表示抑制突触前神经兴奋时，突触后神经元的反应是超级化。（c）图中虚线表示兴奋性突触前神经元兴奋时，突触后神经元的反应是去极化。

位称为抑制的突触后电位（inhibitory postsynaptic potential——IPSP）。

这样看来，突触前神经元虽然都是使用同一种电位信号——神经冲动，但对突触后神经元的影响则有兴奋或抑制的相反效果。这种区分依赖于突触的存在，或者说是突触的一种特殊功能。

突触的另一种重要功能是，神经冲动的信号只能从突触前传给突触后，不能相反。这是因为突触处的信号传递一般不是电传的，而是化学物质传递的。突触前膜在神经冲动到达时释放传递物质，称为神经递质（neurotransmitter）。突触后膜上有这种物质的受体（receptors），接收了这种物质引起一系列的生化过程，产生兴奋或抑制（这一过程留在后面讲）。突触前膜没有为产生兴奋服务的受体，所以递质的信号不能逆向传递。

此外，神经冲动沿轴突传导时，一般都是向远离胞体的方向传。虽然也可以从远端向胞体方向传，但冲动不能越过轴突小丘（axon hillock），因为大多数神经元的胞体和树突的膜不能直接反应生物电信号。

但是在突触传递的化学性质被确实证明之后，不久有人在龙虾的中枢神经系中发现了纯属电作用的兴奋性突触（E. J. Furshpan and D. D. potter, 1957），后来又在金鱼中发现了抑制性的电突触，在小鸡中也还发现有既用化学又用电传递的突触（A. R. Martin and G. pilar, 1963）。以后在许多哺乳动物中也发现了电突触。但总的看来，化学传递的突触远比电传递的突触普遍。

电突触的突触前膜与突触后膜的距离都比较近。间隙只有 2～4 nm。而化学突触的间隙一般都在 20～30 nm 之间。这似乎说明在电突触中，突触前膜和突触后膜之间的距离接近，降低了其间的电阻。因此，伴同突触前的神经冲动的电流很容易通过突触间隙到达突触后膜。这种突触传递和轴突传导神经冲动十分相似。惟一的不同是这种突触传递是单方向的，即只能由突触前膜传到突触后。这又和化学传递一样。电突触单方向传递的机制现在尚未完全理解。实验证明这是一个事实，即刺激突触后神经元不能使突触前神经元的轴突产生神经冲动。

电突触的传递的延迟时间很短。这种性质的突触常常是在比较简单的动物中或功能比较简单的神经线路中发现的，大多数是在执行逃跑反应的神经线路中，也常在需要协同活动的一些神经元线路中找到这种突触。例如，在脊椎动物控制快速眼动的动眼系统中就有这种电突触。

## 突触传递和神经元的信息加工

神经冲动的传导和突触的传递，不仅是神经系中通讯的基本方式，而且也是神经系统可以进行信息的加工并从而产生复杂行为的基础。

神经系统加工信息的能力首先在于神经元的突触传入的信号可以总和或消减。这种工作的基础是突触的传入有不同的性质，神经元整合突触后电位有一定的方式，触发神经元暴发神经冲动的机制也有所不同。

例如，前面已经讲过，突触后电位是由传递的化学物质引起的，它可能是兴奋性的（去极化），也可能是抑制性的（超极化）。这些电位从胞体或树突的发生地点扩散到整个神经元。在哺乳动物中，触发冲动的机制是在轴突起始的一段，在多极神经元上就是在轴突小丘的地方。神经元是否发生动作电位决定于轴突小丘处的去极化能否达到关键的阈限水平。

以前曾讲到过，一个神经元上通常有几千到几万个突触，它们的来源不同，性质也不同，有的是兴奋的，有的是抑制的。如果少数的兴奋性突触不能使突触后神经元的轴突小丘发生达到阈限水平的去极化，那就需要有大量的兴奋性突触同时作用才能使突触后神经元的轴突小丘的去极化达到阈限水平，从而产生神经冲动。这叫做空间的总和作用（spatial summation）。如果在兴奋性突触作用的同时还有抑制性突触的作用，突触后神经元是否产生神经冲动，这要看兴奋和抑制的总和。假定我们给兴奋的记做

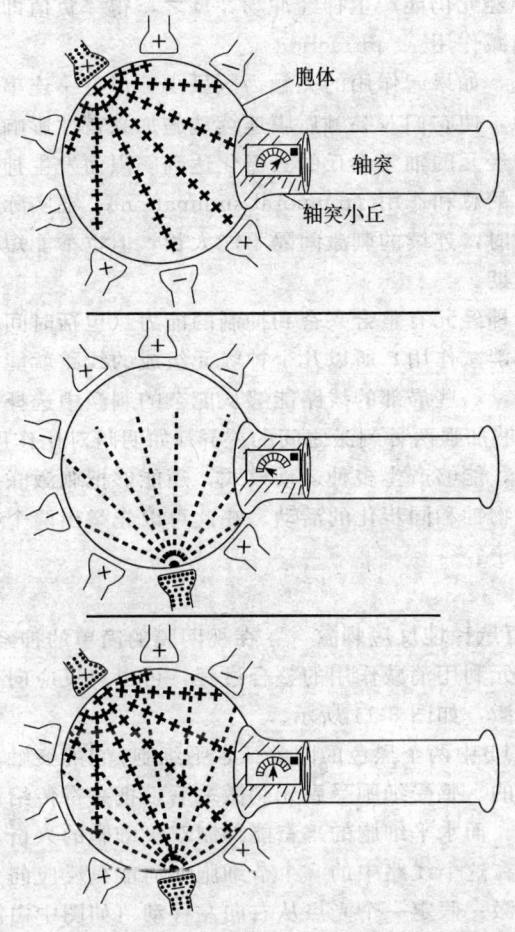

图 3-10 突触前对突触后神经元活动的总和影响的示意图。大圆代表神经元胞体，周围画"+"号的代表兴奋性突触前，"-"号的代表抑制性突触。画电位计的地方代表突触小丘。电位计指针向右表示兴奋，向左表示抑制，在中间表示两者平衡。黑突触表示活动的突触。

正数,抑制的记做负数。正负的代数和如果是一足够大的正数,则突触后神经元仍能产生神经冲动,反之,得一负值即为抑制,这也叫做消减作用(subtraction)。

此外,如果起作用的突触为数虽少,但有一连串的神经冲动到达突触,使它们对突触后膜连续地施加兴奋性影响,也可以使突触后神经元的轴突小丘的去极化达到阈限而发生神经冲动。这叫做时间的总和作用(temporal summation)。在实际观察时间的总和现象时,连续的刺激间隔不能太长,但也不能短于一个神经元的不应期。

由于神经元有整合兴奋和抑制的能力(包括时间和空间的总和作用和消减作用),所以几个神经元组成的线路就能完成很多功能。例如,一些局部的线路能够从庞杂的刺激中选择一种类型的刺激,能够加强两种刺激之间的差异(如明暗对比作用),能够把刺激分类,能够产生多种运动模式,还能够把刺激联系起来提供内在的生物钟和同步化的活动。在此可以先举出两个有关前两种功能的例子。

**一、有选择地反应刺激** 在视网膜的简单的神经元线路中,有些神经元利用消减作用的整合过程,可以只反应向一个方向运动的光刺激,如图 3-11 所示。

图 3-11 中两个黑色的圆象征水平细胞,它的突触对双极细胞是抑制性的。感受细胞受到光刺激之后,把兴奋传给水平细胞或双极细胞。而水平细胞的兴奋能抑制双极细胞的兴奋。从图中可以理解,在这个线路中的一个节细胞如何能只反应向一个方向运动的光刺激。假定一个光点从右向左移动(如图中白箭头所示),首先受到刺激的是与下面的一个水平胞相连的、右边的一组较多的感受细胞,它们的兴奋传给水平细胞,水平细胞的兴奋抑制它左边的双极细胞,当光点移过来时它就不能兴奋。光点继续向左移动,以同样方式使左边的水平细胞兴奋,并抑制其左边的双极细胞,使它不能反应移过来的光刺激。这样,与两个被抑制的双极细胞连接的一个节细胞也就不会兴奋了。与此相反,假定光点是从右向左移动的(如图中黑箭头所示),那么先受到刺激的是那

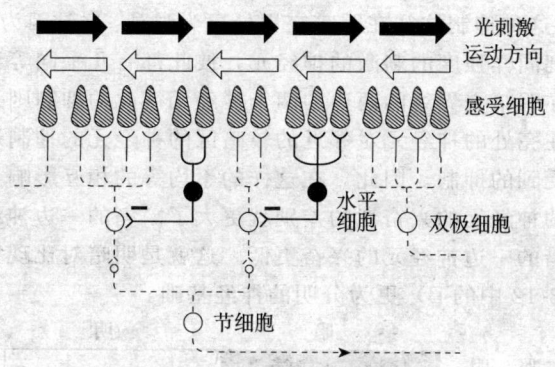

图 3-11　视网膜中只反应向右方运动的光
刺激的神经元及其线路

些直接和双极细胞相联系的感受细胞。它们的兴奋将先于那些和水平细胞相连的感受细胞的兴奋到达双极细胞和下面的节细胞。这样就避开了水平细胞对双极细胞施加的抑制作用。光点继续向右移动时，以同样方式兴奋右边的双极细胞，并使下面的节细胞再次接受兴奋刺激。两次兴奋的总和，可使这一节细胞达到产生神经冲动的去极化水平。一个节细胞就是通过这样的一个简单的线路中的总和和消减作用实现了选择性地反应刺激的运动方向的功能。

**二、明暗对比现象**　　人们知道黑白电视机的屏幕上并没有真正的黑色。黑白图像的产生完全是一种明暗对比的效果。这就是说，一个照度较弱的区域的周围的光照较强时，这个区域就显得更暗，同时周围也就显得更亮。特别是在明暗交界地带这种反差最强。

这一现象的神经基础就是视网膜中的神经元线路的特殊性质的突触连接方式。在视网膜中，与比邻的感受细胞连接的一些神经元彼此之间有抑制性的突触连接（图 3-12 中的 A）。当一个区域的神经元受到强刺激时，它们的高度兴奋（如产生动作电位）能抑制邻近的受弱刺激的神经元的兴奋。这叫做侧抑制（lateral inhibition）。这种抑制往往在明暗交界处更为强烈。这是因为，同时在亮处受到同样强度的刺激的神经元，彼此都有几乎同等程度的抑制。而在明暗交界线的两边的两个神经元彼此的抑制则是极不平等的，在亮处的神经元对邻近的较暗区的神经元的抑制远远超过它本身受到的抑制。因此，在这样的不均等的相互影响下，交界线两边的神经元的兴奋性的差别就更大了。亮的一边神经的兴奋更高，暗的一边神经元的兴奋更低。这就是明暗对比现象在交界处（图 3-12 中的 B）更为分明的神经基础。

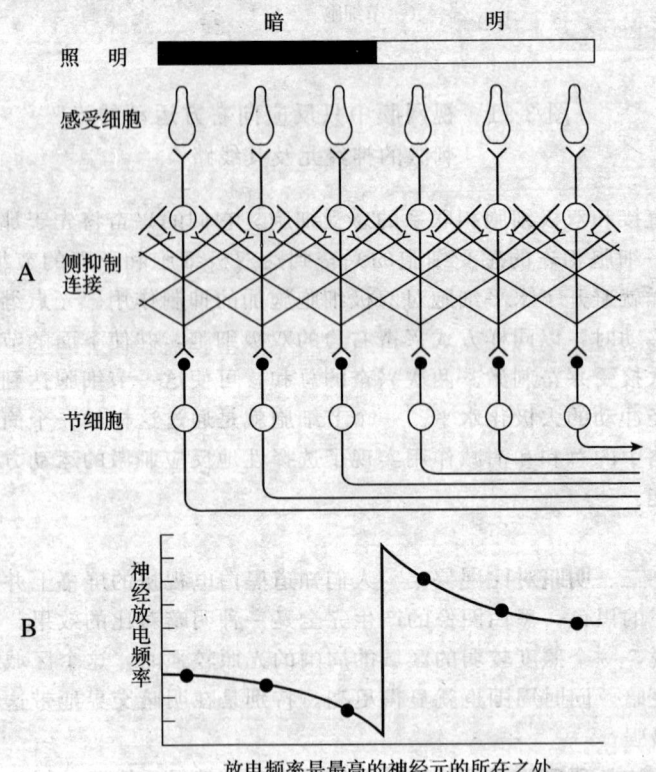

图 3-12　视网膜中通过侧抑制作用使明暗界线更加分明的神经元线路的示意图。邻近神经元间的相互抑制强，用粗线表示。

# 神经元兴奋和传导的离子运动

前面用了相当大的篇幅说明了神经元的电信号的特性和功能。本节将深入一步说明神经元发生电位变化的机制。

## 静息电位的离子机制

前面已提到，神经细胞膜的内外有一电位差，内比外约为$-70$ mV。这是因为内外的离子有差别。

细胞的内部有高浓度的钾离子，它们都是带正电荷的钾离子（$K^+$）。同时胞内也还有高浓度的大蛋白离子，它们都是带负电荷的。此外，轴突中有低浓度的钠离子（$Na^+$）和氯离子（$Cl^-$）。带正电荷的钾和钠（$K^+$和$Na^+$）称为正离子（cations），带负电荷的蛋白离子和氯离子称为负离子（anions）。细胞膜上有许多小孔。钾离子可以比较自由地从这些小孔中穿出和穿入，其他离子则不能穿过这些小孔。

如果把一个神经元放在一种和胞内的离子浓度一样的溶液中，某些钾离子可以流入或流出，但膜内外的离子数量不会有大的改变，自然也不会有内外电荷的差别。

但是如果神经元是在血浆或海水中，情况就大不相同了。血浆和海水中钾的浓度低，钠和氯的浓度高。按照渗透作用的物理规律，胞内高浓度钾一定向胞外流（以乌贼的大轴突为例，膜内的钾浓度比外面的高 20 倍）。由于细胞膜不能让钠离子进入，也不能让内部的蛋白和氯的负离子穿出以平衡外流的钾离子失去的电荷，这样，轴突膜外面的正离子的数量就会大大增加。结果膜外形成了较高的正电位。由于正离子彼此的排斥作用，使得膜内的钾离子不能再向外流。钾离子停止流动时胞外的电位称为钾平衡电位（potassium equilibrium potential）。根据 Nernst 方程\* 计算，在乌贼的大轴突中，膜内对膜外的电位差为 $-70 \text{ mV}$。这就是静息电位。

已知，实际上轴突膜并非绝对不能透过钠离子，经常有少数的钠离子从膜外漏入膜内。这样，就会降低膜内外的电位差。但是，神经元有防止钠离子漏入的手段。它有一种泵的作用，能排出钠离子和吸入钾离子，以维持膜内外的固定的电位差。从事这一工作细胞要消耗大量的能量，实际上脑的大部分能量，无论睡和醒的时候，都是用来维持泵的工作的，从而使神经细胞膜的内外保持离子的一定梯度，以准备在一定条件下（如受到刺激）产生动作电位。

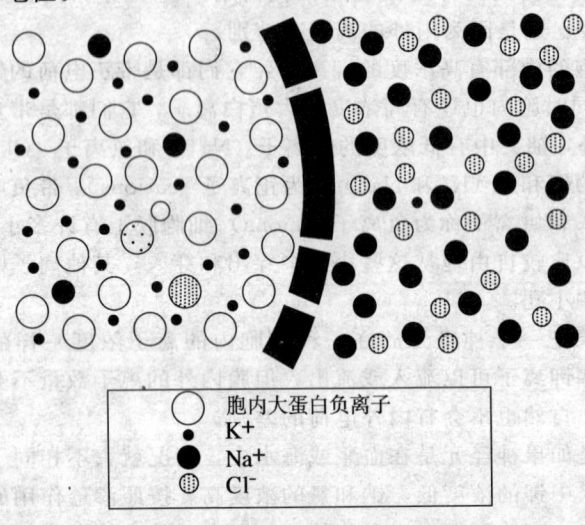

胞内大蛋白负离子
K+
Na+
Cl−

图 3-13 神经元膜内外的离子分布
钠离子多在胞外，钾离子多在胞内

---

\* Nernst 方程 $V = K \log\ ([X_0] / [X_i])$；$K =$ 由实验条件（如温度等）决定的常数；
$V =$ 膜内外的电位差（mV）；$[X_0]$ 和 $[X_i] =$ 膜内外的离子浓度。

## 动作电位的机制

动作电位的产生是由于瞬息之间细胞膜提高了对钠离子的透过性，钠离子进入细胞内，降低了膜电位（膜内负性减少）。研究乌贼的巨型轴突发现，在这种情况下，膜电位并不是降到零为止，而是一直变为内正外负。这种变化的幅度决定于钠离子在细胞内集中的浓度。在神经元暴发神经冲动的时候，胞内的钠离子浓度达到高峰，这时膜内对膜外的电位约为 +40 mV（在静息状态是 −70 mV）。这就是细胞内的正电荷的过分增加。

由于细胞膜的性质的瞬息改变使得钠能够透入细胞内，从而降低了胞内的负性，即降低了膜电位，这就叫做去极化。去极化达到一定水平，例如，一般地说，胞内达到 +40 mV 时，就出现了动作电位。在神经元轴突上，这种性质的变化是从局部（正常的是在轴突小丘）开始，以链锁的方式向远端进行的。

在动作电位过去之后，轴突膜又逐渐恢复了原来的只能透过钾的性质。随之也恢复到静息的膜电位，或者说回到了原来的极化状态。

人们对于这一变化过程的设想是：细胞膜上有许多小孔，或者称为离子通道（ion channel）。静息状态下，只能让 $K^+$ 通过。在激活时则只能让 $Na^+$ 透入。当所有的入口都为 $Na^+$ 敞开时，大量 $Na^+$ 即涌入细胞内，这个过程不超过 1 毫秒。当 $Na^+$ 的数量增加到使胞内的电位达到 +40 mV 时，$Na^+$ 就不能再进入，所以这时的电位，也叫钠平衡电位（sodium equilibrium potential）。这时 $Na^+$ 的通道也关闭了。与此同时，胞内的正电荷开始排斥 $K^+$，细胞膜上的离子孔又开始对 $K^+$ 开放。$K^+$ 被排出后，胞内恢复了原来的负性（−70 mV），于是恢复了静息膜电位。

在神经元轴突产生动作电位时，正是膜上的离子渠道全部为 $Na^+$ 大开之时。这时再加任何刺激也不会使膜发生进一步的变化。这就是绝对不应期。只有当膜恢复到静息状态，刺激才能重开 $Na^+$ 的通道。

近几年有人（B. Hille，1975；J. M. Ritchie，1979）研究了控制细胞膜的 $Na^+$ 或 $K^+$ 通道的开或闭的分子机制。如上所述，这些变化是与细胞内的电位改变有关的。所以他们试图寻找细胞膜的电压感受器的分子基础。他们设想通道的开或闭一定是与通道边缘的带电荷的分子的形状和位置的再排列有关。而使原有的排列发生变化，需要一定的能量。他们测量到有伴随这种变化的微弱电流，称为门禁电流，并以此估计其耗能量。

这些离子的通道极小，就是在现有的电子显微镜下也无法看到。所以研究者们只能用药理学的方法估计它们的大小，即从影响神经元正常工作的药物的分子的大小来估计这些通道的尺寸。许多研究是针对 $Na^+$ 通道的。据估计细胞膜的 $Na^+$ 通道向胞外的开口宽度约为 0.9 nm ×1 nm，进门后有一窄狭地带，宽度约为

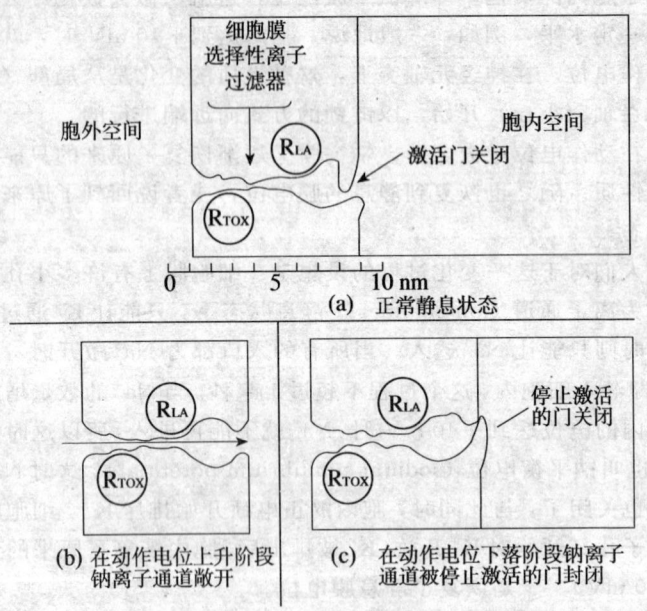

图 3-14　神经膜的钠通道
$R_{LA}$ 是局麻药的受体，$R_{TOX}$ 是毒物受体

0.3 nm×0.5 nm。这里有一个能束缚金属正离子的地点,可以称为选择过滤器。如果有金属正离子被束缚在这里,就不再能通过钠离子。这个地点也能束缚像河豚毒(tetrodotoxin)的离子。例如,当河豚毒的分子进入膜后,它的一部分被束缚在这里,其余部分因太大不能通过,就在此阻塞了 $Na^+$ 的通道。$Na^+$ 不能进入细胞内,神经元的正常的产生动作电位的过程就无法进行了。神经系统的正常工作因而停止,这就是河豚毒的中毒作用。束缚河豚毒的地址称为河豚毒受体,束缚其他麻醉剂的则称为麻醉受体。它们都在 $Na^+$ 通道边沿上,都能阻挡 $Na^+$ 的进入。此外,还有些神经毒物是破坏 $Na^+$ 通道的开口的。

# 突触传递的化学性质

## 有关的结构

在化学突触(chemical synapses)的信号传递过程中主要是化学物质的活动。这里要讲到生产、贮存、释放和接收化学递质的那些结构和过程,首先讲有关化学突触的主要结构。

一、**突触泡**(synaptic vesicle)(图 2-29) 突触泡存在于突触前神经元的轴突的末梢的终扣之中。这些球状小泡,在一种突触中的大小和染色特性是一样的,但在不同种的突触中其大小和外貌是不相同的。这些小泡的大小范围约 40 nm～200 nm。它们是 20 世纪 50 年代在电子显微镜下被发现的。现已证实它们是贮存化学递质的。从它们的大小和形状上可以辨认它所贮存的化学递质的性质和含有这种小泡的突触的功能特性。

二、**粒线体**(mitochondria) 在突触前中除含有突触泡外,还存在一种椭圆形的小珠状的结构,这种结构叫做粒线体,胞体中也有。这是一种由两层膜形成的微结构,其内膜皱折起来,形成类似支架的东西。它提供化学递质合成时所需要的三磷酸腺苷（ATP）。也曾认为化学递质是在粒线体中合成的。一种神经元只产生一种递质，或乙酰胆碱（acetylcholine——ACh），或去甲肾上腺素（norepinephrine——NE），或多巴胺（dopamine——DA），或5-羟色胺（serotonin——5-HT）或其他。但是，同一种神经元的递质对其作用的神经元可能是兴奋的，也可能是抑制的，这决定于受体的分子。突触中的神经递质合成后就贮存在突触泡中，等神经冲动到达时就释放到突触间隙中去。

**三、突触间隙**（synaptic cleft） 这是突触前膜和突触后膜之间的空间，约宽 20～30 nm。以前曾认为这个空间只有液体，近几年才在电子显微镜下看到有无数细丝连接着突触前膜和突触后膜，这种结构称为突触网（synaptic web），其功能尚未被揭露。

**四、受体座**（receptors sites） 受体座处于突触后膜上，这是一种接受和反应化学递质的特殊膜。这些受体座中含有特殊的蛋白质，它能亲和一定的递质。递质和受体的反应引起膜的电位变化。变化有的是去极化的（兴奋突触），有的是超极化的（抑制突触）。受体膜的染色性质与膜的其余部分不同，所以可用特殊的染色技术辨认它们。

## 递质的存贮和释放

当神经冲动到达突触前终端时，突触泡触及突触前膜即把它所存贮的化学递质释放到突触间隙之间，这些递质分子很快地扩散到突触后膜的受体上。在神经冲动达到突触前终端和突触后膜发生第一个电位变化的信号之间至少有 0.5 毫秒的延迟时间，这就是释放突触的化学递质和递质扩散到突触后膜所需要的时间。

神经冲动到达突触终端引起钙离子（$Ca^{2+}$）进入终端膜。新近的研究证明 $Ca^{2+}$ 的进入是由一种叫做钙调素（calmodulin）的物质控制的（B. D. Roufogalis, 1980）。$Ca^+$ 的流入量越大，释放的突触泡越多。如果细胞外的$Ca^{2+}$浓度降低,则只有少数泡释放递质。突触延迟时间大部分是与$Ca^{2+}$进入轴突终端的过程有关,小部分是递质扩散到突触后膜和受体反应的时间。

在一种突触内,所有的泡含有相等数目的递质分子。每一个泡的释放所产生的突触后膜的电位变化都是一样的。通常一个神经冲动可以引起几百个泡释放。但$Ca^{2+}$的浓度低时则只能引起几个泡释放。一个泡的递质分子的数目还不能确切测出,但估计可能有几万个。一个终端扣中一般都存有足够数量的突触泡。神经元的强烈的刺激能减少突触泡的数目,但过一会儿就产生了新泡。神经元配合传入信号的速度的能力各不相同。这是因为它们生产突触泡的速度不同。传递物质的产生受一种酶的控制,这种酶是在细胞核附近制造的,并积极地运送到轴突的终端。如无此酶,突触就不能继续工作。

Sir Bernard Katz 曾对突触的这些过程做过精确的测量,于1970年获得诺贝尔奖。

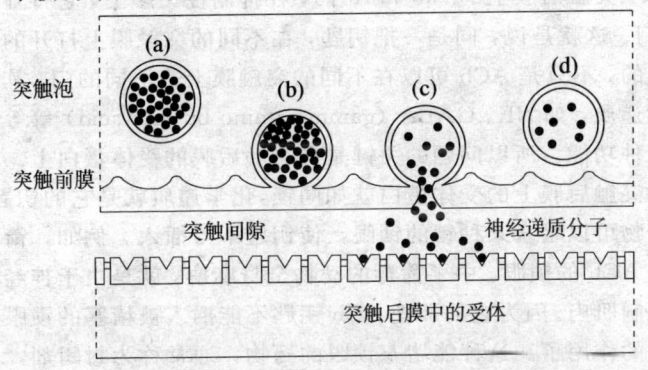

图 3-15　突触泡释放递质分子到间隙中。(a) 神经冲动到达前,(b) 神经冲动到达后,泡和释放地点的膜接触,(c) 释放递质,(d) 递质释放后重贮的泡。

## 受体蛋白的作用

化学递质与突触后膜中的受体蛋白结合引起膜电位的变化。在某些突触上是去极化的变化,在另一些突触上是超极化的变化。例如,乙酰胆碱(ACh)在运动神经和骨骼肌相连接的终板(end-plate)上是兴奋性的(去极化的),但在迷走神经和心肌连接的终板上则是抑制性的(超极化的)。为什么会有这种不同呢?研究者通过对放射性 $Na^+$ 和 $K^+$ 运动的检测证明,在兴奋性突触上,ACh 提高突触膜对 $Na^+$ 和 $K^+$ 的透过性,因而降低膜电位,即降低膜里边的负性;在抑制性突触上,ACh 提高突触膜对 $Cl^-$ 的透过性,因而提高膜电位,亦即提高膜里边的负性。

可以这样形象地来说,ACh 就像一把钥匙,在兴奋突触上,它打开了突触后膜上的 $Na^+$ 和 $K^+$ 门;在抑制性突触上,它打开的是 $Cl^-$ 门。这就是说,同是一把钥匙,在不同的突触膜上打开的门是不同的,不只是 ACh 可以在不同的突触膜上开不同的门。其他的化学递质,如 NE、GABA (gamma amino butyric acid) 等等也有这两种功能。所以问题的关键是在突触后膜的受体蛋白上。

突触后膜上的受体蛋白就如同锁,化学递质就是它的钥匙。有些药物可以堵塞某种锁的锁眼,使钥匙不得插入。例如,箭毒能堵塞 ACh 的锁眼。中了箭毒的动物全身麻痹,就是由于神经不再能控制肌肉。因为它的那把 ACh 钥匙不能插入被堵塞的锁眼中起开锁的作用了。这种能堵塞锁眼的药物,通常称为封闭剂,即有阻止递质作用的效能。

有些特制的钥匙能开几把锁。有些化学递质也能适合于几种受体的分子。ACh 至少可以对四种受体起作用,其中主要的两种名为尼古丁受体(nicotinic receptor)和毒蕈碱受体(muscarinic receptor)。ACh 的兴奋作用是与尼古丁受体结合的结果,抑制作用是与马毒蕈碱受体结合的结果。

骨骼肌的神经肌肉终板和自主神经节的突触上的胆碱能(cholinergic)的受体是尼古丁受体。由自主神经系的副交感神经支配的器官上的胆碱能受体是毒蕈碱受体,如心肌、小肠和唾腺上的受体都是毒蕈碱受体。在脑中多数 ACh 受体也是毒蕈碱的,但也有少数尼古丁的。而且某些脑细胞甚至既能反应尼古丁,又能反应毒蕈碱。

尼古丁受体可以被六烃季铵(hexamethonium)封闭,但不能被颠茄碱封闭。而毒蕈碱受体则相反。尼古丁和毒蕈碱受体两者的兴奋和抑制性也不是绝对的,也曾发现有抑制性的尼古丁受体和兴奋性的毒蕈碱受体。看来脑中的情况是复杂的。

此外,突触的递质受体通常都是在突触后膜上,但近几年发现,如 5-羟色胺和多巴胺的受体在突触前膜上也有,这叫做自受体(autoreceptors),可能是有负反馈的机制。通过这些受体告诉轴突递质已经足够了,不要再施放了。

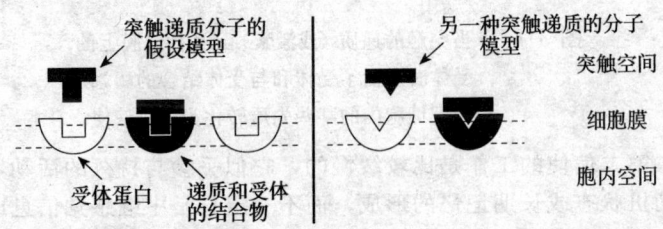

图 3-16　递质和受体的锁钥模型。每一种突触递质有其
　　　　　特别的形状,只适合一种受体分子。图中模拟了两
　　　　　种递质和它们的受体。

## 为递质作用推波助澜的第二信使

在很多突触处,化学递质还有进一步的作用。递质作用于受体,改变了突触后细胞中的另一种物质的浓度。如果把递质视为第一信使,后一种物即可称为第二信使(second messenger)。第二信使能扩大第一信使的作用,因而能发动导致膜电位变化的过程。有许多情况也会使第二信使引起神经元内部的生物化学的变化,如许多激素也是通过在其靶细胞中引起第二信使的释放才起

作用的。对第二信使的研究是萨瑟（Earl W. Sutherland）从 50 年代开始的，1971 年他获得诺贝尔奖。他指出在许多突触中第二信使是一种小分子的环磷酸腺苷（cyclic adenosine monophosphate——cAMP）。

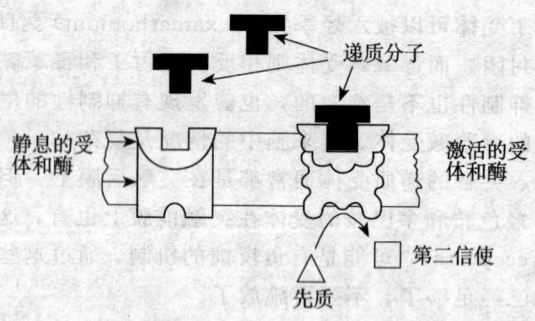

图 3-17　当突触的递质（或激素）到达神经膜上的受体时激活了受体和与受体结合的酶，使它把细胞内的某些先质转化为第二信使。

　　第二信使的工作是比较缓慢的，它似乎参与持久的活动，例如动机状态或长期记忆的形成，而不一定只是中继感觉信息或运动命令。在多巴胺、去甲肾上腺素和 5-羟色胺这些递质的突触活动中都有 cAMP 参加。ACh 在神经肌肉终板的连接中是直接作用的，不需要第二信使参加，但在脑中胆碱能的突触是要用第二信使的，不过用的是另一种第二信使，叫做环磷酸鸟苷（cyclic guanosine monophosphate——cGMP）。第二信使的作用是改变与膜的通透性有关的蛋白分子的形状，从而产生膜电位的变化。第二信使完成了它的活动任务之后，由磷酸二酯酶（phosphodiesterase）解除它的活性。抑制磷酸二酯酶活动的药物，如咖啡因可使这种第二信使的作用加强，而且延长。这样就加强了递质的效果。

## 突触的递质活动的停止

当突触释放了递质之后,它对于突触后的作用不仅迅速,而是极其短暂的。这种短暂性使得突触后的信号在时间上能够和突触前的信号保持一致。时间上的准确性是保证在一个动作中共同参与的肌肉迅速而协调地收缩和伸张的必要条件。递质作用的迅速停止有两种方式实现:有些递质在释放之后迅速地被突触前膜回收干净,这样不仅迅速终止了它们的活动,而且节省了再造的时间;另一种方式是有特殊的酶使递质迅速地分解。像 ACh 这种递质是否有回收机制尚未查明,但有一种乙酰胆碱酯酶 (acetylcholinesterase——AChE) 可使它迅速水解,变为胆碱 (choline) 和醋酸 (acetic acid)。AChE 大都存在于突触中,但在神经系统的其他部分也能找到。这样突触放出的多余的 ACh 就不可能跑到其他突触中再起作用,因为它被 AChE 迅速地分解了。

## 突触传递过程中的事件摘要

综上所述,化学突触的信号传递的主要事件如图3-18所示:1. 轴突运输合成的递质、突触泡壁等等所必需的酶和先骤;2. 化学递质的合成和贮存在突触泡中;3. 动作电位传至突触前膜;4. 突触前膜去极化引起 $Ca^{2+}$ 向突触内流动,致使泡膜与释放地点的突触膜融合,于是将递质释放在突触间隙中;5. 递质与突触后膜中的受体分子结合;6. 递质也可与突触前膜的自受体结合;7. 在细胞外空间和胶质细胞中存在的酶分解多余的递质并且阻止它越出突触间隙的范围;8. 回收递质,停止突触的作用,为下次传递提供递质;9. 递质和受体的结合使第二信使释放到突触后神经元中;10. 酶使第二信使丧失活力;11. 突触后电位扩散到树突和胞体,传到轴突小丘。

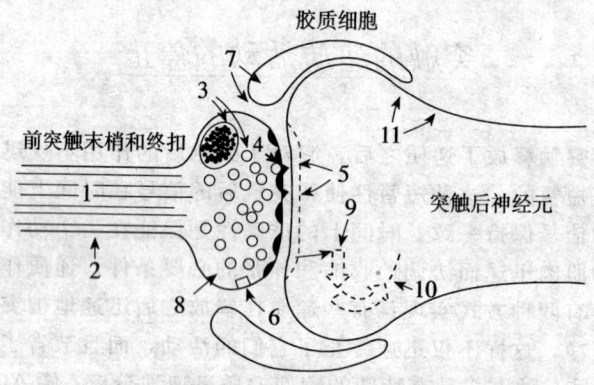

图 3-18 在化学突触传递过程中发生的各种事件的示意图

# 已知的和可能的化学递质

现在还不知道究竟有多少种化学递质。前面曾提到的几种是已经确定了的。在中枢神经系统中还有相当多的一些物质是否属于神经递质尚待进一步证明。其中有几种可能只是在特殊的部位有递质的作用,而在其他部位就不一定起递质的作用了。

要确定某种特殊的物质是某种突触的递质必须有如下的证据:

(1) 这种化学物质一定是存在于突触前的终扣之中;

(2) 合成这种递质所需要的酶也必定是存在于突触前的终扣中;

(3) 当神经冲动到达突触前末端时这种物质才被释放;

(4) 要释放足够数量的这种物质,突触后电位才有变化;

(5) 用实验方法将这种物质施加在突触处可引起突触后电位的改变;

(6) 阻抑了这种物质的释放可使突触前的神经冲动不能再引起突触后电位的改变。

据此,已确定的和可能的神经递质有:

乙酰胆碱（acetylcholine——ACh）；
5-羟色胺（serotonin, or 5-hydroxytryptamine——5-HT）；
儿茶酚胺类（catecholamines）；
多巴胺（dopamine——DA）；
去甲肾上腺素（norepinephrine, or noradrenalin——NE）；
肾上腺素（epinephrine, or adrenalin）；
氨基酸（amino acids）；
γ-氨基丁酸（gamma-aminobutyric acid——GABA）；
谷氨酸（glutamic acid），（有可能是）；
神经肽类（neuropeptides）；
脑啡肽（enkephalin）；
甲脑啡肽（met-enkephalin）；
亮脑啡肽（leu-enkephalin）；
β内啡肽（beta endorphin）；
催产素（oxytocin）。

## 几种神经递质的分布

确定一种化学物质是否属于神经递质和存在于何处的突触中并非易事。递质的化学性质各不相同，处理的方法也不一样。近几十年来常用的有三种技术。

（一）特别的染色技术。有某些神经元所含的递质，例如去甲肾上腺素，经过特殊的方法染制后，可在紫外光下呈现荧光。用荧光显微镜检查这种脑切片可以看到这类神经元的分布。

（二）放射性标记法。即借助经过放射性标记的神经递质的分子检查和它们结合的那些受体的分布。其受体所在之处，也就是使用该种递质之处。

（三）拮抗药物或竞争药物的使用。将某种神经递质的拮抗物或受体竞争物注入脑的某些部分，以观察由已知的递质控制的行为的变化。

用这些方法发现，有些神经递质的分布是比较集中在特定的神经通路中的。因此出现了化学通路或递质通路这样的名称。标记这些通路常常在它所使用的递质的名词后加个字尾。例如，使用去甲肾上腺素的，称为 noradrenergic，多巴胺的称为 dopaminergic，等等。"ergic"来源于希腊字"ergon"，意思是"工作"，但我们现在习惯译为"能"，盖求简单。所以有了"肾上腺能的""多巴胺能的"等等名词。兹将几种重要递质的分布概略说明。

去甲肾上腺素（NE）——产生这种递质的神经元的胞体大都在脑干的一些神经核中，例如蓝斑（locus coeruleus）中。这些神经元的轴突投射到脑的广大区域（见图 3-19）。去甲肾上腺能的突

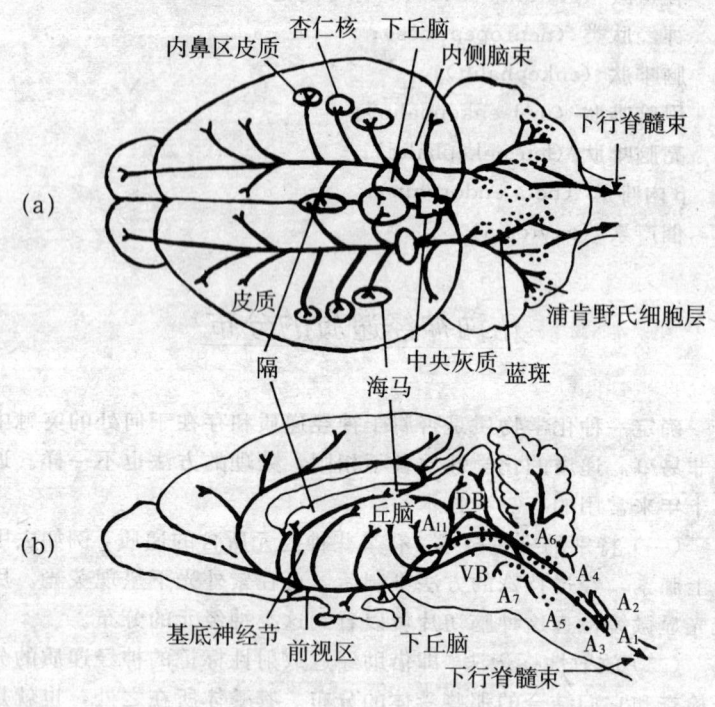

图 3-19 大鼠脑内肾上腺能通路的图解
（a）背面观。
（b）矢面观。$A_1$，$A_2$，…，$A_7$ 表示肾上腺能细胞团的分布地点。DB=背束，VB=腹束。

触的活动与觉醒、惊觉、自我脑刺激、学习、记忆和精神病行为有密切关系，后当详述。

多巴胺(DA)——产生这种递质的神经元胞体大都在前脑的基部和脑干中。其轴突分布也很广。例如，黑质中的多巴胺神经元的轴突投射到基底神经节，嗅觉系统和大脑皮质的有限区域（见图3-20）。多巴胺递质与精神病、随意运动的控制和情绪的激奋有关。

5-羟色胺(5-HT)——主要是由于处于脑中线上的一些细胞产生的，这些细胞形成中缝核(raphe nuclei)（图3-21）。raphe也是从希腊字借来的，意思是缝隙。这些神经元的轴突投射到整个大脑皮质。5-羟色胺能的(serotonergic)通路参与睡眠机制。它的作用很重要但也很有限。据估计在脑中只有不到0.1%的突触使用5-羟色胺递质。

5-羟色胺也存在于中枢神经系统以外。最初是在血液中发现的，它有收缩血管的作用。

## 神经药物对突触的作用

自远古以来，人类就知道有许多植物和动物是不能吃的，吃了会中毒。但另一方面，也有一些植物和动物吃了可以减轻疼痛，甚至产生轻松愉快的感觉。后一类的效果大都是对神经系统的作用，特别是对突触传递的影响。不同的神经药物对突触传递有不同的影响。例如，秋水仙碱(colchicine)阻抑轴突运输神经递质；河豚毒(tetrodotoxin——TTX)阻抑神经冲动的传导；利血平(reserpine)抑制突触泡贮存儿茶酚胺；低浓度的$Ca^{2+}$或与$Ca^{2+}$竞争受体座的高浓度的$Mg^{2+}$阻碍$Ca^{2+}$向细胞内流，因而干扰突触泡的代谢活动；肉毒杆菌毒素(botulinun toxin)阻抑ACh的释放；破伤风毒素(tetanus toxin)阻抑GABA的释放；箭毒(curare)和金环蛇毒(bungarotoxin)封闭突触后膜的尼古丁类ACh受体分子产生肌肉麻痹；颠茄碱(atropine)封闭突触后膜的毒蕈碱类ACh受体分子；硫代二苯胺类phenothiazines封闭多巴胺受体；荷色牡丹碱bicuculine封闭GABA受体；麦角酰二乙胺(lysergicacid

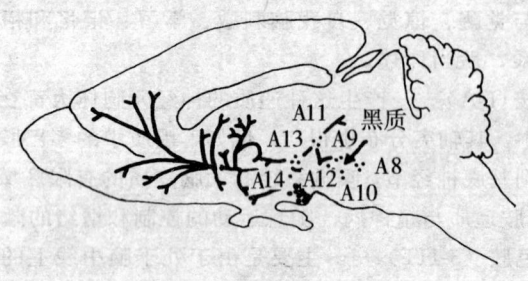

图 3-20 大鼠脑多巴胺能通路

矢状内侧面 $A_8$、$A_9$……表示多巴胺细胞团分布区

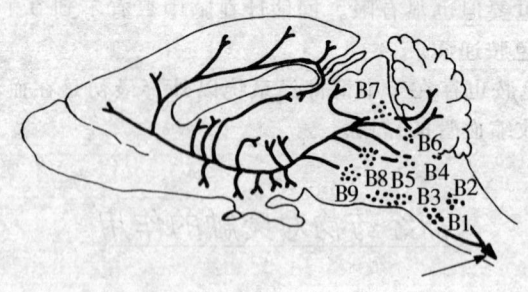

图 3-21 大鼠脑的 5-羟色胺通路

矢状内侧面 $B_1$、$B_2$……表示 5-羟色胺细胞团分布区

diethylamide——LSD)作用于 5-羟色胺的前突触自受体,延缓 5-羟色胺突触的传递;毒扁豆碱(eserine)或异丙氟磷(diisopropyl fluorophosphate——DFP)抑制胆碱脂酶(AChE),延长 ACh 的作用;古柯碱(cocaine)或丙咪嗪(imipramine)抑制 NE 的回收,使继续传递用的 NE 很快耗尽;尼古丁碱和重金属(例如铅)抑制第二信使的释放,或阻止其活动;与此相反,甲基黄嘌呤(methylx-anthines),如咖啡因(caffeine)和茶碱(thephylline)防止第二信使失去活性,从而增加它的活动。

## 脑表面的整体电位

1929年,德国的精神病学家汉斯·贝格尔(Hans Berger)发表一篇描述他自己的儿子的脑电图的文章,从此脑电闻名于世。他当时是把一个电极安置在他儿子的头颅的额部,另一电极置于头颅的后部。测量到这两个电极之间的电位只有 5 微伏(μV)。并发现有规则的波动,其频率约为 10 Hz。贝格尔称之为 α 节律(alpha rhythm)。当时电子学的技术还处于幼稚阶段,记录这种微伏级的电信号还相当困难。因此贝格尔的脑电记录曾受到过人们的怀疑。直到后来经过其他研究者的一再记录才肯定这是发生于脑中的电位变化。这样就开辟了脑电图技术(electroencephalograph——EEG)的研究领域。这是用较大的电极在头皮上记录和分析脑的电活动。这也可以看做是测量整体的电位(gross potentials),因为 EEG 表现的是许多细胞的活动,而且是在距离这些细胞较远的地方记录下来的。

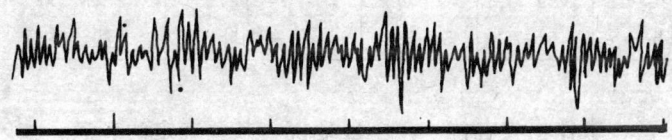

图 3-22　从头皮上记录到的 α 节律。记录部位在枕叶,被试闭目静息,但清醒。下面时标为 1 秒。

## 脑电图的特性:自发的和诱导的

研究者们把脑电位分为两类:在没有特殊刺激时记录到的脑电位称为自发电位或自发节律(spontaneous rhythms),刺激引起的电位变化称为诱发电位或事件相关电位(event-related potentials)

**一、自发节律** 从头皮上记录的脑电活动有几个不同的性质。最突出的性质是,即使在没有刺激的时候,脑电也有波动。研究者辨认出几种主要的波动频率和警觉或注意的心理状态有关。兹将这几种波动的名称、频率、波幅、最明显的部位和有关的心理状态列表,如表 3-1 所示。

**二、自发节律的变化** 在临床上常用来诊断许多种神经功能障碍。脑的生物化学、解剖和生理方面的异常都会反映在脑的自发电位的某些性质的变异上。癫痫发作的脑电图是一个最明显的例子,这是一种高波幅的峰波电位。

表 3-1 几种脑电波的情况

| 节律类别 | 频律范围 (Hz) | 振幅 ($\mu V$) | 最明显部位 | 心理状态 |
|---|---|---|---|---|
| Alpha | 8～12 | 5～10 | 枕、顶叶 | 醒、放松、闭眼 |
| Beta | 18～30 | 2～20 | 前中央回和额叶 | 醒、不动 |
| Gamma | 30～35 | 2～10 | 前中央回 | 醒、兴奋 |
| Delta | 0.5～5 | 20～200 | 各 部 | 深 睡 |
| Theta | 5～7 | 5～100 | 额和颞叶 | 醒、注意 |

**三、事件相关电位** 一般地说,某些确定的刺激,如闪光或嗒嗒声,或有意识的活动所引起的脑电位的变化通称为事件相关电位,也叫做诱发电位(evoked potentials)。这种电位变化常常是微小的,淹没在自发电位的背影中,不易从个别的记录中看到。所以一般在实验中都是将一系列的诱发电位累加起来,才能看出刺激引起的脑电变化。因为在累加中,那些与刺激无关的自发电活动,在相位和波形上常常是不一致的,可以互相抵消掉,剩下那些每次由刺激引起的相位和波形一致的电位变化,经过多次累加后就变得十分明显了。所以,又叫做平均诱发电位。

感觉刺激引起的电位在波形和潜伏期上具有特殊的性质,它能反映刺激的类型和被试的主观状况。而这些性质也与记录的部位有关。许多微妙的心理过程,如期望等,都能影响诱发电位的某些特性。

有些诱发电位是一种缓慢的历时可达几秒钟的电位漂移。这种变动似乎与更复杂的心理状态有关。其中最为显著的是所谓的偶然负电变化（contingent negative variation——CNV）。这种电变化发生在预告与行动命令（例如，"按键！"）的间隔期间。因此某些研究认为这种电位变化可能反映期望或预见状态。改变指令常常能影响这种反应的显著性。但它和心理过程的真实关系，还难以确定。

现代计算机技术的应用，使得研究者们能够记录和分析距离头皮电极遥远部位的电位变化。自 20 世纪 40 年代开始证明大脑皮质上的电极能够拾取耳蜗和由耳蜗到皮质之间的一切听觉中继中枢的电活动。因此发展了一种叫做远场反应记录（far-field response recording）的专门研究。这主要是利用计算机分析刺激产生的脑电记录的各种波形和它们的潜伏期。例如，电位波动的正或负，每个波动的潜伏期（通常以毫秒计）。在听觉通路越是距离头皮电极远的部位记录到的电位变化其潜伏期越短,波幅越小。根据这一规律可计算出每个波发生的脑部位（图 3-23）。

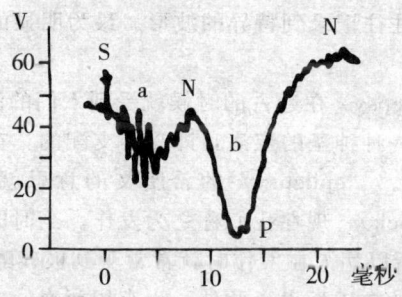

图 3-23 从头皮上记录的平均诱发电位的波形。
N 表示负相波动，P 表示正相波动，数字表示潜伏期（毫秒）。S 表示听觉刺激（嗒嗒声）a 表示皮质下的活动，b 表示皮质的活动都是前期成分（M.R.Rosenzweig,1951）。

## 脑电位的来源问题

脑电位是怎样产生的？它代表的是神经冲动，还是突触电位？这个问题引起过许多研究者的兴趣。曾经有人认为脑电可能是一种与脑细胞活动无关的东西，是脑在颅腔内的微弱振荡产生的。后来用同时记录脑电和单个神经元放电的方法分析，确切地认识到脑电的神经元的基础。最近的研究证明脑电图记录的是突触电位的总和，包括电极所能拾取的范围内的兴奋和抑制的后突触电位的总和。

## 带有病理特征的脑电图：癫痫病例

脑电在临床上的应用主要是作为诊断脑机能障碍的一种手段。脑瘤、脑细胞的溃变和其他的病理变化可以反映在脑电图中。在病变的部位往往记录到特异的波形。最为明显的是癫痫的脑电图。

癫痫（epilepsy）在远古的时候就受到人们的注意。古希腊人曾把癫痫视为一种神圣的疾病，即受神支配的。在中世纪则被认为是魔鬼附体。"epilepsy"的希腊文的意思就是侵袭或侵犯（seizure 或 attack），现在我们称之为发作。当时既然认为这种病是魔鬼附体，所以病人在发作时就常常受到极残酷的对待。例如，受鞭挞，其目的在于逐鬼。此外，也有用放血、电鱼电击、颅骨上钻孔和服用各种草药治疗的。癫痫病在某些年龄的人中屡有发现。据最近的估计，在全世界的人口中约有 30 000 000 人患癫痫（J. L. O' Leary and S. Goldring，1976）。

现在许多研究者皆已看到，癫痫病都有明显的脑的电生理状态的突然变化。这种变化和伴随它的行为变化都叫做发作（seizures）。

发作在行为上和神经生理上有几种可辨别的类型。一类称为泛化的发作（generalized seizure），包括意识的丧失和周身肌肉的痉挛。泛化的发作有大发作和小发作两种。

大发作（grand mal seizure），脑的许多部位的脑电图有特别明显的模式（图 3-24），表现出各个神经细胞有高频的爆发式的放

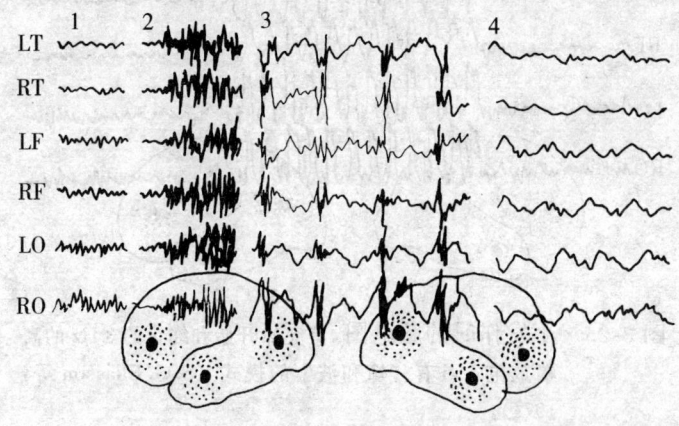

图 3-24 大发作时具有特征性的脑电图。
额叶皮质的高电位活动特别明显。

电。这时病人丧失意识，全身肌肉猛然收缩，四肢僵直。这是发作的强直阶段（tonic phase），历时约 1~2 分钟，以后是阵挛阶段（clonic phase），包括有肢体的突然的交替抽搐继之以全身的放松，此后是惶惚和睡眠。普通人所谓的癫痫都指的是这种大发作。

小发作（petit mal epilepsy），是一种极轻微的泛化发作。在脑电图中有特别明显的电活动模式（图 3-25）。这种模式叫做峰和波的模式（spike-and-wave pattern）。这种异常的电活动一天可出现许多次。在这种时候，病人不知道周围的事情，事后也不能回忆这段时间发生的事情。在行为上，病人没有异常的肌肉活动，只是暂时停止了正在进行的动作，出现一种凝视状态。他的眼睛盯在一个对象上长久不动，即所谓的"出神"。

大发作和小发作之所以被称为泛化的发作，是因为它起源于一些向广大区域投射的病变点。与此相反的另一种发作称为部分

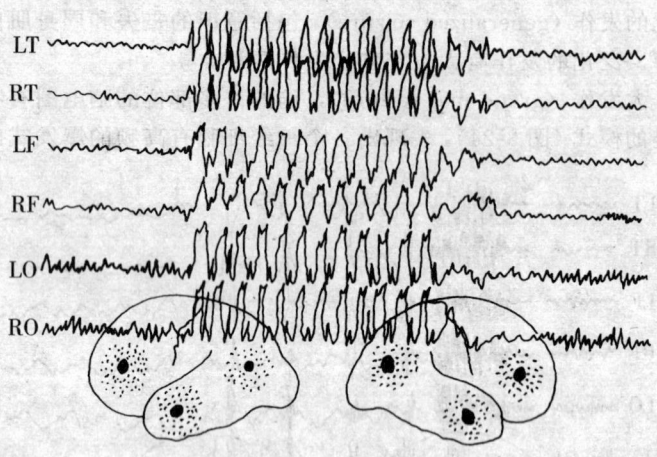

图 3-25　小发作时的脑电图。有突然开始和终止的 3 Hz 的高幅放电，具有"峰和波"的模式（S.G. Eliasson 等，1974）。

发作。

部分发作（partial seizure），起源于范围比较局限的病灶上。有些部位发作时没有意识的丧失。例如，局部的运动发作，常常是从手指开始一阵一阵的抽搐，然后逐渐移到前臂为止。起源于颞叶的部分发作常包含有强的感觉印象、突然的焦虑感和不自主地做出的一些复杂动作。

这些发作产生于脑细胞的病理性的电活动。引起这种活动的原因不一，最常见的原因有：头骨受伤产生的机械刺激；各种化学物质，包括污染环境的毒素对脑组织的伤害；由遗传决定的代谢缺陷。其基本的细胞变故是大群大群的神经元的异常的同步放电，发作电位可以达到正常脑电波幅的 5 到 20 倍。

顺便提一下控制发作的一些新方法。目前治疗癫痫有三种方法：（一）用药，一般用的是抑制突触传递的药物；（二）外科手术，切除脑中的过强的兴奋灶；（三）通过学习形成对发作的条件抑制或压抑。

在药物治疗中常用的药是苯巴比妥（phenobarbital），但它有产生困倦的副作用。最近获得了一种在化学结构上类似苯巴比妥的药，名为大仑丁（dilantin），即二苯乙内酰脲（diphenylhydantoin），成为主要的治疗药物。

最初使用外科手术治疗癫痫者是加拿大的神经外科大夫彭菲尔德（Wilder Penfield）。他在麦吉尔（McGill）大学进行了多年的研究。在手术前先给患者做脑电记录，探明不正常的电活动的中心部位，然后切除这个地方的脑组织。部分发作病灶常涉及到颞叶。切除病灶后有显著的治疗效果。因为有些病人每天可发作60～70次，不仅使精力耗尽，而且危及生命，所以冒开颅割脑的危险也是值得的。但是如果两边颞叶切去过多，也会产生记忆能力的损失。

药物和外科手术的治疗都不是完全满意的方法。某些心理学家试图用学习的方法解除发作。学习和记忆无疑包含着脑内神经线路的改变，从而设想由学习产生的线路变化或可用来控制神经元群的异常的兴奋性。

一百年前，神经病学家（如 John Hughlings Jackson）就已观察到有的病人能够强迫性地压制不正常的动作以控制运动发作的发展。重复这种办法会使效果更明显。数年后福斯特（F. M. Fostor）报告了一种控制癫痫的消退方法。他的训练控制的程序是从这样一种认识发展来的，即某些外界刺激能突然引起发作。在这些刺激中最有效的如 8～12 Hz 的闪光。在某些病人中双眼的闪光刺激比单眼的闪光刺激更易引起发作。于是他给病人以长时的单眼闪光刺激，而且是两眼交替着受刺激。当病人接受过长时的单眼闪光刺激之后，双眼的闪光刺激就不再能引起发作了。

1981 年，作者曾用极微弱的阈下强度（1～50 $\mu$A）的电流重复地和逐渐增强地刺激大鼠的杏仁核，抑制了由强电流刺激此核产生的点燃效应（痉挛）。与福斯特报告的方法颇有相似之处。至于重复的弱刺激抑制癫痫发作反应的机理则尚待研究。

另一种控制发作的办法是生物反馈训练（biofeedback training）。训练的目标是要求患者有意地加强与降低发作次数有关的脑电活动。例如，感觉运动皮质爆发的 4～14 Hz 的节律活动常常是与运动的抑制联系在一起的。在训练中，当脑电变到 4～14 Hz 范围内时给病人一个光信号。病人的任务是尽量使光信号延长，这需要通过某种努力保持住他的 4～14 Hz 的脑电节律。这种偶合的训练能减少发作的次数。但是，如果光信号和脑电的这种频率不发生这样有规律的偶合关系，训练就无疗效。此外，在有些病人中训练容易成功，在另一些病人中训练常常失败。这和病人的性格是否有关，尚待研究。

电子计算机的发展无疑会给脑电的研究及其在临床上的应用提供更精确的技术，并使研究者获得更详尽的知识。

## 激素：也是一种化学通讯的系统

### 激素的重要性的发现

动物和人体内如果缺少某些激素的正常供应，会使某些行为和心理能力不能发展，有的甚至于致死。相反的，有些激素用量极微就能改变一个人的心情和行为，改变人的饮食爱好、脾气和性的欲求。更重要的是在生命的早期，激素可以决定身体的生长和某些器官的形成。在生命的后期，内分泌腺的变化和体内对某些激素的敏感性的改变，至少也是老化现象的一个方面。

直到 20 世纪初，人们总认为身体内部的信息交流和行为的调整完全是神经系统的事。此后研究者们才逐渐觉察到内分泌系统在这些功能方面也起着重要的作用。

当然，某些腺体对行为的重要性是早已为人所知的。例如，亚里士多德确切地描述过阉割鸡的效果，并且和阉割后的人的身体和行为的改变作过比较。在我国，宦官的丑恶形象早已人所共知。他们是阉割的男人，不生胡须，说话声音像女性。但是过去的人却是只知其然，不知其所以然。现在学过生理学的人都清楚地知道，割去睾丸的人体和行为的变化是因为失去了睾丸中分泌的男性激素。对于这个问题的实验研究则是德国哥丁根（Gottingen）的一位教授（A. A. Berthold）于 1849 年开始的。他观察了阉割后的雄性雏鸡的性行为和第二性征——鸡冠的发展。在一些阉割后的雄鸡中，他又把睾丸重新植入它们的腹腔中。这种移植的睾丸虽失去了和神经的连接，但仍能恢复雄鸡的雄性行为和鸡冠。因此，他的结论是睾丸将某种为雄性行为的出现和鸡冠发育所必要的物质直接释放到血液中。但这位教授的实验观察尚未形成现代内分泌学的概念。

19世纪，为内分泌学的出现奠定基础的是法国的生理学家——伯纳得（Claude Bernard，1813—1878）。他强调细胞生活的"内部环境"(internal environment)的重要性以及这个环境必须要得到调节。他指出，稳定的体内环境是机体在外环境中从事独立的活动所必需的条件。此后，在19世纪末，临床和实验的观察证明了几种内分泌腺，包括甲状腺、肾上腺皮质和垂体，对于维持常态的内环境以及正常的健康和行为的重要性。

作为一门独立学科出现的现代内分泌学可以追溯到贝利斯（W. M. Bayliss）和斯塔林（E. H. Starling）约在1905年所做的关于分泌素（secretin）的实验。这种物质是当食物进入胃后，由小肠壁中的细胞分泌出来的。它是通过血液到达胰腺，刺激它分泌胰液，以助消化的。由此证明有特殊的细胞分泌化学物质，经血液运输到远处的目的器官或组织，以调节它们的活动。贝利斯和斯塔林还证实激素的化学物质在起整合作用的时候并没有神经系统的参与。

激素——hormone一词最初指的是分泌素。它来源于希腊字"hormon"，意思是"使之兴奋或使之运动"。内分泌——endocrine一词是从希腊字"endo"（意思是内）和"krinein"（意思是分泌）合成的。这个词是后来才用的。它指的是直接将分泌物释放到血液中的那些腺体的分泌。与此相对应的一个词是外分泌——exocrine，是指将分泌物由导管送到作用地点的那些腺体的分泌，例如泪腺、汗腺和胰腺的分泌。胰腺分泌胰液通过导管流入小肠。外分泌腺也叫有管腺，因此内分泌腺也叫无管腺。

应当指出，有时容易发生混淆的是有的腺体具有两种分别的分泌功能。例如胰腺，就其分泌胰液而言，它是有管腺。但是胰腺也有另外一些细胞——胰岛或称为郎格罕氏岛（islets of Langerhans），并不和胰腺的导管连接，它们分泌的胰岛素和高血糖素是直接进入血液中的。

## 人体中重要的内分泌腺

本节约略介绍人体内与身体和行为的发展关系重大的内分泌腺。关于它们影响行为的机制将在有关的章节中细述。在此仅指出：激素系统也和神经系统一样，能够反映身体内部和身体外部的各种变化，并通过调整内部的变化以实现机体对周围环境的更好的适应。兹先将重要内分泌腺的名称、分泌的激素和功用列表，如表 3-2 所示。

## 激素和神经系统通讯的比较

从反应身体内外的变化，从全面地整合对周围环境变化的适应行为而言，激素和神经系统都可看做是具有通讯性质的控制系统。神经通讯有点像电话系统：信息是从固定的线路上传到目的地的。激素的通讯工作则可以比做广播系统：许多内分泌信息传播到全身，但只能被具有特殊受体的细胞捡取。当然也有几种激素散布的范围不广，如下丘脑的某些释放素只通过几毫米长的门血管就达到垂体前叶。从信息传送的速度上看，神经的信息传送是迅速的，是以毫秒计算的。激素的信息传送则是慢的，是以秒计算的。此外，大多数的神经信息是数字式的全或无的脉冲，而激素信息则是模拟式的，即在强度上是渐变的。

神经和激素通讯之间的另一种重要的不同涉及到随意与不随意的问题。我们能够随意地伸臂，闭眼和做任何动作以反应外部或内部的刺激。但是我们不能随意命令内分泌系统增加或减少激素的分泌。然而，这一种不同也不能视为绝对的。有些受神经控制的肌肉也不一定能随意动作。例如，由迷走神经支配的心脏跳动的频率就不能任意改变，当然有少数受过训练的人也能在一定程度上随意改变自己的心率。但一般而言，我们要随意控制由自主神经系统支配的肌肉和内分泌腺是相当困难的。曾经引起人们

表 3-2 人体的内分泌腺

| 腺　　体 | 激　　素 | 主　要　功　用 |
|---|---|---|
| 垂体前叶<br>(anterior pituitary) | 生长激素<br>(growth hormone) | 刺激机体生长 |
| | 促甲状腺激素<br>(thyrotropic hormone) | 刺激甲状腺，使合成和释放甲状腺素 |
| | 促肾上腺皮质激素<br>(adrenocorticotropic hormone) | 刺激肾上腺皮质合成并分泌肾上腺皮质激素 |
| | 卵泡刺激素 (follicle-stimulating hormone) | 刺激女性卵巢囊泡及男性精子和输精管生长 |
| | 促黄体激素<br>(luteinizing hormone) | 促使卵巢卵泡的最后成熟和破裂，刺激卵巢和睾丸分泌性激素 |
| | 催乳激素<br>(prolactin) | 促进乳腺分泌乳汁 |
| | 促黑素细胞激素<br>(melanocyte-stimulating hormone) | 在低等动物中控制皮肤色素沉着 |
| 垂体后叶(posterior pituitary)<br>下丘脑分泌的某些激素的存贮器官 | 催产素<br>(oxytocin) | 刺激子宫肌肉收缩，刺激乳腺分泌乳汁 |
| | 加压素（制尿素）<br>(vasopressin) | 刺激血管收缩，促进水的再吸收 |
| 下丘脑<br>(hypothalamus) | 释放素激素<br>(releasing hormone) | 调整垂体前叶的激素分泌 |
| | 催产素，加压素 | 加压素刺激血管收缩，增加肾中水的存贮在垂体后叶，再吸收 |

续表

| 腺　体 | 激　素 | 主　要　功　用 |
|---|---|---|
| 肾上腺皮质<br>(adrenal cortex) | 糖肾上腺皮质激素：<br>(glucocorticoids)<br><br>　皮质酮(corticosterone)<br>　可的松（cortisone）<br>　氢化可的松(hydrocor-<br>　tisone）等<br>盐肾上腺皮质素类：<br>(mineralocorticoids)<br>　醛固酮（aldosterone)<br>　脱氧皮质酮<br>　(deoxycorticosterone)等 | 抑制氨基酸合成肌肉的蛋白，刺激从非碳水化合物中形成糖原和贮存糖原，帮助维持血糖的正常水平<br><br><br><br><br>调节钠-钾的代谢 |
| 睾丸（testes） | 睾丸酮（testosterone) | 刺激雄性的第二性征以及行为的发展和保持 |
| 卵　巢<br>(ovaries) | 雌激素<br>(estrogen)<br>孕　酮<br>(progesterone) | 刺激雌性的第二性征和行为的发展和保持<br>刺激雌性的第二性征和行为及保胎 |
| 甲状腺<br>(thyroid) | 甲状腺素<br>(thyroxine)<br>三碘甲状腺胺酸<br>　(triiodothyronone)<br>钙素（calcitonin） | 刺激有氧化的代谢<br><br><br>防止血中的钙过高 |
| 胰　腺<br>(pancreas) | 胰岛素（insulin) | 促进糖原的形成的存贮，促进碳水化合物的氧化，抑制新葡萄糖的形成 |

续表

| 腺　　体 | 激　　素 | 主　要　功　用 |
|---|---|---|
| 十二指肠黏膜<br>(mucosa of duodenum) | 高血糖素<br>(glucagon) | 刺激糖原转化为葡萄糖 |
| | 分泌素<br>(secretin) | 刺激胰腺分泌胰液 |
| | 缩胆囊素<br>(cholecystokinin) | 刺激胆囊释放胆汁，可能是饱的信号 |
| | 肠抑胃素<br>(enterogastrone) | 抑制胃液的分泌 |
| 胃的幽门黏膜<br>(pyloric mucosa of stomach) | 促胃液素<br>(gastrin) | 刺激胃液的分泌 |
| 副甲状腺<br>(parathyroids) | 甲状旁腺激素<br>(parathormone) | 调节磷酸钙的代谢 |
| 松果体<br>(pineal) | 黑素<br>(melatonin) | 可能是通过对下丘脑释放中枢的节制来调整垂体的活动 |
| 胸腺<br>(thymus) | 胸腺素<br>(thymosin) | 促进淋巴组织的免疫能力 |
| 肾上腺髓质<br>(adrenal medulla) | 肾上腺素<br>(epinephrine or adrenalin) | 促进普通称之为搏斗或逃跑的反应 |
| | 去甲肾上腺素<br>(nore pinephrine or noradrenalin) | 除有肾上腺素的作用之外，还使血管加强收缩，并略有使糖元转化为葡萄糖的作用 |

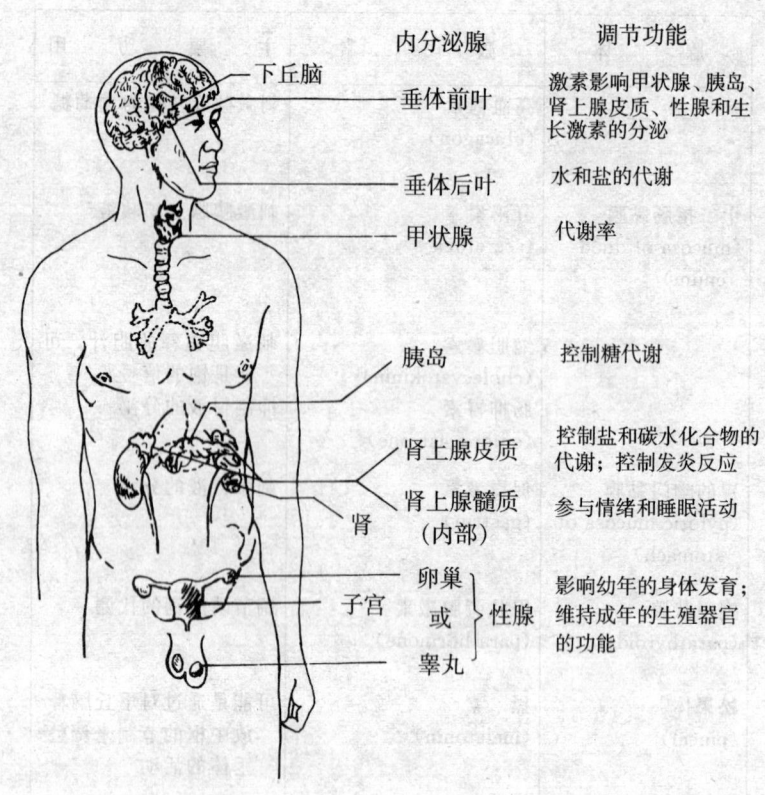

图 3-26 主要内分泌腺的位置

很大兴趣的生物反馈技术,可以训练人们去控制自己的心率,也能通过训练控制尿的分泌,后者可能包括着控制激素的成分,比如,控制了抗尿激素(antidiuretic hormone)(N. E. Miller,1978)。但这都是要经过特别的训练才能达到的。

神经系统和激素系统之间虽存在着上述的不同,但它们也有重要的相同之处。例如,神经系统利用特殊的生化物质进行突触间的信息传递,内分泌系统用激素进行同样方式的通讯。当然,在两种系统中的化学信使旅行的距离是大不相同的——突触间隙只有 30 nm(即 $3 \times 10^{-10}$ m)宽,而激素从分泌的地点到目的器官的距离可能达到 1 米。然而，在突触的化学传递和激素通讯之间确实有几个方面是相似的。

（一）神经元的前突触末端生产和存贮将来要释放的特别的传递用的化学物质，正如内分泌腺生产、存贮和释放激素一样。实际上下丘脑中的某些神经元也确实生产激素。

（二）当神经冲动到达突触前末端时，它释放递质到神经元之间的突触间隙中。同样地，内分泌腺在受到刺激时分泌激素到血液中。事实上确实有某些腺体也反应神经信号，另一些则反应化学信号。

（三）有许多不同的突触传递的化学物质，也有许多不同的激素，但现在越来越多的发现有些生化物质既是神经递质，又是激素。例如去甲肾上腺素和肾上腺素，它们是脑中许多突触使用的递质，但肾上腺分泌的这种物质则是激素。其他如促肾上腺皮质激素（ACTH）、加压素和黑素刺激素（melanin-stimulating hormone）在某些地方是突触递质，在另一些地方则是激素。

（四）在神经系统中，突触递质和突触后膜的特别的受体分子发生作用。同样地，有许多激素也是和靶细胞的细胞膜上的特别受体分子发生作用。

（五）某些激素和受体分子结合之后，在靶的细胞内引起第二信使的释放，并从而导致细胞内部的变化。这一过程早在内分泌系统中进行了深入的研究，只是较近才发现神经递质的作用也包含有突触后神经元中释放第二信使的过程。而且，在神经和内分泌系统中起第二信使作用的化学物，都是环磷酸腺苷。

应当注意的是，在这里指的是肽和胺类的激素。如肽类的促肾上腺皮质激素（ACTH）、卵泡刺激素（FSH）、促黄体激素（LH）、促甲状腺激素（TSH）；胺类的肾上腺素、去甲肾上腺素（NE）、甲状腺素等。这类激素如上所述是和靶的细胞的细胞膜上的受体结合的。它们起作用比较快，可在几秒或几分钟内发生影响。另一些固醇类的激素，如雌激素、孕酮、睾丸素和糖皮质激素则是穿过靶的细胞的膜和胞浆里的受体蛋白结合。结合后的固醇-蛋白复合体进入细胞核对染色体起作用，开始基因转录，从而产生特殊的蛋白。固醇类的激素作用较慢，需要几小时才能发生效力。固醇类激素的作用特性是由细胞内的受体决定的。所以它

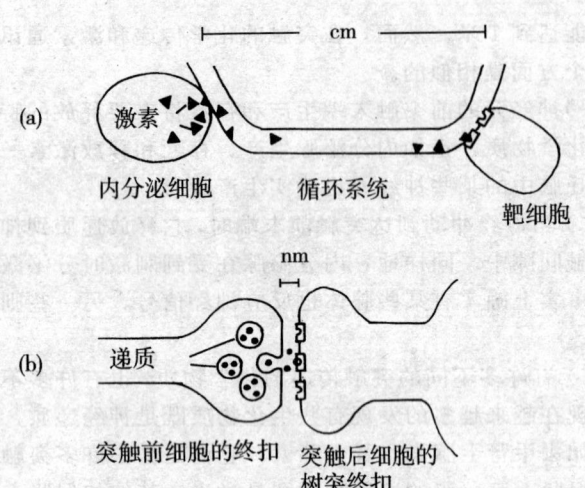

图 3-27　激素和神经通讯的比较
　(a) 激素的　　(b) 神经的

们可以在许多细胞中出入而不一定发生作用。但是，如果细胞浆中有适合的受体与进入的激素结合，那么这种激素就会集聚在这些细胞中。因此，可以利用经过放射性标记的激素分子的集中地点，研究它在哪些器官中起作用。例如，放射标记的雌激素多集中在包括生殖道在内的许多生殖器官的组织中，下丘脑的某些细胞群中也有。

　　有些激素也可能通过其他的途径起作用。例如胰岛素是一种肽类激素，当第二信使被阻抑之后，仍能发生效力。看来，它是通过另外的途径改变细胞膜的性质的。有些胰岛素进入细胞，在细胞内起作用，因此它有较长的效力。其长效果含有增加葡萄糖穿过细胞膜向胞内输入和改变膜的离子通透性的作用。其他肽类激素也有穿过细胞膜在细胞内发生作用的。关于进入方法的问题现在正进行着紧张的研究。

## 激素和神经的整合活动

内分泌系统和神经系统的信息不是互不相干的。而是互相交流的。我们可以将这两个系统之间交互关系作一概括说明（如图 3-28 所示）。进入神经系统中的感觉刺激引起神经冲动，传到包括大脑皮质、小脑和下丘脑在内的各个脑区。产生的行为反应进一步改变了刺激情境。例如，受到刺激的人可能离开或走近刺激源，这种反应将会改变一个视觉影像的大小，或一个声音的强度。与此同时内分泌系统也正在改变着这个人的反应特点。例如，如果估计到刺激情境需要他行动，就会通过激素来调动能源。同时某些感觉感受器官的状态也可能改变了，这样就进一步改变了刺激过程。

许多行为需要激素和神经的协作。例如，当一种紧急情况通过神经的感觉渠道被察觉之后，激素的分泌就为进行用力气的反应作准备。进行战斗或逃跑反应的肌肉是由神经控制的，但为神经肌肉系统动员能量则要通过激素的途径。

在一个既有神经细胞又有内分泌细胞的完整系统中，细胞间的信号传递可能有四种方向关系：（一）神经给神经的；（二）神经给内分泌的；（三）内分泌给内分泌的；（四）内分泌给神经的。这四种方向的信号传递都可以在斑鸠的求婚行为中找到。

如果把一只雄斑鸠放在一个使雌斑鸠能够通过一扇玻璃窗看到它的地方，这种视觉刺激和它的知觉就包含着神经给神经的信号传递。其中特别的视觉刺激活一个神经和内分泌的环节，引起下丘脑中的某些神经分泌细胞（neurosecretory cells）分泌间质细胞刺激素（interstitial-cell-stimulating hormone），这个环节是神经给内分泌的。然后是一系列的内分泌给内分泌的信号，引起睾丸素的产生和释放。睾丸素又通过一个内分泌给神经的环节改变了某些神经元的兴奋性，从而引起求婚的行为表示，雌斑鸠对于这种行为表现有同样的一系列包括四种信号环节的反应（M. B. Friedman，1977）。其中的机制将在性行为一章中详述。

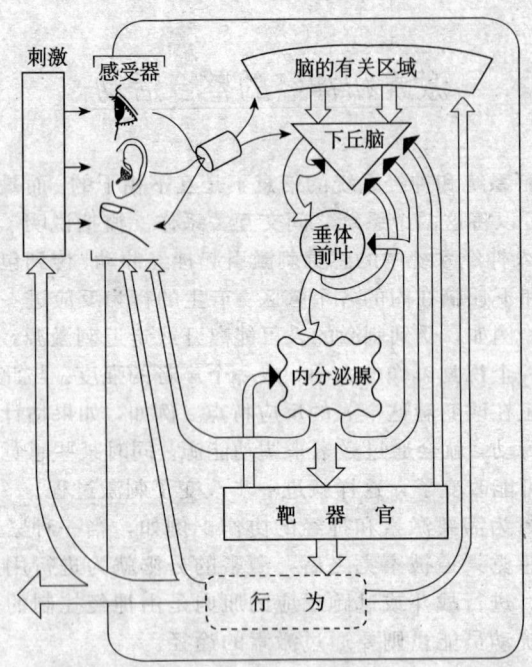

图 3-28 内分泌系统和神经系统以及整个
身体和行为的交互关系的示意图

· 142 ·

# 第四章 感觉的基本过程

概 论
感觉世界的多样性和适当刺激
感觉系统的基本功能
 区别不同形式的能量
 反应刺激的不同强度和质量
 反应的信度
 反应的速度
 抑制无关的信息
感觉系统如何进行信息加工
 换能装置
  一、机械能的换能装置
  二、光的换能装置
  三、化学的换能装置
 感觉信息加工的原理
  一、编码
  二、感觉适应
  三、侧抑制
  四、信息遏抑

感受野
脑中的感觉通路
 一、每一感觉系统都有多个皮质代表区
 二、从丘脑到皮质有功能上不同的平行通路
 三、感觉系统的代表区大都处于后部的皮质
 四、不同的皮质区和知觉的不同的方面有关
 五、皮质地图概念的说明
注意
 一、注意的大脑相关物
 二、脑干网状结构和注意
 三、皮质和注意
 四、对注意障碍问题的见解

## 概 论

各种动物都有感觉系统。感觉系统使它们能够察觉认知和估计周围世界中与它们生命攸关的那些变化。对于每一种动物来说，它们周围环境中都存在着或变化着对它们的生存极其重要的特殊条件。因此它们各自都有观察世界的特殊门户。然而，获得信息的基本过程在许多物种中都是非常相似的。

所有的动物身体上都有对某些形式的能量特别敏感的部分。身体的这些部分就是感受器，也是过滤器，因为它们只反应某种类型的刺激，而完全不反应其他种类的刺激。例如，我们的眼睛对光波敏感，对声波完全无反应，耳朵则相反。

此外，环境提供的刺激呈现在神经系统中的方式在不同的脑区中也是很不相同的。这是因为脑的每一部分，都不是被动地反映从感受器官中传入的神经冲动，而是各有其主动的加工过程，即所谓过滤、摘要和整合的过程。所有的这些信息加工的过程都需要大量的神经线路。而特异化的感觉感受器的演化也促成了脑的有关区域的发展。所以，查看一种动物的神经系统的某些感觉区域的相对的大小，就可以知道该种动物的各种感觉在其适应环境中的相对的重要性。

我们对于各种感觉通道中的信息加工的认识程度并不一致。对于某些通道的信息加工的知识比较详细，对于另一些则比较肤浅。在本章中我们要讲的主要是能帮助初学者进一步去认识外部世界如何呈现在脑中的那些基本的神经过程。

## 感觉世界的多样性和适当刺激

不同的物种能察觉客观世界的不同方面。从物理学的角度来看，动物所觉察到的刺激都是一些物理能量或化学物质，都是可以用物理或化学的度量来确定和描述的。但是如刚才提过的，并非一切形式的物质能量对任何动物都可能成为刺激。不过确实有某些形式的能量能够为现存的任何动物的感觉系统所觉察。这是因为，动物在通过自然选择的演化过程中发展了能够接受这些能量的各种感觉系统。

在心理学中有一个大家所熟悉的名词,即所谓"适当刺激",它指的就是,对某一感觉系统而言可以被察觉的那种形式的能。每种类型的感觉系统都有其适当的刺激。兹将各感觉系统及其适当刺激列表(表 4-1)。

表 4-1 感觉与刺激

| 感觉系统的类别 | 感 觉 形 态 | 适 当 刺 激 |
| --- | --- | --- |
| 化学的 | 嗅 | 散布在空气中的,或溶解在鼻腔液中的有气味的物质的分子 |
|  | 味 | 刺激味蕾的物质;哺乳动物的味觉有甜、酸、咸、苦 |
|  | 一般化学的感觉 | $CO_2$、PH 和渗透压的变化 |
| 机械的 | 触 | 身体被触及或变形 |
|  | 听 | 空气或水中的声波 |
|  | 前 庭 | 头动或身体转向 |
|  | 关 节 | 位置和运动 |
|  | 肌 肉 | 紧 张 |
| 光 的 | 视 | 可见射线能 |
| 温度的 | 冷 | 皮肤温度下降 |
|  | 暖 | 皮肤温度上升 |
| 电 的 | 无以名之,因为人无此种感觉 | 电流密度的差别 |

# 感觉系统的基本功能

由于物质世界中的能量的形式繁多及各种能量的变化范围之广,所以上述的感觉系统都是为了实现下述诸功能而演化成的。

## 区别不同形式的能量

不同类型的能量,如光和声,需要不同的感受器将其转换为神经活动,正如需要照相机而不是用录音机来摄影一样。在脑中不同的感觉系统也必须分开。分开的感觉系统有时称之为感觉通道或感觉形态(sense modality)。

我们是通过辨别刺激的能量形式或类型来获得信息的。例如,我们对周围任何突然发生的事故的第一种认识就是,声(听觉的)或光(视觉的),碰撞(触觉的)或气味(嗅觉的)。不同的感官为我们提供不同的信息。我们不能用眼来听声音,也不能用耳朵来闻气味。眼只能有光感,耳只能有声感,感官的这种专一化的特性曾使19世纪的生理学家缪勒(Johannes Müller,1801—1858)提出了"特异神经能"(specific nerve energies)的学说。此说的要义是,不同感官的感受器及其神经通道是独立的和以其自己的特殊方式来工作的。例如,不管用什么方法刺激眼球,如光照、重压或通电流,所产生的感觉总是视觉形式的。缪勒的学说忽略了每种感官各有其适当刺激的自然特性。虽然他在发现神经传递的生化性质之前能够设想脑的不同的感觉系统使用不同种类的能来传送信息,可谓颇有见地,但现在人们已经知道诸如视、听、触、痛和温度等感觉的信息并不完全是由各系统携带信息的方式来保持区分的,而更多的是由于它们有分别的神经传导束。

此外,如果每一种动物对环境中的一切能量都很敏感,那对它们来说也将是极其费力的。因此,每一种动物只演化出了对于那些必须反应的刺激特别敏感的感官,而对于另外的一些类型的刺激则只有粗略的感受装置或完全没有感受的装置。

## 反应刺激的不同强度和质量

许多形式的能量其强度的变动范围是非常大的。例如霹雷声比钟表的滴答声的能量高几百万倍；初升的月光与正午的日光能量之比为 1∶10 000 000。一个理想的系统应当能反应如此巨大范围内的刺激值，应敏于反映不同的强度变化。如果要求一个系统既能察觉极其微弱的刺激又能忍受极其强烈的刺激，在结构上是相当复杂的，特别是要使一个系统对极微弱的刺激非常敏感则需要高度专门化的设备。因此一般的系统能反应的下限都是定在较为实际的水平上的。因为极微弱的刺激很少有适应的意义。例如，我们的眼睛的敏感程度仅可达到借助星光略能看到近处的巨大物体，而在正午的阳光下也不至于眩晕，这就可以满足人的适应需要了。

此外，任何一种感觉系统不仅应当反应刺激的能量变化，而且还应当能够反应刺激的质量的变化。例如，人不仅能听到声音，而且能辨别听到的是什么声音——噪音还是乐音？不仅能看见光亮，而且还能看见颜色。有些能量在这方面的变化范围也是很大的。而各种动物也都是按照它们生存条件的需要选择有限的范围来反应。例如对声波，人能听到的只在 20～20 000 Hz 的范围，低于 20 Hz 的我们称之为次声波，高于 20 000 Hz 的称之为超声波，都是人们听不到的。有些动物的听觉范围和人类的大不相同：如猫的听觉范围为 60～65 000 Hz；金丝雀为 250～21 000 Hz；海豚 150～150 000 Hz；蝙蝠 1 000～120 000 Hz；蛾类 3 000～150 000 Hz。

在视觉中也有类似的情况。人类的可见光的波长范围为 400～650 nm，短于 400 nm 称为紫外线；长于 650 nm 称为红外线，我们都看不见。而蜜蜂则可以看见短于 400 nm 的光波；蛇能感觉超过我们可见范围的波长。

## 反应的信度

一个感觉系统的信度或可靠性指的是它们的反应和内外环境中的任何信号之间有一致的关系。例如，冷刺激永远引起冷的感觉，不然，如果有时引起痛感，有时引起温感的话，就失去了监视环境变化的意义。

## 反应的速度

对于环境的最佳适应需要感觉信息的迅速传送和加工。一个汽车司机要避免撞车，就需要迅速而准确地判断迎面开来的汽车的方向和速度。然而在反应的速度和可靠性这两种要求之间常存在着矛盾。因为一般在工程设计上，要提高可靠性需要增加线路，用几个不同的线路加工同一种刺激的信息。这样由于线路的增加就降低了速度。在许多感觉系统中在速度和可靠性的功能要求上都有一种精妙的平衡。在一定程度上兼顾速度和信度。

## 抑制无关的信息

一个人在倾听有趣的故事或在欣赏交响乐时，往往听不到旁边的钟表或电扇声。这和上面提到的感觉系统的敏感性和可靠性的要求似乎是矛盾的。但是这是需要的。一个好的感觉系统确实需要有暂时忽略周围世界中的某些刺激的特性。这些被忽略的刺激常常是持续的作为背景来存在的，对人或动物很少具有信息的意义。感觉系统所敏感的是那些具有重要适应价值的环境变化。刺激的实质也就在于此。最有意思的一个事实就是，如果用一种特别装配的投影系统使一个物体的影像固定在视网膜的一点上，不会随眼球的运动而移位,那么过 15 秒至 2 分钟,物体的知觉就消失了。这一实验证明变化的刺激在知觉中的重要作用。各种感觉系统都具有抑制少变或不变的无关信息的特性,抑制的方式是多样的,如阈限的改变适应和不同形式的方向性的控制。

# 感觉系统如何进行信息加工

任何形式的能量产生刺激作用都是从受纳器中开始的。各种受纳器都是些能量转换的装置,都是将各种能量转变为神经冲动的形式。所以感受器也可以称之为换能器(transducer)。下面分述几种主要的换能装置的原则。

## 换 能 装 置

**一、机械能的换能装置** 有结构复杂的和比较简单的。一般说身体表面的比较简单。

(一)身体表面的,包括肌肉中的受纳器,除司冷温的以外,大都是机械能性质的换能器。结构最简单的是皮肤内的游离神经末梢(free nerve ends)。这类神经末梢的功能分化自然是不完全的。它们既能转换机械能,也可以反应化学刺激,痛觉主要是这类末梢受刺激引起的,机械的和化学的刺激都能产生痛觉。

皮肤中结构较复杂一点的感受器都是由神经末梢和附加的组织组合而成,主要的有两种形式,如麦斯纳触觉小体(Meissner's corpuscles)和帕西尼氏小体(Pacinian corpuscles)(图 4-1)是在神经末梢外包以小囊。小囊受压变形即可使神经末梢产生动作电位。另一类型的,如毛囊和肌肉中的肌梭(muscle spindle)是神经末梢缠绕在其他组织上而构成的(图 4-2b)。

这两种类型的换能器的工作原理比较简单,主要的过程如下:
1. 机械力使小体或附于其上的组织变形;

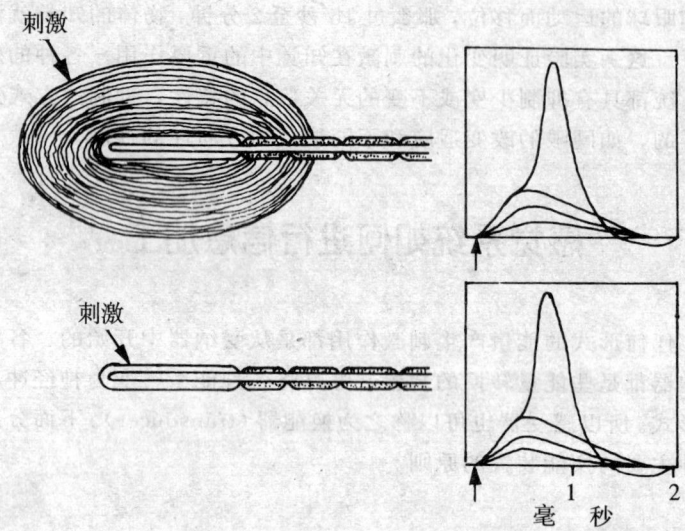

图 4-1 帕西尼氏小体及其兴奋

(a) 小体内的神经末梢。机械刺激产生电位,刺激越强电位越高,如右图,终至达到发放神经冲动。(b) 当把小体除去之后,机械刺激直接作用于轴突末梢上,仍然可以使其产生神经冲动,如右图。这说明换能的机制是在神经的末梢上。

2. 这种组织的变形给轴突末梢以机械刺激;

3. 轴突接受机械刺激后产生电位,当电位达到阈限水平时产生神经冲动。

(二) 听觉的换能装置,属于听觉类型。声音的感受器系统包括外耳、中耳和内耳。声音进入外耳,外耳的作用像一个收集声音的漏斗,将声音集中起来传入中耳。外耳和中耳隔着一层膜,这就是鼓膜(tympanic membrane),也叫耳鼓。声波通过外耳道冲击到这个鼓膜上。外耳的形状和外耳道的长度和形状可以降低某些频率的声波的幅度,同时它的共鸣作用也能增强另一些频率的声音。

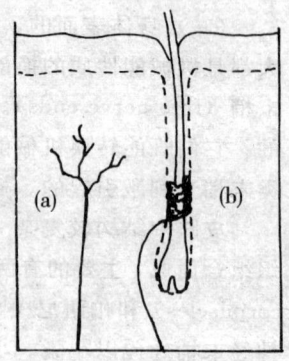

图 4-2 皮肤中的神经末梢 (a) 游离神经末梢 (b) 神经末梢缠绕着毛囊

中耳在鼓膜之后,内有三块小骨,称为听小骨(ossicles),组成一套连动的杠杆系统。连接着鼓膜的一块叫做锤骨(malleus),它后面是砧骨(incus),最后一块是镫骨(stapes),镫骨的内端附着在内耳耳蜗的卵圆窗(oval window)上(图4-3)。鼓膜受到声波冲击后的很小的振动,经过这三块小骨构成的杠杆系统传到内耳的卵圆窗上。

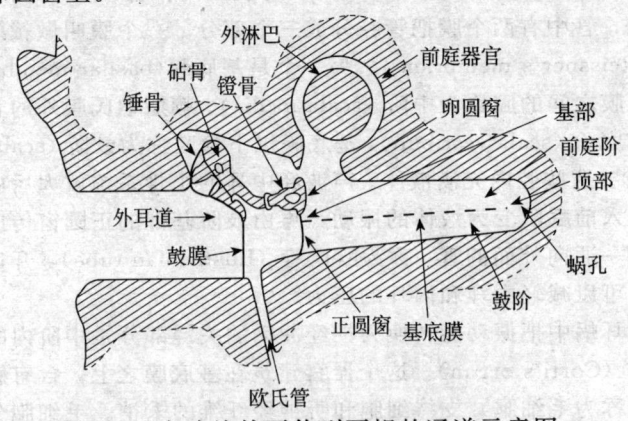

图 4-3 声波从外耳传到耳蜗的通道示意图
为易于了解耳蜗未画做螺旋形式

这套骨系统有两方面的作用。一是放大鼓膜振动的压力。因为声波在由外耳向内耳传导时,要把空气的振动变为液体的振动。在物理学上液体比空气的惰性大,空气和水的交界面能把99%的声波反射回到空气中,所以中间必须加入这一骨系统。人类的鼓膜面积比附着在卵圆窗上的镫骨的面积约大22倍(70 mm$^2$ 比3.2 mm$^2$)。面积的减少,使得作用于卵圆窗上的压力比作用于鼓膜表面的压力也相应地大了22倍。再加上三块小骨连动的杠杆臂的放大作用,就得到了很大的功效。如果以500 Hz 的声波计算,经过外耳道的共鸣作用其压力可放大2倍,经过骨系统又可放大2倍,再加由鼓膜和卵圆窗的面积比例所形成的22倍的压力比,总计声波的压力经外耳和中耳放大了88倍。考虑到向内耳传导时的阻抑,估计声波仍能以99.9%的传递效率从外耳传到耳蜗中。这被认为是一种最高的功效。二是中耳的小骨系统还有减弱过分强的声音的强度的作用。这是因为中耳内有两条连着锤骨和镫骨的细小肌肉。当太强的声音通过反射的机制使这些肌肉收缩时，可以限制小耳骨的运动，减弱声音的压力，这样就能保护耳蜗内的毛细胞，使它们不会受到太强刺激的损害。这些肌肉在我们身体运动和吞咽食物时也会收缩，因此我们常常听不见自己身体运动产生的声音。

内耳指的是耳蜗（cochlea），是机械的压力波转换为神经冲动的地方。高等哺乳动物的耳蜗是一螺旋形的长管，它的底部粗，顶部细，管中有两个膜把管腔分成三个部分。一个膜叫做赖斯纳氏膜（Reissner's membrane）。另一个是基底膜（basilar membrane）。这个膜之间的腔称为中阶（scala media）。赖斯纳氏膜外的管腔称为前庭阶（scala vestibuli），基底膜以下管腔称为鼓阶（scala tympani）。这些腔内充满液体。声波经中耳的小骨系统放大后由卵圆窗进入前庭阶变为液体的振动，再由鼓阶基部的正圆窗传出。中耳有一通向外面的管，称为欧氏管（Eustachian tube），开口在咽部，可以减轻中耳和内耳的压力。

耳蜗中把振动能转换为神经冲动的关键部分是中阶内的柯替氏器（Corti's organ）。这个器官建筑在基底膜之上，含有感觉细胞（称为毛细胞）支持细胞和听神经纤维的末梢。毛细胞分为内外两组，内边的排成单行，外边的排成三行。毛细胞是柱状的，直径约 5 $\mu m$（微米），长约 20 $\mu m$。毛细胞的顶端有纤毛（cilia）。每一个细胞约有 100～200 根纤毛。纤毛的长度约 2～6 $\mu m$。这些毛细胞穿过一层网状膜（reticular membrane），达到上面覆盖的盖膜（tectortial membrane）。外边三行毛细胞的纤毛伸入盖膜底面的坑凹之中，内边一行毛细胞的纤毛似乎不接触盖膜（图 4-4）。

螺旋神经节中的双极神经元的周缘支（轴突）进入耳蜗与毛细胞的基底部形成突触连接，接受毛细胞的兴奋。双极神经元的中枢支（树突）组成听神经的一部分。进入延脑的耳蜗背核和前核（dorsal and ventral cochlear nuclei）。人类每耳约有 50 000 根自耳蜗进入延脑的听神经纤维。内排的毛细胞，各自占有单独的听神经纤维。外排的毛细胞，几个共有一根听神经纤维。此外，在人和动物的听神经中还有自脑内出来的传出神经，它们进入耳蜗与毛细胞或听觉纤维的末梢形成突触连接，以调节毛细胞或神经纤维末梢的兴奋性（图 4-5）。

机械的波动转换为神经冲动的详细过程尚未尽知。现今已经

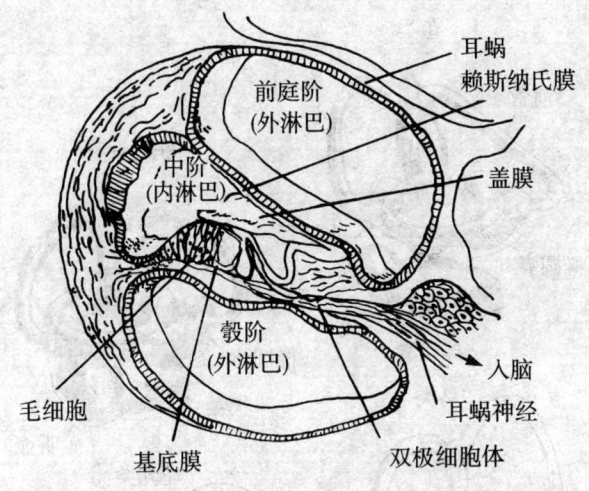

图 4-4 柯替氏器（包括基底膜、毛细胞和盖膜三个组成部分）横切面

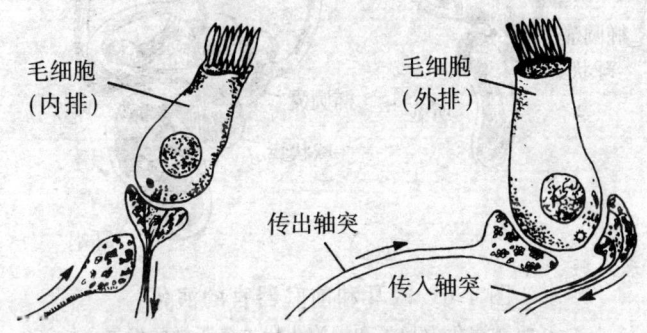

图 4-5 毛细胞和神经末梢的突触连接的两种方式

了解的是，声波的机械振动引起基底膜的波动，这种波动可使毛细胞的纤毛与盖膜顶撞。纤毛的弯曲使毛细胞产生电位，称耳蜗微音电位（cochlear microphonic potentials），微音电位的总和引起神经纤维的兴奋。

关于基底膜在卵圆窗传入的机械振动的影响下如何波动的问题，有位研究通讯系统的工程师（George von Bekesy，1960）曾作了详细的研究，并因此而获得诺贝尔奖。他用精细的手术器械在

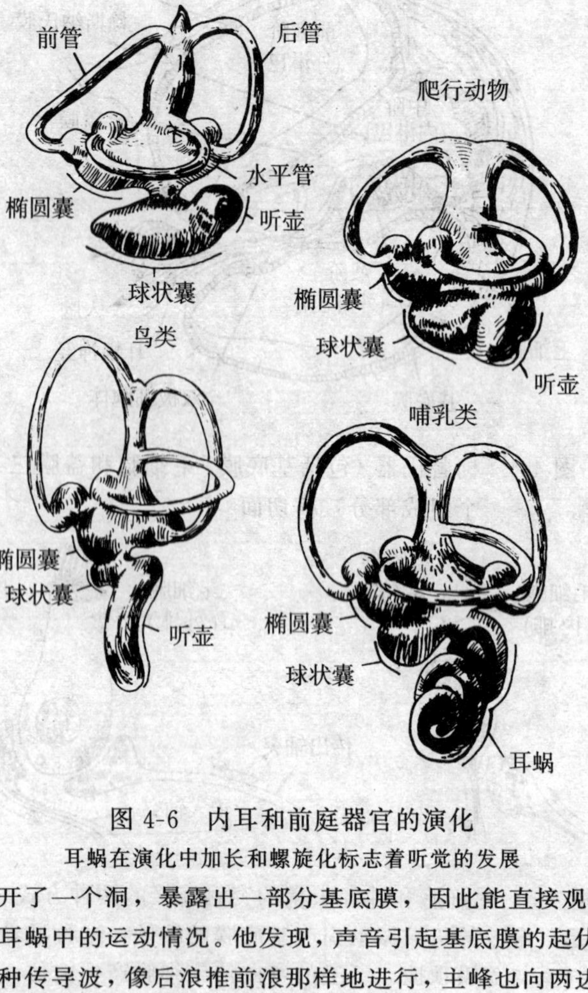

图 4-6 内耳和前庭器官的演化
耳蜗在演化中加长和螺旋化标志着听觉的发展

耳蜗上开了一个洞，暴露出一部分基底膜，因此能直接观察到基底膜在耳蜗中的运动情况。他发现，声音引起基底膜的起伏波动。这是一种传导波，像后浪推前浪那样地进行，主峰也向两边消散。

基底膜很薄，而且易于振动。根据精确的测量，只要基底膜有 $2\times10^{-10}$ cm 的波动幅度即可产生听觉。所以听觉阈值是很小的，在理想的条件下，人们能听到空气分子的自由运动。在平常的谈话中，基底膜的波动幅度约为 $2\times10^{-8}$ cm。

此外，基底膜的底部，即靠近卵圆窗的部分绷得比较紧，有利于高频振动，其顶部比较松，利于低频振动。更因高频波在耳蜗中的传程不如低频波的传程远，所以，高频的声音产生在靠近卵圆窗的基底膜上，低频的声音则产生于接近耳蜗的顶端的部分。早在 19 世纪。著名的生理学家赫姆霍茨已提出过这样的见解。

（三）身体动态和部分的静态信息的传感器属于前庭系统。当你乘电梯或飞机上升或下降时，你会感觉到加速的运动。当你转身或乘坐的汽车转个急弯时，你会觉出方向的改变。如果你不习惯于这种刺激，或者对运动太敏感，你还会晕船或晕飞机。这种刺激的感受器在性质上也是一种机械力的换能装置，属于前庭系统(vestibular system)。这个系统是把作用于身体上的重力和加速度报告给大脑。

前庭系统的受纳器在颞骨的空腔中，它在耳蜗入口处与耳蜗相连。"vestibula"按原义应译做门厅或门廊。因为它仿佛进入内耳的门廊。在哺乳动物中前庭系的一部分是由三个半规管(semi-circular canals)构成，三管中充满了液体，三管分别处在三个几乎是互相垂直的平面上。与三个管连接的一个囊状结构叫做椭圆囊(utricle)。此囊下面还有一个球状囊(saccule)，两囊中也都充满了液体。

这些结构的内部类似耳蜗里的情况。其中的主要换能器也是毛细胞。

在每个半规管的一端，即与椭圆囊连接的部分，都有一膨大部分，称为壶腹(ampulla)。其中含有一个类似柯替氏器的结构，称为壶腹嵴(crista acustica，或译为听嵴)（图 4-7）。嵴内含有大量的毛细胞。毛细胞的纤毛嵌在一种胶状物质构成的胶质顶(cupula)中。每个半规管中都有一层内膜，构成膜管，膜管漂浮在骨管内的液体中，膜外的液体称为外淋巴(perilymph)，膜内的液体称为内淋巴(endolymph)。由于三半规管互相垂直地处在三个面上，所以人的进退、上下或左右转所产生的加速度都可以影响其中任何一个管中的液体运动。在运动开始时，由于惯性作用，会使内淋巴向运动的反方向推压其中含有毛细胞纤毛的胶质顶，因而也使纤毛向同样方向弯曲，直到内淋巴以同样速度运动起来为止。当运动停止时，同样因惯性作用，使内淋巴向另一方向推动胶质顶，纤毛也随之向另一方向弯曲。纤毛的弯曲能使毛细胞

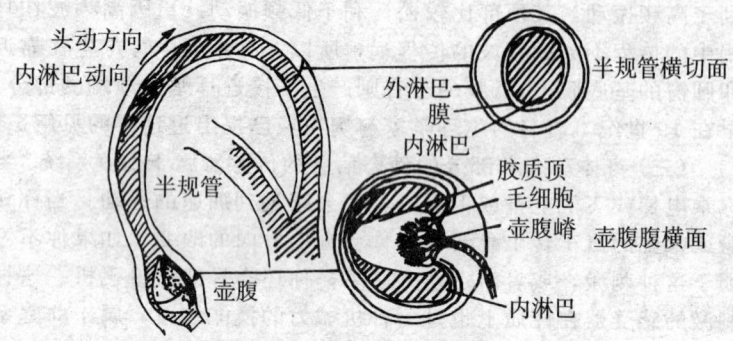

图 4-7　一个半规管的横切面和内淋巴的运动情况示意图

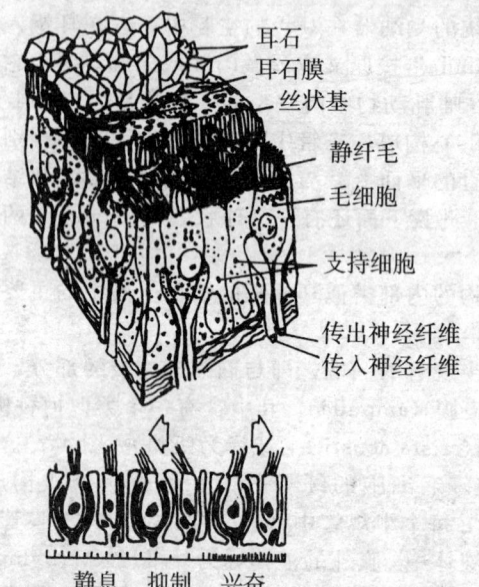

图 4-8　(a) 椭圆囊和球状囊中的换能器——毛细胞、胶质块、耳石和角质板示意图。(b) 前庭神经的放电频率的增加或减少决定于毛细胞的纤毛被倾倒的方向如图中所示。

兴奋，然后再引起分布于毛细胞底部的神经纤维的兴奋（这和柯替氏器的情况相似）。兴奋达到一定阈限，这些纤维所属的感觉神经元发出神经冲动向脑内传递身体运动方向的信息。

椭圆囊和球状囊的工作情况有些不同。这两个器官中也都有机械能换能装置，也都是由毛细胞和附带的组织构成的。在椭圆囊中这些组织是在底部，在球状囊中则处于囊壁上。它们的毛细胞的纤毛都埋置在覆在它们上面的胶质块中，胶质块中含许多碳酸钙的结晶体，称为耳石（otoconia）。当人的头转动或人体改变方向时晶体的重量和惰性能使胶质块移位。这种运动对毛细胞的纤毛产生一种剪力。由于囊内的每个毛细胞上都有一根长的动纤毛（kinocilium）和几根短的静纤毛（stereocilia），因此毛细胞只对向某一方向的剪力有最大的敏感性，即对越过静纤毛朝向动纤毛的剪力最敏感。这是运动方向信息的来源。这些毛细胞都是扎根在一种角质板（cuticular plale）上的（类似柯替氏器中的毛细胞长在基底膜上部那样），它们底部都有神经分布（图4-8）。

与前庭系统的毛细胞形成突触连接的神经末梢来自前庭神经节（vestibular ganglion）中的双极神经元的周缘纤维。它们的中枢纤维与听神经纤维合成第八对脑神经入脑。此外也有传出的神经纤维，以节制传入的兴奋。

## 二、光的换能装置

属于视觉系统。光可以被理解为电磁辐射或能粒子（光子，photons）。光穿过眼睛的几层设置才能达到眼中主要的换能器（即视觉感受器）。它先经过角膜（cornea），然后通过瞳孔、晶状体（lens）和玻璃体液（vitreous humor），最后到达视网膜（retina）。在这一过程中，进入眼中的光能受到了一系列的限制。瞳孔限制了进入的光量，晶状体和玻璃体液不仅有折光和聚焦的作用，而且可以吸收特别的光波，起到一定的滤波作用（图4-9）。

光能转变为神经兴奋和视觉信息的加工过程开始于视网膜。视网膜是眼内的受光面。视网膜有几层，其中的细胞类型各不相同。从内向外，第一层是视杆细胞（rods）和视锥细胞（cones）。这是主要的换能器。这些细胞与下一层的双极细胞（bipolar cell）形成突触连接。双极细胞再与更下一层的节细胞（ganglion cell）形

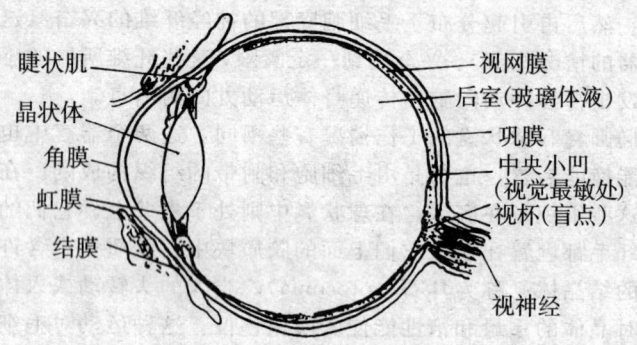

图 4-9 眼球的构造

成突触连接。节细胞的轴突组成视神经（optic nerve）。这是进入脑中的第二对脑神经。从视杆细胞和视锥细胞传到节细胞的兴奋是经过压缩和加工的。视网膜中，视杆和视锥细胞合计有 12 500 万，而节细胞只有 100 万（125：1）。在双极细胞和节细胞之间还有水平细胞（horizontal cell）和短突细胞（amacrine cells）。这些细胞起着重要的细胞间的互相抑制的作用，使得视觉信息能够在视网膜的水平上进行初步的加工（图 4-12）。

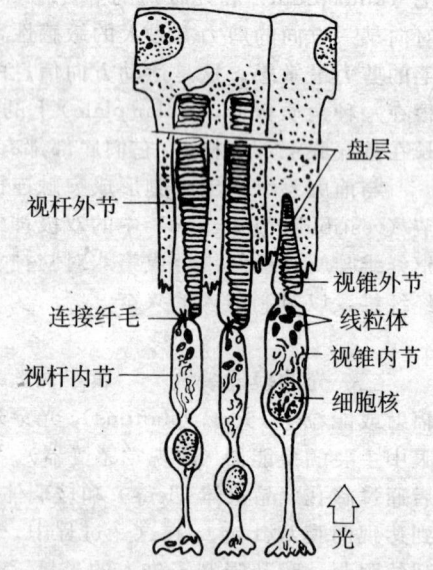

图 4-10 光感受器——视觉细胞
（视杆和视锥细胞都有内外两节）

研究人对光的敏感性时发现存在着两种不同的机能系统，与视网膜中的不同的感受细胞有关。一个系统是在弱光下工作的，是与视杆细胞有关的。这个系统称为暗视系统（scotopic system）。另一系统与视锥细胞有关，称为明视系统（photopic system）。这两

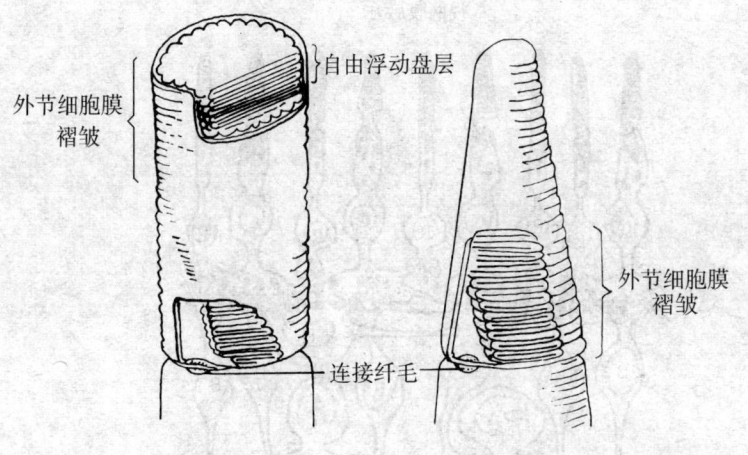

图 4-11 视杆和视锥细胞外节的详细构造

个系统以不同的敏感性工作,使我们的眼睛能在光线强度变化很大的范围内看东西。

这两种视觉感受细胞的特殊敏感性是由它们的结构和生化性质决定的。视杆细胞和视锥细胞的一部分结构很像累叠起来的许多层圆饼。每一层叫做一个盘。许多个盘累起来增加了捕捉光量子的机率。这种特色的重要性在于适应眼球的复杂结构。因为晶体和玻璃液的表面能使光向许多方向反射,由于光的分散,只有少量的光真正到达视网膜的表面。

冲击到盘上的光量子被特殊的感光色素(photopigments)捕获。视杆细胞中的色素称为视紫红质(rhodopsin),最初查明这一物质的化学结构的是瓦尔德(George Wald, 1964)。他证明这种物质的分子有两个构成部分,一个部分是视蛋白(opsin),另一部分是视黄醛(retinal)。视黄醛是由视黄醇(retinol,即维生素A)合成的一种长分子链。它能在一个特殊的地点弯曲。有时分子链是伸直形式的称为全反式视黄醛(all-trans-retinal)。弯曲形式的称为11-顺式视黄醛(11-cis-retinal),这是视黄醛的一种自然的形式,在这种形式下它能和视杆蛋白(rod opsin)连接形成视紫红质。但视黄醛的11-顺式形式是很不稳定的,它只能在黑暗中存

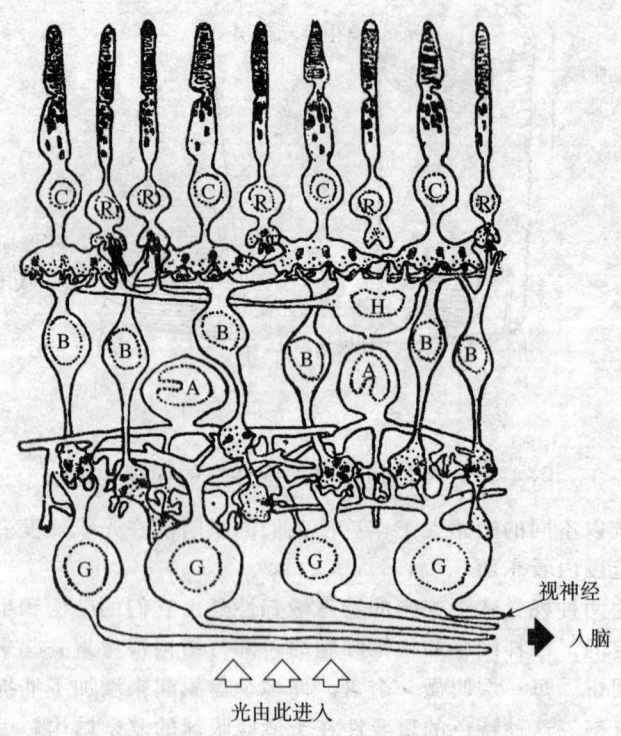

图 4-12 网膜内的神经元及其连接的示意 (J. E. Dowling 和 B. B. Boycott, 1966) R=视杆细胞; A=无长突细胞; C=视锥细胞; G=节细胞。H =水平细胞;

在。当视紫红质曝光时（如，吸收了一个光子），这个弯曲的视黄醛分子链就伸直，变成全反式。因为视杆蛋白不能与全反式的视黄醛连接，所以视紫红质就分解为它的两个组成部分。这种分裂，以某种现在尚未查明的方式，影响视杆细胞膜的通透性，从而也会改变离子的流通量，于是使视杆细胞产生电位。这就是视觉通路中的最初的电信号。虽然这一过程的确切机制尚未全知，但是已经证明这时视杆蛋白已与视黄醛分裂，而和视杆细胞的膜，或它的一个盘的膜连接起来，这样会使膜的通透性降低，其结果造成的超极化电位。这是视觉细胞的兴奋特性。11-顺式视黄醛在眼中是不断地在形成的。视杆细胞产生的感受器电位的大小决定于曝光的强度,它对光的敏感性部分地决定于前一次曝光的强弱和间隔。在暗中适应多时之后,一较弱的光能比在一般情况下引起更大的感受器电位。

另外还有三种与色觉有关的视锥细胞色素,是由视黄醛与不同的视锥蛋白连合而成。这三种色素各有其特别容易吸收的光波长度。一个视锥细胞中只含有这三种感光色素中的一种。这三种视锥细胞分别对红、绿或蓝光最敏感。视觉系统利用从这三种视锥细胞中获得的信息产生颜色视觉,这将在下章中讨论。

**三、化学的换能装置** 属于嗅和味觉系统。嗅觉和味觉的感受器都属于这类换能装置。它们接受的刺激是化学物质的分子的作用。它们也是动物有机体获得环境信息的最古老的渠道之一。

(一)嗅觉信息的转换。嗅觉的刺激物是挥发性的,并能溶于嗅上皮的黏液中的物质分子。嗅上皮中是鼻腔顶上的一块黄棕色的区域。嗅上皮中含有双极的感受细胞,这是物质分子转换为气味的换能装置(图4-13)。携带着挥发性物质分子的气流进入鼻腔

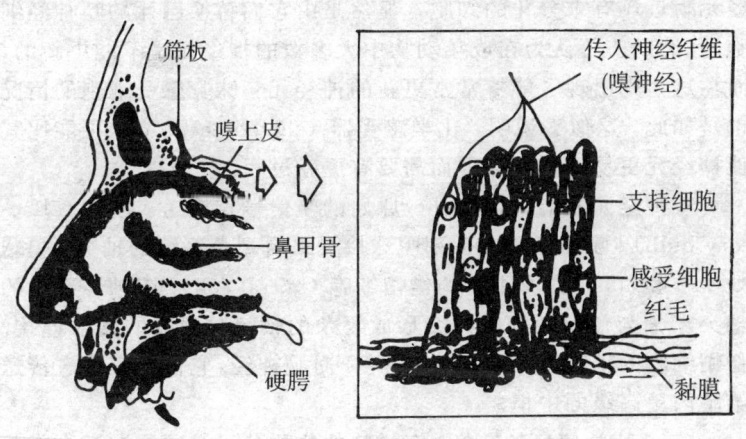

图 4-13 嗅感受器

后，即在形状复杂的鼻骨（turbinate bones）的约束下达到嗅上皮的地方。蛇和许多哺乳动物（成年灵长目除外）鼻内还有第二种嗅系统，称为犁鼻系统（vomeronasal system）（人在胚胎时有，生后消失）。这个系统包含有鼻腔底部的一些嗅感受细胞。在某些动物中它们靠近口腔的前部。

嗅上皮的感受器是双极的神经细胞，而不是感受细胞，这和以上讲的几种换能器有所不同。双极神经细胞的周缘的一端生出纤毛，在某些动物中长达 200 μm。这些纤毛不停地摆动，可能有搅动黏膜中的化学分子的作用。在这些神经细胞中电活动是怎样产生的，详情尚属未知。但有几种理论，有的认为这些神经元的树突（长纤毛的一端）上有接受特殊化学物质的受体。人们虽然相信分子的大小和形状是决定嗅觉性质（如，香、臭等等）的重要因素，但是人们还不清楚是特别的细胞专门接受特别的刺激呢？还是所有的细胞上都有对不同类的刺激物特别敏感的各类受体？这些神经元的轴突（向中枢的一端）很细。在某些动物中，如兔，其嗅神经中含有 5 000 万到 1 亿根轴突。

近来有人（P. P. C. Graziadei，1979）已经证明，在人的一生中嗅神经细胞几星期更换一次。这一结果暗示，在分化了的神经元附近还有未分化的细胞，显然是由它们替换已死的嗅神经细胞。我们以前总认为在成年动物中大多数的神经元是不能更新的，而在这里则出现了能够常常更新的神经元。味觉感受细胞的情况也是如此。这似乎说明，化学感受器（chemoreceptors）可能比其他神经元更易受损伤，因而需要有更新过程。

嗅神经元的传出兴奋——原始的嗅信号直接送入嗅球（olfactory bulb）。嗅球旁边有一副嗅球接受来自犁鼻系统的轴突。嗅球处于颅腔内，它含有重要的僧帽细胞（mitral cell）。嗅神经细胞的轴突末梢与僧帽细胞的树突形成复杂的轴突与树突的突触连接。僧帽细胞的轴突组成嗅神经，是第Ⅰ对脑神经，它们把嗅信息传送给脑内更高级的中枢。

（二）味觉信息的转换。有滋味的物质分子必须能溶解在唾液中才能刺激到舌头上的味感受器。不同的物质味道各异。但是，我们的基本味觉远不如我们想象的多。自 19 世纪以来，研究者们得到的结论是，人只有四种基本的味觉，即甜、酸、咸和苦。其他的味道如果有的话，被认为是由这四种基本的味觉以不同方式混合而成的。这种见解类似视觉中的原色的概念。有一点应当说明的是，必须把基本的味觉和品尝食物的滋味区别开来，后者的内容是丰富多彩的。滋味似乎更多的是从口里的食物的气味和它的质理得来的。如果除去了这方面的刺激，食物就会失去它的特别的滋味。

味觉的感受器官称为味蕾（taste buds）。舌、腭、咽和喉部都有。但大多数的味蕾分布在舌头上，一簇一簇地排列在舌头表面的乳突（papilae）周围（图 4-14）。乳突周围有深沟，可汇集唾液。味蕾就藏在沟帮中，开口在沟内。味蕾的感受细胞与嗅觉的受纳

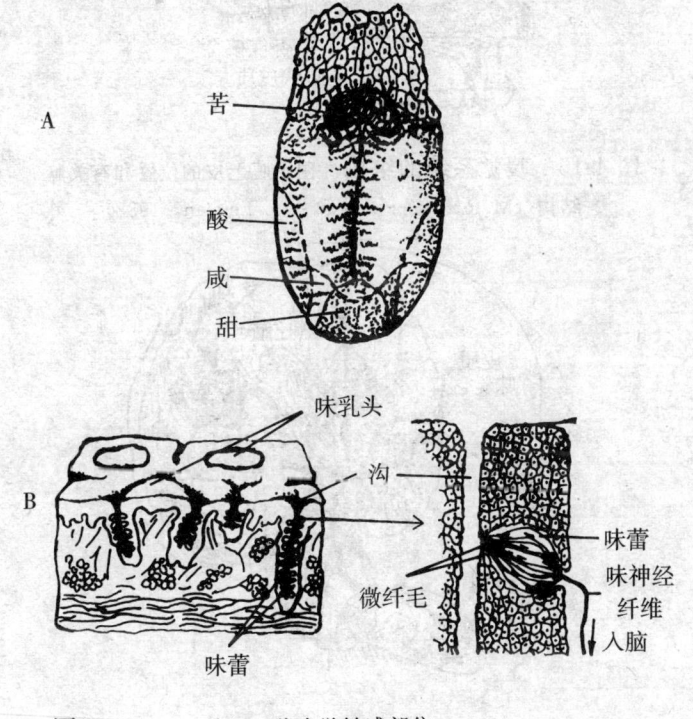

图 4-14　A. 舌上四种味觉敏感部位
　　　　　B. 舌的垂直切面，显示乳突沟和味蕾的关系

细胞不同,它们不是神经元,而是专化的细胞。它们与膝神经节或舌咽神经的下神经节中的感觉神经元的树突形成突触连接。这些感觉神经元的轴突分别由面神经或舌咽神经进入脑干。味觉感受细胞和嗅觉神经细胞一样,也是不断更新的。

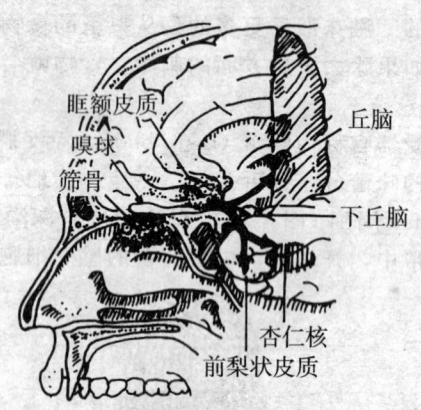

图 4-15 嗅觉系统的组成。图示嗅上皮的位置和有关脑结构(M. R. Rosenzweig 和 A. L. Leiman,1982)

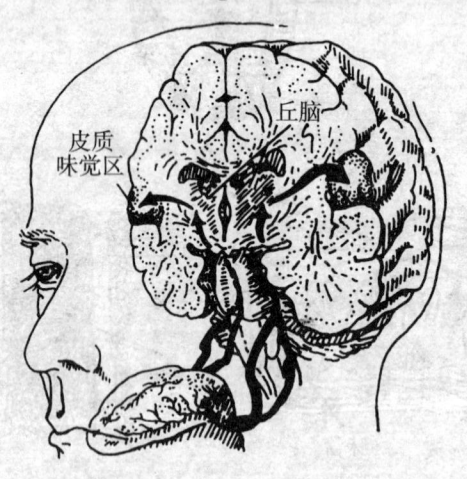

图 4-16 味觉系统。图示舌上味神经分布、传入脑中的途径和有关的脑区(M. R. Rosenzweig 和 A. L. Leiman,1982)

单个乳突可以用小吸管吸起来，使味蕾口露到外面来接受检查。起初发现电或化学刺激只能引起一种感觉，于是认为每一个乳突是专为四种味性质中的一种而设的（G. von Bekesy，1964）。但后来发现有三分之一的乳突受刺激时可产生所有的四种性质的味觉（S. L. Bealer and D. V. Smith，1975）。

## 感觉信息加工的原理

以上所介绍的是各种形式的换能装置，说明各种感觉信息是如何产生的，也就是信息加工的第一步。但是无论任何一种感官接受的刺激要变为我们的感觉经验，还需要经过一系列更为精细的加工过程。

一、编码（coding） 有关周围世界和我们本身的信息，在神经系统的线路中是以单个神经元或一群神经元的电位形式呈现的。外界的各种能量转变为电位，如上所述，都是在这种或那种感受器中完成的。我们现在要讲的是，这些事件如何在神经通路中表示。神经细胞的电事件以某种方式代表或表示冲击到机体身上的刺激，这一过程人们常称之为编码。编码包含着把一种形式的信息转变为另一种形式的信息的一套法则。例如，电报是把文字（中文或外文）转变为用点或横表示的摩尔氏电码。感觉信息可用几种方式以全或无的动作电位来编码。例如，以神经冲动发生的频率、节奏（如每隔一秒一次或两次）、神经冲动的串长等等来编码。下面分别讨论刺激的强度、性质、位置和模式的可能的神经编码。

（一）刺激的强度如何编码？我们不仅能反应各种强度的刺激，而且能察觉刺激之间的很小的强度差别。一种刺激的不同强度在神经系统中是怎样代表的呢？

在一个神经细胞中，神经冲动的频率可以代表刺激的强度，但这种方式只能表示范围有限的各种感觉强度。在人工刺激的条件下，一个神经细胞的最大放电频率约为每秒 1 200 次。而大多数的感觉纤维传导的神经冲动每秒都不超过几百个。在视觉和听觉中，能够察觉的强度差别的数量远非这种编码所能提供的。因此只有单个神经元的放电频率不能说明全部的强度知觉。多个神经细胞的同时活动可以提供较广的强度编码。当刺激强度增加时，新的一些神经细胞就补充进来，这样刺激的强度可以由激活的细胞的数目来代表。这一概念的另一种说法就是被称为范围分段法（range fractionation）的强度编码原则。按照这一假定，一个范围很大的强度值可以在神经系统中用专门反应强度范围内的某些段或部分的细胞来精确地记录。这种刺激编码的方式需要一整列的感受细胞和神经细胞，它们的阈限分配很广，有的很敏感（低阈限），有的不太敏感（高阈限）。

（二）如何分别刺激的类型？在任何一种感觉通道中我们都能很容易地辨别许多刺激的质的不同。例如，我们能分辨光的波长；声音的频率和各种的皮肤感觉，如，触、温、冷和痛。这些质的不同是以何种编码区别的呢？

回答这一问题有一个必须掌握的概念，即所谓标定路线（labeled lines）的概念。这就是说，不同的感觉经验各由其本身的标定的特别的神经细胞提供。路线中的神经活动就是我们的感觉经验的特殊性质的根据。也就是说刺激的感觉性质是注定了的。一个最明显的事实就是，感觉经验分成几个大的类型这就是标定路线决定的。例如，视神经受到刺激永远是产生视觉而绝不会是声觉或触觉。但是涉及到亚类型的（或一个通道内的不同性质的）感觉编码问题也还有争论。这一概念的局限性在视觉中特别明显。例如，对于每一种可辨别的颜色来说，似乎不存在标定的路线。也许只有几种主要的颜色觉可能有分别的路线。颜色的丰富多彩则似乎是由少数的几种神经细胞的空间和时间性的活动模式产生的。

（三）刺激的地点如何编码？物体或事故发生的位置，无论是体外或体内的，都是人或动物通过感觉的分析所得到的信息的重要特色。在某些感觉系统中是根据感觉表面被兴奋的感受器的地点来分析这种信息的。在躯体感觉系统中这种特色最为明显。看到一个物体的位置，感觉出皮肤刺激的地点都依赖于何处的感受

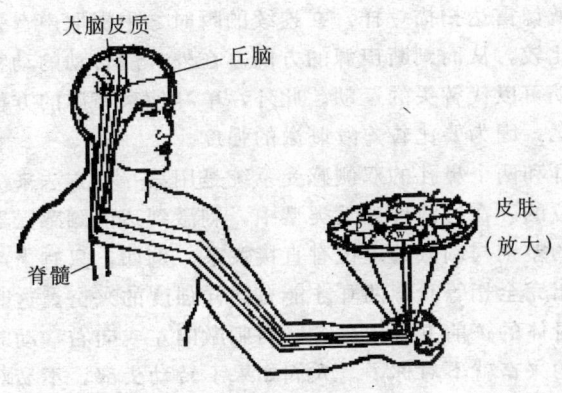

图 4-17 标定路线概念的图示。每一种感受器(P. W. T.)都有一个与脑的接受表面连接的特别通路。在这一例子中,各种皮肤刺激的感觉性质就是由神经系统中从周缘到脑的分别的地点代表的。

器被兴奋。在这两种系统中,每一个感受器所激活的是传达各自的位置信息的通路。在这些系统中刺激的空间特性是以个别地传达空间信息的标定路线代表的。在触觉系统中,从周缘的感受器到大脑皮质的,各个水平上的细胞排列都是有秩序的、地理图式的。每个水平上的地图并非完全一致,但都能反映感受器的位置和密度。而且是将更多的细胞分配给敏感的,神经支配密度大的地点的空间代表区。例如,分配口唇表面的细胞就比配给身体背部的多。

关于位置的信息并不限于有地图特色的感觉系统。人所共知,我们都能十分清楚地觉察一个声音或一种气味的来源。在这两种系统中被兴奋的周缘感受器都不是直接按照有关刺激的位置排列的。在这些系统中确定一个刺激的位置可能包含着单侧或双侧的感受器,即可以用一个耳或一个鼻孔,也可以用两耳或两个鼻孔。此种觉察位置的机制因刺激的单侧或双侧性而有明显的不同。

就声音而论,实验已证明用一侧的耳朵也可以准确地决定声源的位置。但是声音须能延长几秒钟才有可能确定其来自何方。突然的短促声响是不能用单耳定位的。声音的单耳定位依赖头的运动。这就像雷达扫描一样,在连续的瞬时之中提取声音强度的样本加以比较,从而判断声源的方向。在外耳能转动的动物中,外耳的转动可以代替头的运动。此外,单耳侦察声源的方位还要靠短时记忆,因为要比较连续刺激的强度。

两耳和两个鼻孔的双侧感受系统是用另一种方法来决定声或味的方位的。在这两种感觉类型中,刺激到达两侧感受器的时差和强度的差别与刺激的定位有直接关系。例如,只有当声源与两耳的距离完全相等时,两耳才能有同样强度的兴奋。这时声源可能是在身体的正前方或正后方。当刺激向左或向右移动时,两耳中产生的兴奋就不对称了。人们如果不转动头部,不易对发生在正前方或正后方的爆发声作出判断,但对偏离身体中线的声源位置的判断则较容易。我们的听觉定位的神经线路,使我们能够辨别到达双耳的时差只有几毫秒的声音。有特异性的细胞接受左右耳进入的刺激和测量这些刺激,将在下章讨论。

(四)怎样确定刺激的相同性?感知觉分析的主要目的在于认识事物。如果你不能说出眼前的光亮是什么的时候,光对你是无意义的。要能认识事物,需要既能知觉刺激的模式又能回忆以前曾见过的模式。这些能力常常是结合在一起的,但在某些脑损伤的情况下,它们能分裂。(这将留在心理障碍的一篇中讲。)现在我们先讲如何知觉模式的问题。

传统的想法是,在知觉模式时,首先是知道主要的要素或特征,然后把它们组合成为完整的形状。这就是先分析后综合。但是现在对于什么是要素或基本的特征还有很多争论。例如,在视觉中,大多数的研究者自20世纪60年代以来都曾有过下述的设想:

1. 在视觉皮质中细胞有等级的组织;
2. 简单细胞反应视野中一定位置的线条;
3. 复杂细胞需要多个简单传入联合起来的才能放电;
4. 经过足够的连续的分析和综合阶段,才达到一个能认识最复杂的模式的单元,如,对一只手反应的细胞,而且它只能对手有反应。但是现在,等级组织的概念和把线或角当做视觉的基本要素的假说,都受到了挑战。这将在下章论述。

知觉一个物体的模样需要有关刺激物的不同部分或各方面的

信息。这种信息常常是借助感受器官的运动获得的。例如，我们用眼来扫视一个景物，我们在倾听时转头；有的动物则是转动耳朵。用触觉认识一个物体，如果不仅要获得有关它的形状的信息，而且要得到有关它的牢固性和弹性的信息，就得移动我们的手指。在这种探索中皮肤的感受器和关节的感受器都要参与。当我们品尝食物时，我们的舌头在嘴里运动，因为感觉不同滋味的感受器处在舌头的不同位置。甚至在嗅气味时，我们也要一阵一阵地吸气，使新鲜的有味空气不断进入鼻中。这样，当我们审查刺激的模式时，不同的信息就会被我们一点一点地捕捉到了。这些信息如何在神经系统中整合成为一个统一的知觉，迄今为止我们也不能完全回答这个问题。

**二、感觉适应**（sensory adaption） 有许多感受器当刺激持续时表现出逐渐失去敏感性的现象。这种变化就叫做适应。适应可以用记录一根连着感受器的神经的神经冲动的方法来证明。观察神经冲动在一定时间内的变化会看到当刺激继续作用时放电的频率逐渐下降。

根据适应的特点可以把感受器分为两大类。

一类是强直感受器（tonic receptors），这类受纳器的神经冲动的发电频率在刺激持续时下降得慢或完全不下降。或者说，这类受纳器表现很少适应。

另一类是时相的感受器（phasic receptors），这些感受器的神经冲动的频率下降非常快。

适应意谓神经活动和知觉逐渐地不能再反映物理的真实性质。但这并不是说感受器的整合作用被削弱，相反地，这说明受纳器突出了刺激状态的意义，把刺激的变化或不变突出，成为它的有效特性。

在研究感觉方面，著名的诺贝尔奖金获得者贝克赛（George von Bekesy, 1961）曾指出，适应是一种信息封锁的形式，它使神经系统免被不能再提供新消息的刺激所淹没。例如，我们的皮肤总是在衣服的触压之下，但我们并不经常感觉到这些刺激，部分地就是由于适应的结果。

适应的基础既有神经变化，也有非神经的变化。例如，在视觉系统中，适应产生于视杆和视锥细胞中的光化学物质的枯竭。在某些机械感受器中，适应的发展来自感受细胞本身的弹性。这种情况在觉察机械压力的帕西尼氏小体中最为明显。加在小体上的持续的压力，只在开始时引起一个暴发的神经活动，继之很快地降为零。帕西尼氏小体比较大，可以进行手术把它的小体剥去，露出里面的感觉神经纤维。在这种情况下，给游离的神经末梢施加压力，就会产生连续不断的神经冲动，不再有适应现象。这证明这类感受器的适应不是神经性质的，而是来自于它的小体成分。在另一些感受器中，适应反映细胞在产生电位方面的变化。一个感受器的电性质的改变可能是由于离子的改变造成的超极化状态。

### 三、侧抑制 (lateral inhibition)

有很多事例说明，当一种刺激均匀地分布在一个感受的区域上时，我们常常感觉到在边

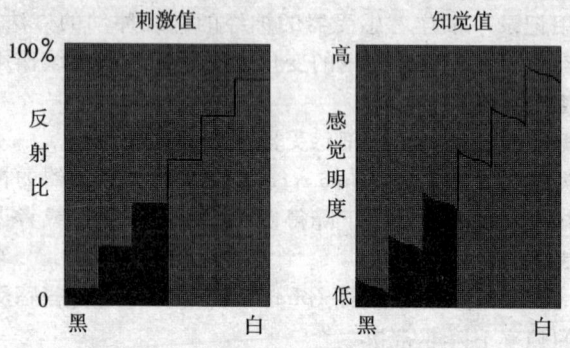

图 4-18　侧抑制产生的视觉结果，从黑到白，每两条
　　　　交界线都较左边的部分亮

界处刺激最强。如图 4-18 是一深度不同的灰条面连接起来，看起来在两种灰的交界线上比较亮一点。这是一种对比的作用。这种对比作用在触觉中也有：如果你用一杆尺子的一头压在前臂上，你可能会感到尺子的四个角的压力比四个边上的压力强。

也有一些情况是，如果一个感受野中的某一部分受到的刺激最强，我们就可能只感觉到这一部分的刺激。例如，当一个单一

频率的乐音进入耳中时，一个运动的行波就掠过内耳。但是神经反应大都限制在行波的波幅最大地方的感受器的范围内，我们只听到一个调。贝凯塞证明在皮肤上有类似的现象，他制造了一个大的充满了液体的管子，作为内耳的模拟。然后把前臂放进去（如图 4-19）。当一个机械振动的行波通过管子中的液体时，观察者只在他前臂的这一个点或那一个点上感觉到冲撞。感觉到的地点因振动的频率而异。所以，在每种振动情况下，虽然振动波是通过管子的全长的，但是人只能觉出刺激强度最大地点的冲动。

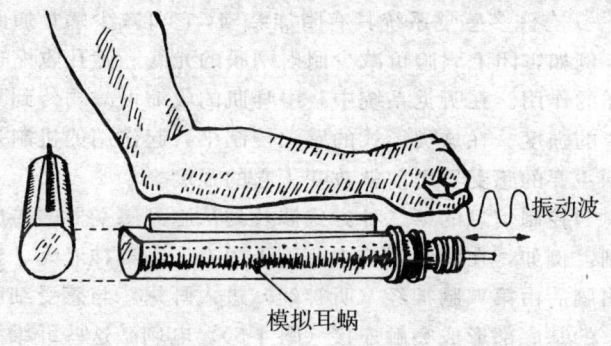

图 4-19 用于证明侧抑制现象的皮肤刺激器——耳蜗的放大模型（M. R. Rosenzweig 和 A. L. Leiman，1982）

这种知觉的对比作用或尖锐化作用的基础是一种被称为侧抑制的神经过程。这个过程是，一个区域的神经元是互相有连接的，或者通过它们自己的轴突旁支，或者通过中间的神经元因而每一个神经元都有可能抑制它附近的神经元。我们在第二章中讲简单的神经线路时已经说明了。这里再要说的是，这些侧抑制的连接大都见于感觉系统的周缘或低级部分，但在大脑皮质中也可能有。例如，如果你用一种仪器，让一只眼看一直线，另一只眼看一横线，你会觉得在两线相交的地点其中的一条常被压抑，这一现象叫做"视网膜竞争"（retinal rivalry）。因为从两眼传入的信息只能在视觉系统的皮质上完全合在一起，而不能在低级中枢进行这样的加工，所以"视网膜竞争"确实是一种皮质现象。

**四、信息遏抑**(information suppression)　　我们可以看到，人和动物的成功的适应和生存不是靠感觉系统完全模拟外部和内部的刺激。我们作为一个成功的物种来生存，更需要的是，我们的感觉系统能够从我们碰到的许多刺激中突出那些重要的变化。没有选择性，我们就会遭受信息超载的困难，造成一种混乱的世界现象。遏抑某些感觉传入也能减少神经系统活动的代谢消耗，无选择地处理过多的感觉传入则是一种浪费。

在感觉系统中信息的限制或遏抑有两种方法。

（一）有许多感觉系统具有附加结构，它可减少感觉通路中的传入。例如，闭上眼睑可减少照射网膜的光线。瞳孔收缩也能起到同样的作用。在听觉系统中，中耳肌的收缩可减弱传到耳蜗去的声音的强度。在这类形式的感觉控制中，起作用的机制是在刺激达到主要的感受器之前就改变了它的强度。

（二）控制信息的第二种方式涉及到从脑到感受器的传出的神经控制。例如，在听觉系统中，脑干中有一小群神经元，它们的轴突出脑后由第Ⅷ脑神经（听神经）进入耳蜗，与感受细胞（毛细胞）的基底部形成突触连接（图4-5）。电刺激这些纤维能减弱声音的效果，但这种作用比中耳肌的作用更有选择性。许多年来，听觉生理学家研究这些传出纤维的活动和选择性地衰减听觉的关系，提出从神经中枢发出的神经冲动是否有选择地抑制不同频率的特异感受细胞的问题。虽然确定这种关系比较困难，但相信这些纤维是有这种功能作用的。

在肌肉的感觉系统中也存在有类似的由脑到感受器的传出纤维。在网膜和嗅球中也发现了这种传出纤维的作用。但详细情况还未查明，此外，人们已知，当肌肉运动时脑中某些感觉系统的敏感性就降低。

# 感受野 (receptive field)

现代许多神经生理学家研究感觉过程常采用记录单个神经元的方法，即在呈现刺激时记录感觉通路中的各个水平的单细胞放电。他们试图确定引起某些类型的神经细胞的最高放电频率的刺激形式。换句话说，他们想画出引起一个细胞的充分反应的刺激的区域和特征，而这个区域就叫做这个细胞的感受野。例如，我们记录网膜中的一个节细胞的放电，或丘脑中的一个接受节细胞传出的神经元的放电。我们最先看到的是细胞的自发活动，然后我们又看到当光或暗的刺激呈现在视野的不同部分时细胞的放电频率的增加或减少。如果一个刺激呈现在一个地点不能改变这个细胞的放电频率，那么这个刺激就可能是在这个细胞的感受野之外了。这时我们移动一下这个刺激的位置再试一次，就有可能起到改变细胞放电频率的效果。这说明刺激进入了这个细胞的感受野。视网膜的节细胞的感受野略成圆形。它有两个同心圆地带。这就是，感受野的中心可能是兴奋的，周围可能是抑制的，或者中心是抑制的，周围是兴奋的（图 4-20）。在视觉皮质中细胞的感受野则较为复杂。有些皮质细胞反应一定方向的直线最好；另一些则需要移动的刺激才能引起它们的最强反应；还有一些细胞所要求的刺激更为复杂。新近发现，对于许多皮质细胞来说，光栅或空间列阵的刺激比直线的更为有效。

其他感觉系统中的细胞也有感受野。例如，躯体感觉系统中的一些细胞只反应身体表面一定部位的刺激。在听觉系统中某些脑细胞只反应从头的某一边来的声音。因此我们把引起某种细胞的最大反应的刺激特性称之为触发特征（trigger feature）。然而从感受野的概念中去解释一个物体的完整知觉是怎样的构成的还存在着困难和争论。这是目前研究的重要问题。

## 脑中的感觉通路

从感受器到脑的各部，特别是到大脑皮质，是有一系列的神经元连接起来的。在这些传入途径经过的各个皮下中枢都有中继核（relay nuclei）。

中继核不是一种简单的接力机构，它们有进一步加工信息的作用。在通路的较低水平上的简单的信息加工是为复杂的皮质水

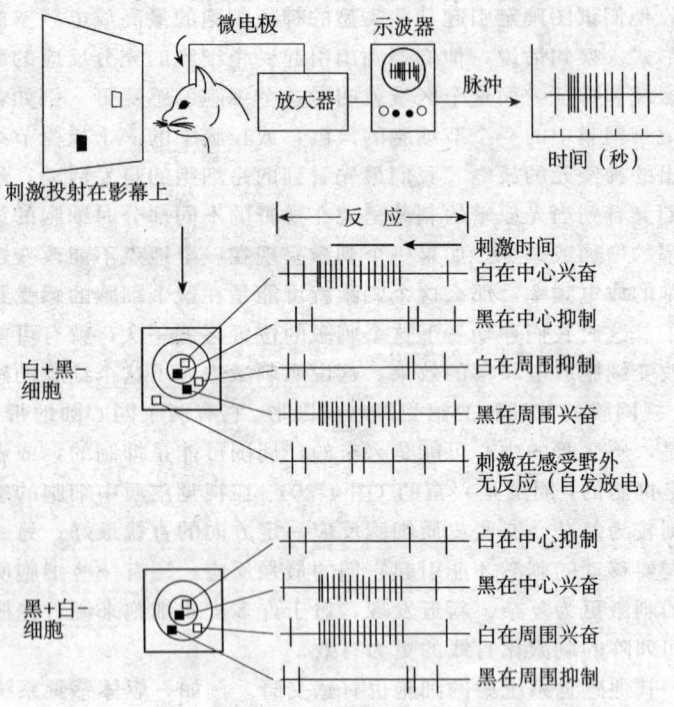

图 4-20 网膜节细胞的感受野刺激时的记录图示，说明确定网膜节细胞的感受野特性的方法。刺激位置的改变与神经峰电位反应的关系

平上的信息加工准备适当的输入。关于这种多级的感觉通路的另一种见解是，在这种通路的各个阶段上都可能有涉及到行为的不同方面的特殊作用。例如，在脑干中的听觉通路的某些低级线路执行头和眼转向声源的听觉控制。这些系统似乎和到皮质去的使我们知觉复杂的声音模式的通路在脑干中部分地分离开来。在视觉系统中也有同样的双重结构。从网膜到皮质的一个通路是有关认识刺激的，另一条到上丘去的是执行视觉刺激定位的。这样感觉神经中的信息可在不同的阶段分开来到达各种低级中枢。现代研究感觉信息加工的一个重要问题就是去了解在脑的传入通路的细胞链的每一个阶段上信号性质的变换。

关于皮质的感觉信息加工的见解近几年来有了显著的改变。经典的看法是：一个通道的感觉传入被中继到"一级感觉皮质"（primary sensory cortex），这部分具有比较单纯的感觉功能。所谓一级感觉皮质的标准是，它接受从丘脑直接来的信息，而且有一个有秩序的感受面。一级区把经过它转变了的信息送到邻近的"二级感觉区"或有更复杂的功能的"知觉"皮质。从这种区域再送出去，到多型性或多种感觉间的"联络"皮质，去进行更高级的加工，即把几种感觉通道中来的信息整合起来。在这样一种严格的等级概念中，联络区完成最高水平的知觉过程，它的传出能直接指挥运动皮质的活动，产生适当的行为反应。

现在要看看新的概念与经典概念的不同之处。新概念有如下的特点。

### 一、每一感觉系统都有多个皮质代表区

新近的研究（C. N. Woolsey, 1981）发现每一感觉通道都有几个皮质区，而且它们大多数的感受面都呈现出有秩序的地域图的形式（即有空间位置关系的代表点，但不一定有面积大小的相关）。例如，最近检查枭猴（一种新大陆猴）的大脑皮质发现至少有六个视觉区，每一个都是视网膜的一个地域图式的代表区（图4-21）。旧大陆的猴子似乎也有一些这样的视觉皮质。

枭猴的躯体感觉的皮质代表至少有七个区域。这些区域的地图还没有完全弄清楚，但已经检查过的结果证明它们是完全有秩序地代表身体表面或深部组织的感受面的。在皮质的听觉区绘制出的图证明，听觉感受器在皮质上也有几个有秩序的代表区。这些听觉皮质的地图呈现出从基底膜的底部（高频）到顶端（低频）的次序。在恒河猴的皮质上至少有六个这样的地图，在枭猴中至少也有四个。

这些发现显然和旧的概念相反，旧概念认为每种感觉在皮质中只有一个一级的地域图式的代表区，而其他的皮质区则不需要精确地反映感觉表面的位置关系，因为它们是负责更抽象的高级功能的。现在看来这个结论是不准确的。

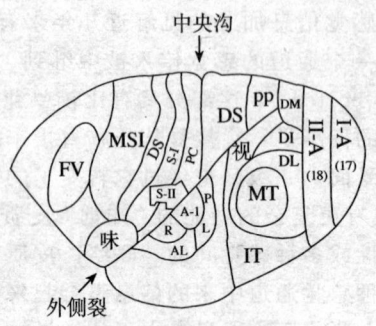

图 4-21 枭猴的新皮质的感觉系统分区。后部大部分是感觉系统的代表区。额和颞叶也有一部分。视区：V-l 相当于一级视区（Brodmau 17 区）；V-11，二级视区；DI，背中间区；DL，背外侧区；DM，背内侧区；IT，下颞区；MT 中颞区；FV，额视区。听区：A-1，一级听区；AL，前外侧区；PL，后外侧区；R，前听区。体感区：S-I，一级体感区；S-Ⅱ，二级体感区（在外侧裂内）；DS，深部感区（肌，关节）区；PC，后皮感区；PP，后顶区。MSI，肌感区。

**二、从丘脑到皮质有功能上不同的平行通路** 皮质上的每一个感觉区都接受丘脑的一个或多个部位的传出兴奋。丘脑的某些部分投射到一个皮质区，另一些部分则投射到一个以上的皮质区。感觉信息还有更进一步的分离。皮质感觉区又发出神经纤维回到丘脑，常常是回到它们接受的输入的起源部分，但有的也到丘脑的其他部分。在躯体感觉系统中也有几条从丘脑的几个部分到皮质的通路。听觉系统同样也有到不同的皮质去的多个平行的投射渠道。

**三、感觉系统的代表区大都处于后部的皮质** 后部的皮质指的是顶叶、枕叶和颞叶的皮质。这些部分几乎完全被有地图式组织的视、听和体感系统的代表区占有。但是也有很少的例外，即在前中央皮质（precentral cortex）上也有某些感觉区。在颞叶的前部和中部也有不属于感觉系统的皮质区。也有一些感觉区没有地图式的组织，例如，有某些区域的细胞反应声刺激，但这些细胞的分布没有分出高低频率的地图特色。这些例外并不太重要，现在发现的是，大多数以前被视为"二级的"或"联络的"皮质都直接地接收丘脑的传入，并且表现有地图式的组织。

不久以前，人们总认为越是进化程度高的物种，它们的联络皮质对感觉皮质的比例越大。现在这一认识受到了几个方面的挑战。第一，接受丘脑直接输入的、具有地图式组织的皮质几乎占有灵长目大脑半球的后部皮质的全部。此外，在演化过程中，当哺乳动物的大脑皮质扩展时，各种感觉类型的皮质地图的数目都有所增加。第二，"联络皮质"这个词，现已失去了它以前具有的解剖学上的含义。某些研究者甚至要不用它了。皮质上有些重要的区域接受多种感觉输入，这是事实，但是，这些输入一般是来自丘脑，而不是完全来自"一级"感觉皮质。最后一点，从演化的观点来看，高级和低级的概念，已为物种从共同的起点出发改变的多或少的概念所代替了。因此可以说，大脑皮质区域在分化上是平行的，在功能上是平等的，并无高低之分。

**四、不同的皮质区和知觉的不同的方面有关**　有几个方面的证据表明代表同一种感官的不同的皮质区接收的输入是不同的，加工信息的方式也不同，给知觉和行为反应的贡献也不同。输入的不同不仅是因为它们接受的纤维来自丘脑的不同部分，而且是因为它们的地图的排列形式也各不同。某些地图可夸大一个特别的方面，就好像北京的地图放大了北京的区域，而把北京以外的部分压缩起来。例如，枭猴的网膜的大部分皮质代表区是属于视野中央10°范围的，但顶枕叶的内侧区只为中央10°提供了5%的面积（J. M. Allman and J. H. Kass, 1976）。

信息加工的不同方式见证于这样的事实：即不同皮质区的神经元各自反应视觉刺激的不同特性，可以认为这些细胞属于抽取种种视觉输入的不同信息的线路。例如，在猴子的颞叶中部的视区中占比例数很大的一部分细胞的最佳反应是向一定方向运动的刺激引起的，而且各有其自己的特殊方向（W. T. Newsome et al., 1978）。猴子的颞叶上部的皮质中也有比例数很大的一部分细胞，它们是最能反应有色刺激的（S. M. Zeki, 1977）。在其他区域中的细胞也反应有色刺激，但并不比对无色刺激的反应好。这些区

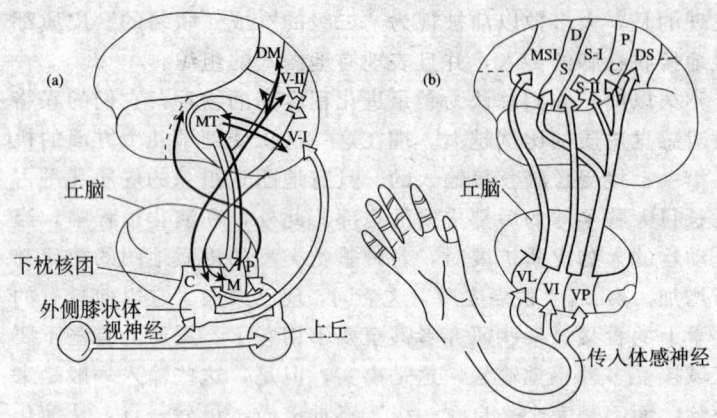

图 4-22 (a) 猴的视觉系统的丘脑—皮质连接。视神经纤维到外侧膝状体和上丘。外侧膝状体投射至纹状皮质（V-I）。上丘投射至丘脑的下枕核团。此核团的中心（c）和后（P）部投到 V-I 以外的区域，中部（M）接受大量从纹状皮质以外的皮质来的纤维，也接受少量来自 V-I 的纤维，也有到皮质（MT）去的纤维。(b) 体感系统的丘脑皮质连接，腹外侧下丘脑的腹外侧部（VL）、腹中间部（VI）和腹后部（VP）投射至大脑皮质的许多区域（M. M. Merzenick 和 J. H. Kass，1980）。

域中感受野简单和感受野复杂的细胞的比例也各不相同。

看来好像是不同的皮质区同时加工知觉经验的不同方面。但其详情现在还未得知。虽然说不同的皮质区可能有这样或那样的功能专长，但是却不能认为任何一个皮质感觉区都接受一套信息来完全由自己加工，而不与其他脑区作进一步的交流。已经弄清楚的一点是，在皮质和丘脑之间是有来回的信息交流。另一点是，一种感觉类型的不同皮质区之间有纤维互相联系着。

在这里应该提一下，即使每一种感觉系统有几个地图式组织的不同区域，它们都直接接受丘脑的输入，但是仍然有理由用"一级"感觉皮质这个词。在这里所谓的一级区指的是向同一种感觉系统的其他皮质区提供主要输入的区域。从发育上来看，一级区的神经纤维首先生髓鞘。一级区在细胞建筑的结构上具有明显的感觉特征：有小型神经元和比较厚的第Ⅳ层。不过，这并不说明一级感觉皮质在知觉的功能上一定比其他区简单或更为基本。

新的发现对旧的观念自然是一种挑战。这些发现确实很难用严格的等级模型，即一级、二级和联络区的概念来概括。

**五、皮质地图概念的说明**　　我们上面所描绘的感受野的皮质代表区给人的印象似乎是彼此孤立的，固定的和静止的。因此需要加以说明。

在不同的感觉系统的代表区之间有相当多的重叠。例如，视区中的某些细胞也反应声刺激，有的还反应触和前庭刺激。因此可以说，有不同的感觉纤维汇集于多性型（Polymodal）细胞之上。

皮质地图具有显著的个体差异性。拉什利和克拉克（K. S. Lashley and G. Clark，1946）曾以解剖学的技术画出过数个蛛猴的纹状皮质的位置和范围，看到了巨大的个体差异。新近又有人用电生理学的记录方法画出了几个恒河猴的视觉皮质的地图，也发现了相当大的个体差异，纹状皮质的大小相差可达一倍（Van Essen，1981）。所以当我们描述皮质代表区的一般特征时，不应忘记在解剖上有个体差异，这可能决定行为的差异。

大脑皮质的感觉地图似乎随个体的现实状况而变。现实状况包括动机状况和警觉程度。

地图可以是固定的，但经过一段时间也可略有改变，甚至在成人中也有这种可能。有过报告说，身体的某一部分，例如某些手指，如果常用或不用，其皮质代表区就会扩展或收缩，并表现有再组织的情况（A. Schopman et al.，1981）。当然有关皮质代表区是动态的还是固定的问题现在还有争论，如何解决此问题尚待研究。但是现在用地图一词会给人一种固定的印象。我们应当指出，皮质代表区经过一段时间有所变化，是大有可能的。

## 注意 （attention）

注意的概念含义很多，不易解释。一个说法是指一种使动物能够觉察信号的警戒或机警状态。这就是说注意是一种全神贯注于感觉输入的总体活动。另一种看法认为注意是一种从许多竞争的传入中选择某种感觉输入的过程。还有某些研究者以更为内省的方式来看待注意，强调注意是一种心力集中的状态，使心力聚焦在一个特别的任务上。看来，这是一个相当复杂的、难以说清楚的概念。简言之可以把注意看做一种过程，也可以把它看做是一种状态。在生理心理学的研究中，处理这种状态或过程的方法很多，包括测量警戒时的大脑的血流量，一直到记录对特别刺激进行反应时的单细胞的放电频率。脑干网状结构(brainstem reticular formation) 在注意中的重要作用也是研究中的重要课题。研究注意的障碍也有助于了解注意的机制。

**一、注意的大脑相关物**　　脑的几种测量证明有与注意和意识相关的东西。大脑的血流量在有关注意活动的脑部增加。例如，当一个被试聆听外语时颞叶的上部（颞上回）的血流量增加。在注意时整个脑表面的脑电图（EEG）变为快速低幅的活动模式。当一个被试警戒地等待一个要他开始某种动作的信号时（如等待起跑的枪声），在头皮上能记录到一种特别的负电位，叫做意外负变电位(contingent negative variation)。刺激引起的一些脑电位，当被试注意刺激时总是比不注意时的大。

　　记录单个脑细胞的放电活动的技术也可以用于研究注意的详细机制。这类研究常常是训练一只猴子让它注视一个光点，当光点暗下来时赶快把握着杠杆的手放开，而获得食物奖励。在这一试验中，记录额叶皮质和后顶叶皮质中的某些个别细胞的放电。然后进一步使实验情境复杂化，加入第二个光点，这个光点位置在所记录的细胞的感受野之外。在某些实验中，训练猴子让它在注视的光点暗下来时立刻去注意第二个光点。这种实验所得到的记录表明，在额叶和顶叶皮质中约有一半有视觉反应的细胞在准备转移注视点时出现强烈反应。在另一种实验中，训练猴子注视第一个光点，但在第二个光点暗下来时迅速放开杠杆，才能获得食物。现在，当猴子注意第二个光点（中心外点）时顶叶中的许多细胞反应加强，但额叶中的细胞反应却不加强。研究者们得出的结论是，额叶中的细胞反应的加强可能反映视觉信息向动眼系统转移的过程，而顶叶皮质细胞反应的加强似乎是反映一个总的注意系统的工作，即当刺激对动物是重要的时候，不管它用什么运动策略来反应，这里的细胞反应就会加强。因此认为这里的细胞可能参与注意机制。

**二、脑干网状结构和注意** 感觉神经元的轴突向中脑和间脑去的途中发出旁支到脑干的一个特殊部分，这个部分就是脑干的网状结构，它在注意中起着重要作用。所谓网状结构是因为这部分的纤维纵横交错，形态似网。网状结构的这些分散的网路可以使一个通道的感觉信息散布到脑的广大区域。电刺激网状结构立刻引起广泛的脑电变化，即全面的失同步。网状结构受损伤，或用药物抑制了它的活动，就会压抑脑的电活动，甚至使人昏迷。在这个部分的神经通路中存在着许多突触连接，因此易受调节神经活动的药物的影响。

**三、皮质和注意** 上面刚刚讲了大脑皮质的顶叶中的细胞活动和注意的关系，看来有某些区域特别与注意有牵连。证据来自人和动物的皮质受了局部损伤后出现的注意障碍和当动物注意或等待食物时某些脑区的单个细胞活动的记录。在后顶叶的下顶小叶似乎在注意活动中起着特别重要的作用。这里的许多细胞都是多通道性的。在这里有些细胞在猴子受过训练等待刺激出现时，反应性特别强（V. B. Mountcastle et al., 1981）。损伤了猴子一侧的这个区域，它就不再注意或不再理睬身体对侧出现的刺激。额叶的眼区似乎关系到带有注意性质的视觉的空间探索活动。扣带回皮质的后部（围绕胼胝体后部的部分）似乎与注意的动机方面有关。而这三个区域在解剖上也有特别明显的相互连接，而且每个区域都接受大量的从网状结构来的输入，也接受大量的感觉纤维。

**四、对注意障碍问题的见解** 研究者们曾提出过解释注意障碍的几种机制。每一种见解都可能对一定的情况来说是正确的。这些假说包括有：1. 偏离了皮质活动的最佳水平；2. 中断了感觉信息向皮质的传递；3. 干扰了中枢的加工过程。

过高或过低的警觉都可能妨害注意和信息加工。网状结构中埋有电极的大鼠，在通电刺激时会产生过高的兴奋，在这种状态下它就完不成需要注意的学习任务。镇静剂，如氯丙嗪（chlorpromazine），能对抗电刺激的兴奋，也能改善或恢复注意。这种研究可以给精神分裂症提供动物模型，如有些精神分裂症的特征就是过渡的兴奋，服用氯丙嗪有一定的疗效。巴比妥（barbiturate）药物产生过低的兴奋，它干扰突触传递，特别是在网状结构，这种情况也会妨害注意。

在一侧额叶皮质受伤之后，病人不能注意对侧来的刺激，这被认为是由于截断了感觉和其他的信息传递。这种情况常见于切除额叶皮质的猴子，但症状可在四星期后消失。为研究此问题，研究者们在给猴子做过额叶切除手术后的第二星期或第四星期测量丘脑和基底神经节的代谢。在第二星期，伤侧的局部代谢与另一边的比较约降低30%，在第四星期，这一比例缩小到10%以下。看来在前几个星期中神经冲动不能像往常一样充分地达到手术一边，或从手术的一边得到信息，这样皮质就部分地断绝了正常的通讯。

较近的实验证明，在完全去掉猴子的非视觉皮质之后，它会成为瞎子（R. K. Nakamura and M. Mishkin, 1979）。这说明保留下皮质的视区并不能保住视觉功能。因此研究者提出这样一种假说，即完整的视觉系统因为缺少从其他皮质区来的激活作用而处于过低的兴奋状态。然而，也有可能是丘脑的中转站因代谢受压抑而减少了送给皮质的神经冲动。两种解释犹待证明。

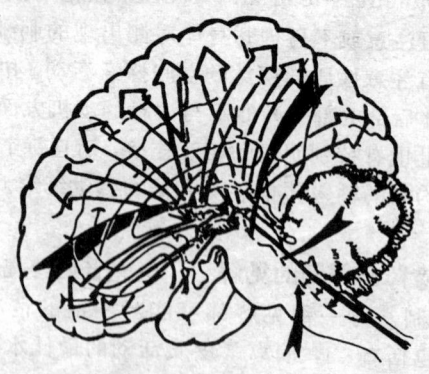

图 4-23 脑干网状觉醒系统。这个系统接受感觉纤维和从大脑皮质来的纤维。所以它有上行和下行的成分。网状系统投射到大脑皮质的广大区域。此系统有时称为上行网状激活系统。

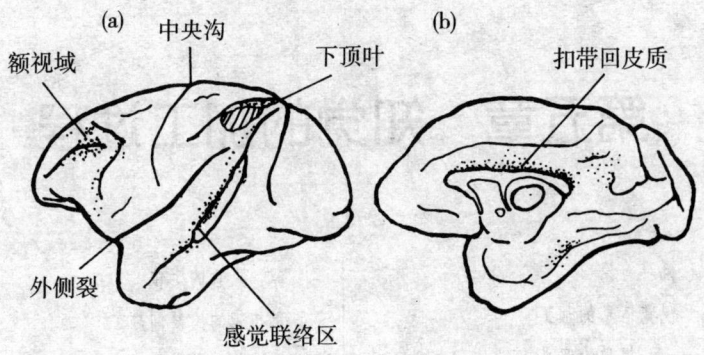

图 4-24 有关注意的皮质区。(a) 猴脑外侧面，(b) 猴脑内侧面。下顶小叶似乎起重要作用，它与其他三部（有点地区）有较强的联系。

# 第五章 知觉的加工过程

概 论
视觉信息的加工
    视觉的意义
    脑内的视觉通路
    颜色知觉
        一、感受细胞
        二、视网膜中的色线路
        三、视觉皮质的细胞
    位置的知觉
        一、视野
        二、深度知觉
    图和形的知觉
        一、特征侦察器模型
        二、空间频率过滤器模型
    视觉缺陷的康复问题
听觉信息的加工
    听觉的意义
    脑的听觉通路
    音调的辨别
        一、地点理论
        二、齐发理论
        三、双重理论
    声音的定位
    聋和聋的康复问题
        一、听觉障碍的类型
        二、治疗耳蜗性聋的新方法
前庭信息的加工
躯体感觉信息的加工
    意义
    脑的躯体感觉的通路
    触觉
    痛觉
        一、痛觉的性质
        二、痛觉的周缘机制
        三、痛觉的中枢调制
        四、痛觉的缓解
    躯体表面的感觉定位
    躯体感觉中的形状知觉
嗅觉信息的加工
味觉信息的加工
个体经验对知觉系统发育的影响
    视觉剥夺或废止的影响
    早期的形象视觉经验的影响
    其他感觉经验的影响

# 概 论

上章讲的是周围世界冲击到我们身体上的各种形式的能量如何被我们的感官选择并转换为神经冲动,以及中枢神经系统如何以神经冲动进行信息的编码和传递的过程。本章试图说明感觉输入在各个脑中枢的加工过程。换言之,即探讨知觉的脑机制。例如,脑用什么方法进一步处理,上章介绍的由感受器提供的有关刺激的强度、性质、地点和模式的信息。这四个方面的信息是形成一个对事物的完整知觉的必要根据。

对于脑的信息加工的一种最一般的看法是,脑的各级中枢似乎用流水作业法,也就是说,感觉信息在脑中是一级一级加工的。这也叫做系列加工(serial processing)。例如,听神经的冲动首先激活延脑中的神经元(耳蜗核),然后依次在中脑(下丘核)、丘脑(内侧膝状体)和最后在大脑皮质中加工。最初由听神经纤维传入脑的神经冲动在每一个水平上都有新变化。每一个水平上的加工也都有重点,突出感觉输入的某一特性。

但更深入的研究认识到,感觉系统除了有系列的组织外,还有平行的线路。这些平行的线路,如在上章所述,可能是对同一种感觉信息进行不同性质的分析的。这就叫做平行加工(parallel processing)。

生理心理学在这方面的一个目的是要去了解我们知觉中的刺激形象与各级感觉通路中的信息变换的特性有什么关系。例如,在视网膜上一种光的分布,不到一秒钟的时间就变成了我们认识的一张脸。要了解这种认识过程,必须要检查脑中的感觉通路,及脑中枢处理简单的和复杂的刺激模式的方法。本章将介绍生理心理学在这方面的研究成果。

# 视觉信息的加工

## 视觉的意义

脑从眼中接受有关各种光波在视网膜上的空间分布的基本信息，经过种种的加工之后产生可以认识事物的知觉。同一种输入的信息经过各种加工，使我们能判断视觉刺激的颜色、位置、深度和形状。今天研究者们对视觉信息的加工怀有强烈的兴趣，是因为，在人和许多动物的生存适应中，视觉起着极为重要的作用。已经有人注意到，甚至对活动在比较暗的生态环境中的动物（如鸱鸺、某些蝙蝠和深水中的鱼），从眼或其他光感受器来的信息也是非常需要的。某些夜间活动的动物具有和身体的比例不相称的巨大眼球，如鸱鸺，这可能是有助于它们利用微弱的光线来捕捉猎物。另有一些无脊椎动物，光对它们有特殊意义，因而有许多光受纳器分布于全身，如蚯蚓，虽然是避光的，但它身上有许多感光点，头和尾部尤其多。还有低等的脊索动物如文昌鱼和某些两栖动物，光感受细胞直接生在脊髓和脑中。本节将简要介绍对视觉信息加工的目前研究情况。为此，必须先说明有关视觉信息加工的各个脑区。

## 脑内的视觉通路

视觉信息由视神经（optic nerve）传入脑中。在某些两眼的视野重叠很少的动物中（如在某些鱼、两栖类和鸟类中），两眼的视神经大部或全部交叉，交叉的地方称为视神经交叉（opticchiasm），交叉后的视神经纤维把神经信息分别投送给对边的脑中枢。在人类，一只眼的视网膜的鼻侧部分的节细胞的轴突和另一只眼的视网膜的颞侧部分的节细胞的轴突在视交叉处合成一边的视束（optic tract) 进入脑中。所以在人类，以及在其他灵长目中，视束的纤维一半来自左眼，一半来自右眼。但在大鼠中，左右交叉的纤维多达90%。

视束的纤维大部分终止于外侧膝状体 (lateral geniculatenucleus)，这是丘脑的一部分。有些纤维从视束中分出来终止于中脑的上丘 (superior colliculus)。在外侧膝状体内形成突触连接的除视束纤维外，还可能有来自网状结构或其他脑区的纤维。外侧膝状体内的突触后神经元的轴突组成视放射 (optic radiation) 投至枕叶皮质的一级视觉皮质。一级视觉皮质周围的广大区域大部分也有视觉功能，也接受来自丘脑的视觉纤维，从两眼传入的信息汇合在大脑皮质产生种种视知觉的特性。

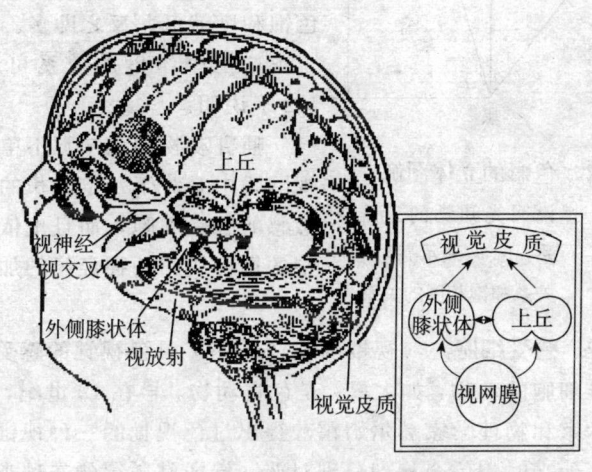

图 5-1 视觉通路

## 颜 色 知 觉

正常人的视觉世界是有色彩的，红、黄、绿、蓝以及种种的中间色彩。但有8%的男人和0.5%的女人都不能分清楚颜色，或没有鲜明的色感，因此称之为色盲。实际上，他们的大多数也能看到少许色彩。完全没有颜色知觉者极少。

一片光除有色之外,还有其他的性质,可概括在光知觉的三个基本维度之中。

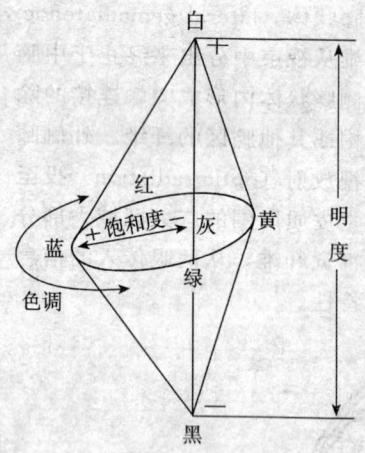

图 5-2 色彩的立体图解。说明光知觉的三维关系。+、—表示亮与暗的关系和饱和度的关系。

明度(brightness),从暗到明,或从黑到白,有程度不同的变化。

色调(hue),有多种变化,但基本的是红、黄、绿和蓝,其他色彩都是围绕这四种基本颜色变化而来的。

饱和度(saturation),这是因色和灰的成分不同而变化的,灰多于色饱和度就低,反之即多。

这三个维度的关系可以用图 5-2 来说明。

哺乳动物的色知觉不单依赖于视网膜中有对于一定波长的光特别敏感的感受细胞,而且也依赖网膜中的局部线路的神经元的加工。

**一、感受细胞**　视锥细胞(cones)是色视觉的感受器。没有视锥细胞的动物,如大鼠,是色盲动物。早在19世纪,伟大的生理学家和物理学家赫尔姆霍茨提出过色视觉的三种视锥成分的假说。他当时相信会找到分别对蓝、绿或红敏感的三种类型的视锥细胞,它们到脑中去的道路也有分别。认识物体的颜色,就是根据那一种色感受器被激活。后来赫林(Ewald Hering, 1834—1918)(也是一位法国的生理学家)提出了另一种解释。他根据视觉经验论证,有三对相反的颜色,即蓝—黄、绿—红和黑—白,与此有关的有三种正负相反的生理过程是颜色视觉的基础。这种解释也称为相反过程的假说(opponent-process hypothesis)。赫尔姆霍茨的解释则称为三色假说(trichromatic hypothesis)。现代的颜色理论包含了这两种假说,但它们都不能单独地说明色觉。

最近几年来测量视锥细胞的感光色素,部分地证实了三色假说。在人的视网膜中,每一个视锥细胞只含有三种感光色素中的一种。然而,这些感光色素所反应的波段并非很窄的,远非赫尔姆霍茨预期的情况。如果色觉系统照他所设想的那样工作,我们的色觉和视敏度将是非常贫乏和粗率的。因为我们将只能分辨极少的色彩;在光谱的长波一端将只有红色。视锐度粗率则是因为网膜的镶嵌单位很粗糙,一个红色的刺激只能影响三分之一的感受细胞,而实际上在红光下的视锐度和在白光下是一样的。

事实是,人类的视觉系统并没有只对光谱的有限波段敏感的色感受细胞。三种视锥细胞的感光色素中有两种几乎能反应任何波长的光。这三种色素确实也各有最敏感的波长。但是它们都不是像赫尔姆霍茨预见的那样彼此之间的波段是截然分开的。例如一种视锥细胞的色素最敏感的波长是 499 nm（在光谱的蓝色部分）,另一种的约 531 nm（绿色部分）,第三种的约 559 nm（黄绿部分）。但没有对红色部分最敏感的（即反应值最高的）。

在通常的条件下,几乎任何物体的视觉刺激至少都能影响两

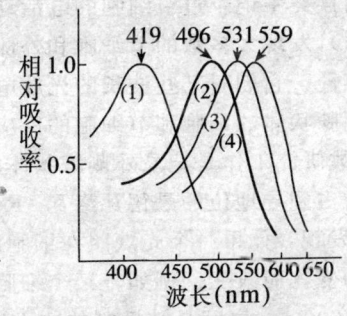

图 5-3 人类感光色素的光谱敏感性（H. J. A. Dartnall 等人的资料。图中曲线 (1)：5 个短波敏感视锥吸收 419 nm 波最多；(2)：39 个视杆对 496 nm 波吸收较多；(3)：45 个中波敏感视锥对 531 nm 波吸收较多；(4)：53 个长波敏感视锥对 559 nm 波吸收较多。这是用微密度计分析 3 女 4 男的 7 只眼中的感受细胞的光谱吸收性得到的记录。引自 M. R. Rosenzweig 和 A. L. Leiman, Physiological Psychology, 1982, p. 264）

种视锥细胞。这样就能有高度的视锐度和好的形状知觉。三种视锥细胞的光谱敏感特性彼此有一点差别，神经的加工可以察觉和放大这些差别，从而抽取颜色信息。某些节细胞和视觉系统中的某些高级中枢的细胞是有颜色特异性的。但感受细胞可以说是没有这种特异性。同样，感受细胞也没有形状的特异性，形状是在以后的视觉中枢中从比较不同感受细胞的输出中察觉出来的。视锥细胞并非颜色侦察器，应当根据它们各自的最敏感的波长给它们适当的名称：如，对419nm最敏感的可叫做短波感受器；对531 nm最敏感的叫做中波感受器；对559 nm 最敏感的叫做长波感受器。

**二、视网膜中的色线路**　　在视网膜中有抽取色信息的线路，它们使色彩与视野中的其他光亮分别开来。视网膜中有数亿神经细胞从事这种加工的工作。加工后的信息由一百万视神经纤维传送给脑的高级中枢。视网膜中的节细胞是传送加工后的信息的，其他细胞是组成局部的加工线路的神经元。

曾在旧大陆的猴类中记录过节细胞的电活动（旧大陆的猴子的色觉和人类相似），发现大多数的节细胞和外侧膝状体的细胞都有特殊的光波敏感性，它们对某些波长的光放电，而受某些波长的光的抑制。外侧膝状体的细胞和节细胞的反应性质一样，但更容易记录。因此多数研究工作是记录外侧膝状体的细胞的电活动。在这方面的研究中占领导地位的是德瓦洛瓦（Russell L. De Valois，1975）。他们发现，如果一个光点照在细胞的感受野的中心，它的反应随波长的变化而改变。例如，某个细胞的放电在光点的波长为 420 nm 到 600 nm 之间是被抑制的，而波长在 600 nm 以上时它增加放电。这个细胞就被定为正红、负绿（+R、-G）。因为光谱的这两个波段对此种细胞放电的影响是相反的，所以也称这种细胞为谱色对抗细胞（spectrally opponent cell）。

在外侧膝状体中，每一个谱色对抗细胞大概是通过双极细胞从两种类型的视锥细胞中接受信息的。它们之间的连接类似图5-4中的形式。这样节细胞记录了不同的视锥细胞群的刺激之间的差。例如，一个+G、-R 细胞的放电反映了中波视锥的兴奋减长波视锥的兴奋之差（M—L）；一个＋R、—G细胞的放电反映长波视锥兴奋减中波视锥兴奋之差（L—M）。虽然中波视锥和长波视锥的最敏感的波段距离很近，但是中波反应减长波反应（M—L）之差仍然能引起＋G、—R节细胞的很强反应。这时波长约在 500 nm 附近在光谱的绿或蓝色部分（见图 5-4）。同样，长波减中波（L—M），即对＋R、—G 细胞的效应约在 650 nm 附近，在光谱的橘红部分。其他的波长的配合原则与此相同。这就是说，从一个视锥的工效减去另一个视锥的工效可以产生两种节细胞的不同的反应曲线。谱色敏感的神经元，可以名之为色细胞。而视锥细胞最好叫做光感受器，它馈给许多神经元线路，为觉察形状、深度、运动以及色彩服务。

在猴子的外侧膝状体中约有 70% 到 80% 的细胞是谱色对抗细胞；在猫中，这种细胞的数目是很少的，约占 1%。这种差别说

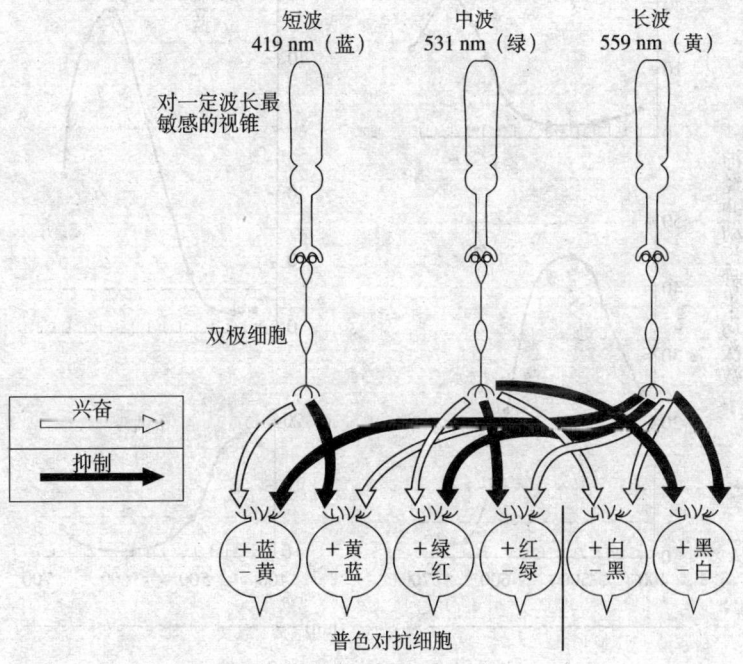

图 5-4　视网膜中色觉系统的连接模式（R. L. De Valois, 1969）

明了为什么猴子能分辨许多种颜色，而训练猫去辨别颜色则是非常困难的。

**三、视觉皮质的细胞**　　在皮质中，色信息用在不同性质的信息加工中，有些细胞是谱色对抗的。而且有许多细胞是使色彩更分明，或加强色彩差别的。这些细胞被认为是参与色知觉过程的。有些皮质区域色敏感受细胞特别丰富，在人类，色知觉似乎必须有皮质参与，因为皮质损伤就失去了色和形状的知觉。许多皮质细胞利用色和明度来表现形状或运动，但并不涉及对哪种色最敏感。例如，一个细胞可以察觉一条线，不管它是绿的在红背景上，还是黑的在白背景上。这种色彩和明度的差别，可供形状和运动知觉利用。

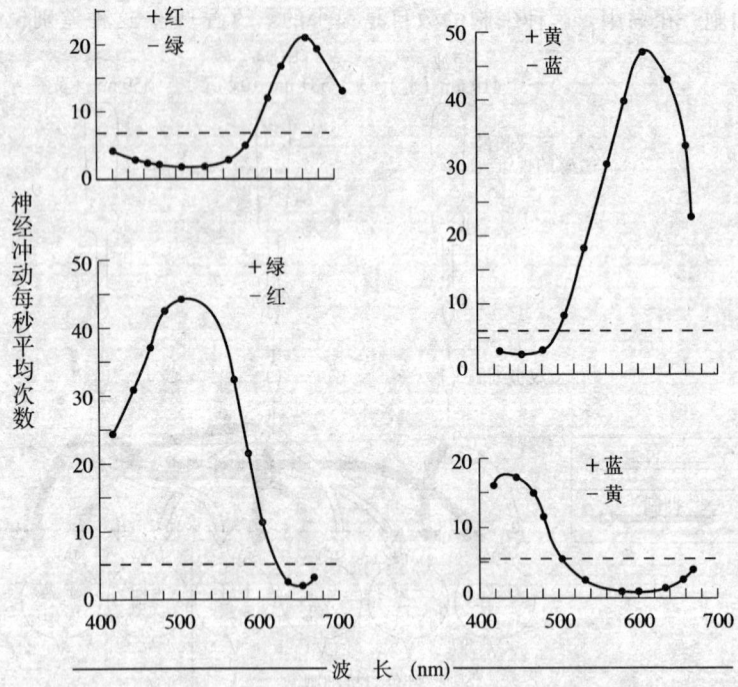

图 5-5　猴子外侧膝状体中的四种类型的谱色对抗细胞的反应

在哺乳动物中，很少动物享有人类这样丰富的色觉。在啮齿动物（如鼠）和食肉动物（如狗和猫）中，色觉是很不发达的。狐猴类的色觉开始有发展。猴和猿类的色觉高度发达。人类色觉的发展可能是从我们树居吃果实的祖先开始的。色觉在不同的物种中可能是从不同的演化路线上独立发展出来的，所以不限于几种灵长动物，其他物种如某些软体动物、某些昆虫、某些鱼类、某些爬行动物和鸟类，也有较发达的色觉。

## 位 置 的 知 觉

确定刺激的位置全靠我们察觉刺激物的方向和距离的能力。前者是有关视野的问题，后者是有关深度的问题。

**一、视野** 在视觉系统的每一水平上都有一个视觉世界的详细地图。首先是视网膜接受通过角膜和晶状体投射在它上面的精确的影像；其次是视网膜中的节细胞的轴突把信号送至间脑和中脑，并仍然保持着原来的空间排列关系；最后是间脑的神经元轴突将视觉信息传至大脑皮质的几个视区，在这些区域中也呈现出视觉世界的详细地图。

这些神经组织的地图虽然都保持着视觉世界的空间秩序。但是在每一个水平都有突出某些部分而牺牲另一些部分的特点。这就是说，每一种图都是地形志的（topographic），而不是外在空间的简单复制。原因之一是，视网膜表面的某些部分的感受细胞的密度比另一些部分大。中央小凹（fovea）区的视锥细胞的密度最大，因此形成一个视锐度最大的中央区。视杆细胞的分布则相反，中央小凹没有视杆细胞，但在视网膜的边缘区视杆细胞的密度却远远大于视锥细胞的密度。视网膜有一个血管进入的地方，这里没有光感受细胞。落在这里的影像不能被察觉。因此，这个地方就称为盲点（blind spot）。

视觉空间在各级脑区的投射虽然是地形志式的，但这并不意味着我们的空间知觉是被歪曲了的。相反，它反映了我们的空间辨别的敏锐性。在视野的中心部分具有最高度的敏锐性。这就是为什么我们总是要用中央小凹来看书的原因。所以在看书时我们的眼睛不停地顺着字行从一点跳到另一点，为的是使每个字的影像都落在中央小凹区。

各个脑区内组织成的视野图的极有秩序的性质在研究因脑损伤而产生的盲区时得到了证明。人们从视觉通路中的损伤部位可以准确地预测到视野的盲区或暗斑（scotoma）的部位，即视野中不能看见的部分。

新近的研究使人们坚信，在人类，空间视觉以及其他各种视觉，必需枕叶皮质。损伤了枕叶皮质，皮下中枢即使能正常工作，但人也是全瞎的。在猴类，切除枕叶皮质后仍能学会准确地指出光点的位置以取得食物的奖酬。人和猴的这种差别给人以不同的启示。有的人认为人和其他灵长目的行为的脑机制有基本的不同之处。这是对利用研究无语言的动物行为的技术来研究脑损伤病人的视觉能力的挑战。但有几位研究者仍然认为动物行为学的技术是可用的。

例如，在英国有一位韦斯克伦兹和他的同事们就用类似动物实验的方法研究了一个病人（L. Weiskrantz，1974，1977）。这个病人右半球的视觉皮质中有一小瘤，切除之后，用通常使用的测验方法测验，发现他的两眼的左半边视野似乎是全盲的，甚至用强光测试他也看不见。在开始的实验性测验中，要求病人伸手去指点一个投射在他的盲野内的瞬时刺激的位置。这和给猴子提出的任务是一样的。实验立刻看到，这个病人能够十分正确地指出刺激的位置。但在几个小时之后，把几次实验的结果告诉他时，他觉得很惊奇。随后他描述自己当时的感觉时说，他觉出一定有什么东西在那里，但他总是不承认他看到了什么；不像看到右视野内的东西那样明确。在以后的实验中，要求他猜测横线或直线，╳或○。结果证明，当用的刺激物的视角为 12°时，他能猜对 95%；当用大一点的刺激物时，正确率还要高。在视野盲的半边，他的敏锐度阈限小于 2′弧度。研究者称此种能力为"盲视"（blindsight）。病人不能知觉，但他仍能做视觉辨别。这种与以往的知识的不一致性引起了应用和理论方面的重要问题。

病人能否在日常生活中发展盲视的锐度和信心呢？答案是在损伤了部分纹状皮质的猴子中，侦察"盲区"光点的能力可以因训练而提高。而且训练是有特殊作用的，接受训练的视野区比未接受训练的区域恢复得快（C. W. Wohler and R. H. Wurtz, 1977）。在此以前也曾有人报告过，完全破坏了纹状皮质的猴既能辨别目标，也能用视觉避开障碍物（N. K. Humphrey, 1970）。在猴的纹状皮质被破坏之后，视觉辨别的改善需要积极的训练，只让猴子被动地接受光刺激是无效的（A. Cowey, 1967）。在这种训练开始时，猴子似乎发现它有一个真实的视觉空间，有了这一发现之后，它的辨别成绩会很快地提高。人也有许许多多的动作是根据几乎察觉不到的刺激作出的。但盲人能否在实际的生活情境中利用盲视训练改善视力，还需要作进一步的研究。

切除视觉皮质后的空间辨别是靠上丘的神经线路。把猴子的纹状皮质和上丘一同破坏之后，受影响的视野部分的视觉辨别即不能恢复（C. W. Mohler and R. H. Wurt, 1977）。这样看来，上丘中的线路有判断位置的信息加工能力，而且与运动控制中枢有充分的连接。但上丘与认识事物和有意识的知觉所需要的那些脑区的联系是很薄弱的。这些线索可以帮助我们说明有意识的知觉所需要的脑区及线路和只有行为的辨别所需要的线路是有区别的。

二、**深度知觉**　　许多人认为深度知觉的基础就是早被画家们发现的那种线条和角度的关系。但现代的研究者证明没有线条和角度，人也能知觉深度，而且某些目标的深度知觉可以在形状知觉之前。

有关深度知觉的新的认识是从研究随机点的图形得来的（B. Julesz, 1967, 1977），见图 5-6。在这样的刺激物中，左、右的随机点图几乎是完全一样的，只是其中之一的中心区（方或其他形式）的水平位置移动了。这两个图面看来都是一样的紊乱，看不出什么形状来。当用实体镜来看这两个图时（左眼看左图，右眼看右图），水平位移的区域就被知觉成为深度的位移。这个区域和

 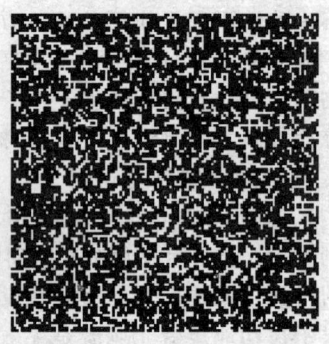

图 5-6　这两个图可验证深度视觉，把它们置于实体镜中看时，两图合而为一，或注视它们直到两图合而为一。这时可以看到图中央有一区域凹进去，或凸出来（B. Julesz, 1964）。

周围区域相比是退向后方，还是突向前方，决定于水平的位移的方向。应注意的是，只有用实体镜看出深度来之后，才能看出位移区域的形状。

　　两眼看到的景像的细微差别提供了深度知觉的基础，这一现象也叫做实体视觉（stereopsis）（stereopsis 是由希腊字的两个字根"深度"和"视觉"组成的，所以也可译为深度视觉）。两眼所看到的物像的差别常叫做双眼视差（binocular disparity）。20 世纪 60 年代以来，有许多研究找到了双眼视差的生理相关物，并用它来解释实体视觉。研究者们发现在纹状皮质中有许多细胞是有选择地反应双眼视差的；两个相邻的细胞对于相对于注视面的某一深度的刺激的反应常常有很大的差别。双眼视差不能在视觉系统的低级水平上分析，因为从两眼传入的信息在皮质上才汇合起来。

　　实验进一步证明，在纹状皮质和其周围的皮质中，与深度知觉有关的，有三种类型的细胞。一类是积极反应近距离的注视面，另一类是对注视面前方的刺激发生兴奋反应，对注视面后方的刺激产生抑制反应，第三类的反应则与此相反。这些细胞有的反应视网膜上的差别，有的不反应视网膜上的差别（G. F. Poggio and B. Fischer, 1977; von der Heydt, R. et al., 1978）。这些发现可以更好地说明实体视觉。

与此同时,心理物理学家用人来做的实验也说明有关深度知觉的视觉通道可能是不多的。他们发现,某些看来是正常的被试,实际上是部分深度盲的人。他们不能利用实体镜的线索判断一个在注视面前方的物体的位置(W. Richards,1977)。这类结果指出,可能只有两种粗略地应付深度的通道。一种通道是针对注视面前方任何地点的物体的,另一种通道是针对注视面后方的物体的。在少数人中,这两种通道中的一种可能丧失或功能不良。

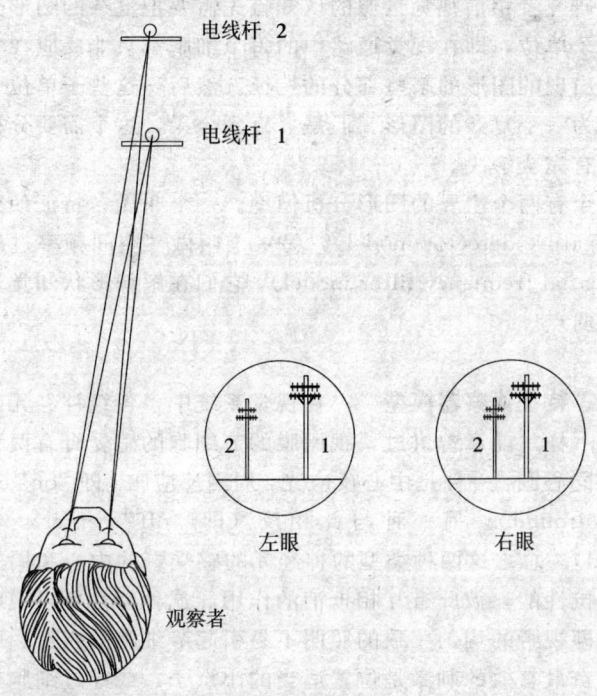

图 5-7　每一只眼所看到景像是不一样的,这种差别
　　　　就叫做双眼视差。

# *图和形的知觉*

人们认识一件东西是根据它的大小、形状和位置。神经线路如何加工空间视觉的这些性质乃是现在生理心理学家们正在积极研究的问题。这类研究常常是记录视觉系统各个水平上的神经元的电活动,并试图把这些电活动与视知觉的某些性质联系起来。大多数的研究者相信视觉景像的认知首先需要把复杂的图形分析成为某些子单位,即在视觉通路中的每个细胞都只能反应在它的感受野中出现的图形的某些部分的特征。然后,这些子单位一定要综合成为一个复杂的图形。但是,直到今天,这个需要分析的问题还没有完全解决。

当今有两个主要的图形分析模型。一个叫做"特征侦察器模型"(feature detector model),另一个叫做"空间频率过滤器模型"(spatial frequency filter model)。它们在解释形状知觉上各有优点和弱点。

**一、特征侦察器模型** 在视觉系统中,各级神经元的感受野都不一样。前章曾讲过,视网膜的节细胞的感受野有两种形式不同的同心圆:一种是中心反应光,周围反应暗(即"on" center,"off" suround)。另一种与此相反(即"off" center,"on" suround)。总之这两种类型的神经元的感受野的中心和周围的作用是对抗性的,彼此有互相抵消的作用。这种特性可以说明一个事实,即视野的均匀一致的照明不易引起节细胞的兴奋。引起节细胞兴奋最有效的刺激是位置适当的小点子,或穿过细胞感受野中心的细线或锐角。节细胞也有各不相同的时间特性。某些节细胞在刺激持续期间继续活动,是属于强直性的感受器,取名为 X 细胞。另一些细胞的活动是瞬时性的,即在刺激开始时活动很强,随之很快停止下来。这类属于时相性的感受器,取名为 Y 细胞。X 和 Y 细胞分别地投射到高级视中枢。外侧膝状体中的细胞也有和视网膜的节细胞相同的感受野。

视觉皮质的细胞情况就有点复杂了。对于节细胞和外侧膝状细胞最为有效的点刺激,对皮质细胞就不十分有作用了。根据修贝尔和魏赛尔(D. H. Hubel and T. N. Wiesel)自1959年以来记录单个神经元放电的研究看来,视觉皮质细胞的兴奋需要更为特异的刺激,常常是呈现在视野中的一定位置和方向的长线条。某些皮质细胞还需要刺激运动才有反应。在这些细胞中,有的只要刺激运动就有反应,有的则不但需要刺激运动,而且还需要运动有合适的方向才有反应。

进一步的实验研究发现,皮质细胞按照它们的最佳反应所要求的刺激形式可分为四大类。

1. 简单的皮质细胞(simple cortical cells)。这类细胞反应最强的刺激是视野中有一定位置和方向的某种宽度的线条或边缘。这类细胞有时也叫做线条侦察器(bar detectors)或边缘侦察器(edge detectors)。

2. 复杂皮质细胞(complex cortical cells)。这类细胞的感受野和简单细胞的相似。视野中的区域性不如简单细胞的严格。在视野的某一区域内的任何地点的一定宽度的线条只要方向适当都能引起它们的反应。

3. 高级复杂细胞1型(hypercomplex 1)。这类细胞两端具有明显的抑制区。这就是说,引起它们的最佳反应的线条长度有一定的限度。如果线条的长度超过一定限度,它们的反应就减弱。但后来的研究发现甚至简单细胞和复杂细胞也有某种程度的这种特性。

4. 高级复杂细胞2型(hypercomplex 2)。使这类细胞反应最强的刺激是两条线段构成的某种角。修贝尔和魏赛尔只是简单地提到这一类型的细胞,但却引起了很多理论问题。

他们二位的理论可以说是一种等级制的理论:即认为较复杂的事件是从简单的建立起来的。例如,一个简单的皮质细胞可以接受从一排外侧膝状体细胞来的输入。另外的一些理论家从修贝尔和魏赛尔的模型中推导出了类似百川汇流的细胞线路,来说明任何可能的形象的知觉。因此,他们设想,经过足够的一系列等级的分析和综合线路,到了皮质的高级区域可以汇合在一个需要出现一个人的老祖母的形象才有反应的神经元止。因此，有人常常提到有所谓"祖母细胞"(grandmother cell)的假设。

这样一种等级模型可能说明一些问题。但是，批评者也指出了许多问题，有的是理论性的，有的是从实际观察中产生的问题。其理由之一是，一个认识祖母的线路一定需要大量的神经细胞，如果一个人认识的每一事件都要一个这样的线路，那么就要有比脑内现有的细胞数目多得多的细胞。另一点是，按照等级理论，每一级都是在前一级加工的基础上建立的。但，人们发现，简单和

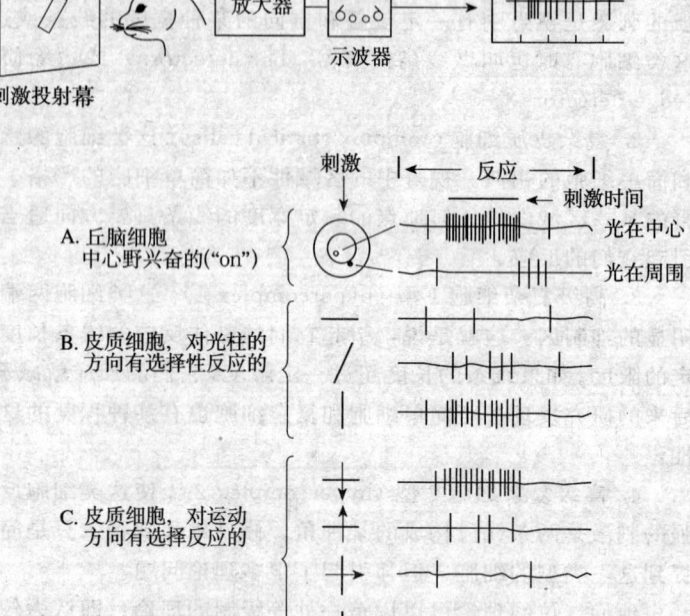

图 5-8　脑细胞对特异刺激的反应，说明视觉细胞反应的记录方法和反应所要求的刺激特性。

复杂的皮质细胞的反应的潜伏期,实际上并没有差别(K. P. Hoffman and J. Stone,1971)。有的时候,复杂细胞的反应反而比较快一些,而等级理论所设想的应该是简单细胞反应较快。事实恰好相反。进一步的研究证明,从视网膜向皮质投射的视觉系统是平行的而不是等级的,如 X 节细胞主要投射到简单皮质细胞,Y 节细胞主要投射到复杂皮质细胞(J. R. Wilson and S. M. Sherman,1976)。再者,X 节细胞的皮质投射大都在一级视觉皮质(纹状皮质),Y 节细胞的投射在纹状皮质以外和以内都有。由于等级模型遇到了这样一些问题,所以人们提出了另一种模型。

**二、空间频率过滤器模型** 在讨论这一模型时,应当以不同于传统观点的方式看待空间视觉。视觉空间频率的概念最初是用于测量光学系统的精确度的。例如测量透镜的精确度。从 20 世纪 50 年代开始,发现这一概念也可以用来说明人和动物的空间视觉。等到 70 年代就用它来说明视神经元的感受野了。一个视觉刺激的空间频率指的是在每一度视觉空间中明暗周期的次数。例如,图 5-9 是两个黑白条纹间隔的方块,因条纹的宽度不同,它们的空间频率也就不同。

空间频率的技术应用傅里叶分析(Fourier's analysis)或线性系统理论,而不是把视觉模式分析为线条和角。在讲听觉刺激时,任何复杂的、重复的听觉刺激都可以分析成正弦波的总和。同一傅里叶原理也能应用于视觉模式。如果从暗到亮的变化是按照正弦波的模式,我们就可以得到一个如图 5-10 所表示的视觉模式,像图 5-9 中的一系列的黑白条纹就可分析成为视觉正弦波和它的奇数谐波的总和,即第一、第三、第五……谐波的总和。一个复杂的视觉模式或景像也能用傅里叶技术分析,在这种情况中,也利用不同的转角处的频率成分。

空间频率的概念更有利于测量视锐度。传统的方法,是以能准确地看清楚的最细最小的形象来说明视锐度。然而,如果,检查一个观察者如何反应在空间和反差上有变化的光栅模式时,就可以获得更多的知识。一个光栅的模式如果其间隔太细就很难知觉,但太粗的时候也难知觉,某种中间的空间频率最易被知觉。空

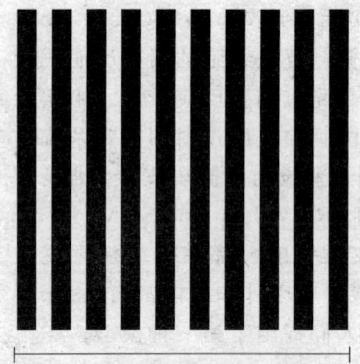

图 5-9 空间频率。上面栅栏的空间频率是下栅栏的两倍,因为在同一空间上面的条纹数目是下面两倍。

间阈限则可以用察觉黑白条纹所必需的它们之间的反差来确定。这就是说,对每一种间隔频率都可以确定察觉到它时所必需的反差关系。由此得到的心理物理函数代表反差敏感功能(contrast sensitivity function)。用这种方法在临床上确定的,人类的视锐度阈限约为每度50周;最敏感的频率约为每度6周(见图 5-11)。这种函数不仅能用来检验我们能看清多么小的物体,也能用来测量我们看各种大小的物体的清晰度。某些患有脑损伤的病人诉说,"看到的东西不大正常"。但当用普通使用的锐度图表测试时,不能发现他们有多大障碍。而用反差敏感功能分析时,却发现其中某些人在中等大小的范围内出现选择性的敏感丧失,而这正好妨害了他们对普通大小的物体的视觉。有人曾提过一个颇有成效的见解,认为反差敏感功能实际上包含着许多个别的敏感性,或者说是许多窄通道的敏感性的总和。实验证明,如果让一个被试注视一个具有一定间隔的光栅用一分钟或更长的时间,当对这一频率有了选择性适应之后,再测验他的反差敏感功能,结果表明,在适应了的频率上,他的反差敏感功能受到了压抑。这说明有多种的空间频率通道(C. Blakemore and F. N. Campbell,1969)。

记录皮质细胞对空间频率刺激的反应发现皮质细胞对空间

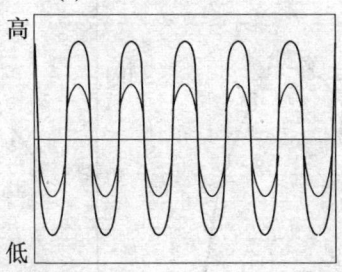

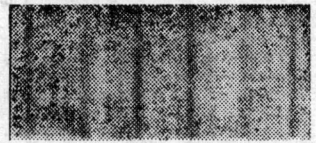

图 5-10 正弦波式的强度变化的视觉光栅。如果光线的强度变化很大如图（a）的高幅波所示，光栅的反差就大（b）；如果强度变化不大，如图（a）低幅波所示，光栅的反差就小（c）。在（b）和（c）图中光亮带看来比黑暗带宽，是因为视觉受纳器的反应不是线性的。

频率光栅的宽度的反应比对条纹宽度的反应更为准确。大多数的皮质细胞对正弦波形的光栅比对同样反差的条纹更为敏感。而且，当确定了一个细胞的反差敏感功能之后，可以根据它来预见这个细胞对不同宽度的黑白条纹的反应。因此，空间频率模型可以数量化地预见对不同刺激的反应，而这种预见是不能从特征侦察器模型中得到的。(L. Maffei and A. Fiorentini, 1973; D. G. Albrecht, 1978)。

在自视网膜到高级脑中枢去的 X 和 Y 投射系统之中反差敏感功能也有明显的差别。在低空间频率上 Y 细胞的工作比 X 细胞好得多，但在高频率上 X 细胞比 Y 细胞好。因此人们设想 Y 细胞的通路是用来分析基本的空间形状的，而 X 细胞的通路则是增加精细敏锐度所需要的细节的。这种不同可以与发育关键期剥夺刺激的效果联系起来看。在小猫出生后的头几个星期把它的一只眼

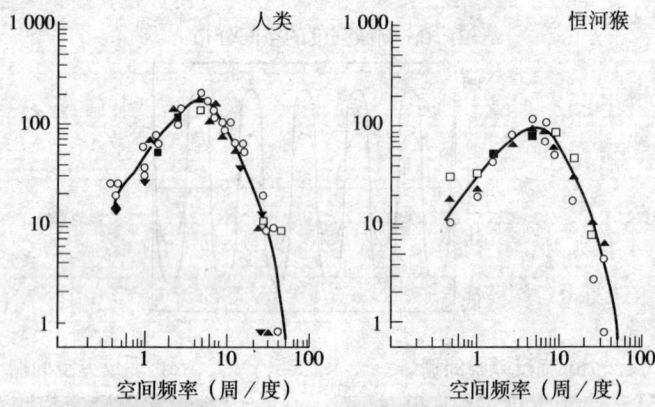

图 5-11 五个人和三只猴的反差敏感阈限。人和猴都使用同一种刺激测试,它们的反差敏感功能看来十分相似。(自 R. L. De Valois, H. Morgan, and M. Snodderly, 1974)。

封闭起来,特别影响 Y 细胞的发育。所以小猫的空间辨别的缺陷可能主要是由于 Y 细胞的通路没有得到发展。

对于空间频率模型的评价,并不一致。还不曾有人认为视觉系统的功能完全是一个傅里叶分析器。一个完善的分析器应当有数量无限的过滤器,每一个只能通过极窄的频率,而且彼此之间完全是独立的。然而实验证明视觉通道是互相影响的,而且适应的频带宽度因视网膜的区域而各异。不过看起来傅里叶分析在视觉加工中可能是有点作用的,也许不完全像在听觉中的情况。

## 视觉缺陷的康复问题

全世界有几百万盲人,老年人中盲者尤其多。据美国的统计,四岁以下的盲童 10 万中约有 9 名;65 岁以上的人中,10 万人中有 1 500 人。近二十多年来医学的进步减少一些致盲的病因,但也增加了另外一些致盲的原因。

现代治疗目盲的某些革新的方法来源于神经生物学家对视觉

的研究。最初发现电刺激眼球或眼周围的一些地点可以产生闪光的感觉,常称之为光幻视(phosphene,此字来源于希腊字的两个字根：phos——光,phainein——显示)。这是一种类似视野忽然照亮的感觉。头部受到猛然一击也会有这种感觉。20世纪40年代到50年代之间加拿大的神经外科医生彭菲尔德(Wilder Penfield)为切除癫痫灶做开颅手术时,曾用电流刺激过视觉皮质,也发现病人报告有闪光感觉。这一发现证明电刺激视觉系统可以产生感觉效应。

由此出发,近几十年来研究者提出了几种方案,探索用电刺激视觉皮质来恢复视觉。这些方案中的一个最富有野心的但仍是一个雏型的实验是：在一个作战时失明的战士的视觉皮质中埋植了许多电极,当用某几个电极刺激时,他报告有视觉映象,像远处的一颗星(W. H. Dobelle and M. G. Mladejovsky,1974);用更多的电极刺激时,产生了更复杂的知觉。由此研究者希望用微型电视摄影机装在眼眶里,通过微型计算机处理后,提供给皮质一种电刺激,能够代替视网膜中供给的视觉信息。但是可以预见这种方法只能得到极其粗糙的映象。因为皮质中的每一个电极一次能刺激几百万个神经元,这种反应很难代替接受视网膜投射的精细的皮质线路的加工过程。不过这种尝试将来也许能给盲人一定的帮助。例如,可以借助这类的装置自己识别道路,等等。

此外,在某些情况中,可以用训练的技术帮助部分失明者改善视功能。例如,有时候一个脑损伤的病人可能患有视野的一个区域失明的症状,但这并不一定是说,视野的这一部分的皮质投射区的所有的细胞都被破坏了,也许还有残余的细胞。训练有时候能调动这些细胞,起到功能代偿的作用。这种方法甚至在失明几个月或几年之后的病人身上都有效(J. Zihl and D. von Cramon,1979)。训练一个病人用盲区外围的部分辨别明度可以使盲区收缩。这种训练开始时虽然是只让病人辨别明暗的反差,但训练后也能改善视锐度和颜色知觉。这种改善不是自然恢复的,只是在训练的时候得到的。有一个病人,视野只有一小部分是完好的,两年多看不见东西,靠听觉和触觉的线索走路。经过几个月的训练他重新获得用视网膜的左上四分之一的部分看东西的能力，于是他能靠视觉走路，能阅读报纸。

# 听觉信息的加工

## 听觉的意义

声音是许多动物的生存适应的重要部分。声音是一种强直性的刺激。眼睛闭起来可以不看东西。耳朵是闭不起来的。我们无时无刻不在受到声音的刺激，而且还要不停地辨别这些刺激。自然选择没有造就一种既有听觉而又能"闭起"耳道来的动物。这是由于声波有绕射现象不容易被完全挡住。我们可以从声音中听到四面八方的消息；被物体遮住的看不见的东西，可以听到它们运动的声音，这对于动物的生存自然是十分重要的。如果不是听到猛兽接近的声音就逃跑，而是当猛兽出现在眼前时再跑，那样生存的机会就少多了。

人类的发音器官所产生的声音是形成人类语言的基本要素。语言是一种使人类高居于一切动物之上的能力。人类语言能力的高度发展是和人类的祖先必须适应许多人协作围猎才能获得肉食的生存条件分不开的。人类在围猎大的猛兽时需要互相很好地配合，因而也就需要彼此有很好的通讯手段。可以想得到，最不受地形和方向限制的，又不需要占用其他运动器官（如，不必打手势）才能发出的，远距离互相联络的信号莫过于声音。声音通讯的无比优越性和人类的协作行为对于彼此交流信息的越来越多和越精确的要求导致了人类语言的高度发展。

声音通讯在其他动物中也是很普遍的。例如，雄鸟用婉转的鸣声吸引雌鸟；猴类用喉音或吱吱的尖叫发出危险信号，用叭哒嘴的声音互相安抚。海豚，猫头鹰和蝙蝠还能利用反射声察觉猎物的位置和避开障碍物。这些动物利用声音常常是因为声音信号还有一种能够精确辨别的时间特性。听觉系统能够察觉声音强度和频率的迅速变化。许多种动物经过训练可以辨别声音刺激的极微小的差别。它们对各种声音的反应给我们提供了有关它们的听觉能力的详细知识。

## 脑的听觉通路

每一根听神经纤维进入脑干之后分为两大支。一支到耳蜗前核（ventral cochlear nuclei），另一支到耳蜗背核（dorsal cochlear nuclei）。从这两个核出来的纤维去向复杂。有一支到上橄榄核群（superior olivary complex），此核接受左右两边耳蜗核发出的纤维。因此这里的细胞群是听觉系统的第一级的双耳输入交互作用的地方，这是听觉定位机制的首要的部分。其他的几条平行的路线汇聚在下丘（inferior colliculus），这是中脑的听觉中枢。下丘出来的纤维到丘脑的内侧膝状体核（medial geniculate nucleus）。内侧膝状体的后突触神经元的轴突投射到颞叶皮质。听觉皮质包含着几个相邻近的区域，它们大多数都有与基底膜上的位置有关的地图性质。

听觉系统和其他感觉系统一样，也有上行和下行通路，而且比其他系统更为明显。下行的传出纤维多来自橄榄核，它们在耳蜗之中分支很多，与每一个毛细胞的基底部形成突触连接。它们的功能主要是抑制性的，证明是，电刺激听神经中的传出纤维可以减少由声音引起的听神经的传入纤维的冲动频率。所以研究者认为传出的通路可以压抑噪声突出听觉信号（J. H. Dewson, 1968）。

听觉系统并不完全利用傅里叶分析，所以我们反应的是一个复杂声音中的不同的频率。例如，我们分辨元音，因为每一元音有其自己的频带特性，我们鉴别乐器则是根据不同的谐波频率的相对强度。

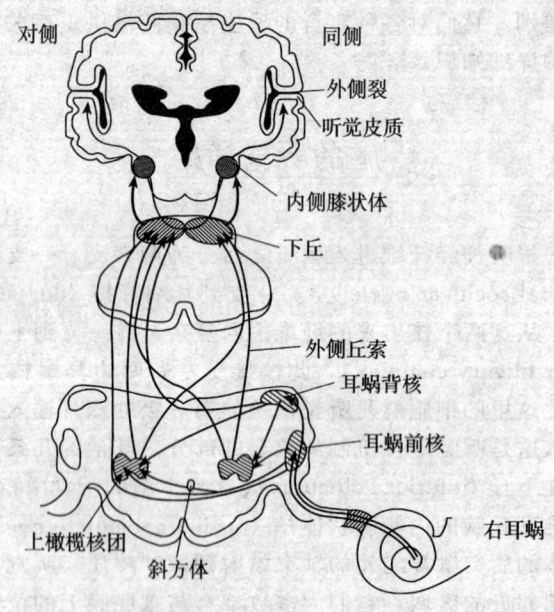

图 5-12 听觉系统的通路

## 音 调 的 辨 别

我们能听到的波频范围在 20 Hz 到 20 000 Hz 之间。在这个范围内我们可以辨别极小的频率差别。觉察频率变化的能力通常以能够分辨的两个音之间的最小频率差来表示。在 2 000 Hz 以内可觉察的差别约为 2 Hz。2 000 Hz 以上可觉察的差别就逐渐大起来。应当说明的是,音调(pitch)和频率(frequency)并不是同义词。音调指的是感觉经验,即人对声音的主观反应。频率说明的是声音的物理特性。强调这一区别的原因很多,主要的是频率并不是决定音调的惟一因素,而且音调的改变也并不是和频率的改变完全一致的。我们如何辨别频率呢?现有三种理论。

**一、地点理论**（place theory） 这一理论认为音调知觉决定于基底膜的波动最大的地点。按照这一观点,"地点"一词也应包含中枢接受兴奋的神经元的地点。这也就是说特定的神经元反应特定的刺激频率。

**二、齐发理论**（volley theory） 这一理论强调声音刺激的频率和神经放电的模式或时间的关系。照这一理论的看法,单个神经元的放电模式反映刺激的频率,因为刺激的频率一改变,神经元放电的模式也改变。例如,最粗略地说,500 Hz 的纯音以每秒 500 次神经冲动来代表。同一神经元也可以用每秒 1 000 次神经冲动来表现 1 000 Hz 的纯音。在这两种情况中,神经冲动的发放频率和刺激的频率都应该是一致的。这种频率和神经冲动的一致性如果由几根纤维来体现就比由单个纤维来体现更为准确。所以使用了"齐发"这个词,这个词常常指一排同时发放。这意味着众多神经元同时反应一个音的刺激。

**三、双重理论**（duplex theory） 地点理论和齐发理论并不是互相排斥的。现在对音调知觉的看法是把两种理论结合起来,这就叫做双重理论。齐发的原则似乎适用于从 20~1 500 Hz 的范围,而地点原则对 1 000 Hz 的声音特别适合。生理学研究的结果,有些是支持地点理论的,也有些是支持齐发理论的。下面作一分析。

已知基底膜的波动最大的区域是和刺激频率有关的。刺激频率变了,基底膜的最大波动区域也随之而变。例如,人们观察到,有几种频率成分的声音刺激时,耳蜗内可以完成一种傅里叶分析;不同的频率表现为基底膜不同地段的最大波动(S. M. Khanna and D. G. B. Leonard, 1982)。听觉频率在基底膜上的地点表现随着基底膜在演化过程中的加长和毛细胞以及神经纤维的增加而更精确化。

在脑中刺激频率的代表区仍保持着基底膜的地段关系。这是用记录单个神经元对不同频率的声刺激的反应方法来确定的。例如,一定区域的神经元对一定频率的反应最强。但在听觉系统的不同水平上的细胞对频率的反应并没有等级的特异性,即各级神经元都有各自的最敏感的频率。

近几年来大量的神经生理学研究的资料证明,音调感觉也包含着用神经元放电的时间模式作为音频信息的编码过程。用这种方法,一个神经元可以传递范围很广的频率信息。在这类实验中,时间模式常常是指刺激引起的神经冲动之间的间隔的分配。可以这样说,如果神经元放电的间隔和声音周期的间隔或它的某种积分是一致的话这就是编码。这种编码在频率低于1 500 Hz时最为明显,在高达4 000 Hz也可以看到。

看来,在听觉系统中声音的频率特性即可以用兴奋起来的细胞的分布情况编码(可称之为地址编码),也可以用从神经到听觉皮质的各级中枢的神经元放电的时间模式编码。

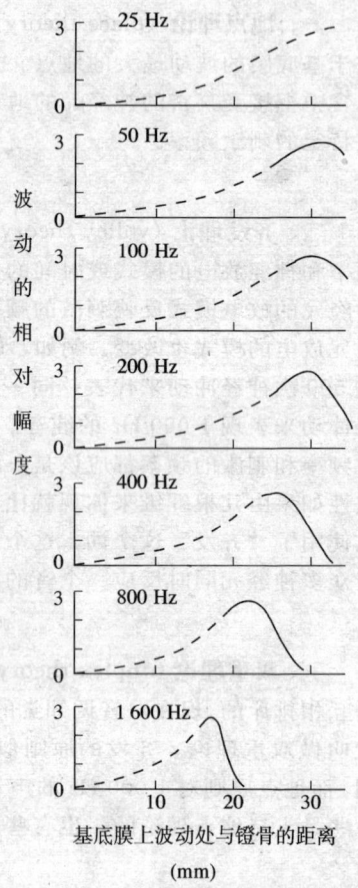

图 5-13 基底膜的最大波动幅度和声音刺激频率的关系[高频刺激引起的最大波动在基底膜的底部(距镫骨较近的地段),低频刺激引起的最大波动在顶部(耳蜗顶,此处基底膜宽)]

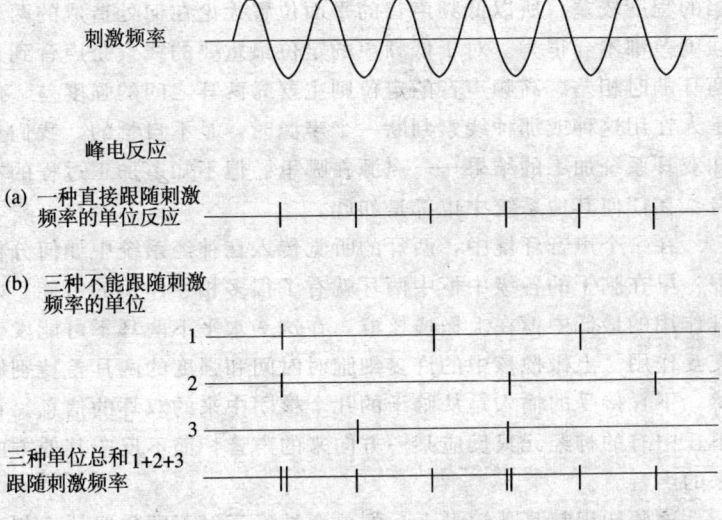

图 5-14 听觉系统中音频的时间编码模式。利用听神经元的放电频率编码。(a) 表示有些神经元能跟随很低的刺激频率。(b) 表示有些神经元不能跟随刺激的放电频率,但许多神经元放电的总和可以某种形式给刺激的频率编码。

## 声音的定位

在最好的条件下,一个人判断声源的方位可以达到只有一度的误差。这种能力靠的是两耳的交互作用。但在某些情况下单耳定位一样很精确,这是当声音持续的时间较长而头能自由转动的时候。在听觉定位时用两耳分析的是刺激的哪些特性呢?

两耳加工系统所利用的听觉定位的线索是:两耳之间的声音强度的不同和声音到达两耳的时间的不同。当然也涉及到其他方面的差别。如,频率方面的一些差别因素,这要看声音的性质和周围的环境(如回声的强弱等)。两耳声音强度的差别来自声源不在人体的正中面上,因为头能遮挡住声音。不同频率的声波受到头部遮挡的程度是不同的。长波(低频)可以绕过头,因此受遮挡的程度较差。所以低频声音的平面位置无论在何处造成的两耳强度差都不会很大。对于低频声的定位最重要的线索是声音到达两耳的时相差。高频声音的定位则主要靠两耳之间的强度差。但是人在用这种或那种线索判断一个声源时，是不自觉的。我们只知双耳系统加工的结果——声源在哪里。但不知道加工过程的本身。在任何其他系统中也都是如此。

在一个声音环境中，两耳的听觉传入在神经系统中如何分析呢？早在脑干的各级中枢中两耳就有了很多相互作用的可能。两耳作用的最低中枢在上橄榄核群，在这一水平下两耳不可能发生交互作用。上橄榄核中的许多细胞对时间和强度的两耳差特别敏感。下丘接受的输入是从脑干的几个核团中来的双耳的信息。在下丘中有的神经元只反应某一方向来的声音，而不反应其他方向来的声音。

这些知识都是从记录下丘的单个神经元对不同位置的声刺激的反应得到的（见图 5-15）。从这些实验的记录中人们得到的结论是：声源位置的觉察可能是由这些中枢中的许多细胞活动的特殊的空间和时间模式产生的，也可能是更高级中枢的某种加工的结果。新近分析了猫的皮质神经细胞的反应，没有发现听觉空间的特征侦察器（J. C. Middlebrooks and J. D. Pettigrew，1981）。

但是，在猫头鹰这种靠精确的听觉定位来捕抓猎物的鸟类的中脑中，相当于下丘的部分，发现有某些细胞的排列很像一个空间的球体代表。这就是说，每一个在反应上具有空间特异性的细胞都有一个特殊形状的感受野，很像一个小的圆锥体，它们的尖都辐凑于头部，或者说猫头鹰的头就是这些细胞的圆锥形感受野构成的一个球体的中心。每一细胞只对位于它自己的圆锥形感受野以内的声源刺激敏感（E. I. Knudsen and M. Konisni，1979）。

在猫头鹰的视觉顶盖部（optic tectum），听觉和视觉空间都有代表，这两种感觉系统的地图也非常符合（E. I. Knudsen，1982）。在这个区域大多数细胞既反应听觉刺激，又反应视觉刺激，而且，所有的听觉细胞对空间方位特别敏感。大多数细胞的视感受野都在它自己的听觉感受野的范围之内。可以理解，听觉和视觉空间图的这种紧密的配合，可以给针对猎物位置的运动反应提供双重的准确信号。这显然是猫头鹰生存所需要的,也是自然选择的产物。

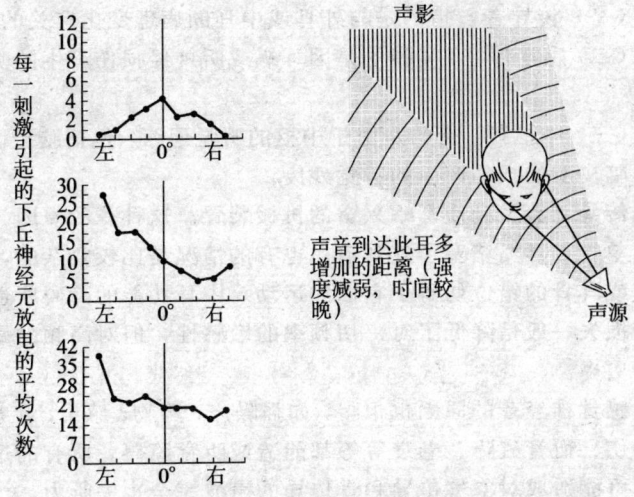

图 5-15 当声音源在一个平面上的不同位置时,刺激引起的单个下丘神经元的神经冲动的平均数。从图中可以看到,不仅声音发生的位置决定神经元反应的强弱,在一定的位置上,声音的频率不同引起的反应也不同(A. L. Leiman and E. R. Hafter,1972)。

## 聋和聋的康复问题

全世界的聋人数量是很大的。但尚无精确统计。听觉能力丧失的程度差别也很大。有的只是听人说话有困难,这种情况大约是在 500~2 000 Hz 的频率范围内听觉敏感性有所降低。有的则完全听不见任何声音。有许多人的听力丧失是发生在童年或婴儿时期。美国有 10 万儿童有听觉缺陷,我国尚无精确的统计数字。

**一、听觉障碍的类型**　　听觉障碍的分类一般是根据病理变化的地点，主要有如下三类。

（一）传导聋，指的是与外耳或中耳的病理变化有关的失听。

（二）感觉神经聋，指的是因耳蜗或听神经损伤产生的听觉障碍。

（三）中枢聋，指的是由于中枢的听觉通路，包括脑干、丘脑或大脑皮质的损伤产生的听觉残废。

传导聋涉及到使耳蜗兴奋的机械装置。这种聋的原因，有的很简单，如耳垢堵塞了外耳道；也有的情况是比较复杂的，如中耳炎或耳骨的错位妨碍了它们的运动。中耳功能的障碍所造成的听力损失一般是降低了对一切频率的敏感性，但对高频的敏感性丧失更多。

感觉神经聋的原因也很多，如强噪声、药物、感染、疾病、颞骨外伤、血管故障、老衰等等都能造成听觉障碍。所有的这些情况都可能造成对空气传导和骨传导的声波完全丧失听力。

药物引起的听力丧失多是受药物的毒性影响。特别是某些抗生素，如链霉素（Streptomycin）、卡那霉素（Kanamycin）和庆大霉素（Gentamicin），更具有这种毒性作用。这些药物的耳中毒性质（ototoxic properties）最初是从使用链霉素治疗结核病中得知的。这些药物虽然对结核病有很好的疗效，但后来发现有许多服此种药物的病人耳蜗和前庭受到了伤害。在某些病人中链霉素产生了完全不能恢复的听觉丧失。随后发现链霉素破坏毛细胞，这是致病的原因。一般高频音的听觉先受到影响。组织学检查看到，基底膜的底部（靠近卵圆窗的部分）先被破坏。这和先丧失高频听觉的现象是一致的。靠近毛细胞的听神经纤维似乎未受伤害。

噪音产生的听觉障碍主要是因内耳的机制受到破坏。环境的噪音污染和震耳欲聋的摇摆舞音乐都能造成这种不良后果。耳蜗受到强烈的爆炸声或长期的强噪音的刺激都会产生听觉障碍。内耳发生的组织变化主要是毛细胞的破坏，外边的毛细胞比内边的毛细胞更易受影响。如果长期处于强噪音的刺激下，整个柯替氏器会全部被破坏。有时一个部分损伤后，即使没有再受另外的伤害，也会扩散。应当重视这种损伤主要来源于强烈的声音刺激，高于 120 dB 的声音,如低飞的喷气飞机的声音,都能产生这种后果。

中枢聋往往是由脑外伤引起的。这种聋比较少,因为听觉通路是两侧的,很少有脑的两侧同时受到外伤的。

有人发现老年聋和食物的性质有关。在许多工业发达的国家,老年聋的病人的体内含胆固醇多。在苏丹的美邦(Mabams)人中老年聋者很少,他们的食物中几乎不含饱和的脂肪(S. Rosen et al., 1970)。

## 二、治疗耳蜗性聋的新方法

听觉丧失的病因不同,治疗的方法也不一样。由于毛细胞的破坏造成的失听,新近有了一种特别的治疗方法。因为这种病人的听神经依然完好,可以用电流刺激听神经使之兴奋,兴奋传入脑中能唤起听觉。一种最理想的方法是用扩音器控制电刺激器,这样诱发的听神经的兴奋可以模拟毛细胞产生的兴奋。这种装置虽然不能起到严格意义上的治疗作用,但可以使病人听到人的说话声(R. P. Michelson, 1978)。

有几种在耳蜗中埋植刺激电极的方法(R. C. Bilger and N. T. Hopkinson, 1977),但都不能埋植很多电极。由于只能埋植几个电极,所以这种装置究竟还不能完全替代柯管氏器官的功能。这种装置引起的声音感觉在强度和频率上的变化很小,所以不能真正听清楚人的言语。但是如果把这种装置引起的神经兴奋和学习唇读结合起来则能促进言语的认识。此外,这种装置可以帮助患者觉察周围的声音,这对于自幼失听的人是大有裨益的。这给他打开了一个声音的世界,这个世界对于人类的生活是一个极为重要的丰富多彩的领域。

由中耳内的障碍产生的失听也可用上述方法改善,但有许多外科手术的方法能得到很好的疗效。

针灸据说对聋哑有一定的疗效,但至今尚无精确的治疗结果的统计和病理学的分析。

# 前庭信息的加工

当你读一页书时,你的头可以转动,你的眼睛仍能盯着读的字,而不觉模糊。但是,如果你的头不动,而是书动的话,情况就不同了。前庭系统的信息加工使你的眼、头和身体能够做出补偿的运动以对抗各种的机械运动。这类的适应动作常常是自主化的,人们意识不到这一类型的信息。处理前庭信息的脑通路的结构与身体的各种肌肉运动的控制中枢有紧密连接,它反映这种刺激引起的适应行为的特性。从内耳的前庭感受器出来的神经纤维进入脑干的低级中枢,即与前庭核(vestibular nuclei)的神经元形成突触连接。某些前庭神经纤维绕过前庭核直接进入小脑。小脑是一个极为重要的运动控制中枢。前庭核的输出去向很复杂,因为它所影响的运动系统是很多的。

前庭作用有一个为人所不喜欢的方面,那就是它使人常常晕船、晕车和晕飞机。这是身体的某种加速度引起的前庭系统的兴

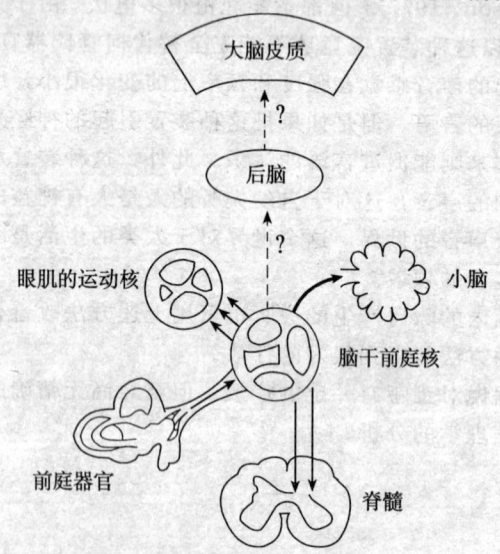

图 5-16 前庭系统的主要通路

奋产生的恶果。这种现象称为晕动病（motion sickness）。热能刺激也能产生同样的效果，例如，向一个耳中灌温水，引起内耳的液体运动，产生机械刺激，导致头晕等现象。低频的运动特别容易产生晕动病。例如，汽车的乘客会晕车，而司机则不会晕车，因为司机运动频繁。晕动病如何产生，它的生物意义何在？仍是一个谜。这和听源癫痫发作一样，可能是一种类似精密仪器出现的过敏缺陷。因药物或抗菌素中毒而伤害了前庭器官的病人没有晕动病。

前庭系统在学习飞行技术和掌握某些运动技巧中无疑起着重要的作用。但在这方面的生理心理学的研究尚薄弱。

# 躯体感觉信息的加工

## 意　　义

躯体感觉一般指从皮肤和骨骼肌中传入的信息唤起的经验。在本节中我们专讲皮肤提供的感觉。肌肉运动的感觉将在下一章讲。

从皮肤中得到的感觉经验是丰富多彩的，但人们对于这些感觉习以为常，很少人有兴趣像对"声""色"那样的，专门去分析和品评它们。更有甚者是，肌肤之亲常常给人带来淫欲，因此人们避免谈论这些。但是皮肤不仅能给人提供快感，而且也能给人提供痛苦。尤其重要的是，皮肤供给的触觉在人类的工艺技术的发展中起着极为重要的作用。在盲人和聋人的生活中，触觉可以代替视听的功能。

从系统发生和个体发生的胚胎学方面来看，皮肤和多数的感受器官都来源于外胚层（ectoderm）。其中有的变为特异的感受器官，如耳和嗅觉上皮，而皮肤中则布满了各种的触、温和痛的感受器。在本节中要讲的是皮肤送出的许多信息是如何加工的。着重讲讲痛觉，因为这对于我们研究针麻（或针刺镇痛）是有用的。

## 脑的躯体感觉的通路

皮肤中各种感受器的输出,经脊神经的背根进入脊髓。传导躯体感觉的纤维有两条主要上行通路:(1)背侧系统;(2)腹外侧系统。进入背侧系统的纤维上行至延脑和那里的薄束核(gracile nuclei)和楔束核(cuneate nuclei)的神经形成突触连接。突触后

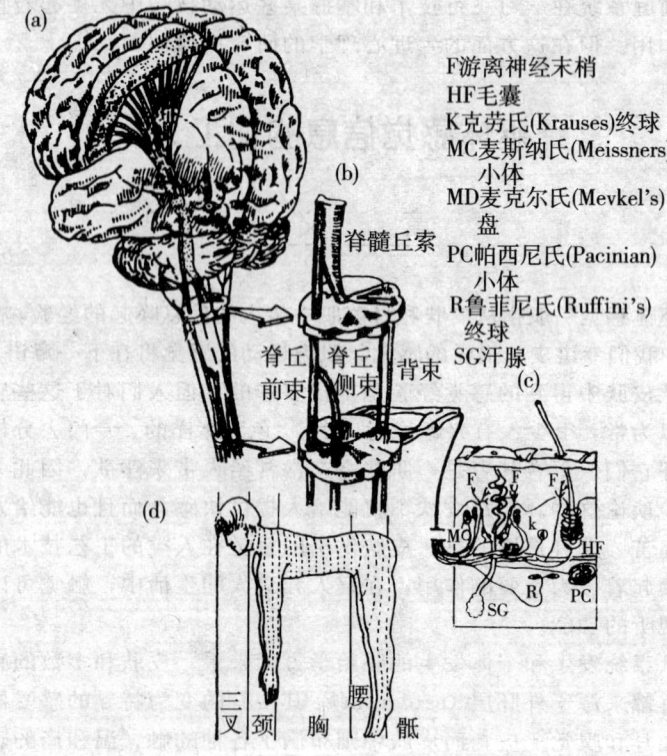

图 5-17 躯体感觉系统的总体现

(a) 脑通路;(b) 脊髓通路;(c) 皮肤受纳器;(d) 脑脊神经分别支配的皮区

神经元的轴突在延脑中左右两边交叉，交叉上行到丘脑，与丘脑的后外侧腹核的神经元形成突触连接。突触后神经元的轴突经内囊投射到大脑两半球的后中央回的皮质区，此区叫做躯体感觉区(somatosensory cortex)。腹外侧系统又称为脊丘系统(spinothalamic system)。这个系统的纤维的通路与背侧系统略有不同。从皮肤中进入这个系统的纤维与脊髓中的神经元（大多是灰质背角中的）形成突触连接。突触后神经元的轴突越到对边，在脊髓的腹外侧上行到丘脑，这些纤维中至少有一部分是传导痛和温度觉的（图 5-17）。

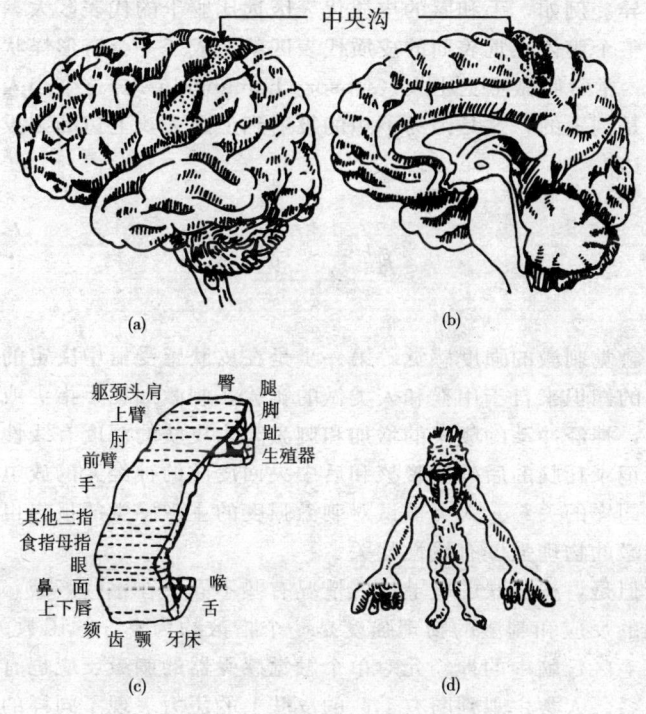

图 5-18 一级躯体感觉皮质的皮区代表
(a) 大脑皮质外侧面；(b) 大脑皮质内侧面；(c) 各皮区的皮质代表区的相对的大小和次序；(d) 按照各皮层的皮质代表区的大小绘制的小人图

皮肤表面的神经支配分成正齐的地带，称为皮区（dermatomes），每条脊神经都有自己支配的一个区域。这些区域和脊神经的关系，当人的躯干与地平行和四肢垂地时看得最为明显，如图 5-17。

有关躯体感觉的所有皮质区的神经元的排列也都是和身体的表面图对应的（图 5-18）。每一个区域都反映了皮肤的神经支配的密度。因此，像头部的许多区域神经支配的密度大，它们的皮质代表区的面积也比较大。相反的体干的一些区域神经支配较少，它们的皮质代表区也较小。这实际上也反映了它们的功能的重要性的差异。例如，手和唇的皮质代表区远比躯干的代表区大。这样人的整个躯体感觉表面的皮质代表区就形成了一个奇形怪状的小人图，常常叫做感觉小人（sensory homunculus）。这个小人在皮层上是倒置的，这是因为下边的投射到上边去，上边的则投射到了下边。

## 触　　觉

触觉刺激的强度感觉，第一步是在皮肤感受器中决定的。这方面的知识来自于用猴和人类做的实验。刺激加在手指尖或掌心中时，神经冲动的频率的增加和刺激陷入皮肤的深度有线性的相关。记录丘脑的后外侧腹核和后中央回皮质的神经元的放电，发现了同样的关系。人类被试对刺激强度的主观感觉的报告也和这种刺激的物理强度有线性相关。

但是，在皮肤的有毛地区情况有些不同。在这些区域，周缘神经的反应和刺激的物理强度是一个指数约为 0.5 的函数关系。在有毛区丘脑中的神经元对单个触觉感受器的刺激反应也有同样的关系。人类主观判断有毛区的皮肤上的压力表现了同样的函数关系。这样看来，有毛和无毛皮区的触觉有如此的不同，所以强度感觉可能首先决定于皮肤感受器的性质。而中枢则是反映感受器的活动情况。

# 痛　　觉

**一、痛觉的性质**　　痛觉是很难描述的一种感觉。勉强而笼统地说，它的特点是令人难受，甚至使人失去动作的能力。它可能有保护机体免受进一步损伤的功能，但剧烈的疼痛也能危及生命。然而痛觉存在的利大于弊，不然在演化中不会出现痛觉。

从研究某些天生无痛觉的人们的可怜遭遇来看，痛觉的生物意义略可窥知一二。这种天生无痛觉的人身上常常带有许多外伤留下的伤疤，腿、手和手指往往是伤残和变形的。这些人大多数年纪很轻就死去，常常是由于身体受到严重外伤。这些事例可以说明，痛能给人和动物以警告，使他们及时地摆脱伤害性的刺激。这样看痛觉确实有指导人和动物行为的重要意义。因此，我们可以给痛觉下一个定义：痛觉就是对那些破坏组织，或有这种危险的有害刺激的反应。反应这种刺激的感受器称之为伤害感受器（nociceptors），但是这些感受器的反应不足以产生痛的经验。痛觉似乎是一种更为复杂的神经过程的反映。特别重要的一点是痛觉经验的多方面的联系，首先是痛觉和情绪的激发有很大的关系。有人提出的痛觉经验模型是，强调感觉过程和情绪激发的综合产生痛的经验（R. Melzack，1980）。下面讲有关痛觉的神经生理学的问题。

**二、痛觉的周缘机制**　　痛觉是否有特异的感受器和分别的通路尚无定论。游离神经末梢常被认为是痛感受器，但也可能提供有关触觉的信息，所以不能视为专供痛觉用的感受器。痛觉信号由两组神经纤维传导，它们的粗度不同：一组是细的，无髓鞘的纤维；另一组是快速传导的，有髓鞘的纤维。某些类型的痛经验似乎与这两种纤维所携带的信号有关。

有许多研究表明，痛的经验有两种截然不同的性质：一种痛可以描述为"锐痛"或"刺痛"，像针扎那样的痛，这种痛的经验称为"初痛"（first pain），痛的地点明确，一般平息较快；另一种痛经验可以称之为"灼痛",这种痛开始慢,地点范围不太分明,持续时间较长。

人类慢性的酒精中毒(与维生素 $B_1$ 的缺乏有关)和尼古丁中毒能破坏周缘神经。已知破坏的主要是有髓鞘的神经纤维。这种患者诉说的疼痛感主要是灼痛。他们没有刺痛的感觉,这可能说明被破坏的正是有关刺痛的周缘神经纤维。

实验的事实支持了从临床观察中得到的概念。把金属电极插在皮肤下面的神经里,调节电流的强度,可以分别地刺激直径大小不同的神经纤维,直径大的纤维对电刺激的反应阈限最低。用低强度的电流刺激时,被试一致地报告说在某些个别的点上有触的感觉。当电流的强度增加时,被试感到了尖锐的刺痛;电流增加到更高的水平时,就变成了剧烈的灼痛。用压迫血管以阻抑神经纤维的传导的方法实验可以得到同样的经验,阻抑了直径较大的纤维就只有灼痛的感觉。

但是,临床的观察提示我们,痛觉并不只是由于两类神经纤维的分别的活动,而且最使人难以理解的是幻肢(phantom limb)的痛现象。某些截肢的病人常诉说感觉到在不复存在的臂或腿上的剧痛。这种遗留的痛觉可以保持几年。估计约有 10% 的截肢者有这种幻肢痛。这种痛显然与特别的感受器或通路的兴奋无关。这一事实很难用痛觉的特异的传导通路的理论来解释。

**三、痛觉的中枢调制** 有极少数的人受了重伤时反而一点痛也感觉不到。例如,有的人脚指头被砍掉还在奔跑。还有其他类似的事例。看来,痛觉的直接的通路或基本的机制在脊髓和脑中受到了强有力的调制。照麦扎克(R. Melzack,1973)的说法,在脊髓中有一个控制痛觉信息向大脑传送的闸门。这种痛觉调制的形式包含有自脑下行的利用内啡肽(endorphins)的通路。此外还有其他的调节痛觉的通路,这些方面的研究大大推进了疼痛缓解疗法的发展(H. Field,1981)。

**四、痛觉的缓解** 最近对痛觉的研究大都集中在缓痛的策略方面。大多数人都喜欢试验止痛的药物。例如,近来人们发现了脑内有一种类似鸦片的物质，可以提取或合成。以前曾研究过吗啡止痛的神经作用，发现注射的吗啡多集聚在脑的某些区域，特别是在脑干的一些区域。电刺激大鼠的这些区域可以使它对痛刺激的反应减弱或消失。在脑干中这些区域的位置在导水管周围，称为导水管周围灰质区（periqueductal gray area）。这个方法也在人身上试验过。把电极埋植在人的脑干的这个区域，通电流刺激时可以显著地缓解疼痛，刺激效果可以维持几小时。但频繁地使用这种刺激止痛也可以产生耐受性，即刺激的止痛作用减弱，必须加强电流刺激才能达到最初的效果。停止刺激几天之后耐受性可以消失，刺激又恢复了原有的效果。呐咯酮（naloxone）能阻止鸦片或吗啡的止痛作用，也能阻止电刺激脑干的镇痛作用。在鼠和人类中有同样的效果。

从几个方面的研究都证明了内啡肽是身体内自生的吗啡，它在压抑痛觉方面起重要的作用。但也还有相反的证明。近几年在这方面的研究进展是很快的，有不少的新发现。

人们发现，在患慢性疼痛症的病人的脑脊髓中，内啡肽的含量低于正常人的含量。电刺激导水管周围的灰质和针刺麻醉都能提高内啡肽的水平。呐咯酮不仅能够阻止电刺激导水管周围的镇痛作用，而且也能阻止安慰剂（placebo）的止痛作用（J. D. Levine et al.，1979）。安慰剂是没有药物作用的物质。在实验中常用它作为对照处理，有的医生也为那些坚持服某种药物的病人开这种药方来安慰他们，因而得安慰剂之名。有 1/3 服用安慰剂的病人解除了痛觉。但当给他们服了呐咯酮之后，安慰剂就失效了。这种现象可以解释为，安慰剂通过病人的意识作用引起了内啡肽的释放，从而起到止痛作用。因此呐咯酮对它有同样的抑制力。

针刺镇痛是我国医学中的重大发现，几年前西方医学界对它抱怀疑态度。而现已证明它也是通过内啡肽的机制起作用的。上面已提到注射呐咯酮能消除电刺激导水管周围的镇痛作用和安慰剂的止痛作用，同样也能消除针刺镇痛的作用。但是呐咯酮却不能消除催眠术产生的镇痛作用。以前怀疑针刺镇痛可能是一种类似催眠下的暗示作用。现在看来，针刺镇痛绝非暗示作用，而是通过释放脑内的内啡肽的神经过程产生的。作者曾观察过一例实行针麻外科手术的病人的反应。他临上手术台时非常害怕,不相信针麻效果,但当医生在他脖子上切开肉皮时,他却没有痛觉。当然在这个例子中除针刺的作用外还不能排除紧张情绪的作用,因为惧怕的情绪也可能提高内啡肽水平。这是新近的发现。

新的研究发现,电刺激大鼠的脚也能产生深度的镇痛作用。但是其中包含的机制是属于内啡肽性质的,还是属于其他性质的,决定于电击的特点 (J. W. Lewis et al., 1980)。在这种实验中是用摆尾巴的反应来测量痛阈。用一束炽热的光聚集在大鼠(或小鼠)的尾巴上,记录它们的尾巴摆到旁边去的反应时,每次电击脚部之后即测验大鼠的摆尾反应的潜伏期。发现长久的连续的电击或多次的电击(分隔 5 秒给 1 秒电击,连续电击 30 分钟)都能产生强的镇痛作用,即摆尾的反应时大大延长。呐咯酮能对抗多次断续电击的镇痛效果,但不能阻止持续的长电击(不断地刺激 3 分钟)的镇痛作用。看来,前一种方式的电击的效果可能是由于内啡肽的解放,而后一种电击的效果则可能涉及到其他的机制。但是内啡肽以外的机制现在还未弄清楚。此外,尚须提出,内啡肽也是痛觉以外的其他神经线路中使用的神经递质。现在这方面的研究很多,不断地改变着人们对痛觉机制的看法。

## 躯体表面的感觉定位

身体表面的感受野呈现在躯体感觉系统的每个水平上,它也是以神经元组织的地形志形式来代表的。身体地图的第一级是在脊髓水平中的皮区划分,即一个一个的皮区带的组织。虽然各皮区之间都有某种程度的重叠,但在整条脊髓中的排列是很有次序的。在脑的各级水平上,身体表面的地图也是既有重叠又有次序的。例如,有关的丘脑细胞的组织和大脑皮质的区域都保持着地区图的性质。

也像在其他感觉系统那样,身体表面的脑代表区也有所偏重。最大的代表区是属于指尖和嘴唇的,我们知道指尖和嘴唇对触刺激的空间辨别最精确(图 5-19)。

最有趣的是在大鼠的躯体感觉皮质中（例如嘴部的）所发现的细胞组织的形式。在这种皮质区按正切面一层一层地切下去，可以看到许多细胞群呈圆桶形的排列，密集的细胞排列成桶壁，中间的细胞则比较稀疏。这种形式的组织称为"皮质桶"(cortical barrels)(T. A. Woolsey et al., 1976, 1981)。细胞放电的记录表明，每一个桶的细胞活动只反应对边一根胡须的刺激（如被触动），而且皮质桶的布局和面部胡须的布局也是一致的。鼠类的胡须在它们的生活中是很重要的器官。它们在黑暗的地洞中穿行是靠胡须探路的。生后拔去胡须的大鼠的大脑皮质中没有皮质桶式的细胞组织。

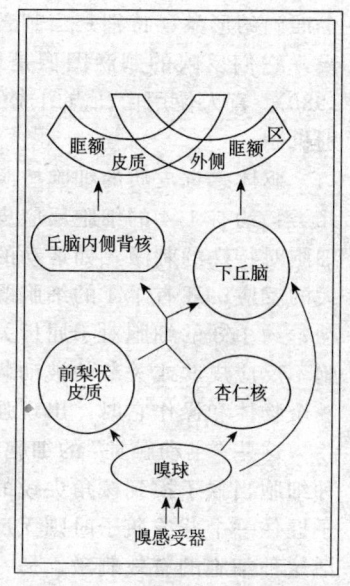

图 5-19 脑内的嗅觉通路的示意图

## 躯体感觉中的形状知觉

关于躯体感觉皮质的形状辨别的功能的研究，多是用猴做的，包括观察皮质损伤后的结果和当刺激猴手时记录皮质单个神经元的放电等方法。破坏皮质后猴子辨别触觉刺激的形状、大小和粗糙或光滑的能力受到损失。后来发现有三个区域分别地与纹理（区1）、角度（区2）和形状（区3）的辨别有关。曾用不同宽度的金属条组成的空间栅研究触觉机制（类似研究视觉的情况）。在这种研究中，将空间栅置于猴的指尖下以不同的速度移动，同时记录感觉神经的放电，发现没有一根神经纤维能够准确地反应每一根金属条和间隙的接触刺激。但是众多纤维的总体却能提供一个准确的形象；特别是当刺激栅的间隔和移动的速度最适当的时候，它们反映的刺激图像是最清楚的 (I. Darian-Smith et al., 1980)。盲人使用由凸点组成的文字（盲文）也是靠类似的触觉辨别机制。

躯体感觉皮质的细胞按照它们的感受野的刺激特性可以分成几类：约有 1/4 的细胞反应皮肤上面的单纯的压力；另有 1/4 的细胞对特殊的刺激，如运动的棒头或窄长形的物体的触压，有最大的反应；还有 1/4 的细胞既反应皮肤的刺激又反应指关节的运动；约 1/8 的细胞对于屈折关节的刺激特别敏感；其余 1/8 的细胞不反应皮肤或关节的被动刺激，但其中的某些细胞当猴子握住一个物体和操作它时，出现强烈的反应。

这些"主动触觉"的细胞有些具有特殊的反应特性。例如，一种细胞当猴子摸到棱角尖锐的尺子或长方块时反应强烈，但当猴子握住一个球或瓶子时则无反应，看来似乎两条平行的边沿是激活这种细胞的有效刺激。另一些细胞与此相反，它们强烈地反应球或瓶的握持刺激。握持物体给皮肤感受器和关节感受器一种复杂模式的刺激。这些刺激的信息一定传给许许多多的皮质单位。显然，有各种的细胞需要某些输入的配合才能有反应。躯体感觉皮质中的这些有复杂感受野的细胞类似视觉和听觉皮质中的那些复杂感受野的细胞。这些复杂的躯体感觉单位可能参与触觉的辨别和认知，但还需要进一步研究它们在触知觉中的作用。

在人类中观察到，当人们用触觉探索物体时后部顶叶皮质的活动加强。这是在三种条件下记录皮质中的血流量得到的认识。三种记录的条件是：

1. 主试移动被试放在刺激物体上面的手；
2. 被试自己用力摆手，但不接触物体；
3. 被试用触觉探测物体。

在第三种条件下，后部顶叶皮质特别活跃，供血增加，说明这一区域可能参与主动的触觉机制。

# 嗅觉信息的加工

嗅球的传出经嗅束分送到几个皮下部分,特别是与边缘系统有关的部分,接受嗅球传入的信息的皮质主要是大脑半球底面外侧的皮质。这部分皮质在系统发生上出现较早,称为旧皮质,大脑半球背侧和外侧的部分因而称为新皮质。

近几年对于鼻腔的嗅黏膜和嗅球的解剖和生理的研究证明,这些周缘部分在反应个别的气味上也有区域性的划分(D. G. Moulton,1976)。个别的有味物质在鼻内可能是被各别的细胞吸收的。这种地位性的划分可能形成嗅觉通道中各级嗅中枢中的嗅觉地图,即一定的区域敏于反应一定的气味。但确定各种气味的感受区域是极端困难的,首先是因为气味本身的分类就是一个难题。在视觉中我们知道波长与色知觉有关,在听觉中音波频率与音调有关。但在嗅觉中我们还未找到与气味的性质有关的化学物质的确定的特性。像分子的大小和形状这类的化学结构的简单特性与嗅系统中的信息编码过程可能没有太多的关系。所以研究嗅觉的信息加工受到了阻碍,因为找不到一种能够和嗅觉分类有确定关系的刺激物的分子特性。

尽管存在着这样的困难,有些研究已证明了在嗅觉系统的各个水平上也有各种专门反应某一种挥发物质的细胞。不过,在各个水平上的大量的细胞对不同的化学物质都有反应,这些细胞不是专家,而是通才。人们发现,即使在诸如昆虫这样比较简单的动物中,嗅觉细胞也是有专家与通才之分。例如,在蟑螂的嗅叶中有少数细胞只反应一种具有特别重要的生物意义的刺激;而大多数的细胞都能反应很多化学刺激,只是敏感性上略有差别。正因为有这种敏感性的微小差别,所以大量细胞对不同物质的参差反应可以构成许多气味的编码模式,从而能够辨别许多气味。这种过程在复杂的脑中需要有整合性的神经加工。

# 味觉信息的加工

味觉信息经三条脑神经送入脑中。它们是面神经中的谷索神经（chorda tympani），传送舌的前三分之二的味觉感受器的信息，舌咽神经（glossopharyngeal nerve）传送舌后三分之一的味觉感受器的信息；迷走神经（vagus nerve），传送软腭和咽部的味觉感受器的信息。

这些传送味觉信息的神经有的与延髓中的孤束核（solitarynucleus）的神经元形成突触连接；有的与脑桥的味觉中枢的神经元形成突触连接。突触后神经元的轴突把味觉信息传到丘脑，然后由丘脑的神经元传到大脑皮质的味觉区，这个区域靠近躯体感觉皮质的舌区。

关于味觉信息加工的研究远远落后于对其他感觉系统的研究，原因可能是人们觉得味觉比较简单。虽然味觉给现代人类带来不少的生活享受，但对现代人生存的生物意义已退居次要地位，因此人们不太注意它，这也是另一种对它研究较少的原因。

神经生理学家在这方面所做的细胞放电的记录主要是分析四种味觉——咸、酸、甜和苦味的信息编码。在味觉通路的每一水平上是否有专门反应某一种味刺激的细胞？关于这一问题有两种看法。一派研究者认为，一种细胞只反应一种味刺激。另一派认为，味的性质是由众多细胞活动的模式决定的。前一派强调标定的路线，后一派强调多个细胞活动的整合结果，也叫做交叉纤维模式理论。这一理论类似对嗅觉的多样性所作的解释，即不同的味觉是由参与活动的众多神经元的不同的兴奋模式整合成的（crossfiber patterning theory）（L. Bartoshuk, 1978）。

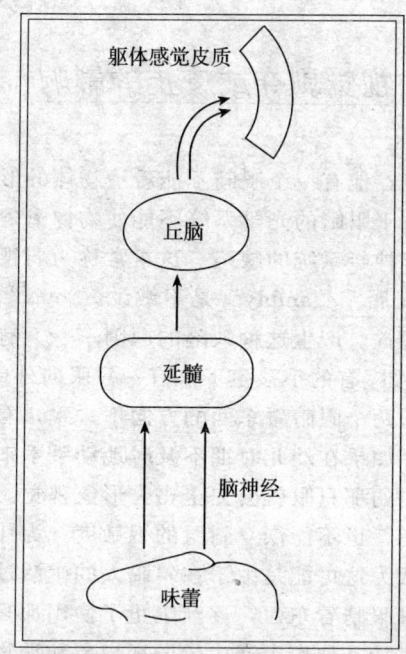

图 5-20 脑内味觉通路的示意图

# 个体经验对知觉系统发育的影响

上面所讲的各种知觉系统的功能特性都是在脑的正常的发育条件下实现的。既有基因决定的因素,也有个体经验的因素。前者规定脑组织和功能发展的可能性,后者决定其发展的完善程度。

有许多实验证明,在个体发育的早期阶段,不同的生活经验对感觉系统的解剖和功能的发展有重大作用。一般地说,经验能诱导发育和巩固发育的成果,也能节制或阻碍正常的发育。本节将着重讲经验的剥夺对感觉系统的功能发展的影响。

## 视觉剥夺或废止的影响

有的人知道，他有一个眼睛不能看清物体的形象，经过验光发现，这不是由于眼睛的光学系统不能使物像清楚地聚集在视网膜上，而是由于神经系统的缺陷。这常常称为弱视。医学术语是"amblyopia"，希腊字"ambly"是不敏锐，"opia"是视觉，直译应为不敏锐的视觉。产生这种缺陷的原因不一。有一种原因是眼的使用不利。例如，有的小孩生下来有一只眼向外或向内偏转，即所谓斜眼。这样两个眼睛看东西的方向不一致，看到的物像是两个，不能重合。如果在幼儿时期不及时地动手术来矫正斜视，等到成年后，偏斜的那只眼就会完全丧失形象视觉。如果在成年之后再动手术矫正，也不能恢复斜眼的视敏度。为什么出现这种现象呢？研究者认为这可能是由于在斜眼人的生活过程中，习惯用位置正常的一只眼睛看东西，逐渐废止了使用那只斜眼所造成的后果。这种见解从其他原因产生的弱视现象和动物的视觉剥夺的实验中得到了证实和更深入的理解。

例如，有的人生来眼球或晶体的形状不圆造成了散光（astigmatism），不能在视网膜上形成线条或轮廓清晰的物像，这种人视觉常常是模糊的。如果在幼儿的早期不能发现这种缺陷，因而不设法纠正。使得神经系统长期得不到正常的视觉传入。等到成年之后，再给他或她配带矫正散光的眼镜，这种眼镜也不能使他们的视觉完全清楚。看来，生活早期的不正常的视觉传入能改变脑的神经线路的功能联系。

在动物中进行的视觉剥夺的实验，更清楚地证实了这一见解。

猫如果从生下来就一直生活在黑暗之中，使它们的脑得不到任何视觉传入，长大之后，它的视觉皮质中的神经细胞的树突刺和突触的密度就大大的低于正常者（B. G. Cragg, 1975）。

由修贝尔和魏赛尔（D. H. Hubel and T. N. Wiesel, 1981年诺贝尔奖金获得者）开始的研究证明剥夺猫或猴的一只眼睛的光刺激会使视觉皮质发生更深刻的结构和功能的变化。在正常猫或猴的视觉皮质中有许多神经元对呈现在左或右视野的刺激都很敏感。如果自幼一只眼的视觉被剥夺，成年后，视觉皮质中能反应被剥夺的一只眼的视觉传入信息的神经元的数目大为减少。最易受视觉剥夺影响的时期，猫是在生后 4 个月之内，猴子是在生后 6 个月之内。然而，如果两眼同时被剥夺，长成后视觉皮质中能反应来自任何一只眼的视觉传入信息的神经元的数目都不见减少（图 5-21）。

这些实验结果使得人们进一步了解到斜眼的弱视可能是由于：分别传导两只眼的视觉兴奋的神经元轴突互相竞争突触地点造成的。常常使用的，那些活跃的轴突可以在形成有效的突触连接中占优势，夺取了那些不用的突触地点。斜眼产生弱视的机制盖由于此。

这一推论得到了实验的证明：切断幼猫一只眼的眼肌，造成斜眼和一只眼的优势，到了一定年龄，发现它的视觉皮质中能反应两眼的视觉刺激的神经元大为减少。较多的神经元只反应来自那只正常眼的视觉信息（图 5-21）。

## 早期的形象视觉经验的影响

初生时视觉皮质不成熟，大多数的突触尚未形成。这时视觉经验对视觉皮质的发育是最有影响的。上述的实验结果已经证实了这一见解。

进一步的研究发现，猫在幼时所经验的特殊的视觉形象对视觉皮质细胞的功能发育还有殊异的影响。这种实验，有的是给生后不久的猫戴上特制的眼镜，使其只见光不见形象，或只能看见一种形象，如直条纹或横条纹（C. Blakemore，1976）；有的是把初生的猫放在周围只见黑白条纹的环境中饲养，即养在一个内壁绘条纹的桶中。更严格控制视觉刺激尚需给猫戴一颈枷，使其看不见自己身体的形象（H. V. B. Hirsch and D. N. Spinelli，1971）。

这些实验有的证实了生活早期的特殊的视觉经验对视觉皮质

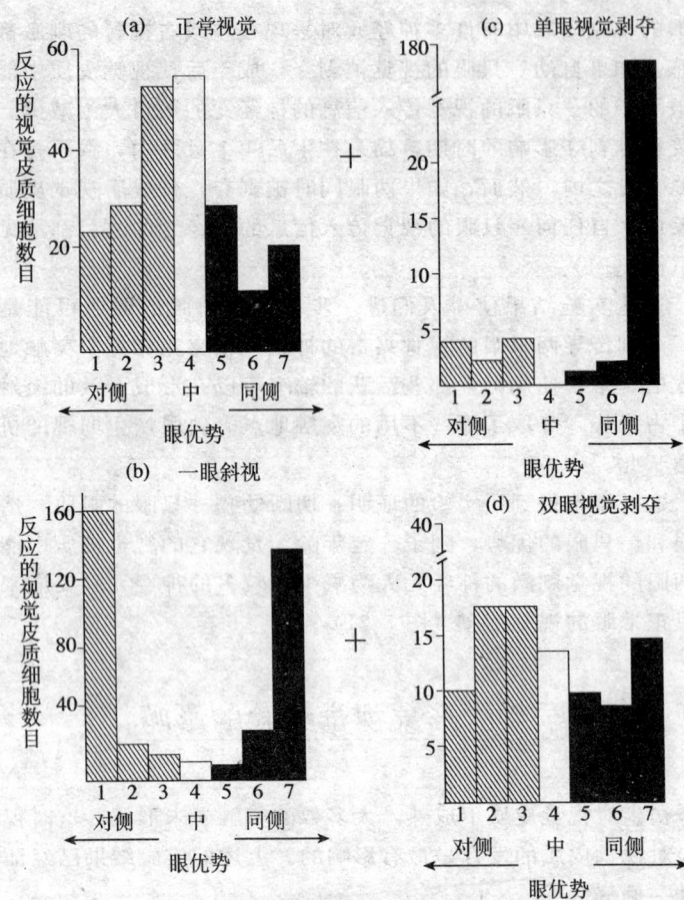

图 5-21 在以不同方式剥夺视觉刺激后,猫的视觉皮质中反应左、右或中间视野的刺激的神经元的数目的变化:(a) 正常猫的,(b) 斜眼猫的,(c) 单眼视觉被剥夺的,(d) 双眼视觉被剥夺的。箭头所示是相对于剥夺眼的视野偏度 (D. H. Hubel and T. N. Wiesel, 1965)。

中的神经元的反应特性也有影响。例如,在生活早期只能看到直条纹的猫的视觉皮质中,多数细胞只反应直条纹的刺激,而不反应横条纹。不过这类实验的情境很不相同,控制的条件还有许多争议问题。实验结果也很不一致，所以还不能得出简单的一般的结论。

## 其他感觉经验的影响

在其他的感觉系统中，也可以看到个体生活早期的经验的影响。例如，大鼠的胡须的感觉系统就很受经验的影响，在大鼠的大脑皮质中有一群特殊的神经元接受来自胡须的感觉信息。胡须在皮肤上的分布常常是排列得很整齐的。也有种间差异。但是无论分布的方式如何，两半球皮质中都有与对侧胡须相对应的神经元群的排列。例如，分别接受每根胡须传入的神经元都排在一定位置排列成桶形。实验证明如果在大鼠生后 1 至 4 天内拔去某一排胡须，皮质中接受这一排胡须的传入的那些神经桶就消失，而邻近的神经元桶就会扩展到它们的地区（T. A. Woolsey et al.，1981）。

在嗅觉系统的发育中经验也有一定的影响，实验发现，大鼠的两个鼻孔是相对独立的。在大鼠生活的早期，如果把一个鼻孔塞住，可以使这一边的嗅黏膜不受刺激。几个星期后，比较它的两个嗅球的大小，可以看到与堵塞的鼻孔相联系的那个嗅球显著萎缩了（E. Meisami，1978）。

上面举的这几个例子说明感觉刺激的经验对脑的结构和发育有极为重要的影响。这种影响所能达到的程度和个体的年龄与经验的时间长短等因素有密切关系。总的看来，人和动物的知觉特性除受物种的遗传基因的控制之外，个体的经验也起着重大的作用。缺少正常的生活条件知觉就不能得到完全的发展。给幼儿多提供一些感觉刺激对于儿童的知觉发展是有益的。

# 第六章 运动系统的功能和组织

概　论
动作和肌肉的收缩特性
　　一个动作的例子
　　运动单位和肌肉的张力
　　运动单位和动作特性
肌肉中的感受器和肌肉收缩时的神经控制
　　两种类型的感受器和它们的作用
　　两种感受器在协调对抗肌工作中的作用
运动的类型和几种控制的概念
　　运动系统的双重目的——运动和稳定
　　　一、快速跳动的眼运动
　　　二、平稳的跟踪运动
　　　三、前庭动眼反射
　　抛射式的和连续的运动控制
　　中枢程序和周缘策动的概念
　　反馈和前馈的控制
脊髓的控制和组织
　　脊髓动物的搔反射的组织
　　脊髓动物的行走

　一、中枢程序化的循环控制
　二、脊髓内在的机器和周缘感觉输入的交互作用
　　孤立的脊髓不能实现完整的行为
超脊髓的控制
　　脑的活动和运动的时间关系
　　小脑运动系统的控制机制
　　基底神经节的控制机制
运动的可塑性，学习的和有意的动作
　　前庭动眼反射的可塑性及其机制
　　运动的学习
　　中枢预制程序和动作的控制
　　运动皮质中的反射活动和意向活动的比较
　　运动的脑机制的概念模型
运动障碍的治疗方法的新发展
　　意向控制的假臂
　　电脑刺激术
　　生物反馈的运动障碍治疗法

# 概 论

人和其他动物的行为都是由运动组成的。我们不停地动作着：饮、食、坐、立、行走、跑步、打手势、说话、表情、写字，还有绘画、唱歌、舞蹈、制造工具、缝纫、做饭等等，无一不是动作。这些动作有的已成为流畅的习惯，有的表演得十分优美，文雅的举止往往成为一个人的特别风度。

在这里有几个名词的概念需要加以说明：一、运动这个词的含义比较广，每条肌肉的收缩都可称为运动，全身的活动也可称为运动；二、动作，这是指有秩序的多个肌肉群的活动组成的运动；三、行为，行为的概念就比较抽象了。它可以指一个动作，也可以指一系列的动作，而且它还有一定的目的意义。在本章中我们要讲的实际上是动作的控制系统，而不是有目的意义的行为的控制系统（诸如饮食行为、性行为和其他的一些行为的控制系统将留待以后的几章中论述）。因为运动一词的含义较广，有时就把它作为一个系统的总的名称来使用。

我们所有的动作都是神经控制的肌肉群的收缩模式的产物。本章要讲的是运动系统的基本功能和组织。目的是让学习者理解有些看来似乎很简单的动作，它们的控制机制往往是很复杂的。就以走路为例，人们都看到这是两条腿交替地前后摆动。但完成这种走路的动作包含着相当复杂的控制机制。首先是，我们并不需要想到我们迈出的每一步，它是由中枢程序控制的连续动作。就像中枢神经系统中有一盘磁带一样，脑子将它开动，然后它就工作起来，以固定的程序发出神经冲动，指挥两腿的肌肉收缩，产生了两腿前后摆动的动作模式。这是一种很协调的动作。任何这类的动作都包含着能够选择适当的肌肉，决定有关突触的兴奋或抑制的程度和运动神经元的兴奋次序等等的神经机制。人们在走路时还需要维持身体的平衡，躲避或越过障碍物。这还需要更多的控制机制参与。如以说话为例,运动的控制系统就更复杂了。说话包含有舌、喉、咽、唇、胸、腹和隔膜的高度协调的运动。即使发一个单词的音,如果让人听懂的话,也不能容许这些部分的配合有半点的差错。例如,发"体"(tǐ)和"底"(dǐ)这两个字的音差别就很小,不同处在于发音时声带的紧张程度,和舌头收缩的模式的细微差别。如果两者不能准确地配合好,这两个字音就分不清楚。要了解这些肌肉的活动如何产生一个完美的动作必须研究控制它们的脑机制。我们首先从周缘讲起,然后深入到脊髓和脑的控制系统。

## 动作和肌肉的收缩特性

### 一个动作的例子

首先让我们看看前臂是怎样伸屈的。肌肉收缩通过肌腱牵动由关节连接起来的长骨产生肢体的运动。前臂屈是上臂二头肌收缩的结果;前臂伸是上臂三头肌收缩的结果。二头肌和三头肌是

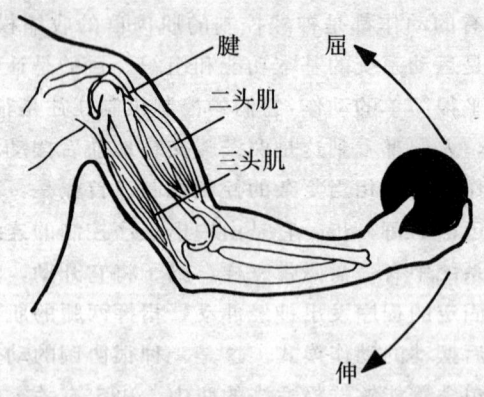

图 6-1 一个简单动作的图示。二头肌收缩前臂向上屈,三头肌收缩前臂向下伸开。

两条对抗的肌肉（antagonistic muscles）。实际上它们都有一定的拉力，只有当二头肌的拉力超过三头肌的时候前臂才能屈。相反的时候前臂伸直。

## 运动单位和肌肉的张力

每一个运动神经元支配着几根肌肉纤维，这就是一个运动单位，是组成运动的一个基本成分。

一条肌肉的总的张力或拉力，决定于两个因素：（1）在一定时间内肌肉中收缩的肌纤维的数目；（2）各运动单位的收缩特性（即收缩的时间、力量和疲劳性等）；这些特性与肌纤维本身的生物化学性质和支配它的神经纤维的性质有关。

组成一块肌肉的运动单位类型不一。简单地可以分为两个极端的类型：一种叫做慢抽搐（slow twitch）的单位，这种单位比较小，支配它的是小型的运动神经元，它抽搐时的张力也小；另一种叫做快抽搐（fast twitch）单位，这种单位比较大，是由大型

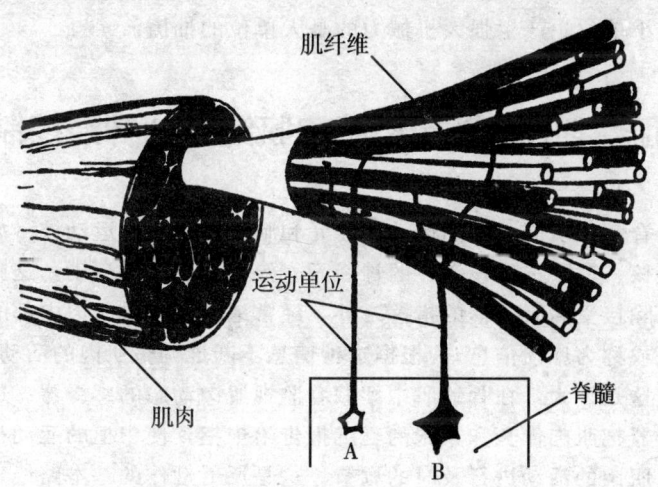

图 6-2 肌肉中运动单位的图示。A：小型神经元支配的单位；B：大型神经元支配的单位。

运动神经元的直径大，传导速度快的纤维（轴突）支配的，它抽搐时的张力大，但易疲劳。在一块肌肉中这些不同类型的单位是混合起来的，每一单位都含有数百条肌纤维。

## 运动单位和动作特性

在肌肉收缩时各种运动单位的参加是有顺序的。这称为征用顺序（recruitment order）。一般，如二头肌收缩时先参加的是慢抽搐的、抗疲劳的、张力小的单位，最后参加的是快抽搐的、易疲劳的、张力大的单位。慢抽搐的单位小，神经的控制精细，又耐疲劳，它们是为技巧的、稳定的动作服务的。用猛力的动作则需要快抽搐的、大单位参加。一个举重运动员在开始抓举时，先要脚步站稳，调整好握持的位置和两臂的距离。在参与这些准备动作的肌肉中，首先是慢抽搐的小单位的工作。当用大力向上举时才动员快抽搐的大单位。拳击家在举着拳头瞄准对方时，也是小单位在工作，挥拳猛击时，大的单位才参加。总之，精细的动作靠小单位。产生强大机械力的是大单位的抽搐。

## 肌肉中的感受器和肌肉收缩时的神经控制

脊髓灰质前角中的运动神经元和脑干中的一些运动核（如面神经核、动眼神经核等）的神经元直接控制肌肉的活动。这些神经元除接受高级中枢的指挥之外，经常地接受来自肌肉内部的信息（或称为反馈信息），根据这种信息不断地调整肌肉的活动。

这是因为，在骨骼肌中埋藏着监视肌肉动态的感受器。这些感受器把肌肉伸长和紧张的程度报告给中枢，使中枢的运动神经元对肌肉的活动进行及时的调节。这是反射动作的基本路线。这些感受器的信息也能传给高级脑中枢，如小脑皮质和大脑皮质，为脑提供指挥行为的根据。但基本的、脊髓阶段的反射控制在维持肌肉的紧张度和产生圆滑的动作方面是非常重要的。没有肌肉中的反馈信息产生的反射性的控制，我们全身的肌肉都不会有协调的张力，我们既不可能维持正常的姿式，也不能作出稳定的动作。

## 两种类型的感受器和它们的作用

肌肉中的感受器有两种类型：(1) 肌梭 (muscle spindle)；(2) 高尔基腱器 (Golgi tendon organ)。

肌梭的结构比较复杂，它是在肌肉中埋藏着的一种中间粗两头细的梭形器官。它外面包着一层结缔组织的膜。中心是由一小束不参与收缩的肌纤维和缠绕着它的螺旋形神经末梢组成的。这种螺旋的神经末梢称为主感觉末梢 (primary sensory ending)，此外在梭的两头还有次感觉末梢 (secondary sensory ending) 和控制肌梭敏感性的传出纤维〔称为 γ (gamma) 运动神经纤维〕的末梢（这和视网膜和耳蜗中的传出纤维的功能是同样性质的）。肌梭监视肌肉伸长的情况。当肌肉被拉长时，主感觉终端发放神经冲动，送到脊髓中去。这些神经冲动可以兴奋支配这块肌肉的运动神经元。运动神经元的兴奋经轴突（传出纤维）传到该块肌肉以增加它对抗牵拉的张力（收缩）。这是一个只包含着两个环节（感觉神经元和运动神经元）的、最简单的反射环路。

高尔基腱器是一种比较简单的感受器。它是位于肌肉的肌腱上面的神经纤维末梢和结缔组织的膜构成的，也是梭状的，因此也称为腱梭 (tendon spindle)。它对肌肉的紧张十分敏感。它的神经纤维进入脊髓后与灰质中的中间神经元形成突触连接。它携带的关于肌肉紧张的信息使中间神经元兴奋。中间神经元的兴奋抑制支配它所在的那块肌肉的运动神经元。也就是说，肌肉过分紧张的消息经高尔基腱器传送给中间神经元，中间神经元抑制运动神经元的兴奋，这样使传到肌肉的兴奋减少，肌肉的收缩可以停止或减少。这是包含着三个环节（感觉神经元、中间神经元和运动神经元）的反射环路。

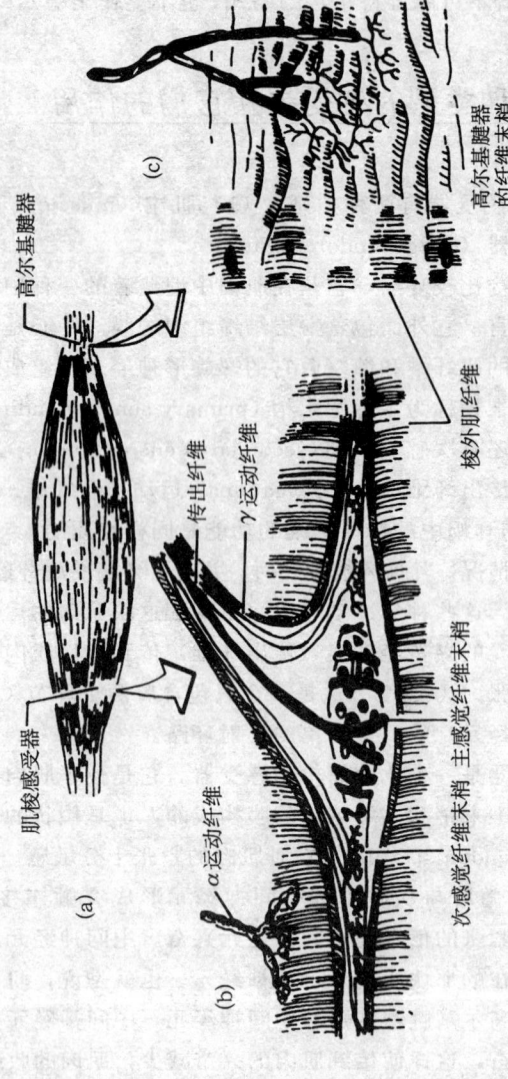

图6-3 肌肉感受器图示。(a)肌肉中肌梭和高尔基腱器的位置；(b)肌梭的结构；(c)高尔基腱器的示意图。

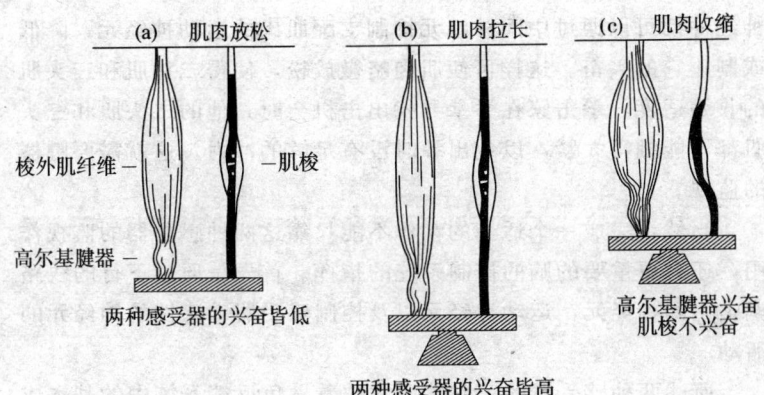

图 6-4 肌肉的三种状态和两种感受器的兴奋的关系

由此看来，肌梭的活动是使肌肉收缩，高尔基腱器的活动是使肌肉放松。通过这两种感受器的监视和反射通路，肌肉的张力可以随时得到调节。

## 两种感受器在协调对抗肌工作中的作用

设想你手里握着一个比较重的铅球，要把它举到一定的位置（如图 6-1 所示）。如果二头肌没有一点收缩的力量（张力），前臂就会被铅球压下来。如果二头肌收缩的力量过大，而三头肌完全放松，铅球可能猛然打到你的脸或肩上。要使握着铅球的手臂停在一定的位置，这两条对抗肌的收缩程度必须配合到恰到好处。这就需有监视它的张力的感受器。当铅球的重量下压前臂时，将拉长二头肌，使二头肌中的肌梭受到刺激而产生神经冲动，传入脊髓中，使支配二头肌的运动神经元兴奋，兴奋传出后，加强了二头肌的收缩。二头肌收缩太猛，又会拉长三头肌，刺激三头肌中的肌梭，并且以同样的反射途径增强三头肌的收缩。最终使这两种肌肉的收缩得到平衡。

高尔基腱器的工作在于调整肌肉的张力。如上所述，当二头肌收缩得过于紧张和三头肌受到拉力绷得太紧的时候，它发出的神经冲动可以通过中间神经元抑制支配肌肉的运动神经元,降低或制止它的兴奋。这样可使肌肉略微放松,使得二头肌和三头肌的收缩适度。拳击家在举拳寻找出击机会时,他的二头肌和三头肌都不能绷得太紧,以免出拳时没有足够的冲力。这就需要腱器的监视。

当然,完成一个适当的动作不能只靠这两种感受器的监视作用,还有更重要的脑的控制系统的指挥。首先是通过下行的线路调整中间神经元、运动神经元以及控制感受器敏感性的神经元的活动。

所述两种感受器的工作性质常被看做负反馈系统中的基本成分。这种系统的功能就是协调对抗的骨骼肌肉的活动,以维持身体姿势的平衡。

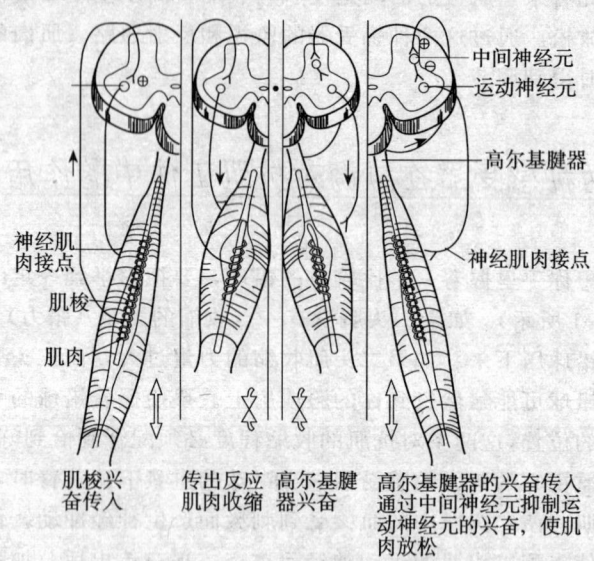

图 6-5 (a) 肌梭的功能,监视肌肉的拉长,传入冲动使运动神经元兴奋,使肌肉收缩对抗拉长。
(b) 高尔基腱器的功能,监视肌肉的紧张,传入冲动通过中间神经元,抑制运动神经元,使肌肉放松,对抗紧张。

# 运动的类型和几种控制的概念

自 19 世纪末人们就开始研究运动的控制机制。许多概念都是以谢灵顿（C. S. Sherrington，1861—1952）和他的学生（如，J. C. Eccles and R. Granit）研究脊髓的反射功能发展来的。中枢的运动系统是指挥连续的动作的。动作的模式是丰富而多变的。但是从运动状态来看可以分成两大类：(1) 短促的、迅速的、突击式的；(2) 连续而缓慢的。从功能上看有维持稳定性的，有改变肢体的位置的。运动的这两种功能初看起来似乎是矛盾的，但实际上是相辅相成的。

两种类型的运动和两种功能有一定的关系。它们既有中枢的程序控制，也有反馈（feedback）和前馈（feedforeward）的控制。下面我们举例阐明这几种运动和控制的概念。

## 运动系统的双重目的——运动和稳定

运动系统有双重目的：既要动作又要稳定。这似乎是两种矛盾的任务，但这是一种实际的需要。拿眼球的运动来说，它的目的是要使视网膜的中央小凹对准注视的目标，并且要保持中央小凹和目标的直线关系。这种眼球的运动看来很简单，但是它既有快速跳动的眼运动（saccadic eye movemet），又有平稳的跟踪运动和由半规管的信息控制的反射运动（前庭动眼反射）。这些运动都是为了稳定视网膜上的物像。

**一、快速跳动的眼运动** 人们常常把视线从一个物体转移到另一个物体，从一个位置转移到另一个位置，而不动头。有时注视和转移连续的变化，人们并不自觉。这就是扫视的运动，为的是寻找目标。快速地扫视时眼球运动的幅度变化很大。在头部不转动的情况下,当眼睛要使看不清处的形象落在中央小凹中时就需要转动一定的角度。如果转动幅度过大,一度落在中央小凹的影像就会滑过去。于是眼球又要反方向转动。这一转动的幅度也许小一些。这是一种微小的、矫正性的快速跳动的眼运动。这种运动的角速度可达500°每秒,这是人体所做的最快的运动。

## 二、平稳的跟踪运动

这种运动是为了跟踪视野中的运动物体(如一只苍蝇或一架飞机)。眼球运动的信号来自视网膜,即当物像离开中央小凹时,引起眼球的矫正性的转动,转动的方向和速度与目标的运动一致,因此常常是平稳的,而不是跳动的。跟踪一个向远处或近处运动的目标也需要眼球的运动。当目标远去时两眼相应的向外转;当目标向近处移动时两眼向内转。这也是为了使物像保留在中央小凹之内。因此眼的这种运动也是和目标的运动方向和速度相适应的。

## 三、前庭动眼反射

前庭动眼反射(vestibulo-ocular reflex,缩写为VOR)是为了在头动的时候使网膜的物像仍然保持在中央小凹中。这是一种简单的反射。它和快速扫视时眼球的摆动运动不同,它是由头的运动引起的。在头的位置移动的时候,怎样使注视物体的物像保持在中央小凹中呢?问题的解决是这样:当头动的时候,前庭器官受到刺激,产生了与头的加速度相应的神经冲动,冲动传至中脑的指挥眼动的神经核,发出的神经冲动使眼球向相反的方向转动,转动的角度恰好与头动的角度相等。例如,头的位置移动了10°,眼球就向相反的方向转10°。这样,头和眼的方向相反角度相等的运动就使得注视物的影像仍然保留在中央小凹之内。人们在街上一面向前走,一面要看清楚路旁的一个商品广告时,就会不自觉地出现这种反射。在人们常说的"回眸一笑"中也有这种反射。

应当指出,当头的运动的速度和幅度过大的时候,眼的相反的运动速度和幅度也随之加大,但到一定程度,眼球会骤然停住,然后跳回到原来的位置(类似扫视时眼球的摆动),以寻找别的目标。

上面例举的三种运动，其目的都是为了使视网膜上的物像稳定。这就是说以动来求定。许多其他动作也含有这种性质。如，一碗水要端平，需要视觉信息和两臂及身体的许多肌肉群的反馈信息来控制端碗的手，使水平面稳定。

## 抛射式的和连续的运动控制

抛射式的（ballistic）和连续的运动概念是从手臂和两腿的运动中得来的。它们和快速跳动的眼运动都是抛射式的，平稳跟踪的眼运动是连续式的。

抛射式的运动是快速的。像射出的炮弹那样，它的轨道是由刹那间的暴发力决定的，射出之后不可能再改变。在抛射式的运动中，决定它的轨道的是发动它的神经动力。

连续的运动是在整个运动过程中都不断受到矫正的运动。矫正有两种途径：（1）通过高级神经系统对运动神经元群的活动进行调幅式的控制；（2）通过来自周缘感受器的反馈信息调节运动神经元的活动。

应当指出，这两种运动和控制概念是简单化了的。在实际的动作中，这两种运动和控制是互相补充的。例如，快速扫视时的眼球的跳动似乎是抛射式的，而当发生了头部运动时，前庭的反馈会通过前庭动眼反射系统不断地控制扫视时眼球跳动（抛射）的幅度。

## 中枢程序和周缘策动的概念

上面讲到运动基本上有两种形式——抛射式的和连续的。现在要进一步说明运动控制的类别。

首先考虑中枢程序控制的运动。这是和反射性质的运动概念相对立的。早在 1896 年，吴伟士（R. S. Woodworth）注意到抛射式的肢体运动不能被改变了的视觉信息矫正，因此产生了这样一种概念，即认为这种运动是由中枢的程序策动的，它一旦产生就不受反馈的影响了。反射的概念则认为运动（或运动神经元）总是受周缘传入的信息策动的，似乎完全是跟着传入的信息变化的。因此这两种概念有对立的性质。

1917 年，拉什利（K. S. Lashley）也注意到，在人类即使因传入神经损坏而缺少感觉反馈的时候，也能做出完善的动作。

后来的实验证明猴子在不用视觉的情况下，可以用切断传入神经的双手完成很协调的动作。看来这并不需要反馈的控制（E. Taub，1968）。

在无脊椎动物的运动中也发现有类似的控制形式。人们曾在小龙虾的腹神经索中认识了一种特别的中间神经元，当用电流刺激与这种神经元有突触连接的腹索时，小龙虾的尾部就出现节律性的运动。运动的节律与刺激的频率无关。电记录表明到肌肉中去的神经冲动是以有节奏的形式发出的。进一步检明这种节律性的神经冲动，发现是由 12 个运动神经元发出的。每一个神经元在一个运动周期内的一定时间放电。同种的小龙虾的运动神经元的输出方式都是一样的，而且不会因为去掉传入神经而改变（J. L. Larimer and D. Kennedy，1969）。

这些发现使得中枢程序控制的概念日趋明朗。

应该指出的是，在人和其他动物的日常活动中，既有中枢程序的也有周缘控制的运动，而且两种控制的交互作用甚至要比单纯的一种控制更普遍。

感觉输入和中枢程序的交互控制的一种形式是，周缘刺激触发中枢程序（这往往是一些中间神经元的工作）。

哺乳动物的吞咽动作是中枢程序和周缘刺激交互控制的一个例子。吞咽的动作包含有 20 条不同的肌肉的配合活动，支配它们的神经元从延脑分布到中脑。肌肉的收缩模式与引起吞咽反应的刺激性质无关。例如，触咽部，向口中灌水，或电刺激上喉神经都能引起吞咽动作。用切断舌骨或牵引舌头的办法干扰反馈信息都不能改变吞咽运动的模式。负责协调吞咽动作的神经元处于两侧下橄榄核的前方（嘴端）和背方。这些神经元形成一个吞咽中枢。可以说，它们是一种功能性的神经元组合，它们之间有一种特别的相互连接的方式，能够在传入的信号触发之后活动起来，使运动神经元按着一定的次序适当地兴奋或抑制，产生了完整的吞咽动作（R. W. Doty, 1968）。

大多数比较复杂的行为动作都需要中枢神经系统中的这种决策才能满足一定的标准。在上述吞咽动作中的决策是"或此即彼"的性质。这就是说，把食物顺利地咽下去或呛出来都是由吞咽中枢的这些神经元的活动决定。在节肢动物中，有的动作的决策者就是一个神经元。在我们的吞咽动作中，决策者是互相交织起来的神经元网，它具有与单个神经元不同的兴奋阈限。要使整个神经元网兴奋，感觉输入必须达到一定的水平。

这些决定协调动作的神经元，在无脊椎动物中被称为"指挥的中间神经元"(command interneurons)(M. R. Delong,1971)。它们就是一定动作模式的程序编制者。人和其他灵长目动物的大脑皮质运动区的神经元也可以看做是指挥神经元。这些神经元的轴突组成皮质脊髓束（corticospinal tract），或通过其他路线，下达位于中枢神经系统各个阶段的运动中枢，协调一个复杂的动作模式中所包含的许多运动神经元的活动。

运动皮质中的这些神经元在没有周缘的输入的时候也能起指挥作用，他们可以被内部事故（如意念）触发。但是它们也接受所控制的身体部分的感受器的反馈信息。因此，中枢程序控制或中枢指挥的概念不是绝对的。这种控制也受周缘的反馈输入的调制。

## 反馈和前馈的控制

反馈和前馈也是两个控制的基本概念，也是脊髓、小脑和脑的其他部分的控制机制中普遍使用的原则。

在反馈中，输出所产生的后果反作用于控制系统之中。反馈控制的最简单的形式是：中枢的输出控制肌肉的运动，肌肉中的感受器把有关运动结果的信息传入中枢，它的作用是矫正中枢的控制。

反馈的作用在对抗肌的协调动作中已经讲到。现在还可以用前庭脊髓反射（vestibulospinal reflex）作进一步的说明。这是一种矫正运动偏差的反射。例如，当士兵立正时头部不能倾斜，如果挺不住，一旦脖子一边的肌肉收缩过分，头就会倾斜，这时前庭器官就会受到刺激，由此产生的神经冲动传入延脑中的前庭神经核。这里的神经元连接控制颈部运动的肌肉。传入的兴奋通过前庭核的神经元可以抑制支配这边肌肉的运动神经元的活动，同时激活支配对边肌肉的运动神经元，从而加强对边颈肌的收缩，这样就纠正了头的倾斜，同时也消除了前庭器官的刺激。这是一种闭线路的负反馈控制系统。

与此相反的还有一种开线路的控制系统，其中没有反馈。在这种线路中有一个控制器来改变输出。上面曾提到的前庭动眼反射就是这种控制的一个例子。在前庭动眼反射中，眼的运动对消除前庭器官的兴奋来说是完全无关的。前庭器官的兴奋在这里虽然也是由头的运动引起的，但是，它是直接根据头的运动方向和幅度来控制眼肌的收缩的。它与眼肌的运动不发生反馈的关系。因此，这种系统称为开线路的控制系统。

在开线路的系统中，控制器只根据某种传入信息（如前庭器的传入）一次决定它的输出，而不受输出所控制的肌肉的反馈影响，因此也称为前馈的控制。

在前馈系统的工作中，精确度往往是从学习中得到的。像前庭动眼反射。在初生时，并不能很有效地稳定视网膜的物像，但是随着年龄的增长逐渐达到一定的精确性。效率的提高决定于发育着的动物和人的视觉经验。这是一种反射的校准过程。这需要用记忆系统。因为这是一种开线路，所以不能用简单的负反馈来校准。

前馈一词也包含着这样的意思，即如在每一次出现前庭动眼

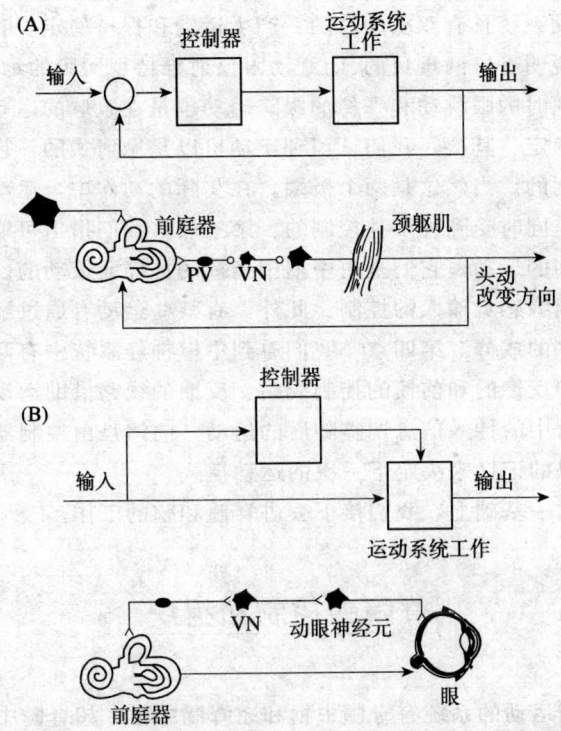

图 6-6 反馈和前馈系统的图解。(A) 反馈系统，(B) 前馈系统。图中控制器方块代表中枢机制。PV 代表一级神经元，VN 代表前庭核神经元。

反射时都有一个控制的记录，记住这一反射活动模式的后果。要根据反射防止中央小凹的物像滑走的程度（也就是，眼的反方向的运动抵消头动的程度）来衡量每一次前庭动眼反射的成功或失败。如果反射的结果是矫枉过正（眼的运动幅度超过了头的运动幅度），那么记录系统就记下来，并给下次反射提供一个前馈的纠正信号。这个信号可以使前庭核的传出纤维和支配眼肌的运动神经元之间的突触传递的效率降低。相反地，如果矫枉不足，那么记忆系统就发出提高突触传递的信号。

总结本节所述，我们着重讲了运动控制的四个基本的概念。首先是运动系统具有双重的目的：产生运动和保持稳定。我们用动眼系统说明了这两重目的。前庭动眼反射维持视网膜的物像稳定，快速扫视时的眼跳动和平稳的跟踪运动也是在眼球的运动中求得物像的稳定。其次，我们认识到运动可以是抛射式的，也可以是连续控制的。当然这是两个极端。在实际的动作中，运动神经元的输出是同时受到许多种控制的。第三点，我们指出可能有中枢程序控制的运动，它们是由中枢中指挥的神经元策动的。但在同时也受周缘感觉输入的控制。此外，有某些运动有通过经验装入中枢程序的成分。第四点，我们看到中枢神经系统中有两种线路设计，即反馈的和前馈的控制线路。反馈的线路借助运动后来自运动器官中的传入信息调整随后的运动。前馈是由控制器参考对运动结果的记忆来决定下一次的运动模式。

在这一基础上，我们接下去讲脊髓和脑的工作。

## 脊髓的控制和组织

控制运动的系统有脊髓中枢和超脊髓中枢。超脊髓中枢包括有基底神经节、小脑和运动皮质。谢灵顿和他的学生曾做了大量的实验来研究脊髓的运动系统。方法是切断脊髓和脑的连接，造成所谓的"脊髓动物"(spinal animals)。他们用这种标本发现了诸如前一节提到的一些运动控制的神经组织的原理。

谢灵顿曾说过(1947)，切断脊髓和脑的连接造成了两个动物：一个是脊髓反射的动物，另一个是能看、能嗅、能听和有情绪但不能动作的动物。脊髓动物是能动作的，但它是惰性的。一条脊髓狗能做搔痒动作、行走动作和吸吮动作，但需要适当的刺激。下面就以搔痒和行走的动作为例来说明脊髓的运动系统的组织。

## 脊髓动物的搔反射的组织

谢灵顿发现（1947），在颈部切断狗的脊髓之后，不久用适当的刺激可以使它出现搔痒的动作。适当的刺激是轻搔或轻拉身体侧面一个马鞍形区域的皮或毛。搔反射的动作包含着大腿、膝和踝的有节奏的交替的屈和伸。研究的第一个问题是这种反射动作的神经机制。谢灵顿在脊髓的不同的阶节做了切割手术，发现切断脊髓白质的外侧部分会永久性地消除这种反射。中介这种反射的内在纤维通过这一区域连接着肩阶段的脊髓灰质和大腿阶段的脊髓灰质。

脊髓动物的搔反射是由皮肤刺激触发的，从皮肤的某一点传入的信息对发动反射来说是重要的，后来从节奏动作的后腿中传入的反馈信息则不是必要的。谢灵顿证实，切断后腿的传入神经，它仍然能做正常的搔反射动作。这一发现是第一次证明上节所讲到的中枢程序控制的运动（centrally programmed movement）。

搔反射是由中枢程序控制的，这一事实的最清楚的证明是阿尔沙夫斯基等人的实验（Yu. I. Arshavsky et al., 1975）。他们用电流直接刺激脊髓动物的脊髓，仔细地观察搔反射包含的那些肌肉活动的细节。他们发现即使在没有传入的神经冲动之下，脊髓的机制仍然能产生搔痒动作的一些主要的特征，如后腿摆动的频率和个别肌肉活动的时相关系。因为在切除传入神经之后，摆动的频率和时相关系并不改变，所以能够肯定搔痒动作的这些特性是由中枢程序控制的，而不是由周缘的反馈控制的。这和上一节中提到的咀嚼和吞咽动作的中枢控制是一样的。

从神经系统活动的整体性质来看，任何一种动作的程序不可能不受身体其他活动的影响。例如，狗在走路的时候要搔痒，就需要停止行走的动作，反之，在搔痒时有了逃走的需要，搔痒就得停止。神经系统中的各种功能线路之间的相互影响往往使得一个动作模式含混不明。为了进一步查明中枢程序的机制，必须去掉一切传入冲动的干扰。最方便的办法是给脊髓动物注射箭毒（curare），这种药物能封闭神经肌肉的传导，使动物全身的肌肉不再收缩，动物也就没有任何动作了。在这种动物标本中，当给同样的中枢刺激时，记录有关搔反射的神经活动，发现动物虽然没有动作，但是有关的神经活动的节奏和有动作的时候几乎完全一样。这被称为"虚搔"（fictive scratching）。

这样的研究发现，在"虚搔"的时候，上行的脊髓小脑腹束（ventral spinocerebellar tract）的神经元，有一种和搔痒动作的时相一致的放电节奏。在这种标本中是没有传入冲动的，因此可以肯定，这些神经元的有节奏的放电一定是通过脊髓内的连接线路引起的。此外，人们知道脊髓小脑腹束的神经元的兴奋是送到小脑中去的，因此，可以说这一束纤维携带的信息是关于脊髓内部本身的事件的。这些神经元的放电也就叫做"自导的放电"（corollary discharge）。脊髓小脑腹束的节奏性的兴奋到达小脑，引起小脑的节律活动，转而又影响到脑的其他部分的活动。这是正常的中枢神经系统作为一个整体来活动的一个例子，因此不能认为每种活动的中枢程序控制都是独立的。

另一个更能说明搔反射与其他活动的相互关系的例子是：人们看到前庭脊髓束的神经元（vestibulospinal neurons）的轴突下行到脊髓的腰荐部，在完整的动物中，前庭脊髓束的神经元可能在搔痒的时候也参加活动，以维持身体姿势的稳定。在完整的动物中前庭脊髓束的神经元（前庭核的细胞）的放电是由于前庭器的传入引起的。但是在注射了箭毒后不能动的动物中，脊髓内部的节奏性的活动也可以使前庭脊髓束的神经元发生节奏性的兴奋。这说明搔痒动作的程序活动本身也能发动前庭系统的活动，使它按照搔痒动作的需要和节奏调整和稳定身体的姿式。

研究工作已证明脊髓中的节奏活动是通过小脑到达前庭神经核的。在搔痒时，脊髓中的搔动作模式的发生器也送出信号，经脊髓小脑腹束到达小脑。小脑根据这种信号发出调节性的指令给前庭核。这一整套的程序，在没有传入信号的情况下，都是通过脊髓内在的神经连接来调理的。

在"虚搔"的研究中所观察到的脊髓小脑腹束的神经元和前庭脊髓束的神经元的有节奏的放电是一个很清楚的例子，说明中枢程序不仅仅是控制运动，而且能改变本来由周缘感觉传入控制的那些中枢成分的放电。这种双重的节制作用（dual modulation）是中枢程序控制运动的基本特征。可以这样说，中枢程序控制的运动包含着协调地控制传入系统和传出系统两个方面的兴奋性。

## 脊髓动物的行走

走路的动作是肢体的一种典型的重复的交替运动。但是它非常复杂，我们要逐步地分析它的机制。

在脊髓动物中，如果把它的身体支持起来，让它的脚蹬在踏车上，可以引起四条腿像迈步一样地重复运动。切断传入神经，迈步的动作仍能出现。注射了箭毒，虽然不能出现实际的动作，但仍能记录到控制肌肉的神经元的有节奏的放电。这些实验证明行走的动作也是由内在的程序控制的。在脊髓中有这种动作模式的发生器。脊髓动物的行走动作当然是很不正常的，但是它的存在和控制的原理可以使我们了解我们走路的运动组合的基本机制。在探讨这些原理之前，最好先考虑一下正常动物的行走情况。

实际的行走需要：（1）四条腿（人是两条）按照固定的形式前后地摆动；（2）为了完成有目的的行走，达到一定的目的，这些运动必须适应外界的情境，还必须不断地预期和调整落脚的地方，例如把脚落在石头上而不是落在水洼里；（3）在行走时一定得保持身体的平衡，要使身体的重心落在运动的支持点上，要完成这一任务，需要一整套包含着许多成分的补偿和对抗倾覆的机制。因此说，正常的走路是一种非常复杂的活动。下面考虑控制它的基本原理。

**一、中枢程序化的循环控制** 从最简单的方面来分析走路的动作，不外乎是腿的前后运动，这是一种循环的肌肉运动。这就是说，左腿的伸肌的兴奋（收缩）抑制屈肌（放松），使左腿向前；与此同时，右腿的屈肌兴奋抑制伸肌，使右腿向后。下一步的程序与此相反，这种周期式的运动重复下去就是走路。当然这是简化了的分析。一条腿的伸肌和屈肌的循环的抑制和兴奋是中枢程序完成的，因此称之为中枢程序化的抑制（centrally programmed inhibition）。

**二、脊髓内在的机器和周缘感觉输入的交互作用** 这可以在脊髓猫的实验中看到。把脊髓猫支持起来，放置在踏车上。在它迈步周期的不同时相针触它的后腿。比如当它的腿蜷起来还未向前迈时，针触它的脚面，就会加强腿的蜷曲。这一反应好像是当脚碰到障碍物时将腿抬起来，越过去的动作。相反地，如果同样的刺激在腿向前伸的时候施加，则引起伸肌的较强反应，腿伸得更直，好像是着陆的动作。由此看来，同样的刺激在迈步的不同时相加在同一地点（脚的背面），可以引起不同的反应。这就是说，同样的刺激引起什么样的反应完全决定于刺激时迈步的时相。这种机制今天尚未完全研究清楚，但是可以看出，在脊髓中似乎有一个转换器，按照一定的时相转换反射的通路，即在外边的信号传入时，根据当时的步态选择适当的肌肉来反应。

一般地说，上述的实验证明，中枢程序化的运动也靠传入信号的触发。在程序进行的某一阶段可以改变一种动作的控制方式，在另一阶段可以改变另一种动作的控制方式。以前曾认为中枢程序化的运动在开动后不受感觉输入的影响，而上述的实验结果表明，中枢程序应该包含着应付各种感觉输入的机动策略。在我们实际走路的时候，可以碰到许多的障碍，这些障碍物可以随时改变我们的步法，而我们步法的改变则要看当时我们是在抬腿还是在落脚。在抬腿时脚上碰到障碍物我们会自动地抬高一点，在落脚时踩到平稳的石板，会蹬得牢一点，相反地，踩到动摇的或尖锐的东西上，脚未落实就会立刻抬起来。如果中枢程序中没有应付这些偶然事故的设计，我们走路就会经常跌交的。

# 孤立的脊髓不能实现完整的行为

用脊髓动物做的实验证明脊髓中有内在的机制能够产生有节奏的搔痒和行走的动作。但是，必须把动物支持起来，这种动物丧失了站立的能力。这说明，脊髓中控制搔痒或行走的机制是不能独立工作的。

如果我们想一想完整动物的行走，立刻就理解到，行走需要利用各种的信息。这些信息大多是由脊髓以上的中枢成分供给的。例如，我们走在崎岖不平的山路上，每迈一步都需要视觉的信号。在这种情况下，连续的迈步必须按照适合落脚的位置改变下一步的方向和大小。这就是说，控制行走的周期运动的脊髓机制必须服从能够利用视觉信息的那些高级中枢的指挥。脊髓中的程序线路不能构成一个完整的控制系统。它的主要工作只是控制两腿的伸肌和屈肌的循环的抑制，做简单的摆动动作。当然也能利用直接传入脊髓的信息及时地改变伸肌或屈肌的收缩程度和它们的协调活动的模式（例如，在一腿抬起时，另一腿立刻挺直）。

## *超脊髓的控制*

一个健全人的一切行动都涉及大脑运动皮质、小脑、基底神经节和脊髓的交互作用。

研究运动的一个中心问题是要了解这些部分的相互关系。这方面的许多新的认识大都来自于在猴类中做的电生理学的实验，特别是在觉醒的、工作时的猴脑中得到的单个细胞放电的记录。

## 脑的活动和运动的时间关系

了解脑的活动和运动的关系，可以从脑细胞的放电与一个想做的动作出现的时间上来分析。为此研究者（E. V. Evarts, 1968）曾训练猴子把手按在电键上，并注视一个灯。当灯亮时立刻放开电键，可以得到一滴果汁的奖励。与此同时，记录运动皮质的单个细胞的放电和肌肉的反应（肌电变化）。实验发现运动皮质细胞的放电比肌肉收缩约早 60 毫秒。

另一位研究者（W. T. Thach, Jr., 1970）记录了猴子在两臂快速摆动时小脑的浦肯野神经元（Purkinje neurons）的放电。发现在运动因光刺激而自动改变之前，这些神经元的放电模式已先改变。小脑神经元的放电也和肌肉活动的反馈信息有关。

浦肯野神经元的轴突深入小脑皮质下面的一些核团。这些核团的细胞发出神经纤维到丘脑的腹外侧核（ventral lateral nucleus），这里的神经元接着发出纤维到运动皮质。丘脑的腹外侧核也是小脑和基底神经节的主要汇合点。这两部分的细胞放电都是在运动反应之前。

总起来看脑的运动系统，包括运动皮质在内的四个部分的细胞放电都在动作出现之前，这种知识是很重要的。我们知道，基底神经节和小脑都从大脑皮质的躯体感觉区、视区、听区和联络区接受信息。传统的认识是，大脑皮质是最高级的运动整合部位，但是，现在看来，小脑和基底神经节在制定动作程序的初期也是很重要的。

在病人的脑中曾记录到丘脑腹外侧核的神经元的活动是和病人的自愿的动作有关的。被动的运动不影响这里的细胞放电（A. Hongell et al., 1973）。在猴子中也观察到同样的情况（P. L. Strick, 1974）。由此得到的结论是，丘脑腹外侧核主要是把整合了的小脑和基底神经节的运动程序转送给运动皮质。

应当指出，与运动有关的脑活动，当然不止这几个方面。下面先就小脑和基底神经节的运动系统分别作一说明。

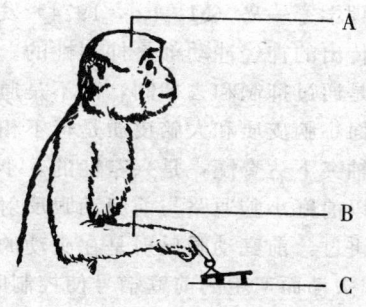
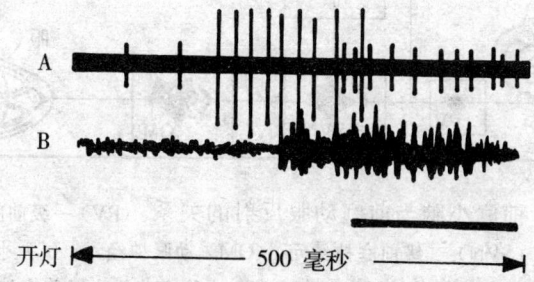

图 6-7 运动皮质的细胞放电和简单的手动作之间的时间关系。训练猴子按住电键,灯亮时在 350 毫秒之内放开电键,可得到一点食物。上图记录方式:A. 记录运动区细胞的放电;B. 记录前臂肌肉的放电。下图:A. 运动区单个神经元的放电,是在灯亮时开始描记的。在训练多次之后约 150 毫秒内神经元开始放电,接着是 B,前臂肌肉收缩时的肌肉放电 (E. V. Evarts, 1973)。

## 小脑运动系统的控制机制

小脑的输出对于决定皮质运动区的细胞放电来说是非常重要的。它的作用也不同于基底神经节。

日本生理学家一岛（M. Ito, 1974）发现小脑皮质经浦肯野细胞的轴突传出的神经冲动都是抑制性的。小脑皮质的功能完全像是煞车，是通过抑制和去抑制，而不是通过兴奋和不兴奋完成的。在这方面小脑皮质和大脑皮质是很不相同的，大脑皮质的运动神经元的轴突下达脊髓，是兴奋性的。小脑皮质发挥抑制性功能的途径可以前庭小脑通路与前庭动眼反射的关系为例作一简单说明。以前讲过，前庭动眼反射是在头动的时候维持视网膜的物像稳定的。因头动而产生的前庭信号使控制眼肌的神经元放电，因

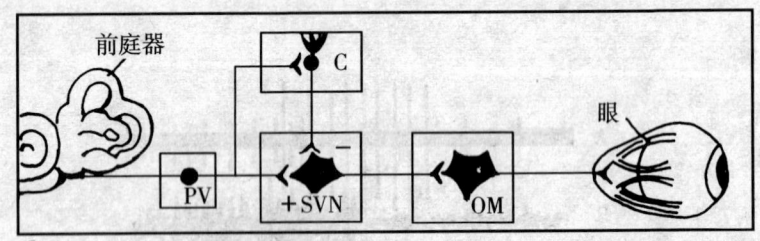

图 6-8　前庭小脑与前庭动眼反射的关系。(PV) 一级前庭神经元，(SVN) 二级前庭神经元，(OM) 动眼神经元，(C) 小脑，它是前庭动眼反射弧的一个旁路，小脑在获得一级前庭神经纤维的旁支传入的信息之后，加工后给二级前庭神经元施加抑制影响，如前所述矫正眼球转动的幅度。

此在转头的时候眼睛仍可盯住注视的对象。一岛指出，前庭动眼反射的主要通路是一个由三级神经元组成的弧，即一级前庭神经元、二级前庭神经元和动眼神经元。他的研究证明，小脑的绒球小叶 (flocculus) 和前庭核有密切的联系。小脑的这一部分因而称为前庭小脑 (vestibulocerebellum)，它接受一级前庭神经纤维的旁支。绒球小叶的浦肯野细胞的轴突下行至前庭核，直接或间接地抑制前庭核细胞的活动。这样绒球小叶就成了前庭动眼反射弧的一个旁路。一岛提出，绒球小叶的功能是通过加工一级前庭信息给这个反射弧以前馈控制 (feedforward control)。

## 基底神经节的控制机制

对于基底神经节的作用的认识远不如对小脑的认识那样清楚。原因在于基底神经节是一种多样性的结构。小脑皮质的许多区域虽然也和外部有不同的联系,但整个小脑皮质的细胞建筑模式实际上是一样的,它的传入和传出的通路也比较明确,因此能够作出有关它的工作的较为可靠的推测。基底神经节的情况就很不相同了,所以关于它的功能的问题至今仍是一个谜。

现在对于基底神经节在控制运动中的基本作用的一点认识大都来自对基底神经节损伤的病人的临床观察和用动物做的模拟实验。例如,人们发现病人有帕金森氏病(Parkinson's disease),即颤抖、僵硬和举步艰难,特别是难以自然地做连续的、正常的动作。其主要原因是自黑质到纹状体去的多巴胺能(dopaminergic)通路中的多巴胺的代谢失调。对于这种病人的研究虽然有不少发现,但对基底神经节的功能全貌仍无所知。

就个别的事例来说,只能对基底神经节的功能进行管窥蠡测。

你可以想象,当要求你用手指描一正弦波时,你开始是用视觉信息来指导手指的运动的。这时你的手指的运动总是跟在视觉扫到目标之后。这是因为从视觉输入到相应的运动输出之间需要一定的时间。然而,逐渐地你得到一个概念,你有了这种动作模式的内在模型或运动的策略,于是描出的正弦波是整齐的,而且不待视觉就能预见自己的动作的适当与否。随着练习,描得越来越快。但帕金森氏病患者就很难完成这一任务。他们在描低频率的正弦波时出错很多,但还能描下去。描高频正弦波时,手几乎就不能动了,练习也得不到改善。

帕金森氏病患者的这种困难的部分原因是反应时长。但这还不是主要的问题。

对于帕金森氏病患者的运动控制来说,感觉输入是极为重要的。如果要求这种病人手臂伸直,去够一东西,他们是容易做到的。但是,如果他闭起眼来,他的手臂就会落下来,而且他对此往往也感到很吃惊，看来好像这种病人不能发展出一种内在的运动模型或策略。这就是说，他们缺乏有关自己的动作的动态的内在模型，不能用这样的模型有预见性地控制自己的运动。这种病人倾向于紧跟感觉信息。他们只是反应感觉信息，而不是预期这种信息。在缺少经常的矫正性的视觉监视信息的时候，做连续的动作就十分困难了。

一个正常人的动作是随意的和程序的运动的混合物。例如，正常人在做视觉指导的有目的的动作时，完全是抛射式的，这时是用一个大的开线路（open-loop），不需要任何反馈，即不需要连续的感觉输入的校对。这种运动是由中枢程序（可以是习得的）指导的。例如，熟练后描正弦波。在另一方面，当开始习做这一动作时，需要不断的监视和纠正，周缘的反馈信息就起作用了。利用反馈工作的闭线路（close-loop）的作用是适当地钳制和阻抑这种运动。在正常人中，大多数的动作是开线路和闭线路之间的动态的交互作用。两种形式的控制需要时时地更替。

由此看来，基底神经节损伤后所造成的困难是不能适当地制定或运用中枢程序。运动的波动是由于没有正确的整合作用，但详细机制还不太清楚。建立和草拟中枢程序的能力对于正常的运动来说是至为重要的。不能适当运用中枢程序造成的麻烦和完全依赖周缘反馈，这两种因素的混合造成帕金森氏病患者的动作困难。不断地需要和等待周缘信息并因为补偿的作用不是超过就是不足就促成了运动的跳动状态，所以这种病人只能慢慢地动作。

开线路的运动控制（包括传入信息的控制）在这种病人中也不甚有效。因此需要借助工具提供额外的感觉暗号才能继续工作。例如一个病人开始走路时不能迈步了，这时需要在他前面不远的地方放一根棍子，他才能迈第一步。看来好像是，基底神经节不能在开线路的随意动作之前或中间适当地工作。这样就产生了延续时间长的反应。总之因为在这种病人中不能用中枢程序执行抛射式的运动，所以就要更多地依靠周缘的信息。其结果就是连续进行的动作十分慢，而且跳动和困难。

看来，基底神经节损伤后，病人似乎失去了关于他自己的动作的内在模型和程序，因此不能自发地产生运动和预见性地去控制它。

## 运动的可塑性，学习的和有意的动作

在神经科学中最使人感兴趣的是运动的可塑性的机制、运动的学习和意志的问题。诸如，有意志的运动和反射的区别何在？一种动作是怎样学会的，它和天生的运动模式有何区别？运动可塑性的基础是功能的改变和结构的改变，两者之间有什么联系？下面将以实例说明这些问题。

### *前庭动眼反射的可塑性及其机制*

上节提到日本生理学家一岛指出了小脑在前庭动眼反射中的作用。而现在有许多研究中枢神经系统的功能可塑性的工作也常用前庭动眼反射作为模型。这是因为人们发现在特殊情况下，动物和人的前庭动眼反射的固有模式是可以改变的。

例如，已知前庭动眼反射是使眼球的转动补偿头的转动，以维持视网膜上的物像位置稳定。这需要眼动的角度与头动的角度相等，而方向相反。这是由内在的固有的反射机制完成的。在用猴子做的实验中，如果给猴子戴上望远镜，就会给它的前庭动眼反射系统提出新的适应任务。望远镜可以放大或缩小它的视觉世界，从而也能改变头部转动所产生的视网膜上物像位移的大小，以及为稳定物像所需要的眼球的补偿运动的大小。在正常情况下，头如果转10°，视网膜上的物像也会有10°的位移，固有的前庭动眼反射将会使眼球做相应的转动以抵消这个位移。如果用望远镜使视网膜的物像放大2倍，那么头转10°时，视网膜上的物像将滑移20°。这样，正常的前庭动眼反射就不足以补偿这一位移。要完全补偿放大了的位移需要眼动速度增加一倍。实验证明，猴子戴上望远镜二到三天之后确实能增加前庭动眼反射的运动速度。摘掉镜子之后,也需要同样的时间前庭动眼反射才能恢复正常。看来这种改变是可逆的(F. A. Miles and J. H. Fuller, 1974)。

关于这种适应性改变的地点和过程,研究者提出的假设是,这种改变可能发生在小脑中;小脑给前庭动眼反射提供可以调整反射的增益程度的节制性成分。为证明这一假设,研究者(D. A. Robinson, 1976)破坏了猴子的前庭小脑系统(绒球小叶部分)。实验结果是手术后前庭动眼反射不能改变了,即失去了适应的可塑性。看来前庭动眼反射的可塑性要靠小脑来实现。

延脑中的下橄榄核(inferior olive)给小脑以兴奋性的输入,破坏此核后,前庭动眼反射的适应性也消失。这可能是由于小脑得不到让它发挥作用的信息。研究小脑的单个神经元的放电反应也证明小脑在前庭动眼反射的适应性变化中有重要作用。

根据一些很不全面的研究,人们把小脑看作是在前庭动眼反射中起前馈作用的系统(F. A. Miles, 1977)。它给前庭核以负偏压。前庭神经纤维的旁支送给小脑的浦肯野氏细胞的信号是关于

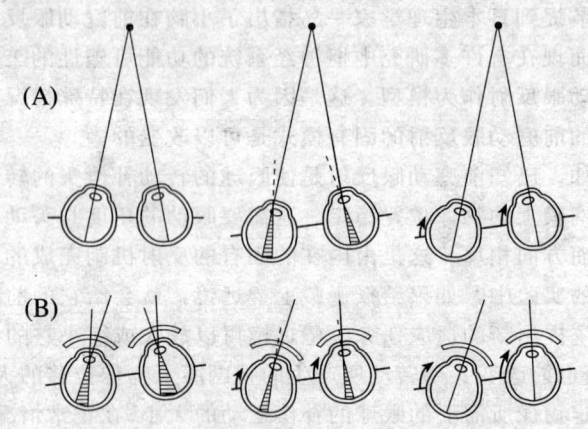

图 6-9 望远镜对前庭动眼反射的影响。(A) 正常的前庭动眼反射。头向一边转时,前庭动眼反射使眼向反方向做相等的运动。(B) 戴望远镜后,补偿的眼运动不足以使物像与中央小凹对齐,前庭动眼反射必须增加使眼动幅度多一点。

头的运动速度的,而由下橄榄核进入小脑的攀援纤维(climbing fibers)送给浦肯野氏细胞的则是在头动时眼的运动是否合适的信号。鉴于这些输入都是兴奋性的,所以小脑怎样处理这些信息和怎样重新调整前庭输入和动眼核的运动输出的关系,当前还难以说明。但是,已有的实验结果确实证明小脑在运动技能的学习中如果不是主要的,也应当是一个极重要的结构。它还可以觉察和修补由于神经系统的某些损伤所造成的运动缺陷(D. A. Robinson,1976)。

## 运动的学习

上节所讲的给猴戴上望远镜不久之后出现的前庭动眼反射的改变(反射运动加大),从表面上看来好像是一种学习现象,但是它不是严格意义上的学习。现在可举一个表面上类似前庭动眼反射的适应性改变,但是真正的运动学习的例子,以说明运动学习的实质。

这个例子就是,当开小轿车的司机学开大卡车或公共汽车时所遇到的情况。人们知道,开大型汽车在路口上转弯时,方向盘转动的幅度要大一些,司机必须改变以前开小车时的运动习惯。开始改变时是要通过视觉传入的信号来有意地加大手臂的运动,不久就又成了不需要太多视觉注意的习惯动作。我们说这种运动的改变是一种学习的结果,而前面讲的前庭动眼反射的改变则是一种适应现象。为什么这样说呢?让我们分析一下两者之间的不同。

第一点最基本的不同是,在前庭动眼反射中半规管的传入和动眼的运动神经元的放电模式之间有直接的、固有的联系,而视觉的传入和指挥手臂打方向盘的运动神经元的放电模式之间没有直接的、固有的联系。第二点不同是,由于长时戴望远镜而发生的前庭动眼反射的改变,在去掉望远镜后,需要经过新的适应才能逐渐恢复正常。而开过大汽车后的司机立刻就能毫无困难地驾驶小汽车,这两种差别是从哪里来的呢?

要回答此问题，需借助以前提到过的那个"中枢的控制程序"的概念。有些运动模式是由中枢程序控制的，如以前讲过的"搔反射"。周缘传入也有触发和调整中枢程序工作的作用。在前庭动眼反射中，反射是由半规管的传入直接控制的，中间没有程序线路。在通过小脑系统的调整过程中，改变的是前庭传入，前庭核和动眼的运动神经元之间的突触传递的效率。突触传递效率的变化受突触活动或利用率的影响，正如肌肉的生长或萎缩服从用进废退的规律一样。这都应看做是适应性的改变。这种适应性的改变是缓慢的，改变的递转也是缓慢的。从开小轿车改为开大公共汽车的情况有所不同。这被认为是一种新的中枢程序的形成过程。即形成一个控制开大汽车的动作的中枢程序。周缘的感觉输入（包括视觉和动觉等的）起一种转换程序的作用。当司机从小轿车出来坐上公共汽车的驾驶台时，周缘的各种输入就把开小车的动作程序转换成开大车的动作程序。只要新的程序形成了，转换是比较快的。

在比开车更复杂的动作模式中，中枢运动程序的形成可能比较困难。需要更多的练习，甚至新程序还会干扰旧程序的工作，特别是在两种程序控制涉及的线路有部分的交错时，例如，会骑自行车的人学蹬三轮就有困难。当刚学会蹬三轮后立刻骑自行车也会摔倒。这说明转回原来的程序有困难。但是反复地骑车和蹬三轮几次之后，两种程序之间的转换就很容易了。

人们曾有过一比喻，前庭动眼反射的适应性变化是硬线路的改变（至少是连接点的传导性质的变化），而新动作的学习则是加入了新的软件。但在神经系统中这种比喻不是太恰当的，因为所谓的新的中枢程序也是以新的功能线路为基础的。新的功能线路的形成也包含着某些突触的传导性质的改变。

## 中枢预制程序和动作的控制

在形成新的动作模式的时候，同时也形成了转换的程序。这种程序的神经线路的组成包含着更高级的神经中枢。它的功能是使人或动物能够在某种情况下以某种运动输出反应某种感觉输入，而在另一种情况下则以另一种运动输出来反应该种感觉输入。现在已知，转换的程序可以涉及到相当多的有关动作的预制程序。动作的预制程序可以举人的意向对牵拉手臂的反应的影响来说明。例如，当一个人前臂平伸时，猛然在他的肘部拉一下，这将拉长他的二头肌，于是引起一个潜伏期约 25 毫秒的二头肌收缩的腱跳反应，即前臂向上一抬。如果，告诉被试有意地抵抗牵拉时，那么第二次试验时，二头肌的收缩反应将有两次，第一次反应的潜伏期仍为 25 毫秒，但过 25 毫秒后又出现了第二次反应。然而如果告诉被试不要故意抵抗时，第一次的腱跳反应照样出现，但第二次反应就没有了。由此看来，被试接受了指导之后似乎预制了适应动作的程序。这个控制程序就是要在肘部被牵动时加强二头肌的收缩以抵抗牵拉。可以想象，第二次的腱跳可能是由于前臂第一次的运动的感觉输入又触发了这个程序。

预制的控制程序对运动反应是有利的。例如众所周知，有准备的运动反应要比无准备的运动反应快而且准确。

用猴子做的实验给我们提供了对这种预制程序的神经机制的关键性的认识。在这种实验中，训练猴子按照预先的教导反应前臂的被牵拉。猴子握住一个可以转动的把柄，并且将它停止在一个既可以拉又可以推的中间位置。当猴子将把柄转到中间位置时，给以白光信号，表示位置对了。在这个位置停一会，给以红光或绿光。红光告诉猴子当把柄有一点动的时候（由主试者操纵的），它应当向怀里拉，绿光则告诉它向外推。这样，红或绿光告诉猴子怎样动作，把柄的轻微转动则告诉它什么时候开始动作，或者说红或绿光是让猴子准备动作的程序，把柄的转动是触发准备好的程序。

在这一实验中，把柄有时向猴子的怀里转，有时向外转，与红或绿光可以有不同的配合。例如，当给以推的信号时（绿光），主试者让把柄向怀里转（即向拉的方向），这样牵拉三头肌，正好与要做的推动作相反。但三头肌受牵拉引起的对抗反应的运动却

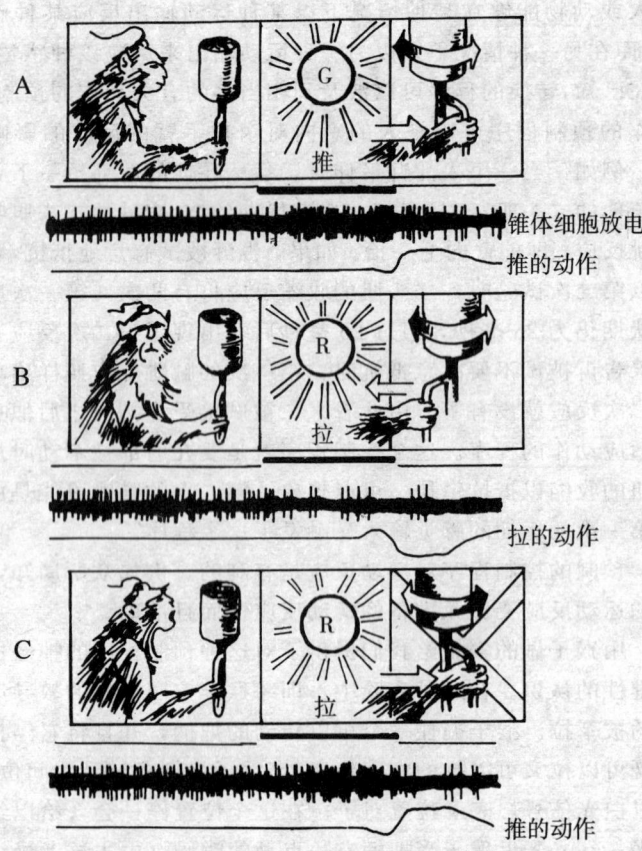

图 6-10 给猴子布置的任务,用以研究中枢程序控制的运动。(A) 在绿 (G) 光呈现时要它推。(B) 在红 (R) 光呈现时,要它拉。(C) 猴子的错误反应。每图下面记录的是锥体细胞的放电和实际的动作。注意当猴子的动作错误时 (C),锥体细胞对指导信号的反应也是不适当的(不同于 A 图的)(E. V. Evarts and J. Tanji, 1976)。

与要做的推的动作方向相同。这也就是说这时三头肌收缩的反射成分和意向的成分是合在一起的，推的动作强。如果推的信号和把柄向外转（牵拉二头肌）配合，那么肌肉的反射成分（二头肌收缩）和意向成分（三头肌收缩，二头肌应放松）是互相对抗的。在这种情况下，三头肌的反射性收缩成分没有了，而且增加二头肌的反射性收缩。但推的动作仍然出现。这就是全靠中枢的程序控制。

由于指导动作的信号和触发动作的刺激的不协调的配合而产生的反射和意向反应的脱节在大脑皮质的锥体细胞（pyramical cell）和肌肉的活动中都能看到。在大脑皮质中这种神经元有的和推拉的动作有交互的关系。如，推的时候兴奋，拉的时候静息。在上述实验中，当把柄向猴子怀里转，而给的是推信号时，就是说，反射和意向反应一致时，锥体细胞的兴奋（放电）反应的潜伏期短。虽然无论给任何指导信号把柄的转动都能引起这种锥体细胞的兴奋，但是，如果它所引起的反射与意向反应是一致的（如，在推的信号后把柄向里转），那么锥体细胞的兴奋就比较强，持续的时间也较长。如果，反射活动与意向反应是对抗的，这种细胞的兴奋就弱，持续时间也短。肌肉运动的情况也是这样。

有趣的是，当猴子做出错误的反应动作时，更可以看出指导信号对神经元放电的强有力的影响。在这种时候，神经元的放电和动作是一致的，即神经元是按照它错误理解的信号放电的。例如，在给了拉的信号时，如果有关推的锥体细胞不仅不降低放电，反而增加了放电活动，这时出现的就是错误的推动作。这种错误证明皮质神经元对指导信号的正确"理解"是动物的正确反应动作的必要的先决条件。

这些实验表明有意向的动作的中枢程序包含着大脑皮质的神经元线路。

## 运动皮质中的反射活动和意向活动的比较

在大脑皮质的运动区中,其轴突组成皮质脊髓束的那些锥体细胞的放电是和对侧的肢体运动有关的。分析它们的放电一般含有两种成分:一种是潜伏期短的反射成分,这是由周缘输入的性质决定的;另一种是潜伏期长的成分,它决定于被试欲意的动作。第一种成分往往是皮质神经元对皮质、肌肉或关节感受器输入的信号的反应;第二种成分似乎是由中枢程序决定的,还要靠学习。这两种成分所涉及的输入和输出的线路是很不相同的。第二种成分远比第一种复杂。

## 运动的脑机制的概念模型

脑的许多区域的兴奋都能影响运动神经元的活动,有的是直接的影响,有的是间接的影响,情况非常复杂。综上所述,在这里只能给运动的脑机制勾画一个轮廓。神经生理学家康许伯(H. H. Kornhuber,1974)曾提出了一个理论的模型,这个模型似乎可以概括以上所讲的各种机制。

首先要考虑的是,神经系统可以用多种方式产生运动。一种方式是从一开始脑就给脊髓的运动神经元以完备的指令。这就是说,在实际的动作出现之前就精确地计算好了每一条肌肉和所有肌肉的兴奋强度。脊髓中的运动神经元只不过是遵照下达的指令活动。这种方式,在执行动作的期间很少有纠正的可能。

另一种方式是,预先的计划不十分完备,在执行中由各个脑区发挥不同的作用,即所谓的功能分工。某一脑区在一定的时间专门给身体的某部一个运动的命令。例如,在弹钢琴时指挥前臂或手的动作。运动的命令包括着许多肌肉以特殊的方式配合起来的共同活动,像乐队的合奏一样。在整体的动作中,有的部分运动较慢,如稳定姿势的运动,或保持肢体位置的运动。另一些部

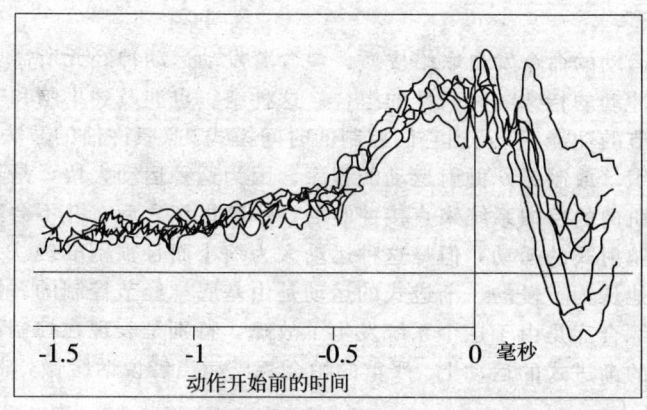

图 6-11 在被试随意地动手指的前后在靠近皮质运动区的头上记录的平均电位。图中 0 点是肌肉的开始放电（收缩）的时候。左边的数字表示运动前的时间（毫秒）。准备电位的峰值约在肌肉运动之前 2 毫秒 (H. H. Kornhuber, 1974)。

分的运动则比较急速，如，弹钢琴时手指的运动。指挥这两种不同的肌肉活动的神经活动的时间模式是很不相同的。快速的活动需要一种爆发的高频率的神经冲动，为最高速度的运动提供足够的力量，像猛然发动机器运转的加速器一样。这种神经冲动的延续时间是短促的，运动可以急起和急止。维持慢运动需要持续时间长的低频的神经冲动。前面讲过的抛射式的运动是属于快动作之类。圆滑的或渐进的运动属于慢动作之类。康许伯的模型的基本特色是说明，有个别的脑区处理这两类运动。他的模型（如图 6-12 所示）概念是从观察人的运动障碍和记录病人的脑电得来的。他看到在实际的动作开始之前，在整个头皮上都能记录到一种电位变化，他称之为准备电位 (readiness potential)。这种电位在实际动作开始前 700 毫秒出现，但是如果要被试随意地动一个手指，手指对边的皮质运动区出现这种电位最晚，但幅度较大。因此他认为，在顶叶、颞叶和枕叶的联络区域广泛分布的准备电位代表发动运动的命令在开始进行了。这种假设的根据是，有些损伤了这些区域的病人出现了"动作不灵"(apraxia) 的症状，他们不能做技巧的随意动作。他们的肌肉并不麻痹，他们只是笨拙不灵。

　　运动的命令发自联络皮质,包含着发动运动神经元所需要的神经冲动的特殊的时间性的组合。这种组织也涉及到小脑和基底神经节的功能,涉及到它们控制的时间模式。照康许伯的看法,小脑组织(或制定)抛射运动的程序。因为这种运动太快,是不可能由肌肉的反馈系统来直接控制的。小脑损坏之后,并不会完全丧失抛射式的运动,但是这种运动大为缩小而且很不准确。

　　他认为,慢的、渐进式的运动是由基底神经节控制的。帕金森氏综合症是由于这个系统发生了故障,特别是表现在控制不同速度的渐进式的运动上。严重的帕金森氏病患者说话缓慢,喃喃,

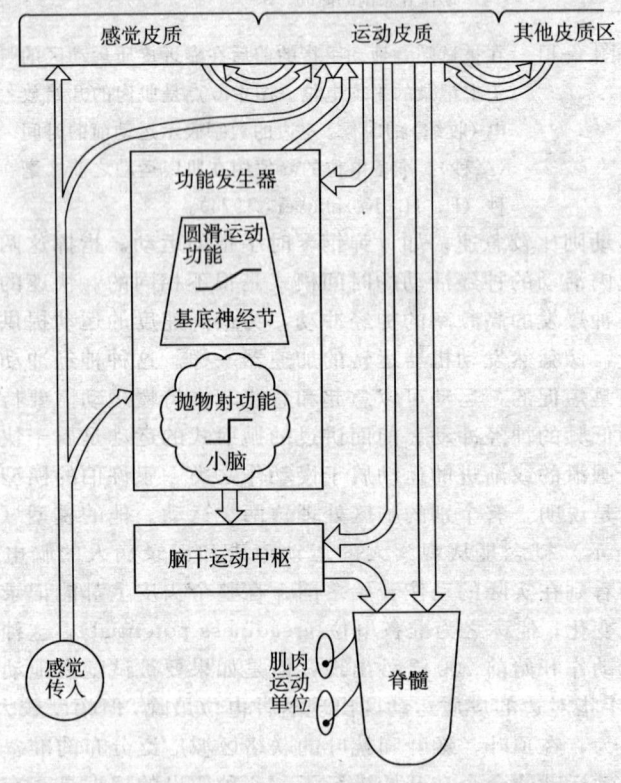

图 6-12　康许伯提出的随意运动的神经组织的模型 (H. H. Kornhuber, 1974)

令人听不懂。这种病人从坐着或躺着的姿势站起来是非常困难的,因为这是一种渐进的动作。

在这个理论模型中,大脑皮质的运动区的作用是根据肌肉、关节和皮肤感受器反馈的信息不断地衡量运动的情况。这种作用是给脑提供有关运动后果的信息以便及时地修改运动的指令。

康许伯的这个模型受到现代研究运动者的欣赏。它和早先的观点有所不同。早先只强调运动皮质的主要功能是发动运动,而没有注意到它有接受反馈信息、评价运动和为皮质提供修改运动指令的作用。应当指出,早在本世纪初巴甫洛夫在高级神经活动的论述中就已提出关于运动皮质的"运动分析器"的概念。但是,对这个模型还需要作进一步的研究才能适当地评价。

## 运动障碍的治疗方法的新发展

人们自古以来就发明了一些代替因事故丧失的肢体部分的工具,如用拐杖或假腿。这些在医学上称为假体装置。随着人们对运动的机制及其神经控制的知识的增加,假体装置日益改进,能够较以前更完善地代替失去的肢体。假体(prosthesis)现在有的已经不仅仅是一种附加的装置了,而是真正能够代替失去的肢体的功能。一个例子是电子起步器(electronic pacemaker),它能保证心脏功能的正常进行。另一个例子是电刺激帮助小脑抑制反射机能的亢进。下面分别介绍几种治疗运动障碍的新方法。

### *意向控制的假臂*

假手和假臂的历史很久,但用处一直不大,有的做成有关节、可以活动的假肢,但不能随意自动。最新发明的假手和假臂可以不需要练习就能如意地使用。这种假臂里面装有多个小发动机,使手和臂运动。发动机是由一个微型计算机控制的,计算机接受来自肩、胸和颈部的健全肌肉活动的信息。这个装置依据的原理是,一个人无论什么时候动手和臂时，身体邻近部分的肌肉总是会有同时的协调性的和补偿性的收缩，而这些收缩的模式又是随着手臂的各种动作的特点而变化的。计算机可以分析这部分肌肉活动的模式，并根据分析的信息控制各个发动机。各个发动机从计算机接受不同的输入，它们运转的情况因此也不一样。但是它们配合起来所产生的假手和假臂的各种运动则是协调的。此外，通过假手和假臂的运动牵动身体的其余部分也可以得到反馈的信息。

现在研究者们正在试图用更精妙的方法使残疾者从假肢的运动和紧张中得到更完全的反馈信息。为此他们在假肢中安装各种侦察器，它们可以在邻近皮肤上产生触或振动形式的刺激。这种技术能提供更充分的反馈。但残疾者需要学习如何理解使用这些反馈。

## 电脑刺激术

中风病人的肌肉僵硬妨碍和限制了许多动作。在许多病人中，够东西、写字和说话都极困难，几乎是不可能的。过去有许多治疗方法，如脑手术、肢手术、药物和物理疗法。近来试用电流直接刺激小脑的方法给治疗开辟了一个新途径。

这种尝试是由于认识到小脑皮质的一切输出都是抑制性的，凡是浦肯野细胞的轴突中止的地方，它就会产生抑制性的突触电位。用鼠、猫和猴做的实验证明，电刺激小脑皮质的各个部分都能压抑某些形式的肌肉僵直。

因此，人们设想电刺激小脑能够消除大脑中风和癫痫发作的症状。临床的实验得到了显著的疗效（I. S. Cooper et al., 1976）。在这种实验中的病人都难以走动，多数要坐轮椅，过强的反射活动妨碍了手臂的正常动作。在给病人的小脑植入一组电极之后，给他们不同的刺激疗程。在有的病人中，每天连续刺激24小时，经过几个月的治疗，有些原来不能走路的病人终于能够在没有任何帮助的情况下自己各处行走了。在说话和痉挛方面也有改善。

这种治疗方法也受到研究者们的批评，主要是鉴于不容易适当地评价这种方法的疗效，因为行为的观察往往带有一定的主观性。

## 生物反馈的运动障碍治疗法

体育运动和吹弹乐器都是要学会一些复杂的动作技能。这种学习能够改变脑的运动控制。我们一生获得的各种技巧，都是学会了如何控制动作的开始、动作的组织和终止。我们可以通过练习减少或消除一些不正常的动作。现在有些研究证明能够利用操作条件反射的技术治疗很多的因脑损伤产生的运动障碍。这种治疗技术也叫做生物反馈（biofeedback），因为用来进行操作改造的信号来自一个人的动作本身。

临床应用的一切生物反馈的方法都是一样的。用专门的记录器侦察某一种运动或姿势的失常，或肌肉紧张的程度。在某些情况下用肌电图（electromyogram 缩写为 EMG）观察运动的状态。肌电图能够提供有关极小的运动单位活动的信息。这些信息也可以通过特别的装置转变为光或声传达给病人，而病人的运动变化又可以通过记录器控制光或声的开关。这样病人就可以借助更多的信息了解自己的动作、姿势、或肌肉紧张的情况，即除了肌肉和关节的反馈之外，还增加了视觉或听觉的反馈。在这种实验中要告诉病人，比如说，可以用任何方法，包括思考、想象或尽量放松，来促使光或声信号消灭或长久地保持。也就是说，在这种实验中，只有当病人的运动变得正常了的时候，光或声信号才能消灭或长存。

用这种方法治疗运动障碍曾取得很明显的效果，特别是用于降低肌肉紧张和减少不正常的运动的强度时疗效最好。例如，有的病人患有因额部肌肉过度紧张而产生的头痛症，当把额肌的生物反馈信号提供给病人时，经过有指导的练习，可以使头痛减轻或消失。用生物反馈的方法治疗斜颈症（torticollis），一种因神经肌肉的障碍头向一边歪斜的症状，也有显著效果。这种病的特点是颈部一边的肌肉频频地痉挛和不断地强烈收缩。生物反馈能用来抑制颈肌的痉挛活动和加强对边颈肌的紧张，以抵抗头的倾斜（J. Brudny et al., 1976）。生物反馈的方法也可以用来治疗因脑震荡和中风引起的偏瘫。这两种情况都是由于肌肉的活动不足。在许多大脑中风的病人中控制脚的能力很差。他们有的能走，但脚拖拖拉拉走不好。如果每当脚拖拉时吹一声喇叭，就能显著地减少举步艰难的情况。但是，这种改善只是出现在受生物反馈训练的一条腿上，对另一条未经训练的腿无效（D. L. Sprearing and R. Roppen, 1974）。这种治疗方法对于改善其他的因中风而产生的运动障碍也很有效。

这种控制运动的信号虽然也是来源于肌肉的活动，但它是通过外感受器（眼或耳）传入的。它使病人能够更清楚地自觉到他们的肌肉活动，从而产生学习和矫正的动作。生物反馈的方法也能应用于治疗自主神经控制的机能障碍，特别是对调整心肌的活动最为有效。

# 第七章　生殖行为

概论
性行为的生物意义
性行为的一般过程：四个阶段
性行为的物种特异性
 黄斑鸠的生殖行为
 啮齿动物的性行为
 人类的性行为
两性的分化和发育
 胚胎生殖器官的分化
 性别差异的社会影响
 激素对脑的神经线路的影响
 胚胎性分化与性格和能力的关系
  一、性格的性别差异
  二、胚胎的内分泌不正常对性格的影响
生殖行为的神经和激素的机制
 性行为的反射机制
  一、雄性脊髓动物的性反射
  二、雌性脊髓动物的性反射
  三、激素对于脊髓反射的影响
 有关性行为的脑区
  一、视前区和雄性的性行为
  二、有关雌性性行为的下丘脑区
 激素对性行为的影响
  一、激素对黄斑鸠的生殖行为的影响
  二、在人类以下的哺乳动物中激素对性行为的影响
  三、激素对女人性生活的影响
  四、激素对男人的性生活的影响
 激素和母性行为
  一、大鼠的母性行为和激素的关系
  二、催产素和母性行为的关系

# 概 论

从本章开始我们将分别讨论动物和人类的一些基本的行为和它的脑机制。

生殖行为是物种延续的基本手段。生殖行为包括两性个体的性行为和亲代对子代的照料行为。性行为，除极少数孤雌生殖（parthenogenesis）的低等动物外，在动物界是普遍存在的。亲代对子代的照料行为，在有些动物中只限于亲代雌性在产卵之前寻找一个适合于子代生存的环境，在另一些动物中节目则非常繁多，包括有产前的筑巢，产后的孵化、哺育和保卫等行为。在这两种极端之间，有繁简程度不同的各种类型。它们都是在不同的自然选择压力下的产物。但这不属于本章所讲的课题，我们要讲的是生殖行为的一般机理。

## 性行为的生物意义

性行为是有性生殖的必要手段。性行为包括雌雄两性的求爱行为和交配行为。在不同的物种中它有不同的表现形式。但是其目的是一样的，那就是要让两性的遗传物质——精子和卵子中的染色体（chromomes）有机会碰在一起，使它们携带的基因进行新的配合。这就是性行为的主要任务。

物种的演化是通过自然选择实现的。它依赖于个体动物的生殖和生存。个体生存竞争的成功意味着它的基因能够繁殖。从演化的观点来看，通过性行为实现的有性生殖有两个主要的优点。

（一）增加物种生存的机会和促进物种的演化。在有性生殖中，每一对亲代（父、母）各自给下一代的个体提供一半遗传的资质。然而双亲给个别新个体提供的是什么，都是由双方的基因随机配合而成的。基因的配合有许许多多的可能性，所以就人而论除同卵双生（identical twins）外，没有两个人是有同样遗传的。

两性结合产生的后代变异多，增加了后代适应多种环境的可能性，也就增加了这个物种生存的机会。

如果有许多遗传特征不相同的个体出现了，在环境发生了任何变化的时候，就可能有一些能够适应变化了的环境的个体生存下来。此外有一些新个体也可以去开发亲代不曾适应过的新环境。通过一代一代的两性基因的随机配合和对多变异的后代的自然选择，可以逐渐演化出新的物种来。

（二）通过两性的求爱行为和同性之间的竞争，选择出更优秀的基因。在雌雄求爱的过程中，那种具有优秀基因型（genotype）的雄性个体的表型（phenotype）是雄伟的、强壮的、美丽的、善于猎食的或具有战斗力的。这些特点有生存的价值，同时对激发雌性的性行为也是更有效的刺激。因此容易达到和雌性交配的目的。这样优良的基因就有更多的繁殖机会。相反地，如果一个雄性的个体的表型反映的不是好的基因型，而是劣等的，那它很可能引不起雌性的注意和与它交配的反应。它的基因就得不到繁殖的机会，从而被淘汰。达尔文把物种演化中的这一因素称为"性选择"，或曰"与性有关的选择"（selection in relation to sex）。

应当指出的是：（一）人们可能误解性选择只是雌性选择雄性，事实并非如此，在许多动物（如猴和黑猩猩）中，雄性也选择雌性，只不过它们选择的特点不容易被人看清楚；（二）上面曾提到在动物界也还有少数物种可以进行孤雌生殖，有性生殖之所以更为普遍，是和上述的优点有关的，因此可以说，有性生殖和它所需要的性行为，以及控制它的神经和激素机制的复杂化，也是自然选择的产物；（三）在人类，性行为已不单单具有生物的意义，除了达到两性基因的重新配合的目的之外，性行为还有满足人的情欲和加强夫妻之间的感情生活的意义。这是因为在动物演化过程中，由于中枢系统的进化发展，性行为产生的刺激在脑中能够触发一些引起快感体验的机制，并能和其他系统的活动联合起来产生因人而异的特殊的精神满足。所以现在人们在实行节育的同时，还要考虑到不妨碍人的性生活。此外，性行为是两性之间的交互行为，在人类，它涉及到两性之间的思想感情的关系，甚至涉及到与其他人的社会关系。因此在人类中，性行为受到了复杂的社会关系的制约。它已经不单单是一种生物的活动了，它有了重要的社会生活的意义，因此，它要受到法律和道德准则的约束。

## 性行为的一般过程：四个阶段

两性结合的整个过程一般可以分为四个阶段。每一个阶段都需要两性个体之间的相互作用。也就是说，成功的交配是通过配偶不断地交换刺激完成的。在过去曾认为交配行为主要是雄性发动的，雄性交配行为的节目也比较多。但是现在的看法不同了，雌性不是完全被动的。在性行为展示的每一阶段两性有同等的积极性。它们互相吸引，它们都有性欲和主动的行为。

互相吸引是发生性行为的第一个阶段，雌性动物的吸引力可以用雄性动物对它的反应来测量。在实验的标准条件下，测量的是雄性接近雌性的强度或速度，和交媾时雄性有没有射精。例如，雌猴在发情期间由于雌激素的作用，它的生殖器周围红肿，呈现所谓的"性皮"(sex skin)，雄猴看到这种性皮就激动。但是，性吸引也并不是一方面的——雌性吸引雄性。当雌猴发情(estrus)时，或者说在性接受期，它也会主动地去接近雄猴，而且是喜欢去接近正常的雄猴，不喜欢接近阉割的雄猴。

狗也有类似的情况，狗是嗅觉占优势的动物。一只发情母狗的阴道分泌物的气味对公狗有强烈的吸引力，但对阉割后的公狗则无吸引力。不发情的母狗对公狗也无吸引力。另一方面，一只发情的母狗喜欢正常公狗的气味，不喜欢阉割了的公狗的气味。当母狗过了发情期，它的这种偏爱随即消失。

人们发现雌性动物的吸引力和雌激素的水平有关。在大鼠、狗、猴、狒狒和黑猩猩中都有这种关系。在这几种动物中都有性活动的周期，在排卵的时候，体内的雌激素水平最高。这就是说，当雌性最有可能怀孕的时候，它的吸引力最大，以便增加交媾的机会。但是应当指出，有许多事实证明，雌激素的水平并非吸引力的惟一决定物。

在有的实验中，先切除母狗的卵巢，然后给这些阉割的母狗注射同等数量的雌激素，观察它们对公狗的吸引力。发现虽然它们体内的雌激素水平一样高，但对公狗来说，其中仍然有些母狗比另一些母狗对公狗更有吸引力。

人们观察到在狗和猴中，并不是所有的雄性都喜欢同一个雌性。它们都有各自喜欢的对象。因此可以说吸引力是在被吸引者的"感觉"中的。在人类吸引力几乎是与雌激素水平全然无关的。

性行为的第二个阶段是表现性欲的行为（appetitive behavior）。动物不仅仅散发吸引异性的刺激，而且还有随之而来的行为节目。这些行为有助于建立或保持两性的相互作用。例如，雄的追雌的并试图和雌的交媾。雌的接近雄的，并采取交媾的姿势。有人（F. A. Beach，1977）提出，雌性的这种行为与以后出现的"接受行为"（receptive behavior）不同，应称为"前接受"行为（proceptive behavior）。典型的前接受行为包括接近雄性和同它紧紧地靠在一起，做特殊的引诱或恳求的动作，并交替地表现接近和后退的行为。有时背过脸去，引导雄性去爬背，爬背是四脚动物交媾的必要姿势。雌性大鼠常常用一种特殊的、突然跳跃的动作离开雄性，这样更能刺激雄性，以增加雄性和它交媾的迫切性。前接受性和吸引力一样在发情周期的雌激素达到最高水平时表现最为强烈。如果切除卵巢、去掉雌激素的主要来源，前接受行为即消失，但注射雌激素后它仍能恢复。也有的报告说，注射雄激素也能增加猴和大鼠雌雄两性的前接受行为。

第三个阶段是交媾行为。这种行为具有物种的特异模式。在大多数的物种中它是一种固定的模式。在雄性哺乳动物中交媾的主要动作包括爬背、胯部推冲，使勃起的阴茎插入雌性的阴道（intromission）和强有力的排精，即所谓射精（ejaculation）。雌性的主要动作是采取一种便于使雄性的阴茎插入阴道的姿势，并保持这种姿势直到雄性射精。所谓雌性的"接受性"（receptivity）指的就是雌性对雄性的交媾行为的积极反应的敏捷性，这是雄性达到在阴道内射精所必要的和充分的条件。有些动物，如猫，雌激素是焕发接受性的惟一激素。其他一些动物，如狗，是在雌激素水平提高之后，孕酮（progesterone）开始上升时才出现接受性。在这种情况下，孕酮和雌激素是协同作用的。接受性的神经机制似乎比前接受性的神经机制简单，因为接受性的行为表现比前接受性的行为表现较少个体差异。又如，切除雌大鼠的大脑皮质不妨碍接受性的表现，但使前接受性的行为紊乱。切除了大脑皮质的大鼠的跳跃、前冲和俯伏的反应并不针对雄性，也不和雄性的反应同步。结果使这种雌性的吸引力大为降低。所以即使去大脑皮质的雌鼠和健全的雌鼠有同等的接受性，雄鼠也经常是选择健全的雌鼠交配。

有一些动物表现有第四个阶段的行为，这是一种特殊的交媾后的行为（postcopulatory behavior）。这种行为包括交媾之后的一些特殊反应，如猫的打滚、大鼠的理毛等等。许多动物在交媾之后有一段时间里，即使存在着有接受性的对象也不再表现性行为。这段时间称为"不应期"（refractory period）。这段时间的长短因物种和周围的环境而异，有的几分钟，有的几小时或几天。但是有许多动物，如果在雄性交媾之后给它一个新的发情雌性，它的不应期会大为缩短。这一现象称为柯立芝效应（Coolidge effect）。

## 性行为的物种特异性

生殖行为一方面受体内性激素水平的影响，另一方面受环境因素的影响，同时也受两性互相作用的行为的影响。而后者又是通过对性腺发育的影响起作用。当然，所有这些作用都是由脑中介的，而且有物种特异性。关于性行为的脑机制将在最后一节中讨论。下面举几个代表性的例子说明不同物种的性行为的不同表现。

# 黄斑鸠的生殖行为

黄斑鸠是家鸽的一种近亲，毛土黄色，颈部有黑环，故又名环鸠。雌雄的外貌一样。在实验室饲养下，如果日照时间的长度和室温适宜，一年中大多数的时间都可繁殖。孵出后五个月性成熟。把有过性体验的一雄一雌放在一个笼中时，如果笼内放一足够大的玻璃或磁盆和一些做窝的材料，它们就开始了正常的生殖行为。雄性最先表现性吸引行为，它很快地就开始求婚，昂首阔步地走来走去，不断地向雌鸠鞠躬，咕咕叫和追逐雌鸠。只有雄鸠表现这种咕咕行为。一两天之后，雄鸠开始挑逗雌鸠，一会在雌鸠的旁边，一会在雌鸠的前面鞠躬和咕咕叫。雌鸠开始表现一种特殊的反应——扇翅和靠拢雄鸠。雄鸠的求爱行为的样子和它的咕咕声显然对雌鸠有一定的吸引力。甚至用玻璃板将它们隔开，雄鸠的这些行为也能使雌鸠产生神经内分泌的反应（M. B. Friedman，1977）和随之而来的行为。两只斑鸠在一起过几天之后，它们就选择了一个做窝的地方，伏在那里发出一种特别的报窝的咕咕叫声。在实验室的笼子里做窝的地方就是给他们放置的玻璃盆，在自然条件下可能是地上的坑凹地方。如果给雄鸠配的雌鸠不易激动，几个星期也不发出趴窝的咕咕声，雄鸠就继续不停地鞠躬和咕咕。当雌鸠开始发咕咕声之后，雄鸠的咕咕立刻消失。看来雌鸠的行为是一种信号，它告诉雄鸠什么时候该停止咕咕和开始下一个阶段的行为——造窝。在这个阶段，雌雄两性的行为不同，但是互相补充。雄鸠收集做窝材料供给雌鸠，雌鸠做大部分的搭窝工作。一般一个星期左右窝就做成了。窝的完成是做窝活动终止的信号。

当窝完成之时，或接近完成之时，它们开始了交配阶段。交媾时雌鸠伏下身来，雄鸠蹬在雌鸠的背上，扑扇翅膀维持平衡，同时使自己的泄殖孔（cloaca）与雌鸠的接触，排出精子，精子由雌性的泄殖孔进入泄殖道内，造成与卵相遇的机会。

等到雌鸠开始更恋窝的时候,表明它要产蛋。交媾行为终止。约在开始搭窝后的一个星期产第一个蛋,两天之后产第二个蛋。从此以后雌雄两性交替孵卵,一昼夜间,雄孵约 6 小时,多是在一天的中间,其余时间归雌孵。

14 天后孵出雏鸠,雌雄两性共同哺育,在这个阶段两性的嗉囊都能分泌一种浓厚的流质,称为嗉乳,用它来哺育雏鸠。大约 10 到 12 天后雏鸠离巢,但继续向双亲乞食。过几天后双亲的哺食越来越少。雏鸠开始有了从地上啄食谷粒的能力。但在雌鸠停止哺雏之后雄鸠还继续供给他们几天嗉乳。当雏鸠长到 15~25 天后,雄鸠又开始了求爱行为。这个周期总共六或七个星期。在自然环境中每年只有一个周期,如果卵没有受精,可能再进行下一个周期。

综上所述,黄斑鸠的生殖周期的每一个阶段都是受激素状况控制的。一种或多种激素的水平影响一个阶段的行为,而行为反过来又刺激神经内分泌从而改变激素的分泌。

## 啮齿动物的性行为

啮齿动物的生殖行为在种属之间有很多差别,但都是能成功地适应它们的环境的。一般性行为开始于两性之间的吸引。吸引主要是借助气味。上面曾提到,雌大鼠的性欲行为是前冲、跳跃和后退。有些其他的种类也有同样的行为,但也有不表现这种行为的。

交媾完成的标志是,如果仍有接受的对象存在,雄性亦不再试图交媾。这就是射精后的不应期。不应期的长短因物种而异,短者几分钟,长者 24 小时或更长。

在大鼠中只有母鼠照料幼鼠。在受孕后 21 天,母鼠做窝、产仔。初生的幼鼠发育尚不完全,属于早产的(precocial)类型,初生鼠无毛,不能自己调节体温,眼睛在 15 天后才能睁开。母鼠给幼鼠保温、哺乳。当它们爬出窝外时,把它们衔回来。另一些啮齿动物，如豚鼠，产下的是发育比较成熟的仔，是晚产的(altricial)类型。晚产的仔和它们的母亲生活在一起时间短，它们在没有母亲照料的情况下如能得到食物也能活下来。有蹄类动物都是晚产的类型。

## 人类的性行为

在我国的传统思想中，生殖即传种接代、延续"香烟"，被看作是个人的极其重大的责任。占有两千多年统治地位的儒家思想教导人们说："不孝有三，无后为大"，又说"男女居室，人之大伦也"（孟子）。然而人们对于完成最大孝道的"居室"行为——人的性生活，都是讳莫如深的。这种现象不独见于我国，在西方的社会中性生活的问题也是不登大雅之堂的。人们把生育看得如此重要，而把生育的必然过程看得像偷吃禁果一样，这是为什么呢？要回答这个问题，请读者回顾我们在性行为的生物意义一节中最后指出的那一点，即在人类，性行为已不单单是为了繁殖后代，可以不为过分地这样说，现代人的有意识的性行为绝大多数是为了满足情欲的要求。我们也曾指出，在人类性行为已不只是两个异性之间的事，它牵扯到人与人之间的复杂的社会关系。而且从远古以来就受到人们自然规定的各种条件，或共同遵守的规则的限制。同时，性行为本身也有在隐蔽之处进行的生物的适应特性，因此越向文明社会发展，性行为就越趋向于隐蔽，终于演变成为不可公开谈论的、令人害羞的丑事。所以，一直到20世纪40年代之前，关于人类的性行为的客观知识仍然阙如。

40年代，美国一位姓金西（Alfred Kinsey）的生物学教授发现了这种情况。为了填补人类科学知识中的这一空白，他开始请求他的朋友和同事帮助他来进行这方面的研究。首先是请他们详细地报告他们的性生活史。他制订了一个标准的问卷和调查的程序。他企图得到一个按性别、年龄、宗教和教育程度分类的美国人的有代表性的样板。他和他的合作者终于从数万男性中得到详细的性行为的广泛的调查报告。1953 年又发表了同样详细的关于美国妇女的性行为的调查报告。

进一步的工作是观察人们在性交和手淫时的行为和生理变化。应当提一下，第一个从事这种研究的人可能是行为主义的创始人华生（John B. Watson）。但是，20 年代初，由于他研究性交行为而引出了丑闻，使他失去了教授的职位。这种研究的最大的和最知名的计划是以马斯特斯（William Masters）医生和心理学家约翰逊（Virginia Johnson）为首的一个研究组，于 50 年代中开始的。他们在 1965 到 1970 年间出版了著作。这些研究提供了大量的关于交媾时的一些生理反应的时间过程和个人主观体验的关系的知识。

根据马斯特斯和约翰逊的概括，男人和女人的典型反应模式有四个阶段，即增强兴奋期、高原期、高潮（orgasm）期（特点是极端的快感）和消解期。这四个阶段，男女基本上是相同的。但也有某些个体差异。而男女之间也有两个重大差异。其一是，男性只有一种基本模式，女性有三种典型的模式，即高潮到来快的模式、有两次或多次高潮的模式和高潮不明显的模式。其二是，男性在高潮之后，一般即在射精之后，有一个绝对不应期（absolute refractory phase），在此期间男性的阴茎不能充分勃起。这段时间的长短因人（和其他一些因素）而异，可以从几分钟到几小时。女性则可以连续有几次高潮。

在男性的模式中，兴奋随刺激的增加而提高。刺激可能是心理的或肉体的，或两者兼有的。兴奋上升的速度受许多因素的影响，因此是有变化的。如果继续刺激，兴奋就达到高原期。在这一阶段的某一时刻，反射性的高潮反应射精即被触发。然后是消解期，这时兴奋逐渐消散。一般兴奋的上升期和消解期是交媾周期中的最长的部分。高原期只有几分钟。高潮期则只有一分钟或不足一分钟。

女性的最普通的模式在形式上和男性相同。在男女两性中，前两期的特点是生殖器的血管充血。但两性在时间模式上也有不同之处。女性达到高潮较男性慢，而且没有不应期。

此外，在女性中除上面提到的三种一般模式外，还常常有另外的两种模式：一种是高原期的兴奋水平不足以触发高潮，经过一段长的高原期之后，性兴奋逐渐消散；另一种是高潮很快地爆发出来，没有高原期。这种模式的高潮比较长，而且强烈。随后兴奋的消散也较快。

两性的性反应的共同性和差异性是一种普遍的生物现象。个体之间的差异也是普遍存在的。但这并不妨碍研究决定性行为的生物因素。某些行为差异是与遗传素质的不同有关的，另一些行为差别与激素水平有关，还有些差别则可能是和个人的经验或学习的因素有关。

性高潮是一种反射性的，当兴奋达到一定水平时它被触发，一般是不能控制的。但这并不是说它不受心理因素的影响，或不能通过学习加以控制。人们已知有许多自主系的反应可以通过适当的训练改变它们的阈限。现代在研究性的生理反应的基础上发现的一些治疗性功能失常的方法已经帮助许多夫妇重新享受到美满的性生活。这方面的许多知识能指导他们如何地协调他们的性行为。

# 两性的分化和发育

要全面地了解人的性行为和两性的特点应该有一个发育的概念。两性的分化不仅仅决定于基因的差别，性激素的水平和后天的教养因素都可能是两性的性行为产生差别的因素。

## 胚胎生殖器官的分化

一个胚胎发育成为男孩或女孩有一系列的过程。在这一过程中有不同的因素，像接力赛跑一样，在不同的阶段起着决定分化方向的作用。第一个起跑的因素是XX或XY染色体。母亲提供的都是X染色体，父亲提供X或Y染色体。X与X配对的染色体决定胚胎的原始的性腺（gonad）发育成为卵巢，X 与 Y 配对的染色体使性腺分化成为睾丸。染色体的配对模式也决定组织对激素的反应性。

人类性腺分化成睾丸约在受孕后的第七个星期，如果是向卵巢方面分化，开始要晚一些，约在受孕后的第十二个星期。睾丸发育早是因为它产生的雄激素（androgens）是两性进一步分化所必需的物质。在受孕 7～12 星期之间，每一种胚胎内还都有两个原始的管系统。一个是苗勒氏管系统（Müllerian duct system），以后发育成为雌性生殖器官，即输卵管、子宫和上阴道。另一个是吴非氏管系统（Wolffian duct system），以后它发育成为雄性生殖器官，即附睾（epididymis）、输精管（vas deferens）和贮精囊（seminal vesicles）。睾丸的存在与否决定这两个管系统中的哪一个能够发育。

睾丸分泌的激素是继 XX 或 XY 之后决定发育的下一个接力者。它诱导吴非氏管系统发育，抑制苗勒氏管系统的发育。睾丸分泌物的这种影响的生化性质现在还未查明。过去认为，卵巢的分泌物促进雌性管系统的发育，但是现已发现，没有睾丸就向雌性发展，甚至在没有原始性腺的情况下也会向雌性发展。

如果有睾丸下一步就会由于它分泌雄激素——睾丸酮而使外生殖器官发育成为雄性的样子。在受孕后十二星期之前，两性的外生殖器是不分化的。如果没有雄性激素作用于这一部分的组织，它们以后就会发育成为雌性的生殖器。例如，分化前的生殖器的阴茎头（glans）部分如果有雄性激素是要发育成为阴茎的龟头的，但在没有雄激素的情况下就发育成为阴蒂（clitoris）。胎儿的唇囊隆起（labioscrotal swelling），在雄激素的影响下发育成为阴囊，而睾丸将会从原来靠近肾的地方下降到阴囊中。在没有雄性激素时，胎儿的唇囊隆起就将发育成大阴唇（labia majora）。常态的男女外生殖器只有在受孕后第十二个星期之后才能看得出来。

在某些病理情况下，一个赋有雌性染色体的胚胎，不具有睾丸，如果在大量的雄性激素的作用下，其外生殖器也能发育成为男性的样子。肾上腺皮质通常产生少量的雄激素。但是，如果胎儿或母亲的肾上腺（adrenal gland）在胚胎发育的关键时期过分活动，产生足够数量的雄性激素，就有可能使雌性胎儿的生殖器发育成雄性的样子。给孕妇服用大量的雄性激素也能使女性胎儿的生殖器发育成男性的样子。

但是还应当指出，雄性激素存在的本身并不能必然使生殖器雄性化。还要看组织能否接受激素和能否反应它。带有 XY 染色体的组织比带 XX 染色体的组织对雄激素的作用更敏感。但是也有很罕见的带有 XY 的个体，他的组织不反应雄性激素。这种人的外生殖器就发育成女性的样子。因为他的睾丸分化不受雄性激素的影响，所以这种人虽然有睾丸，但睾丸仍然停留在体腔内。由此

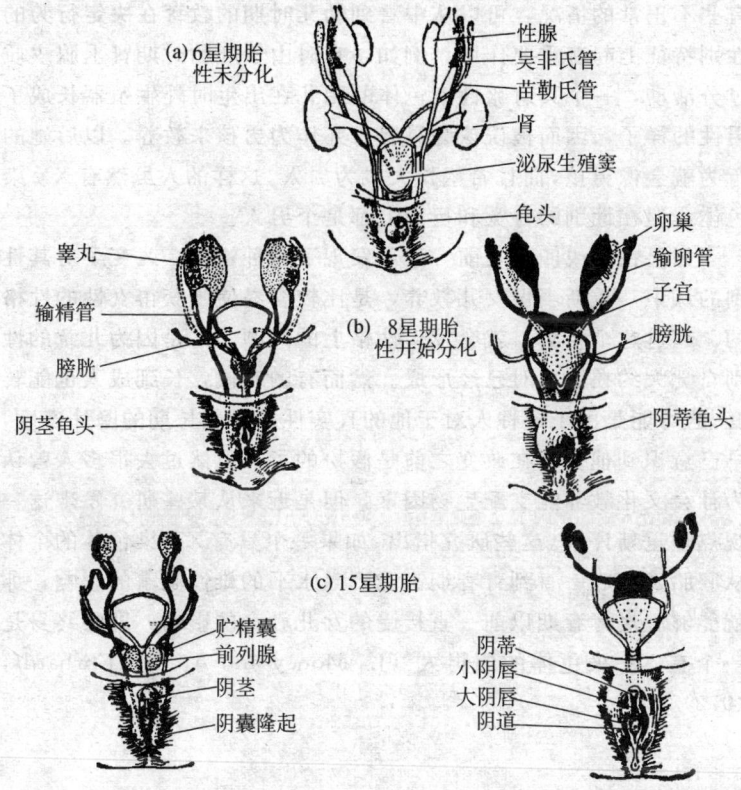

图 7-1　男胎和女胎的生殖器官的分化，从第六星期到第十五星期的变化

看来,有 XY 染色体的人也可能长成女性的样子,而有 XX 染色体的人,如果在发育的关键时期受到雄性激素过分的刺激也会长成男性的样子。但是人们常常是根据外生殖器的样子来分辨男女的。

## *性别差异的社会影响*

社会经验是最后一个决定性别差异的因素。在决定行为的性别特征上,社会经历和生物因素的相对重要性是现代研究者很感兴趣的问题。在正常的情况下,社会经验和生物因素是一致的。但有些不正常的情况,可以从中看到幼儿时期的教育在决定行为的性别特征上起着重要作用。例如,有时由于胚胎时期肾上腺皮质过分活动,一个具有雌性染色体的胎儿在出生时外生殖器长成了男性的样子,因而被误认为男婴,并作为男孩来教养。以后她的行为就会像男孩,而且希望长大成为男人。这样的人虽然有 XX 染色体,但在性别的自觉和行为上都是个男人。

如果在三或四岁之前,父母发现了这种错误,改变了对其性别的认识,重新当做女儿教养,是比较容易使她获得女性的性格的。超过这个年龄,就会发生性格上的问题。这是因为儿童的性别自觉大约在三岁时已经形成。然而有的时候,长到成人也能转变。这可能是由于这种人对于他的真实性别抱着长期的隐讳态度,早已意识到他自己在改变之前是假扮的了。虽然过去很多人曾认为社会文化教养能支配生物因素,但是近来从某些研究发现这一观点须重新评价。这些研究指出,如果一个具有 XX 染色体的个体从胚胎发育起一直到青春期都受到高水平的雄性激素的影响,那就能够胜过青春期以前一直接受的女儿教育的影响,即将终身是一个有 XX 染色体的假男人 (J. Money and A. A. Ehrhardt, 1972)。

# 激素对脑的神经线路的影响

自从在大鼠和其他啮齿动物中发现了雄性激素在胚胎时期存在与否决定成年后的性行为以来，引起了许多研究者的兴趣和争论。因为行为是通过神经线路产生的，所以雄性激素可能会影响脑在发育过程中的神经元线路的组织。雄性激素影响脑组织的新的证据是在几种动物中发现了雌雄两性的脑有解剖上的不同。例如，大鼠的视前区（preoptic area）中的刺突触（spine synapses）在数目上，雌性的比雄性的多，如给新生的雌鼠注射雄激素，或阉割了新生雄鼠，雌雄两性的这种差异都全消失（G. Raisman and P. M. field, 1973）。在内侧视前区中有一个核，雄性大鼠的是雌性大鼠的八倍。雌性的这个核可以因初生时注射雄激素而变大（R. A. Gorski et al., 1971, 1978）。视前区在性行为方面的功能现在还未完全弄清楚，但是已经知道它是有关性行为的一个重要的区域。

雌激素（estrogens）一直被认为在脑组织中不起什么作用。但是现在有些发现说明，雌激素对脑和行为的发育也有微妙的影响。通常给雌性注射激素，或将少量雌激素植入视前区，都可以使它出现接受行为。雌激素植入脑的其他区域不起这种作用。给雄鼠注射雌激素也不起作用。因此人们认为这是由于成年雄鼠视前区的神经元不能反应雌激素。这可能是受到发育初期雄激素的影响。

新近的理论认为，雌激素进入靶组织的细胞之后，有选择地与细胞浆中的某种受体蛋白结合。激素和受体的结合物再进入细胞核内与组成核染色物质（nuclear chromatin）中的非组织（酸性的）蛋白结合，使脱氧核糖核酸（DNA）释放遗传的记录，并产生信使核糖核酸（mRNA），送入细胞浆内综合新蛋白质。细胞反应雌激素的性别差异，可能是由于雄性的细胞浆内不具有雌性的那种蛋白受体，或者由于雌激素和受体的结合物不能与细胞核发生正常的作用。第一种假设现已证明是不对的。因为分离出细胞来进行分析，发现雌雄两性的下丘脑细胞的胞浆都有与雌激素发生选择性结合的能力。看来，两性下丘脑细胞的胞浆中都有雌激素的受体。但是两性的这些细胞的细胞核与激素和受体的结合物的结合上是有差别的。如果给雌雄两性的大鼠或仓鼠注射放射性的雌激素，然后分离出下丘脑中的这些细胞核来，可以发现雄性的细胞核聚集的雌激素少于雌性细胞核中的，而且雄性的细胞核也不能长时地保留雌激素。

因此可以说，两性在反应雌激素方面的主要差别是在下丘脑细胞的核中。很可能是在雄性中雌激素不能解放 DNA 来产生 mRNA 和蛋白质，以便使神经元改变放电的模式，让动物出现交配行为。在发育的早期接触雌激素可能会改变下丘脑细胞以后反应激素的能力。这一结论尚待进一步证实，但很可能是正确的。

激素使脑细胞的生化特性发生变化并不是激素在发育早期的惟一作用。激素刺激也能改变神经元间的突触连接的方式。在雄性的视前区中非杏仁核起源的纤维是在这里的神经元的树突干上形成突触连接的。而在雌性中则更多的是在树突刺上形成突触连接。已证明突触连接的这种差别也是受早期性激素的影响。雄鼠在初生时被阉割，这里的突触连接就会发育成为雌性的模式，而雌鼠在初生时注射睾丸酮（testosterone）则发育成为雄性的连接模式。看来雄性和雌性对激素的行为反应的差别，是和它们的下丘脑的神经元群对激素的生化反应和突触连接的形态差别有密切关系的。十几年来的这些研究已经比较清楚地了解到雌雄两性的差别在很大程度上受胚胎发育时期的激素的影响，激素可以影响脑的解剖特点和脑细胞的生化和功能特性。

激素影响脑的组织和控制性行为的两性差异的最明显的例子可在某些鸟类中看到。在鸟类中雄性有歌唱的行为，雄性用歌唱向雌性求婚，用歌唱警告其他雄性，不让它们侵入它的领土。在金丝雀（俗称白玉鸟）中找到了控制歌唱行为的脑线路（F. Nottebohm, 1980）。在这个线路中有几个核团，雄性的比雌性的大。而且在雄性的脑中有一个神经核团是在雌性的脑中看不到的。在这些神经核的细胞中聚集着雄激素。已经产过蛋的雌金丝雀可以用雄激素处理使之变形,并表现出雄鸟的唱歌行为。当雄激素的处理发生了效果时,发现控制歌唱的脑神经核长大了,接近于雄性的大小。在斑胸草雀(zebra finch)中,激素处理不能使成年雌鸟歌唱,但处理刚孵化出来的雏雌鸟可以使它成熟后歌唱。它的有关的脑核团也长大了(A. P. Arnold,1980)。由此看来,在出生前和刚孵出之后给激素刺激能影响一年之后的行为,这正是由于早期的激素改变了脑的神经元线路的连接方式和细胞的功能特性所致。

在人类中,有关性行为的下丘脑中枢的神经元的连接方式和功能特性,从两性的性行为和对于性激素的反应情况来看,应该是也有性别差异的。大脑皮质的组织两性是否也有差别仍是一个有争议的问题。

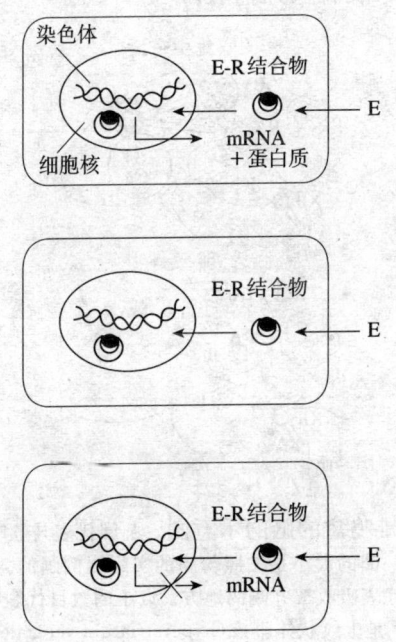

图 7-2　雌激素进入下丘脑细胞。雌激素(E),受体(R)。E-R 结合后进入细胞核与染色质结合。这种作用刺激 mRNA 及蛋白综合,调整细胞的功能。上图代表这一过程。中图在雄性 E-R 不能对细胞核的染色质起作用。下图表示这一假说的模型。X 表示在雄性中 E-R 不能刺激 mRNA。

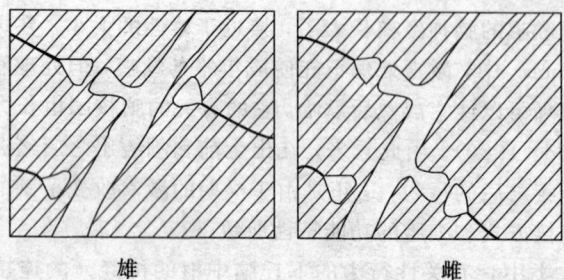

图 7-3 下丘脑的视前区雌雄两性的突触连接的模式不同。在雄性非杏仁核起源的纤维多数在树突干上形成连接,在雌性中多数在树突刺上形成连接。

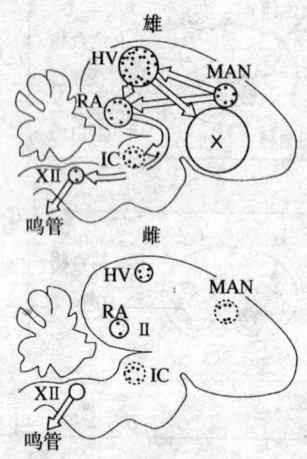

图 7-4 雌雄鸣禽的脑的示意图。圆圈代表与歌唱有关的脑区。每一圈的大小是按照与脑的实际比例画的。圈内有点子的代表吸收睾丸酮的地方。点子的数目代表吸收的数量。HV 是上纹状体腹核(hyperstriatum ventrale);IC 是中间丘核(intercollicular nucleus);MAN 是前新纹状体的大细胞核(magnocellular nucleus of anterior neostriatum);RA 是古纹状体的粗大核团(nucleus robustus of archistriatum);X 是旁嗅区(parolfactorium);XII 是第十二脑神经(舌下神经核)。

# 胚胎性分化与性格和能力的关系

正常的胚胎的性分化对两性的性格特点是否起决定作用？在胚胎发育期不正常的激素水平是否能反映在性格特征上？在前一节中已经涉及到这一问题。但是，对于人类来说这仍然是难以回答清楚的问题。有几个原因：一是人的性格特点是多样的和变化的，是难以测量的；其次是人的性格的发展受多种因素的影响，单就一种因素来分析是有困难的；其三是，在旧社会中两性差异的问题与两性的政治权利、社会地位和风俗习惯有关，因此对两性的性格特点作公平合理的评判也很不容易。所以我们下面提出的某些性别差异不是都无争议的。下面讨论两个问题。

**一、性格的性别差异**　有些心理学家（如 Eleanor Maccoby and Card Jacklin，1974）收集和评判了几千种旨在测量男孩和女孩、男人和女人的性格差别的研究。他们发现，如果作一些比较客观的测量，有许多所谓的性别差异就都看不出来了。只有四种主要的性别差异能够确定下来。

（一）女孩比男孩的口语能力强。但差别的程度在不同的研究中得到的结果是很不一样的。

（二）在视觉空间的测量中男孩得分较高，从小学到高中男孩在这方面的能力一直在提高。

（三）男孩的数学能力比女孩高。

（四）男孩和成年男人比女孩和成年妇女更富于侵略性。

这四种主要的差别是就平均数来说，但组间是有重叠的。这些差别在多大程度上是由生物因素决定的，很难一概而论。一般认为侵略性和视觉空间的知觉能力受生物因素的影响更明显一些，特别是侵略性的差异最为显著。根据是：

（一）在研究过的各种文化中普遍存在这种差异；

（二）在人类以下的灵长目中发现有同样的这种性别差异，它

们的差异自然不会受文化的影响;

(三)侵略性的水平因雄激素的增加而升高,因雌激素的增加而下降,例如,产前给母猴注射大量的雄激素,生下的雌猴的侵略性和打架的游戏显著增加。

遗传学的研究证明空间知觉的能力高可能是与一个隐性的性联基因有关。有半数的男人和四分之一的女人有这种较高的能力。但另外一些非性联的遗传因素也影响视觉空间的知觉能力。而训练和练习也影响视觉空间的认知技能。性联的遗传倾向也可能受到某些社会文化的加强。所以在成年人中表现的这种能力也不一定完全是生物因素决定的。

**二、胚胎的内分泌不正常对性格的影响** 对于人类的这方面的研究多利用临床的资料。其中有自然的内分泌失常和给孕妇太多的激素治疗产生的不良结果(A. A. Ehrhardt and H. F. L. Meyer-Bahlburg, 1981; R. T. Rubin et al., 1981)。产前激素的影响似乎能导致两性的某些行为差别,如能量的消费和儿童在游戏时扮演母亲或父亲的角色。但是在这些方面的影响也并不是很显著的。现在举几个特殊的例子。

有一种是遗传决定的天生的肾上腺过分生长,称为先天的肾上腺增生(cogenital adrenal hyperlasia,或缩写CAH),其肾上腺皮质不分泌皮质醇(cortisol),而是从胚胎开始就分泌雄激素。结果,如果是一女胎,她的外生殖器就男性化了。但男胎不受影响。产后,男性化的女孩可以用皮质类固醇(corticosteroids)治疗,因为它能使雄激素的分泌降到正常水平。女孩的男性化了的外生殖器也可以在第一个星期以内用外科手术改成女性的。适当地调整她的激素,到青春期的发育会是正常的,并有性功能和能正常怀孕。

性格的研究证明,这种女孩和她的同胞姊妹之间有某些差别。CAH女孩表现有较长时期的高能量消费的幼儿活动,如,强烈的室外活动,表现像一个顽皮的男孩,不爱玩洋娃娃,不喜欢扮做母亲的游戏。CAH男孩与正常男孩没有明显区别,只是更多地喜欢消费能量的游戏和运动。

有人曾在多米尼加共和国的乡间发现了 38 个男孩（XY 型的），因缺乏一种酶，外生殖器的发育严重落后（J. Imperato McGinley et al.，1979）。他们的内生殖器是男性的，外生殖器介于男女之间。其中 18 个孩子被当做女孩教养起来。在青春期这 18 个孩子中有 17 个不仅外生殖器发育成男性的样子，而且他们的性别意识也改变了。他们对女性发生了兴趣。这一报告的引人注意之处是，它和上面提到过的人们认为在 3 或 4 岁之后性别的自觉就不能改变的结论是矛盾的。这可能是由于在美国研究过的大多数的情况不只是教养原因，他们还受过外科手术和激素的治疗。即按照被误认的性别，给他们切除了性腺和使用了雌激素。多米尼加的这些儿童虽然受到了反对改变性别的社会压力，但是并未做外科手术和激素治疗。所以当这些被误认为女孩的儿童到了青春发育期有了雄性激素的作用乳房没有长大，身体长成了男性的样子，他们就自觉地改变了他们的性别身份。看来，产前或产后的性激素水平能影响生殖器官的发育，也能影响性格的发展。但是社会文化对性格也有影响。在决定两性的性格特点上，性激素和社会文化的交互作用仍是一个需要研究的问题。

# 生殖行为的神经和激素的机制

我们对于实现性行为的生理机制的了解还不完全。但是从动物实验和人类临床症状的资料中也得到了许多有用的知识。下面我们将首先讨论涉及性行为的神经通路和脑区，然后论及激素在这些线路中的调节作用。

## *性行为的反射机制*

有些性反应的基本线路是在脊髓之中。如果切断脊髓与脑的连接，仍然有某些反射性的性反应，例如，雄性的阴茎勃起和射精，在腰部以上横断脊髓的人和动物中都能实现。下面分别就雌雄两性的情况作一说明。

**一、雄性脊髓动物的性反射** 刺激脊髓狗的阴茎的不同部分可以引起不同的性反射活动（B. L. Hart, 1978）。这些反射活动有几种。

（一）胯部前推，阴茎半勃起，在正常交媾时这是在插入阴道之前的动作。

（二）强烈的射精。精液的暴流伴有胯部的强烈运动和后腿的踏步。这个反射历时最短，停止突然。继续刺激不能使它延长。

（三）保持勃起和射精。这个反射持续10到30分钟。强度逐渐下降。这个反射可能是在正常交媾的锁连期间出现的一种反应。

睾丸酮对于这些反射有不同的影响。下面我们将讲到。此处应当指出的是，这些反射不仅有自主神经系统的反应（如勃起和射精），也有骨骼肌的神经支配的反应（如胯和腿的运动）。这是自主的和骨骼肌的两个系统互相配合的一个很好的例子。

**二、雌性脊髓动物的性反射** 雌性的脊髓狗和猫在阴部受到刺激时也有反射性的交媾行为的反应。例如，胯部向刺激的一边转，尾巴翘起或向一边歪。在正常动物中这是接受反应，有助于阴茎插入。如果在中胸部切断脊髓，则脊柱前凸反应是不出现的，这是因为这种反射需要在切面以上的背肌参与。但是如果在胸以上切断脊髓，这种反射是会出现的。

在大鼠中，脊柱前凸的反应是非常刻板的，曾被认为是一种脊髓反应。但至今尚未证实。因此也有人认为大鼠的脊柱前凸的反应可能是在脑中组织起来的。但是很难设想在狗和猫的脊髓中完成的这种反应，在大鼠中却需要脑的控制。所以这方面的研究仍在继续。

**三、激素对于脊髓反射的影响** 脊髓反射并不是不变的，它有几种调节的途径。一般从脑下行的神经冲动可以易化某些脊髓线路，而抑制另一些线路。例如，雌狗或猫在雄性到来时，不需要彼此接触的刺激就可以表现完全的接受姿式；母猪听到公猪的叫声也会表现脊柱前凸的姿态。这类刺激是通过远距离的感受器和脑的分析起作用的。此外，脊髓反射的某些改变可以归如学习之类，如习惯化（habituation）、敏感化（sensitization）和条件作用。另一种主要的调节就是激素的作用。

对于有脑的狗的研究证明，切除性腺能降低某些雄狗的交媾动机，这些狗即使能继续爬背和插入，它们锁连的时间也明显缩短了，而射精的强烈程度也远不如正常的狗。

在脊髓狗的实验中，如果切除了它们的性腺，而在测验的时候注射睾丸酮，这时刺激阴茎引起的类似锁连的反应平均历时为12分钟。如果不再注射睾丸酮，经过60天之后，刺激引起的锁连反应的时程缩短到4分钟。但在以前未曾注射睾丸酮的第一次测验时，锁连反应的时间只有2分钟。值得注意的是，性反应的这个自主系的成分虽然受到激素的影响，但是腿和背的肌肉反应（随意成分）却不反映激素的影响。

这些实验的结果清楚地证明激素影响脊髓反射。但这还不能立刻肯定是对脊髓中的性反射神经线路的直接影响，须知反应机制的感觉和运动成分都受性激素的影响。大鼠阴茎皮内的感觉感受器在没有雄激素的时候会萎缩，当补给了雄性激素之后能再生，这是早已发现的（F. A. Beach and G. Levinson 1950）。在勃起和射精中起重要作用的阴茎肌肉的大小也受雄激素的影响。用一种特殊的、在剂量上有选择地影响阴茎和神经系统的激素——二氢睾酮（dihydrotestosterone 缩写为DHT）实验发现，用小剂量时（25微克），这种激素能使阉大鼠的阴茎的大小和敏感性持续不变，但不能保持勃起的性行为（B. L. Hart, 1973）。这个发现使得人们不能完全用激素对周缘的作用来解释激素对性反射的影响。较大的剂量（200微克）能恢复性行为反应。而且发现这种剂量的激素多聚集在脊髓骶部的腹角细胞中（M. Sar and W. E. Stumpf, 1977）。这样看来，如果有性行为的反应出现，睾丸酮至少有一部分是直接影响脊髓的神经元的活动的。

# 有关性行为的脑区

交媾的某些反射成分虽然是在脊髓水平上完成的，但是性的吸引和性欲的行为表现，在脊椎动物中，需要许多脑区的参与。这些脑区能调节脊髓的神经元线路，易化或抑制它们。在许多脊椎动物中，如哺乳、鸟、蛙和鱼类，视前区被证明在雄性的性行为中是极为重要的。对于雌性的生殖行为来说，重要的部分在下丘脑的前或外侧区，即视前区后的区域。

**一、视前区和雄性的性行为** 有几种实验证明视前区在雄性的性行为中起重要作用。前面曾提到的，视前区的内侧核，雄鼠的大于雌鼠的。在雄大鼠脑中，两边的这个区破坏之后，交配行为就消失 (K. Larsson and L. Heimer, 1964)，猫、狗和猴的实验结果也是这样 (B. L. Hart et al., 1973; B. I. Hart, 1974; J. C. Slimp et al., 1978)。在这些动物中虽然脊髓的神经元线路是完好的，但缺少了脑的促进作用，它们偶尔有爬背行为，但没有阴茎的插入。在视前区埋有电极的健全大鼠中，用电流直接刺激此区能够增加或引起性行为。视前区的细胞能从血液中吸收雄激素。把少量的睾丸酮植入脑中，可以使阉割的雄性动物恢复性行为，而把睾丸酮植入大鼠的视前区这种效果是最为明显的 (P. Johnston and J. M. Davidson, 1973)。

有时雌大鼠也有爬背行为和胯的前推动作，这种类似雄性交媾的行为也是受视前区控制的。破坏了雌鼠的视前区这种行为不再出现，但不影响雌性的性行为 (J. J. Singer, 1968)。在雌鼠的视前区注射睾丸酮也会使雌鼠容易出现爬背行为。有趣的是雌二醇 (estradiol) 也会使雌鼠出现爬背行为，但只是在注入视前区的后方时才有这种效果 (G. Dorner et al., 1968)。

**二、有关雌性性行为的下丘脑区** 在下丘脑中，损坏之后使雌性的性行为丧失的地点因物种而异。在大鼠中，前下丘脑（anterior hypothalamus）损伤之后效果最明显，雌鼠完全丧失了常态的生殖行为。而在雌仓鼠中损伤腹内侧核的效果比损伤前下丘脑的更为明显（L. M. Kow et al.，1974）。但在另一些哺乳动物中损伤视前区后方的区域也能使雌性的性行为丧失。将雌二醇注入某些啮齿动物的下丘脑促进雌性的性行为。但注射的地点多在损伤后效果最明显的地点的前面一点。例如，注射在雌大鼠的内侧视前区（medial preoptic area）促进脊柱前凸的反应，而损毁前下丘脑则失去这种反应（J. J. Singer，1968）。

看来内侧视前区与雌雄两性的性行为都有关系。它在两性中的不同作用似乎决定于激素的性质。此外，有关性行为的脑不止这几部分，边缘系统和大脑皮质，特别是额叶皮质和杏仁核在控制性行为中也有重要作用。猫的杏仁核损伤后出现性欲过强行为，如雄猫爬异种动物的背。

## 激素对性行为的影响

激素在性行为中至少有三种作用：

（一）如上面提到的，雄激素在生殖器官和脑的神经元线路的形成中起组织的作用；

（二）在已形成的神经线路和反应器官的基础上，起促进性行为的激活作用；

（三）除上述已知的作用之外，现在看来激素还有更深远的调节作用，它维持神经元线路和其他器官对激素影响的敏感性。这就是说，激素长时期的存在影响组织对激素水平的短时变化的敏感性。

以前描述的黄斑鸠的生殖行为的几个连续的阶段可以说都是和激素的激活和调节作用有关的。下面我们试就激素对黄斑鸠的生殖行为的影响和对哺乳动物及人类性行为的影响，作一说明。

**一、激素对黄斑鸠的生殖行为的影响**　　在这一领域中的研究者曾运用三种实验来交叉地检验关于某一种激素专门引起或节制某种行为的假说。这三种实验方法如下:

（一）去掉某种激素或其来源，观察某种行为是否消失或显著减少；

（二）恢复这种激素，观察该种行为是否重新出现；

（三）在正常情况下，测定在该种行为出现时，这种激素在体内的含量是否增加，而当行为消失时，它的含量是否下降。

三十年来用这些方法在黄斑鸠中进行了许多研究，证实了激素和行为之间的几种重要的关系。

雄鸠求爱行为的开始既需要有正常的雄激素水平，又需要有一个成年雌鸠做伴。一个阉割的成年雄鸠即使有一个雌鸠和他同居几个星期，它也不会有求爱行为。在这种实验中，雄鸠阉割后要过几个星期才能显现对行为的影响，因为激素在体内的代谢过程虽然只有几小时，但睾丸酮对神经系统的影响可持续几天或几周。给阉割的雄鸠注射睾丸酮后可使它向雌鸠求婚。从另一方面看，一个正常的雄鸠如果没有雌鸠做伴它也不会有求爱行为。看来情境刺激和激素是同等重要的。当一个孤独过多时的雄鸠有了一个雌鸠时，不久它就开始向雌鸠求爱。它体内的睾丸酮的浓度也开始升高。这种升高在出现求爱后几小时内即可查出，而且在头几天的求爱期间继续升高。但是求爱的开始并不一定需要雄激素水平的升高，因为它的升高是在求爱行为开始之后。

为了确定雄激素水平的升高是否与求爱行为有直接关系。研究者们研究了同一对斑鸠的连续两个生殖周期中的雄鸠行为。在第二个求爱时期雄鸠的雄激素水平仍然很高，但鞠躬咕咕和挑逗雌鸠的行为显著减少（R. Silver, 1978）。这样看来，雄鸠开始出现性行为虽然需要有正常的雄激素水平，但是，雄激素水平的升高和行为的表现似乎也没有必然的一致性。雄激素水平的升高有时可能是作为一种保险因素起作用的。它保证性行为不受激素分泌速度波动的影响。

在求爱期间雌鸠的行为与性激素的水平有明显的相关。雄鸠向雌鸟求爱的行为引起雌鸟的雌激素水平上升。雌激素的升高开始于雌雄置于同一笼中时，一直上升到筑巢的时候。在求婚的一系列阶段中，雌鸠的不同反应与雌激素的水平有密切的关系（M. F. Cheng，1974）。切除卵巢雌鸠就失去吸引力和前接受反应。注射雌激素后这种反应恢复，并回到生殖行为顺序的正常阶段，即从振翅到前接受的蹲伏。然而，单是雌性激素并不足以恢复坐巢行为，必须再加注孕酮。在求婚期间孕酮的水平也上升。孕酮和雌激素的联合作用产生坐巢咕咕、造巢、产卵和孵卵的行为。

正常的雌鸠如不经过求爱和造巢的阶段，给它蛋它也不孵。但是，如果给一只孤独的雌鸠注射几天雌激素和孕酮，然后给它蛋，它是会孵的。同样，给一个孤独的雄鸠注射丸睾酮和孕酮，它也会孵卵。孕酮在雄鸠中是否就起发动孵卵行为的作用尚有争议。在正常情况下，很可能是雄鸠随着雌鸠行为的引导开始孵卵的，正像它开始造巢那样。

在孵卵期间斑鸠的交配行为的抑制是由于垂体前部（anterior pituitary）分泌催乳激素（prolactin）的结果。催乳激素可使雌雄两性都分泌嗉乳。它对斑鸠的交配行为的影响可以实验证明，因为愿不愿交配似乎是雌鸠起主要作用。如果在生殖周期的不同阶段取出雌鸠，让它和一新雄鸠在一起，它会又接受这个新配偶。但是在催乳素的水平高的阶段是不接受新配偶的。雌鸠的催乳激素的水平比雄鸠的下降快。相应的结果是，雌鸠比雄鸠早几天停止哺雏。当雌鸠的催乳激素下降时，它停止哺雏，并准备再次生殖。雄鸠即使在催乳激素水平相当高的时候也愿意再开始交配。这样看来催乳激素不抑制雄鸠的交配行为。

这些事实说明在雌鸠的生殖周期中，从一种行为阶段过渡到下一个行为阶段是受雌激素、孕酮和催乳素的数量变化引导。而卵巢分泌的雌激素和孕酮的变化则是由雄鸠求爱行为的刺激引起的。催乳激素的增加是卵的触觉和视觉刺激引起的。成功的生殖要靠雌雄两性的性要求同步。这主要是由雄鸠的行为去适应雌鸠的行为达成的，雄鸠的行为似乎不太受激素变化的影响。然而嗉乳的分泌除外。雄鸠惟一需要的是睾丸酮的稳定的供给。这种激素加上雌鸠的行为刺激使它在生殖周期中执行它的各阶段的任务。

应该强调的是行为和激素的交互作用。这就是说激素系统的变化影响行为,行为的刺激如雌鸠看到雄鸠的求爱行为,影响激素水平。

**二、在人类以下的哺乳动物中激素对性行为的影响** 激素对生殖行为的影响因物种而异。在某些种类的哺乳动物中,未受孕的雌性也有很规则的雌激素和孕酮产生的周期。大鼠的这个周期约为 4 到 5 天。女人的这个周期是 28 天,称为月经周期(menstrual cycle,拉丁文 mens 即月的意思)。它们和她们的雄性的雄激素水平一般都是稳定或波动很小的。雌性周期性的激素分泌对有规则的产卵是必要的,而且是和生殖道的变化有关的。激素的变化与性的吸引以及前接受和接受行为都有联系。但在不同的物种和雌雄两性中,激素对性行为的影响的显著性是不同的。

(一)在灵长类以下的哺乳动物中激素的影响比较显著。在大鼠和一切非灵长目的哺乳动物中,卵巢激素是雌性的生殖行为的主要决定因素。切除卵巢后性接受性完全消失。早在两千年前,亚里士多德就已提到"切除母猪的卵巢为的是消灭它的性欲"。现代对于激素作用的认识,使研究者能用激素恢复阉割动物的性行为,并能用实验的方法验证激素水平和行为的关系。在某些动物,如在猫、狗、兔、山羊和猴类中,单用雌激素就可以恢复雌性的接受行为。在另一些动物,如在大鼠、小鼠、豚鼠和母牛中,必须用雌激素和孕酮两种激素才有效。在大鼠中重复注射小剂量的雌激素也可以恢复脊柱前凸的反应。接受性可以用"脊柱前凸的商"(lordosis quotient)来数量化。这就是雌性脊柱前凸的次数除以雄性爬背的次数。人们发现这个商是注射的雌激素的剂量水平的单一函数。但是雌激素却不能立刻产生行为效果,在行为的效果出现前雌激素必须存在一到两天的时间。随后注射孕酮,它可以在几小时的时间内产生效果。在血液中的卵巢雌激素的上升和有关性行为的神经线路中的易化作用的产生之间的一系列过程现在还未完全了解。

(二)激素对雌猴的生殖行为发展的影响比较复杂。个体之间的差别也很大。有些雌猴在切除卵巢之后仍然有接受性,但是对雄猴的吸引则较差。研究者们也未能发现雌猴的前接受行为和月经周期阶段之间有完全不变的相关。但在性周期中，睾丸酮和雌激素与孕酮似乎对行为的变化也都起作用。更重要的是，所研究过的猴类在性行为开始的前接受性的行为表现上有更大的个体间的差异。接受行为的个体差异则较小。鉴于这种复杂性质，我们只能概略地说明一些已经确定的事实和某些流行的结论。

雌猴对雄猴的吸引力在雌激素的高潮时增加，这是在月经周期的中间略前一点的时候出现的。雌激素的升高产生阴道分泌和臀部的"性皮"肿胀。雄猴既反应嗅觉刺激（阴道分泌）又反应视觉刺激（"性皮"）。给切除卵巢的雌猴注射雌激素也可以恢复它对雄猴的吸引力。把雌激素涂抹在阴道内也有同样的效果。这似乎说明雌性的吸引力与神经系统控制的活动无关。加注孕酮后降低吸引力，人们知道在正常情况下孕酮的增加是在排卵之后。

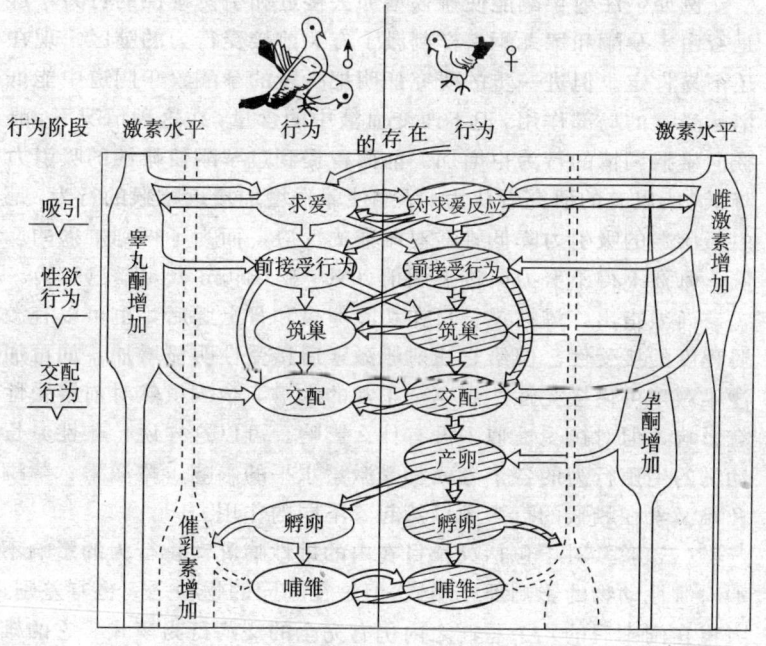

图 7-5 黄斑鸠的生殖行为周期和激素水平的变化的相互关系

有些研究者认为雌猴表示要与雄猴交配的前接受行为是受卵巢和肾上腺分泌的雄激素的影响。在月经周期中接近排卵时,雌猴血液中的睾丸酮的含量确实比雌二醇高,但雌二醇却是一种强激素(就作用而言)。同时睾丸酮在整个月经周期中的波动是和雌激素的波动平行的。如果把雌猴的卵巢和肾上腺一起切除就不会再有睾丸酮。然后注射皮质醇(cortisol)补偿肾上腺的基本功能,再注射雌激素以恢复它的吸引力。这样的雌猴虽然也很健康,但它却不去接近雄猴。这说明雌激素只能使雌猴有吸引力和有接受性,但不能使它有前接受行为。注射睾丸酮能恢复它的前接受行为,将少量睾丸酮植入下丘脑也有同样作用。因此,可以证明其作用是通过神经系统实现的。应当指出的是,在这方面的研究还不是很完全的。有许多个体间的差异和个体内的变化使问题复杂化了,有些事实还难以解释。

例如,注射孕酮能使雌猴增加去接近和引诱雄性的行为,这是否由于孕酮和睾丸酮一样刺激了有关前接受行为的脑区?现在还不易肯定。但进一步的研究证明把少量的孕酮置于阴道中能抵消雌激素的局部作用,但不改变血液中的含量,在这种情况下,雌猴向雄猴调情的行为也增加。前面曾提到过孕酮使雌性的吸引力降低,所以有的研究者认为,孕酮使雌猴增加接近雄猴的行为,是由于雌猴的吸引力降低雄猴对雌猴的反应,而为了得到雄猴的反应,雌猴不得不努力向雄猴调情(M. J. Baum et al., 1976)。

尚须指出,雌性灵长目在切除卵巢和肾上腺后,也可以有微弱程度的接受性。但给它注射雌激素后接受性明显增加,如再加注雄激素可使接受性达到完全正常的水平。孕酮虽然对前接受性有影响,但对接受性似乎没有什么影响。可以这样说,雌性灵长动物的生殖行为的各个方面都受激素水平的影响。雌激素、孕酮和雄激素在雌猴的行为中显然起着不同的作用。

(三)激素对于包括灵长目在内的雄性哺乳动物行为的影响不如对雌性动物的影响那样明快,但是在不同的物种之间也有差别。大鼠在阉割后的几个星期之内仍有完全的交媾行为模式。它的雄激素却早在阉割后的几小时内就没有了,它的性行为的下降远不如雄激素的下降快。

有过交媾经验的雄猫在阉割之后的数星期内仍能交媾,但没有交媾经验的雄猫阉割后都很少有交配行为。这说明经过经验改变了的神经线路,可以不再需要激素的易化作用。有过性体验的雄狗和雄猴阉割后,交配行为的能力保持的时间还要长(几个月或几年)。

雄性哺乳动物的生殖行为的种间和个体间的差异似乎不单单决定于血液中的雄激素的水平,而更多的是决定于脑细胞对激素的敏感性。在雄豚鼠被阉割的前后测量他们的性行为可以看到他们对激素的敏感性的个体差异。实验时按照被试动物手术前在交配测验中的得分,把它们分为高、中和低三组。在这三组阉割后,给它们注射同等剂量的睾丸酮后,三组动物的交配测验得分的等级不变。睾丸酮剂量加倍,它们的等级仍不变(J. A. Grunt and W. C. Young, 1953)。这说明等级的差别在于它们的神经元对激素的敏感性的不同,而不在于激素水平的不同。

在生殖器官的发育中,曾看到,有时一个具有 XY 染色体的雄性胚胎由于某种原因对雄激素不敏感,其外生殖器发育成雌性的样子。这是一种严重的情况。敏感性的较小的差别在正常个体中也是有可能的,激素敏感性也会改变。阉割的时间久了对激素的敏感性就要降低。例如,阉割后的时间越长,要恢复雄性的性行为所需要注射的睾丸酮的剂量越大。敏感性的下降原因在脑细胞中而不是在周缘的感觉和运动器的变化方面。

脑细胞对雄激素的敏感性比周缘器官的敏感性高。所以在大鼠阉割后,要维持其正常的交配行为,所需要的睾丸酮剂量,只抵维持其贮精囊的正常重量所需剂量的一半。雄激素水平在正常范围内的波动也不影响性行为。一般雄激素水平都比维持性行为所需要的水平高些。这是为保证不受激素波动的影响。

**三、激素对女人性生活的影响** 前面曾提到过,控制人类性行为的因素很多,因此激素的作用常被掩盖。关于激素水平和女性的性行为的关系的知识多得之于零碎的调查。西方人的许多研究报告指出,月经之后房事最多。但也有的报告说最多的次数是在月经之前。还有的说是在月经周期的中间,大约在排卵的前后。这些报告很难说明一般的规律。毋宁说反映的是个体的差异。

已知妇女的月经周期是受垂体后叶分泌的促性腺生长激素（gonadotropic hormones）控制的。在28天的周期之中，约在月经来的前几天垂体前叶分泌的卵泡刺激素（follicle-stimulating hormone——FSH）开始上升，它促使卵巢的卵泡和卵发育。FSH也促使卵巢分泌雌激素（主要是雌二醇）。雌激素使子宫的内膜生长，雌激素约在12天达到高峰，它触发垂体在第二天分泌出大量的促黄体激素（luteinizing hormone——LH），并在以后的24小时内排卵。排完卵的卵泡囊开始变成黄体，分泌孕酮〔也叫黄体酮（progesterone）〕。孕酮促使子宫壁进一步发展，准备受精卵植入。如果卵是受精的，它随后就进行细胞分裂，同时分泌一种激素使黄体继续分泌孕酮。以后胎盘（placenta）也分泌孕酮。如果卵未受精，约在24天之后孕酮的分泌下降，引起子宫壁内膜的脱落，即月经的来潮。

如上所述，女性对性生活的要求是否与这些激素分泌的高潮时间有关，还难于下结论。但已知停经（menopause）以后的妇女仍有性生活的要求。

在停经年龄以前，月经的停止多数原因在下丘脑水平。常常是因为LH的分泌不能出现排卵所需要的那种高潮，虽然LH和FSH还维持着稳定的水平。在雌性的生殖周期中，这两种激素的高潮是最易受干扰的。它受到许多条件的抑制，包括营养不良、各种原因引起的心理紧张和忧虑。这种情况常常叫做"下丘脑闭经"（hypothalamic amenorrhea）或"心理的闭经"（psychic amenorrhea）。这证明神经控制的重要性。有极少数的病例是由于垂体的缺陷，这种症状的特点是LH和FSH的水平都很低。子宫有病也可闭经，但这种情况很少。

没有LH和FSH的高潮就不能正常排卵。这可以用激素治疗。有时激素的治疗会使卵巢同时排出几个卵，因而出现多胚胎，如一产五婴（quintuplets）或六婴（sextuplets）的情况现在比以前有所增加。

妇女的卵巢约在50岁左右停止产生成熟的卵泡，同时也不再

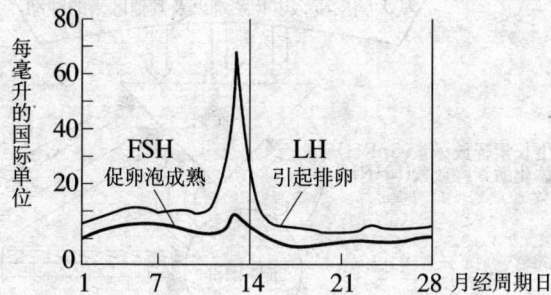

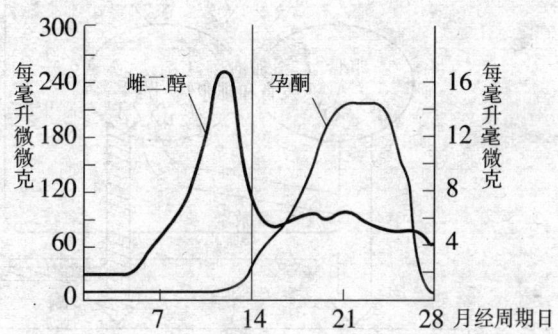

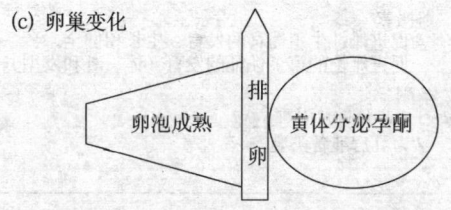

图 7-6　人类月经的周期变化

(a) 垂体前部的促性腺发育激素，(b) 卵巢激素，(c) 卵巢的变化

有月经。在这个时候 FSH 有一个明显的上升。这说明卵巢不能产生成熟的卵泡不是由于中枢神经系失去了控制作用，而是由于卵巢失去了反应 FSH 激素的能力。FSH 的升高是由于卵巢分泌的激素水平降低的反馈作用引起的。这种反馈使下丘脑释放大量的

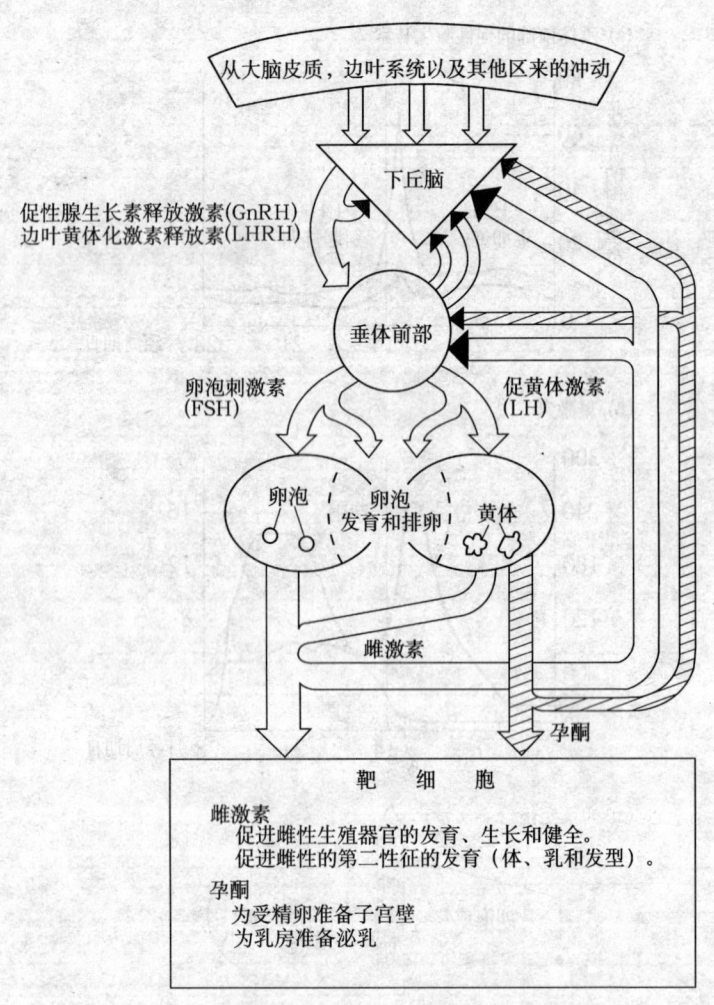

图 7-7 雌激素的产生和调节作用

释放激素（releasing hormones），引起垂体前部增加 FSH 的分泌。没有成熟的卵自然就不能再怀孕。卵泡不发育卵巢也就不能再分泌雌激素和孕酮。但雌激素可能还有一点，这是由肾上腺皮质分泌的。雌激素的下降可能产生多种更年期的症状，但不会终止性生活的需要。

在人类，内分泌系统对生殖来说是至关重要的，但激素水平有个体差异，也不太影响人的性生活的欲求和美满。这是因为决定人的性行为的因素不单单是生物的，还有更复杂的人与人之间的更复杂的因素。

**四、激素对男人的性生活的影响**　　18～60岁的健康男人血内的睾丸酮含量的正常值约在每100毫升350～1 000 ng（lnanogram＝$10^{-9}$克）之间。激素水平的个体差异的范围如此之大，但似乎对性行为的个体差异没有相关。超过60岁，睾丸酮的平均含量逐渐下降，然而约有半数的人直到80岁睾丸酮还保持在年轻人的正常范围之内。

有些阳萎或不育的病人，他们的睾丸酮水平多在400 ng以下或精子数少。性机能失调发生在神经内分泌的三个不同的水平上。

（一）下丘脑不能供给足够数量的促性腺释放激素（gonadotropin-releasing hormone——GnRH）。

（二）垂体不能释放足够数量的LH和FSH。主要是不能稳定地释放，而是冲动式的。所以需要多次诊断。如果LH和FSH值太低，就需要用GnRH治疗，然后观察有无LH和FSH升高的反应。

（三）病源也可能是在睾丸中。这种情况虽然有足够的LH和FSH睾丸，也不产生睾丸酮。因此，下丘脑和垂体也得不到睾丸酮的负反馈，所以LH反而会升高。60岁以上的男人如果LH水平上升可能是睾丸功能开始衰退的症兆。

睾丸酮水平下降到正常范围以下而缺乏性欲的病人，用睾丸酮治疗几星期之后可以恢复性欲和正常的性生活。

应当说明的是，从许多有关人类性行为的研究中看到，大多数成年男女在性行为方面的个体差异不能用性激素水平的不同来解释。在人类，激素在生殖器官的早期发育上和在第二性征的发展上无疑是极为重要的；激素在促进性行为和维持性功能上也有一定的作用。但是激素水平的巨大的个体差异对人们的性生活的频繁程度和美满程度似乎没有明显的影响。人脑的有关性行为神经线路一旦建立之后，在没有激素易化它们的时候，其他的刺激也足能引起它们的活动。

## 激素和母性行为

在相当大的一部分动物中都有照料后代的行为。这种行为包括造巢、哺育和保卫等等。有些物种，如上面提到的黄斑鸠，双亲都参加照料幼仔的行为。有的则只有雌性的负责，有的只有雄性的负责。但雌性的行为节目似更多一些，因此常把这种行为称之为母性行为（maternal behaveors），如果包括雄性的照料行为在内，则称之为父母行为（parental behaviors）。在这种行为中，激素也有一定的控制作用，前面曾提到过黄斑鸠的这种行为。在本节中再谈谈哺乳动物的。

**一、大鼠的母性行为和激素的关系** 大鼠在产前（prepartuient）和产后（postparturient）有两次搭窝的行为。这两次的行为很不相同。产前搭窝时是把一切可用的材料堆在笼内的一个角落里，形成一半圆小堆，然后伏卧在上面压成一个窝。产仔后立刻开始做产后的窝，这个窝是把材料收拢得更紧凑。上面还搭一个顶篷，把子鼠盖住。搭窝都是用前爪和嘴完成的。

雌鼠约在产前10小时爬入窝中，腹部紧贴窝底，后腿向后伸。当第一个胎鼠进入产道时，雌鼠的头转向两后腿之间，用力舐和咬阴道口。在第一个胎鼠产下后，立刻吃掉胞衣。继续不停地舐仔鼠，特别是舐仔鼠的肛门和生殖器部分，紧接着就搭产后的窝和哺乳。以后一个一个地产下其余的仔。在产这些仔的时候母鼠不再舐自己的阴部。

当仔鼠爬散时母鼠还有衔回它们的行为。这种取回仔鼠的行为对仔鼠的生存是极为重要的，因为一个赤裸无毛的仔鼠的生长需要接近100 °F（37.75 ℃）的温度，这只能用母鼠的体温和盖得严密的窝来维持。

许多研究者认为，母性行为的开始是和激素有密切关系的。例如，将产后出现了母性行为的雌鼠的血输入尚未产仔的雌鼠的血管内，可以使后者提前数天出现母性行为（J. Terkel, 1970）。给处女鼠注射雌激素、孕酮和催乳素（prolactin），也可以使它表现母性行为（H. Moltz et al., 1971）。除激素的作用之外，仔鼠提供的视觉刺激和吸奶的刺激也可能促进雌鼠的母性行为，因为处女鼠有时在有仔鼠存在的时候也会表现母性行为。雄鼠在和仔鼠共处六或七天之后，也有把仔鼠衔回窝的行为。

**二、催产素和母性行为的关系** 和母性行为有关的激素，除上面提到的雌激素、孕酮和催乳素之外，还有另一种垂体后叶分泌的激素，叫催产素（oxytocin）。这种激素刺激子宫收缩能促进分娩。它也能使乳腺细胞收缩，同时这种激素的分泌也受行为刺激的影响。当婴儿或幼动物开始吸吮奶头时，需经 30～60 秒后才能得到乳汁。这个延迟时间中有一系列的事件发生。当乳头中的感受器受到吸吮的刺激时发生神经冲动，经过脊神经和脊髓丘脑束传到下丘脑中含有催产素的细胞。这些激素经垂体后叶释放到血液中，然后到达乳腺，使贮存的乳汁周围的细胞收缩，将乳汁排出乳头孔。在人类，这一反射活动常常和婴儿的哭声形成条件反应。所以在喂奶时乳汁会提前流出来。

催产素还有另一种作用即促进母爱。有些动物有强烈的护仔行为。这种护仔行为在产仔后过一段时间才出现。这是因为要等待催产素的分泌达到一定的水平。实验证明，如果幼仓鼠投入成年仓鼠的笼中，它们会被吃掉，但是把它们投入产仔后过几小时的雌仓鼠笼中，它们就不会被吃，甚至会被哺乳。如果，把产前和产后儿小时的仓鼠的动脉血注入处女仓鼠的动脉，处女仓鼠即刻会表现对幼鼠的爱护行为，如舐、喂乳、做窝、把爬散的幼鼠衔回窝中。假如处女仓鼠接受的不是产前或产后的仓鼠血，它就不会有护幼的行为（J. Terkel and J. S. Rosenblatt, 1968）。另一种实验证明，如果母羊生下小羊后立刻把小羊抱走，过 24 小时给它抱回来，母羊就不认仔了。但是，如果在它产羔之后过 2 小时再把羔抱走，过 24 小时给它抱回来，它仍然认仔，舐它和让它吮乳。这时甚至给它抱回的不是它的亲生仔，它也同样爱护（E. B. Keverne et al., 1983）。婴儿或动物的吸乳和视觉刺激对催产素的分泌也有促进作用。在人类没有这方面的实验研究。但根据这些动物实验的事实,至少可以说,母亲自己喂奶,对增进母子的感情和促进母乳的分泌方面一定也有裨益。

# 第八章 摄食和饮水行为

概 论
基本的摄食系统
动物摄食行为的比较
 摄食器官的适应特色
 动物的食物选择
 摄食的时间模式
哺乳动物的消化道和消化过程
脑内控制摄食的系统
 腹内侧下丘脑
 外侧下丘脑
 VMH 和 LH 的交互作用
 摄食的控制系统的多重性
  一、外侧下丘脑和黑质纹状体束（NSB）
  二、杏仁核和摄食的控制
摄食行为的发动
 脑的局部刺激的影响
 发动摄食的信号
  一、食物储备的内部监视过程

  二、外部刺激与摄食行为的发动
停止摄食行为的周缘信息
特异的饥饿和习得的反应
肥胖问题
 外在的原因
 体重定点的变化问题
渴和饮
 身体如何监视水的供给情况
  一、监视细胞内的液体变化
  二、监视细胞外的液体变化
 饮水行为的发动
 饮水的停止
 味觉和饮水
第二性的饮水及其脑机制
 定 义
 第二性饮水的脑机制

# 概　论

生物的生长和繁殖有赖于它们能和周围的环境进行物质和能量的交流。任何一种生物都需要不断地从其周围环境中取得可供细胞的构造、增长、更新和活动用的物质和能量。但是植物和动物有所不同。植物是靠根和叶的物理和化学的特性吸收周围的无机物质和能量，没有明显的摄食或饮水的行为表现。动物则不然，动物有积极地寻找、选择和摄取物质资料的行为表现，因此被称为动物。

动物需要这种能力，是因为它们不能把多种无机物综合成为身体构造和生长所需要的有机物质，而在自然界中，对于任何一种动物来说，可以利用的有机物质并不像植物可以利用的无机物质那样的丰富和几乎普遍地存在。所以动物需要开发食物资源的活动能力。自然选择的结果使自然界中出现了能行动的有机体，它们以植物或其他动物为食。

动物除了有行动的能力之外，还有反应体内物质匮乏的特性。当体内缺乏必要的物质时，它们寻找和摄取该种物质的行为就活跃起来。

动物体内的物质匮乏是动物积极行为的最原始的和最基本的原因之一。在高等动物中有专门监视体内物质贮存和需要情况的系统。当体内物质缺乏时，这个系统发动寻找食物和摄食或饮水的行为。这时我们认为动物是处于饥或渴的状态。我们在这种情况下有主观的饥或渴的感觉和饮食的需要。饮食的需要和性的欲求，对于物种的生存来说是天经地义必须要满足的。然而就个体动物而言性的欲求不能满足可以继续活下去，而得不到饮食则必然要死亡。所以我们常说"民以食为天"，要工作首先得吃饭。简言之，求食也是人类行为的生物动机之一。

# 基本的摄食系统

动物的摄食系统繁简不一，单细胞动物的细胞能捕捉复杂的有机物质，并能在细胞内消化它。在多细胞的动物中发展出了专门的摄食系统，其基本的形式包括有侦察食物性质的感受器（嗅或味觉感受器），摄入食物的口和食道，以及消化和吸收食物的胃肠道。

当一个动物，例如夏天常见的苍蝇，多时未吃东西时，它会活跃起来，并开始无定向地行动，直到碰到一点食物信号的气味或滋味。认识这种刺激，在无脊椎动物和大多数的脊椎动物中，是神经系统的固有功能。然而所引起的吃反应的强度则是因感觉适应和消化道内的饱满信号而改变的。一只苍蝇吸食糖汁的倾向随糖汁的浓度而增强，但糖汁过浓的时候也会排斥它。在一般情况下，在它继续品尝糖汁的过程中，它的感受器就逐渐适应了糖的刺激，最后感受器停止放电，这时，它也就停止吸食糖汁。但是，如果有不同味道的食物仍能引起它的吃反应。这种特性可以使它变换着摄取不同的食物，以便取得各种的营养物质。当消化道充满食物之后，消化道内的机械感受器（mechanoreceptors）就会给神经系统发送信号，让摄食反射的线路关闭。所以即使感觉感受器还在不停地放电，摄食行为也会停止。如果切断从消化道到神经中枢去的神经，它可以不停地吃食，直到胀死。

这里所讲的是摄食系统的基本模式。哺乳动物的摄食系统比这个基本模式要复杂一些，主要是复杂在摄食行为的控制系统方面。苍蝇的摄食行为的控制系统虽然简单，但它的摄食的模式也不是绝对不变的。例如，苍蝇每七天中有一到两天增加蛋白质的摄入量，这都是在刚刚产卵之后，这是为了获得产下一窝卵所需要的蛋白质。对于蛋白质的这种时间性的偏爱可以看做是特异性饥饿（specific hunger）的一个例子。在人和其他哺乳动物中，如果体内缺乏了某种重要物质，也会出现对含有该种物质的食物的偏爱。在神经系统中，如果监视体内物质储备情况的机构出了故障，也会出现过分贪食或厌食的不正常行为。

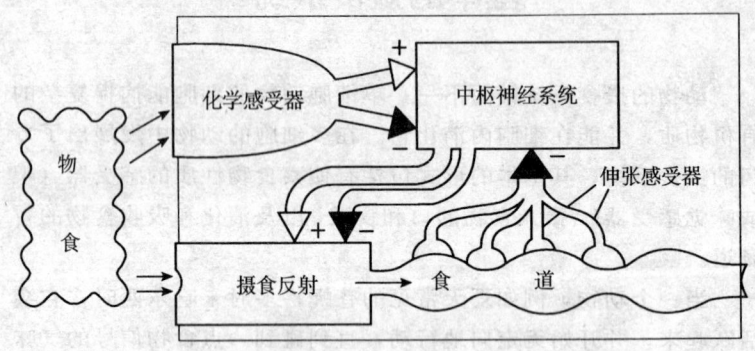

图 8-1 苍蝇摄食的控制系统的基本模式
△表示兴奋的，▲表示抑制的

## 动物摄食行为的比较

在物种之间摄取食物的方式，选择的食物种类和摄食的时间是很不相同的。下面作一简单的说明。

### 摄食器官的适应特色

解决饥饿问题的第一步是从环境中取得可吃的东西。有多种方式，最简单的方式如海绵、珊瑚和文昌鱼等，停在一个地方不动，只是从流入体腔或口内的海水中吸取食物；草食动物吃植物，有时随植物的季节性的变化而迁徙；食肉动物猎取其他动物，需要猛烈而敏捷的动作。每一类生活方式都需要许多相适应的身体结构。

动物把食物弄到口中所需要的装备有很多结构上的变异。最明显的例子可以在鸟类中看到，达尔文在这方面作了很好的描述。

鸟喙的大小和形状有很大的差别。在鸟类中，获得食物的主要方式有几种，如捕鱼、咬碎草籽或坚果，在空中捕捉昆虫，从树皮下挖掘小虫，吸花蜜，撕裂动物的皮肉。与此相适应的是出现了不同形状的鸟喙。像猎食动物的鹰类有坚强带钩的喙，利于撕裂猎物的肉。吸花蜜的鸟的喙则是细长的，像个吸管，容易插入花中。某些文鸟和鹦鹉需要咬开种子或坚果的硬壳，它们的喙短而粗壮。另一些如鸭类，它们的扁喙适合于过滤水中小的食物颗粒。喙的大小和形状只不过是与鸟的摄食性质有关的许多特性之一。其他如鸟的整个的体形行为和栖息地，都和它们的摄食技能和习惯有重要关系。

哺乳动物的食物来源更为多样化，包括种子、草、根、树皮和其他动物。哺乳动物的牙齿反映它们的食性。啃食的啮齿动物有强大的门齿，食肉的哺乳动物有锐利如镰的犬齿。食草的哺乳动物有大而扁的臼齿，利于磨碎韧皮纤维。因此古生物学家能够从动物化石的牙齿类型上判断它们生存时的食性。

## 动物的食物选择

一切动物的生存都要靠获得必要的营养物。养料的代谢为动物的细胞构成和身体的各种活动提供资料和能量。虽然有许多环境可以给动物供应各种可能的营养物，但大多数的动物只选择一定种类的食物。有些动物选择的食物范围极为狭窄，如果找不到习惯的食物甚至于饿死。

动物学家按照动物的食性把动物分成几个大类，如吃其他动物的称为食肉类（carnivorous），吃植物的称为食草类（herbivorous），吃虫的称为食虫类（insectivorous），吃蜜的则称为食蜜类（nectivorous）。

## *摄食的时间模式*

有些动物几乎是不停地吃东西,而另一些动物则只在白天或夜间的一定时间内吃食。决定动物摄食的时间和次数的一个重要因素是它们的生态环境。此外,食物的营养特性、内在生物钟的节律和社会化的学习也是一些决定因素,社会化的学习在人类是特别重要的因素。在摄食行为的发动和停止中,还有另外的因素,将在后面论及。

有许多动物如海豹,在繁殖时节可以几个星期不摄食。鲸鱼在迁徙时,企鹅在孵卵时,熊在冬眠时也是几个星期或几个月不摄食。这种长期的绝食显然都是发生在有比摄食更为重要的活动的时候。长期绝食的机制将在以后论及。

# 哺乳动物的消化道和消化过程

前面讲过苍蝇的食道。在讲摄食的脑机制之前还应该简单地说明哺乳动物的消化道和消化食物的过程。

要使身体的细胞得到和利用营养物资,吞吃的食物必须变成简单的化合物。这些简单的化合物是经消化过程产生的。在消化道中有一系列的机械的和化学的过程。其中有些主要的过程与我们将要讨论的摄食行为的神经控制机制有密切关系。

消化道开始于口,在口中以机械方式将食物粉碎,准备下一步进行化学过程。舌上的味蕾这时在确切鉴别食物的性质上起关键作用。在口中也有微弱的化学过程。唾液有溶解部分食物的作用,其中也含有使碳水化合物开始分解的酶。味觉和咀嚼食物的运动产生了引起胃里的消化酶分泌的信号。

食物被咽下去之后,由食道进入胃,这一过程包含着口和咽部的一组肌肉的复杂的反射。食道(esophagus)是连着咽和胃的一个管子，这个管子的波浪式的蠕动把食物推到胃中。在胃中开始最集中的消化过程。胃的构造特点因物种而异。在食草动物中，胃的形态特别复杂，这是因为它们吃的是不同的草。在胃中，由于胃的蠕动使食物得到充分的混合，同时使消化酶分解它们。一种酶把蛋白分解成为氨基酸。另一种酶能改变乳中特有的一种蛋白质的结构。此外还有消化脂肪的脂酶。胃也是存留待消化食物的地方，所以胃里食物的贮存量，可想而知，会影响摄食的时间。

胃里的东西经十二指肠直接进入小肠，在胃和十二指肠之间有一幽门括约肌（pyloric sphincter）制约着食物向小肠的流动。在小肠中继续进行酶的作用。从胰脏分泌出的酶分解蛋白，碳水化合物和脂肪。肝和小肠的分泌物继续进一步的消化过程，小肠有节奏的蠕动使消化的食物进一步混合。最后在整个小肠中进行的是吸收过程。消化后的物质经毛血管进入向肝里流的血液中。不能消化的物质经过大肠作为粪便排出。

胃里的细胞除分泌酶之外，还分泌激素，这些激素有些是调节酶的生产，有的是作用于脑细胞以影响摄食行为。

## 脑内控制摄食的系统

在20世纪50年代曾提出过控制摄食的"双中枢论"（dual-center theory）。照这一理论的说法，下丘脑中含有控制饥和饱的两个中枢。一个称为饥中枢（hungercenter），处于外侧下丘脑（lateral hypothalamus——LH），促进摄食。另一个称为饱中枢（satiety center），在腹内侧下丘脑（ventromedial hypothalamus——VMH），抑制摄食。这两个都是一级中枢。所有其他的影响摄食行为的脑区和因素都要通过这两个下丘脑中枢来起作用。然而进一步的研究使这两个中枢失去了它们的独特的地位，甚至连中枢的概念都受到了挑战。

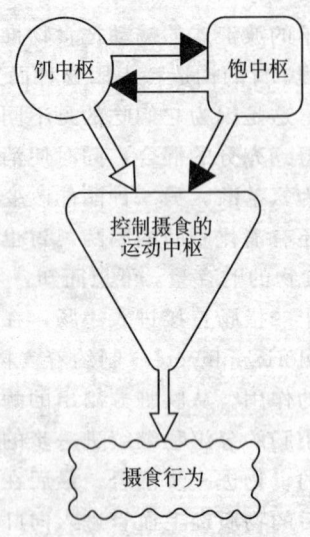

图 8-2 控制摄食的双中枢理论图示

## 腹内侧下丘脑

在 19 世纪,医生们曾发现某些患贪食病的肥胖病人其脑的底部常有损伤或肿瘤。1940 年有两位神经学家(A. W. Hetherington and S. W. Ranson)报道,两边的腹内侧下丘脑(VMH)损毁后的大鼠贪食而肥大。进一步的研究证明 VMH 损毁在各种实验动物中,如在猴、狗、猫和多种啮齿动物中以及在某些鸟类中,都产生肥胖病(obesity)。大多数的实验都是用大鼠做的,因此我们多引用大鼠的材料。但也将指出这些材料和人类行为的相似性。

VMH 最初称为饱中枢,是因为破坏它们似乎使动物难以餍足。但是观察到的这一特点并不是全貌。损毁 VMH 不只是使大鼠变成一个简单的吃食机器。VMH 损伤的大鼠的摄食习惯仍然受食物的美味和体重的控制,只是控制的方式改变了。如果可以得到高热量的美味食物,VMH 损毁的大鼠手术后体重的增加一般有两个阶段。第一个阶段表现惊人的食量增加,吃正常量的两倍到三倍的食物。这种情况叫做过食（hyperphagia）。体重随之猛增，这个阶段称为体重增加的动态阶段（dynamic phase of weight gain）。几星期之后体重稳定在肥胖的水平，这时食量不超过正常时的水平。这个阶段称为肥胖的静态阶段（static phase of obesity）。

有些观察者指出，VMH 损伤大鼠的体重调节有了一个新的目标，这个目标的水准大大高于正常值。但是这种调节和正常的调节也不完全相同。如果给静态阶段的肥胖大鼠强迫喂食，其体重会继续增加，但是再允许它自己摄食时，它的体重又回到原来的肥胖水平。如果给肥胖大鼠剥夺食物，使其体重减轻后再让它自己摄食，它的体重将重新回升到肥胖的静态水平。然而这种调节不是完全独立的，因为所达到的肥胖高原的水准决定于是否能得到足够的美味高脂肪食物。结果 VMH 损伤的大鼠只能吃到实验室中常备的硬食块，它们的体重与对照组的比较，增加并不多。如果食物中搀点奎宁，使它带有苦味，VMH 损伤的大鼠的体重甚至还会低于对照组的。VMH 损伤的大鼠倾向于挑剔食物（finicky），这不仅表现为它们过分贪食美味食物和拒吃糙食，而且还表现为不能积极地为取得食物而操作。可以说它们是又馋又懒的。

身体的肥胖也有遗传的因素。有一个品种的大鼠（zucker strain），具有纯隐性肥胖基因的个体比同窝的杂合基因的个体的脂肪细胞多，而且大。这种肥胖大鼠即使喂以含奎宁的食物也会发胖，它们也能为获得食物而努力工作。这说明这种肥胖大鼠的摄食控制机制和 VMH 损伤的大鼠有所不同。这两种肥胖虽然都可以用体重的定点（set-point）高来解释，但 VMH 损伤的大鼠是按照因手术而提高了的定点来调整体重的，而且调整机制的工作不像遗传性肥胖大鼠的那样好，因为它受食物味道和取食条件的影响。

由此看来 VMH 不是一个简单的饱中枢。它的功能涉及到体重的调节标准对食物的选择性反应，以及求食的积极性等方面的控制机制。

人类的 VMH 损伤（由于脑底瘤的挤压或其他原因）后也产生过食和肥胖症状。但因为这个区域周围有许多其他结构而损伤范围也不能完全和在动物身上做的手术相比,所以出现的症状往往是复杂的。如除过食和体重迅速增加外,还会伴有易怒、遗忘、性功能和内分泌的障碍等症状。

尽管人和动物的情况可能不尽相同,但是在大鼠身上做的这种实验和对遗传性肥胖大鼠的研究,毕竟给了解人的肥胖和肥胖病的原因提供了一些重要的线索。

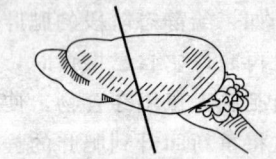

(a) 鼠脑额切部位,通过下丘脑

(b) 额切面

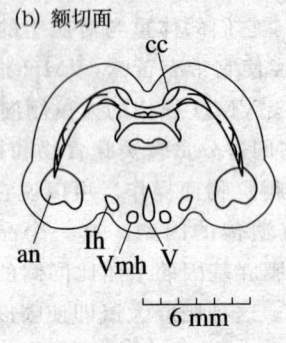

图 8-3　鼠脑中控制摄食的有关区域。(a) 表示冠状切面的部位。(b) 额切面,an——杏仁核;cc——胼胝体;lh——外侧下丘脑;V——第三脑室;Vmh——腹内侧下丘脑。

## 外侧下丘脑

1951 年又有两研究者 (B. K. Anand and J. R. Brobeck) 报道损毁了大鼠或猫的两边的外侧下丘脑(LH),它们都有拒食的表现,即所谓厌食(aphagia)。有的严重到面前有食物而饿死的程度,

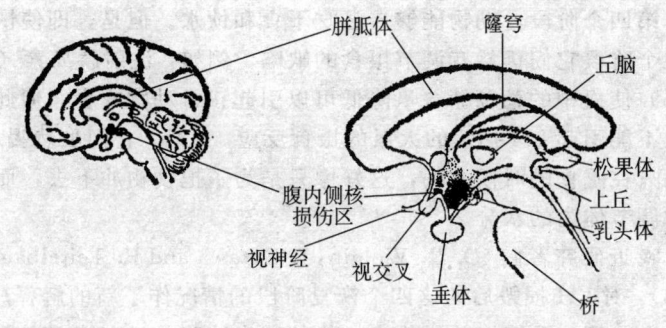

图 8-4 在一个女病人脑中引起肥胖病的脑瘤的部位 (A.G. Reeves and F. Plum, 1969)

或者说它们失去了饥饿感,以至饿死也不想吃食。因此研究者们提出 LH 中含有一个饥中枢,也叫做摄食中枢 (feeding center)。VMH 可能是抑制这个中枢以终止摄食。不久有人 (P. Teitelbaum and E. Stellar, 1954) 又发现了 LH 损毁后的两个重要特性。第一,手术后的大鼠不仅拒食,而且不饮 (adipsia)。如果试者把一点食物或水滴在它的口内,它会将它吐出来。第二,厌食和不喝水不是永久性的。少数大鼠约在手术后一个星期开始自发地吃食和饮水。大多数的大鼠如果在不食不饮的时候,用胃管灌食使它们活下来,它们自己吃食和饮水的能力也能恢复。这样看来 LH 损毁并不能永久阻碍摄食和饮水。

LH 损毁后摄食能力的恢复有四个阶段 (P. Teitelbaum and A. N. Epstein, 1962)。

第一个阶段,动物不食也不饮,似乎厌恶食物和水,躲避食物和水,在此期间体重迅速下降。

第二个阶段,动物仍然不喝水,但似乎不是绝对拒食,而是厌食 (anorexia),即没有食欲。如果有美味的食物,也能吃一点,但是吃得很少,而且不喝水。所以仍然需要用胃管喂食来维持生命。

第三个阶段,动物自己能够摄食,但仍然拒绝饮水。如果只有水,它是不去喝的,因而不久也停止摄食。然而在此期间可以用含糖精的水训练它逐渐地自己饮水。某些损毁区域较大的大鼠恢复程度不超出第三阶段。少数的可以恢复到第四阶段。

第四个阶段，动物能够自己吃干食和饮水。但是，即使恢复到这个阶段它们仍然有调节摄食的缺陷。例如，注射胰岛素（insulin）使血中的葡萄糖含量降低可以引起正常动物吃食，但此种处理不能引起 LH 损毁的大鼠的摄食反应。此外，它们虽然喝水，但是只在吃食的时候才喝，这好像只是为了把食物冲下去，而不是为调节体内的水分。

晚近研究者们（D. L. Wolgin，J. Cytawa and P. Teitelbaum，1976），对 LH 损毁后的这四个恢复阶段的情况作了新的解释。他们提出，第一和第二阶段代表一般的行为缺陷，只有第三和第四阶段才是摄食和饮水的特殊缺陷。前两个阶段的表现既有对感觉输入的忽视（或不察），又丧失了行为的激活反应。如果一个 LH 损毁的大鼠或猫在第二个阶段受到痛刺激而兴奋起来，它们将会吃食，但是当痛刺激停止时，它们又回到对食物毫无兴趣的状态。

一般的缺陷和特殊的摄食缺陷的区别可以同苯异丙胺（amphetamine）对这两种缺陷的不同治疗来说明。许多人服苯异丙胺压制食欲以减轻体重。还有的用它做兴奋剂。奇怪的是，苯异丙胺虽然能削弱正常动物的食欲，但却能增强在第二和第三阶段早期的鼠和猫的摄食行为。在 LH 损毁后恢复的这两个阶段刺激的作用似乎有更为重要的影响。内在的激发作用和感觉刺激的作用，看来是摄食行为的必要支柱。

LH 损毁后恢复摄食的大鼠能够严格地调节它们的体重，使体重保持在和对照组相比的一个几乎恒定的百分值上。LH 损毁的范围越大，体重维持的水平越低。如果限制食物，LH 损毁鼠和对照鼠的体重一致地下降，当取消了食物的限制之后，它们的体重都恢复到限制食物之前的各自的水平。同样地，如果让它们都吃一种用鸡蛋和糖制成的滋养食物，LH 损毁大鼠和对照大鼠的体重也都增加，当换成普通食物后，它们的体重也都回到各自的原有水平。当食物里搀了奎宁之后，LH 损毁的大鼠虽然对奎宁的反应特别强烈，但它们体重的变化情况和对照组的完全一样。这说明，LH 损毁只是使大鼠的体重调节的定点低了（R. E. Keesey，1980）。

在外侧下丘脑区生瘤的病人也会消瘦。动物中两边外侧下丘脑因意外病患都受损伤的情况较少。但即使损伤是在一边，也能产生不食和不饮症状。患 LH 性厌食症的人数约有患下丘脑性肥胖病的人数的四分之一。

## VMH 和 LH 的交互作用

有些事实证明 VMH 和 LH 有相互的抑制作用。例如，当部分损伤大鼠的两边的 LH 区时，它将有拒食的表现，但是如果同时有 VMH 区的损伤，它就比较容易吃食。这说明两个区域之间的相互抑制因同等的手术干涉，又取得了平衡；记录 VMH 区和 LH 区的单个神经元的放电，证实它们之间有相互的神经连接。其中一个区域的细胞兴奋能使另一个区域的细胞抑制（放电频率下降）。用电刺激或注射胰岛素或葡萄糖的办法都可以得到这种结果 (L. Hermandez and B. G. Hoebel, 1980)。

这两个区域对外表的行为和内部的调节都有相反的影响。LH 的活动加强摄食刺激的积极作用，促进吃食反应和提高体内食源的调动和利用率。VMH 的活动加强摄食产生的刺激的讨厌的性质，促使停止摄食和提高体内食源的贮藏和保留。

## 摄食的控制系统的多重性

双中枢的假说受到了批判，一个原因是在解释损毁的效果时有了争议。损毁后出现的症状是由于破坏了调整的中枢呢？还是由于切断了过路的纤维束？这是争议的问题。另一个原因是，研究者们发现有许多下丘脑以外的脑区也参与摄食行为的调整机制，而这些区域的作用并不只是通过它们与下丘脑的联系。在这些区域中有杏仁核（amyglaliod nuclei）、额叶皮质（frontal cortex）和黑质（substantia nigra），其中任何一个区域损毁后都影响摄食行为。下面我们说明这些中枢和神经纤维束的关系。

**一、外侧下丘脑和黑质纹状体束**（NSB） 有些研究证明，切断 LH 区前面、后面或外侧的纤维束，即使不伤害 LH 的细胞，也产生不食症状。选择性的损毁黑质纹状体束（NSB）也产生许多类似 LH 损毁的症状。NSB 是一种多巴胺能（dopaminergic）的纤维束，起源于中脑的黑质，经过 LH 区，然后再通过苍白球（globus pallidus），终止在尾核（caudate）和壳核（putamen）。切断这个束，或用 6-羟多巴胺（6-hydroxydopamine——6-OHDA）耗尽它的多巴胺，也能产生不食和不饮的症状；也有对食物的挑剔等不正常现象，如拒吃加了奎宁的食物，不喝含糖低的水。如此说来，LH 损毁后的症状能否都用 NSB 的破坏来解释呢？

为回答这一问题，人们用选择性地破坏 LH 细胞的红藻氨酸（kainic acid）做了实验。核仁酸是一种神经毒物（neurotoxin），把它注入 LH 后，可以使接触它的细胞体因过度兴奋而破坏，但不损毁路过此区的神经纤维。当将微量的核仁酸慢慢地注入 LH 时，过几分钟，大鼠即出现不食和不饮症。组织检查证明 LH 区的神经元大为减少，但经过此区的神经纤维并无损伤。生化分析也未发现脑内的多巴胺水平下降。这都证明 NSB 纤维未受影响（S. P. Grossman et al.，1978；E. M. Stricker et al.，1978）。这说明单单 LH 区的细胞破坏确实能损害摄食和饮水行为。

另一种实验是用 10 天幼鼠做的。10 天幼鼠的这些纤维束还未长完，还未通过此区，或功能尚未成熟。这时损毁了 LH 区的幼鼠即停止吸奶，必须人工灌奶一直到 30 天，它们终能吃点糊状的食物。但拒绝吃干食和饮水。有些鼠养了 375 天仍坚持不吃干食和不饮水（C. R. Almli et al.，1979）。然而尽管症状如此严重，它们都没有 LH 损毁的成年大鼠在第一和第二恢复阶段所表现的那种对感觉刺激的忽视和缺乏兴奋的现象。这是用特别设计的感觉和运动能力的测验证明的。从这些结果中，研究者们指出，在成年大鼠中 LH 损毁后摄食和饮水的特异性的困难是 LH 的神经元被破坏引起的。感觉和兴奋的缺陷则是由过路纤维被切断引起的。

## 二、杏仁核和摄食的控制

杏仁核团损毁有时产生厌食,有时产生过食,这决定于损毁的部分。两边的杏仁核的底外侧部 (baslateral subdivision) 损毁产生过食,皮内侧部 (corticomedial subivisions) 损毁产生厌食。在猫、狗、猴和大鼠中都是这样。在大鼠中更为明显 (C. I. Thompson,1980)。大范围的损毁侵及杏仁核周围的组织,则产生过食。这似乎说明底外侧部分的功能优势。

底外侧部分发出纤维到 LH 区,起抑制作用。刺激杏仁核的底外侧部分可抑制 LH 区的神经元的放电活动,同时却使 VMH 区的神经元兴奋。刺激杏仁核的皮内侧部分抑制 VMH 的细胞放电。

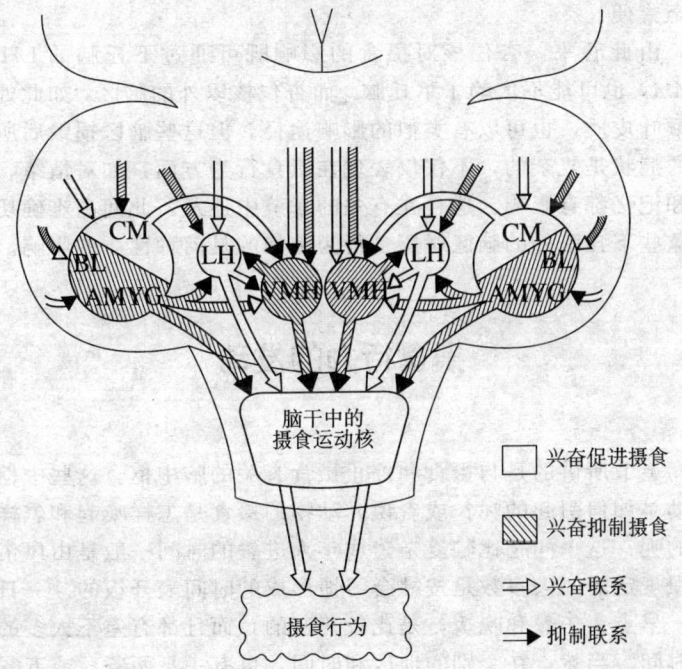

图 8-5 有关摄食行为的杏仁核、下丘脑和脑干运动核的联系的图解说明。杏仁核既可以直接地、也可以通过 VMH 和 LH 控制脑干的运动核。AMYG——杏仁核;CM——皮内侧部;BL——底外侧部;LH——外侧下丘脑;VMH——腹内侧下丘脑。

但有些事实证明,杏仁核对摄食行为的影响并不是完全通过LH 和 VMH 实现的。例如,损毁杏仁核底外侧部所产生的过食行为,在破坏了 VMH 和 LH 之后依然存在。此外,两边的杏仁核损毁之后,动物出现一种特别的无所不吃的行为(包括吃不可吃的东西)。而这种怪僻的行为是下丘脑损伤的动物所没有的。两侧颞叶切除的猴子也有这种怪僻行为,例如,把任何能拿到的东西,其中包括活的小鼠、电线,甚至它所惧怕的蛇都往口里送。敢吃以前惧怕的东西也是杏仁核损毁的特殊症状。

在患有颞叶皮质大范围损伤的病人中也有类似的情况,他们拿到什么就吃什么,包括包装食物的塑料袋、肥皂、牙膏、狗食,甚至粪便。

由此看来,杏仁核对摄食的影响既可通过下丘脑的 LH 和 VMH,也可能不依赖于下丘脑。而杏仁核以外的脑区,如此处举的颞叶皮质,也可以有类似的影响途径。但这些脑区损毁后所产生的症状是复杂的,不仅仅表现在摄食行为方面,如对情绪、认知和记忆都有影响。这将在有关的章节中述及。此间尚难确切说明这些下丘脑外的脑区对摄食行为施加的是何种性质的影响。

## 摄食行为的发动

上节所讲的是与摄食和停止摄食有关的脑中枢。这些中枢的活动是如何引起的呢?或者说,动物的摄食是怎样唤起和怎样停止的呢?这个问题比较复杂。成年人进餐的时间一般是由风俗和习惯规定的。大多数是按社会习惯形成的时间表开饭的。一日三餐:早点、午餐和晚饭,是比较普遍的,而且都有差不太多的规定时间。当然,在个别的地区和时间,也有一日两餐,或五餐的(例如,在早点和午餐之间有第一次茶点;在午餐和晚饭之间有所谓的午茶)。人类在这些规定的时间开始进食学习的和习惯形成的生活节律起重要作用。

在动物中,如不同的哺乳动物,其摄食的间隔时间和一餐所用的时间有很大差异。许多小型的哺乳动物几乎把它们醒着时的所有的时间都用之于找食和吃食。这是因为它们的身体表面的面积和其体积的比率较大,热量的消耗快。草食的动物摄食时间也长,因为它们的食物含热量低,为了满足营养的需要必须吃大量的食物。然而,就是这些动物也都不是把所有的时间用来吃东西的。也就是说,它们的摄食也是有始有终的。所以,使它们开始摄食和终止摄食的那些因素也是值得研究的。不过最使人感兴趣的是一些大的食肉动物的摄食行为。

如豹、狮和老虎这样一些猛兽,在自然环境中,吃东西的时间和数量是很不规律的,它们有时一天吃几个小动物,有时几天得不到食物。还有的时候捕杀了很大的动物,一次吃不尽弃之而去。但如非洲豹则常把吃剩的动物残体拖到树上藏在树叶下面,不让天上的鹫和地下的鬣狗吃去。是什么因素使豹停止吃食和再次去吃食的呢?这是一个研究摄食行为的最基本的问题。

许多动物摄食不仅是为现实的需要,而且是为未来的需要。例如,冬眠的动物,在冬眠之前要在体内贮存大量的脂肪以供冬眠期间不吃食物时消耗。海象在交配季节之前也要贮存大量的脂肪,因为在交配时节它们无暇吃食;有些候鸟在长距离的迁徙之前也要在体内贮存能源。这些动物并不都是在饥饿时才吃食。像前面提到的豹子在获得大的猎物时也不仅仅吃到充饥的程度,甚至也不都是在饥饿不堪的时候捕食。看来,发动动物摄食行为的信号不是体内能源的涸竭,而是能源储备下降到规定的水平之下发生的。

历来人们都承认饿了才想吃东西。19世纪末和20世纪初的生理学家们认为饿的感觉是胃的某种情况引起的。有的说是胃液分泌增加,有的则说是胃液分泌的减少。还有的说是胃的活动增加,也有说是胃的活动停止的。当研究者们能用新的技术记录脑电活动和进行脑的局部损毁手术时,人们就把研究摄食行为的发动原因的重点工作从食道转移到脑的过程。从20世纪的40年代开始,控制摄食的脑过程和脑线路成了研究的主要课题。直到70和80年代,才把周缘过程的研究和脑过程的研究结合起来。现在对摄食行为的控制系统的新的认识包括有味觉和口味的变化,胃的活动和胃液的分泌,血液中的物质的监视和脑区之间的兴奋和抑制的相互作用。在本节中我们将分别说明脑的局部刺激对摄食行为的影响和内外的刺激对这些脑区的活动的影响，以及它们和摄食的关系。

## 脑的局部刺激的影响

刺激实验动物的脑内的不同地点可以引起不同种类的动机行为，如摄食、饮水、交媾、攻击或逃跑。40年代，瑞士的生理学家赫斯（Walter R. Hess）做了许多这样的实验。由于这些研究他在1949年获得诺贝尔奖金。其他的研究者也证实了脑刺激能引起摄食和饮水行为。然而，对这种刺激所引起的摄食等现象的解释却发生了争议。问题之一是，刺激是否真正引起了一种动机状态，抑或刺激仅仅是强迫动物做摄食的动作，就像用线牵动一个木偶的动作那样。另一个争论的问题是，刺激某一地点是否真地引起特异的动机，抑或仅仅是加强了任何一种在当时是最强的，或最适合外界环境的动机（例如当时的环境中有食物或水或配偶，于是引起了相应的动机）。

实验证明电刺激LH引起的不是一种固定不变的摄食动作。连续的刺激会产生极为不同的行动模式，这取决于在脑刺激开始的时候动物和食源的偶然关系。此外摄食反应的方式也是与食物的性质（如流质的、糊状的或硬块的）相适合的。如果一个动物已学会按压杠杆获得食物，当电刺激LH时它也会去按杠杆。这些结果证明刺激产生的感觉可能像饥饿。

脑刺激产生的动机状态是一个还未完全解决的问题。有的研究者们（E. S. Valenstein et al., 1970）曾报道，在LH区的一个较大的范围内刺激可以得到许多种动机反应。但也有人发现刺激确实有特异效果。例如，如果同一个电极，在大鼠身边有食有水的情况下，既能引起摄食，也能引起饮水。但当大鼠长时间不得饮水之后，这个电极的刺激引起的饮水量会增加，而当大鼠饮足之后刺激时，所引起的饮水反应则减少。水的剥夺和满足对刺激产生的摄食反应无影响。相反地，如果在刺激之前给大鼠剥夺食物或使大鼠饱食，刺激的摄食效果也有类似饮水的那种变化。同样，食物的控制对饮水效果也无影响。鉴于刺激效果的这种特异性，有人认为，以前观察到的缺乏特异性可能是因为电极对鼠脑来说过于大了一些。如用更细的电极会产生更特异的反应(J. Olds et al., 1971)。在狗、猫和袋鼠的较大的脑中所进行的电刺激实验证明确实存在着有关不同动机的个别的地点 (R. A. Wise, 1974)。由此看来，脑的局部刺激的实验能够帮助我们去了解脑内的一些动机线路。

## 发动摄食的信号

如果认为摄食行为是由于神经系统的某些中枢的活动引起的，那么什么信号使这些中枢活动起来呢？这可能有两种信号的作用，一种使摄食的系统，诸如LH兴奋；一种使餍足的系统，诸如VMH受到抑制。后者是抑制摄食系统的，它被抑制就是摄食系统的去抑制，因此也能引起摄食。这些中枢的兴奋或抑制既受体内食物储备情况的影响，又受外来的感觉刺激的影响。

**一、食物储备的内部监视过程** 许多研究者提出身体能监视它的食物储备情况。一种看法是食物供应低于一定的值就能触发摄食系统。他们提出有各种的食物储备的指示信号。其中最主要的是葡萄糖 (glucose) 的利用和脂肪的供应情况，其指示物可能是像游离脂肪酸 (free fatty acid) 这样的一些副产物。

为说明这一假说，我们首先要知道脑和身体其他部分所用的能源之间的差别，以及在吃过食物后体内能源变化的情况。脑用的燃料主要是葡萄糖。在葡萄糖不足的情况下脑也能利用酮体 (ketone body)，但不能完全代替葡萄糖。身体其他部分利用的能源变通性较大。当葡萄糖供应不足时，可以利用别的，以节省下葡萄糖来供给脑用。

既然葡萄糖是脑的主要能源，合乎逻辑的设想是，脑能直接

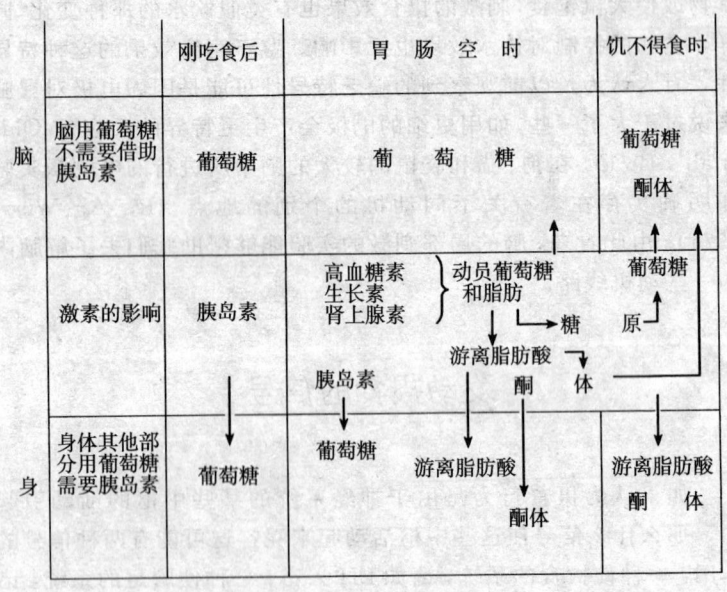

图 8-6 脑和身体其他部分的主要能源在饭后不同时间的变化图解

监视葡萄糖的供应情况，20世纪50年代以来累积了不少有关这一假说的证据。某些最令人信服的证据来自 VMH 和 LH 的单个细胞活动的放电记录。人们发现注射葡萄糖可使 VMH 区的三分之一的神经元兴奋和 LH 区的六分之一的神经元兴奋，而同时使 LH 区三分之一的神经元抑制。胰岛素可以抑制 VMH 的神经元的活动，但能使它们对注射葡萄糖的兴奋反应加强。脑中其他区域的神经元对葡萄糖的反应都不受胰岛素的这种易化作用的影响，而 VMH 细胞的这种反应或可说明它们能够直接监视全身的葡萄糖的利用情况。鉴于身体的其他部分的组织利用葡萄糖都是靠胰岛素来吸收葡萄糖的。可想而知在有胰岛素的情况下，葡萄糖特别容易被 VMH 吸收，从而兴奋并使 LH 抑制，很能说明 VMH 区有监视体内葡萄糖供应水平的功能。从另一方面看，游离脂肪酸能使 LH 兴奋，而使 VMH 抑制，也可说明同样的问题，因为血液中出现了游离脂肪酸时指示出脂肪开始被分解利用，可能是葡萄糖供应紧张了。由此推测，葡萄糖的缺乏或游离脂肪酸的出现可能是发动摄食行为的信号。

50年代初已有人（J. Mayer，1953）曾提出，下丘脑的细胞所监视的不是血内葡萄糖的绝对水平，而是它的利用率。葡萄糖的利用情况可以用颈动脉和颈静脉血中的葡萄糖含量之差（A—V）来估计。A—V的差大表示葡萄糖被细胞吸收的多了。吸收了葡萄糖意味着要饱了。A—V的差少反映葡萄糖的吸收少，这种情况会出现饥饿感。糖尿病患者缺乏胰岛素，大多数的器官不能吸收足够的葡萄糖，他们的A—V的差是小的，所以他们的血中虽然含有大量的糖，他们还是觉得饿。这样说来，A—V的葡萄糖的差小可能是准备吃食的主要信号之一。

人类到了规定的开饭时间往往觉得饿了，有时他也许在不久之前刚吃过东西，而且体内的能源也没有真正的缺乏。这种饿感是否只是由于习惯和想象呢？抑或在开饭时间A—V的差真的小了？用大鼠做的实验证明，如果让大鼠每天在规定的时间吃食，经过较长时间的训练之后，观察到在它们预期的吃食时间的几分钟之前，它们体内就开始了条件作用的胰岛素的释放和血液中的葡萄糖水平的下降（S. C. Woods et al., 1977）。看来这种条件作

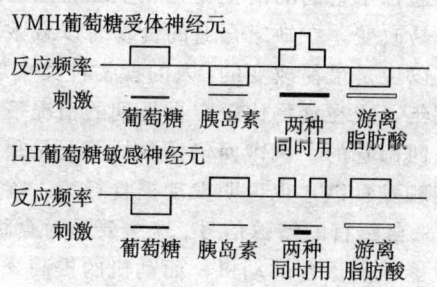

图8-7 VMH和LH神经元对葡萄糖、胰岛素和游离脂肪酸的反应。反应频率表示神经元放电增加和减少，粗线代表葡萄糖，细线代表胰岛素。
(Y. Oomura, 1976)

用也会在人身上发生。有人测量过当人们看见餐桌上的食物时,或在催眠的暗示下想象吃东西时的胰岛素的释放量,发现也有升高 (J. Rodin, 1976; I. D. Goldfine et al., 1970)。

身体中的葡萄糖受体 (glucoreceptors) 不一定都在脑中。当血中葡萄糖含量下降时,肝脏的葡萄糖受体细胞放电最快,这种信号传到脑中也是发动摄食行为的重要因素。已知肝是贮存和转化食物的重要器官,所以这一推论是有道理的。有些实验已经证实,将葡萄糖注入饥饿动物的肝循环中能立刻抑制它们的摄食行为。然而也有相反的事实证明肝脏的活动并不一定是发动或抑制摄食的惟一的重要因素。例如,完全切断支配肝脏的神经并不影响动物的摄食 (L. L. Bellinger et al., 1976)。

一个古老的观念是空胃收缩产生饿感,这种感觉是发动摄食的信号。但是有的病人在切断迷走神经 (vagus nerve) 和胃的联系后仍然有饿的感觉。胃全部切除的病人也仍然有像手术前一样的饥饿感觉。这样看来,显然是中枢神经系统中的监视系统给动物提供主要的准备摄食的信号。

## 二、外部刺激与摄食行为的发动

人们常说"饥不择食",然而这不是一个严格的生物学的概念。动物和人在饥饿时也都要择食,即选择适合于它们的消化能力和生理特点的东西来吃。有的动物食性不易改变,在缺乏合适的食物时以致饿死。人类的食性在动物界可以说是最易改变的,人的食物种类也最多。但是,在不是饥馑的荒年,或在食物比较容易得到的情况下,人饿的时候也不是什么东西都吃的,饥饿而仍择食的情况是很多的。这说明有些东西不能触发食欲,也说明发动摄食行为,除内在的信号之外,还需要有来自感官的特殊信号。这主要是对食物性质的知觉。对食物的知觉能提高摄食的动机,而动机的提高又能加强食物的刺激性。

感觉刺激对摄食的重要性在 LH 损毁的和健全的动物中都得到证实。LH 损毁的动物拒食的部分原因是它们对感觉刺激的忽视。在它恢复的第一阶段,对感觉的忽视和淡漠可以用痛刺激或苯异丙胺来克服。以后食物的刺激才可逐渐起到同样的作用。当

LH 损毁的猫从第一阶段（不食）过渡到第二阶段（厌食）时，视觉刺激是最重要的。在这个阶段，如果把猫眼蒙起来，食物放在它的嘴边它也不吃。然而一个正常的猫蒙上眼睛仍然可以吃食，甚至能自己找到放在屋内的食物。过渡到第三阶段，即动物能靠美味食物来维持体重时，嗅觉开始控制抑食。在这个阶段蒙上眼睛的猫能吃食，而且能在笼内找到食物，说明嗅觉起了作用。

记录猴的某些下丘脑细胞的放电，发现有的细胞对食物的视觉刺激有特殊的反应，但只是在猴子饥饿时才有反应（E. T. Rolls，1978）。从外侧下丘脑取样的几百个神经元中有 13％表现有与食物知觉有关的兴奋。这些神经元的大多数都是在食物入口之前出现反应的。这些神经对非食物的物体出现，对肌肉的运动，或对情绪的激动皆无反应。当猴子饱食之后，这些神经元都失去了对食物的视觉刺激的反应性。在做这种单细胞放电的实验期间，用一中性的物体和食物同时呈现，使猴子形成对中性物体的食物性条件反应，这时中性物（条件刺激）也可以引起这些神经元的反应。

这些对食物的视觉刺激反应的神经元不一定只存在于下丘脑中，脑的其他区域也可能有。这一发现也还不能证明这些细胞在发动摄食行为中是起主导作用的，它们的活动也许只是反应其他部分的食物性反应，如肌肉的反应、腺体的反应（唾液分泌）等。因此研究者们进行一些实验来检验各种的解释。首先想到的是视觉信息到达 LH 区的线路可能是通过颞下回的视觉联络皮质和外侧杏仁核。损毁了这两个区域猴子就不能识别东西，常常把各种物体送到嘴里。然而记录颞下回皮质，或杏仁核的单个细胞的放电，并未发现专对食物的视觉刺激有反应的细胞。

为验证 LH 特别对食物的视觉刺激有反应的神经元是否参与发动摄食反应，研究者训练猴子在一种特殊的情况下反应。为便于做电生理的记录，将猴子束缚在一种特制的椅子里，面对一个呈现刺激物的快门。当快门打开，某种物体呈现出来时，猴子去舐一个放在嘴边的管子可以得到一小滴果汁。但是当另一种物体呈现时，如果去舐管子则得到一滴很浓的盐水。经过训练猴学会注意刺激物和辨别哪是食物信号，哪是厌恶刺激的信号。在这种情况下，下丘脑神经元对食物信号的反应的潜伏期为150~200毫秒，舌肌反应的潜伏期约为300毫秒，接触管子的延迟时间至少是400毫秒，这样看来，下丘脑神经元的反应是在肌肉反应之前。它们很可能是参与发动摄食反应的。但要肯定这一结论还需要进一步的研究，因为还有其他的脑区需要检查。

现在所能达到的结论是，吃食的意向或饥饿的动机状态，是由内在的信号引起的，这种信号指示体内可用的食物储备亏空了或已经降到规定标准水平之下。当吃食的意向发生后，如果伴有适合的食物知觉或与食物联系起来的条件刺激，那么摄食行为就被发动起来。摄食行为可以被饱感系统的活动终止或削弱。

## 停止摄食行为的周缘信息

一般人都认为胃的饱胀是停止吃食的信号。我们前面曾提到过，苍蝇食道中的食物装满后即停止吃食。在哺乳动物中是否也是如此呢？研究证明在哺乳动物中胃也提供饱的信号。但是，信号不仅发自胃的机械感受器，也发自胃的化学感受器，而且胃也不是整个胃肠道中惟一发送饱信号的部分。

当食物从胃进入十二指肠（duodenum）时，引起十二指肠黏膜分泌缩胆囊素（cholecystokinin——CCK）。这种刺激与饱感有关。有几种证明：

(1) 在动物开始吃食几分钟之后，血中的CCK水平升高；

(2) 将乳化的脂肪、弱盐酸或其他食物注入麻醉的猫或狗的十二指肠也引起CCK的释放；

(3) 给饥饿的大鼠、猫或狗腹腔注射CCK可抑制它们摄食，但不抑制饮水；

(4) 做了食道瘘管的动物，吃的东西从瘘管流出，到不了胃里，称为假饲（sham feeding），因此，它们吃食的时间长，但是如果给它们腹腔注射了CCK，它们就和正常动物吃食的时间一样，例如大鼠吃一点就停下来探索、理毛，一会就曲身睡觉。

CCK引起的这种类似吃饱的行为，似乎不是由于疾病和恶心。因为如果使 CCK 和糖精水结合，并不导致大鼠对糖精水的厌恶反应（J. Gibbs et al., 1973）。人们知道，如果使锂盐（lithuim chloride）与糖精水结合，可使大鼠形成厌恶糖精水的条件反应。这说明注射 CCK 的厌食不是病理性质的。

随后的研究发现 CCK 也存在于大脑皮质的神经元中。此外，具有遗传性肥胖病的大鼠，其脑中的 CCK 含量也低于正常的大鼠（E. Straus and R. S. Yalow, 1979）。CCK 分子的一部分是一个十肽链，这一部分有选择地与 VMH 的细胞结合，因而抑制摄食。这样看来，CCK 可以作为胆囊的和十二指肠的激素，也可以作为大脑皮质的神经递质来抑制摄食。肥胖病大鼠的无限制的吃食可能与脑中缺乏 CCK 有关。

然而，新近却发现了强有力的证据对上述的结论提出了疑问（J. A. Deutsch, 1978）。为进一步验证食物从胃进入十二指肠引起的 CCK 分泌是否在停止摄食中是惟一起作用的因素，研究者在大鼠的胃与十二指肠之间，即幽门部，装置了一个可以自体外充气的小环。当小环鼓胀时压迫幽门部，胃里的食物就不能进入十二指肠。同时给胃做一瘘管，并装有活塞，当吞吃的食物达到正常的饱食水平时，过多的食物可以从瘘管中取出，这样可以使腹内的压力不会过大。实验证明，在小环鼓胀、食物不能进入十二指肠的情况下，大鼠吃够正常量的食物即停止摄食，并不多吃。如果把吃进胃里的食物取出一部分来，大鼠还可以再吃，吃的数量与取出的数量大致相等，与幽门部开通的大鼠相比，幽门闭塞的大鼠所吃的数量更为适度。这样看来，胃能测量食量（通过机械感受器），并发出停止吃食的信号，而不一定需要十二指肠的参与。

此外，与以前的实验结果不同，用 CCK 和甜味结合，确实能使大鼠形成厌恶甜味的条件反应。这似乎说明 CCK 引起的停食是由于它有致病的作用，使大鼠失去了食欲。而不是由于它有真正的致饱作用。但有争议的是，得到这种结果的实验所用的 CCK 的剂量比饱食后分泌的 CCK 量大。所以这种结果还不能说明 CCK 的正常的生理作用。

给志愿做被试的人少量的 CCK，在实验期间他们的摄食量减少（R. A. L. Sturdevant and H. Goetz, 1976）。但试用大剂量时引起恶心和腹部痉挛性阵痛。然而在人身上起这种作用的剂量比引起动物减食的剂量还小。这可能是由于物种的差异。因此，在用不同动物做实验时，剂量必须适当。

另一些可以为CCK致饱假说辩护的实验是，给损毁了VMH的大鼠腹腔注射CCK也能产生饱的行为。这被认为CCK不直接通过血液作用于下丘脑的受体细胞，因为如果切断迷走神经到胃去的分支，CCK的致饱作用即消失（G. P. Smith et al., 1981）。因此研究者提出的新的假说是，腹腔注射CCK引起饱反应是通过迷走神经的传入纤维发往脑中的信号实现的。CCK或者直接刺激迷走神经的传入纤维的末梢，或者通过对平滑肌的作用而刺激到胃的感受器。由此推测当食物刺激小肠时自然释放的CCK也会激活迷走系的机制，从而停止摄食。

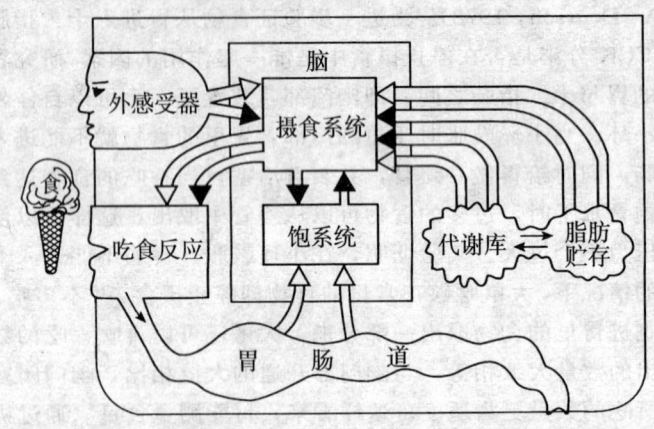

图 8-8 哺乳动物的摄食控制系统的基本模式

总起来看，周缘的胃膨胀无疑也是一种饱信号。除此之外，CCK是否也是一种饱信号，因有上述的争议仍需要进一步的实验研究。在这里应该指出的是，很多行为都不是由单一的机制控制的，而是由许多平行的机制控制的。摄食行为的控制机制也不会是单一的。

# 特异的饥饿和习得的反应

人都有对食物的偏爱，例如，特别爱吃某种东西。这种偏爱有时也会改变。对食物的偏爱有的是由于身体的需要，有的是由于习得的癖好。

从生物学上来看，人和动物都知道吃那些能促进身体健康的食物，而避免吃有毒的东西。身体的某种需要似乎能引起一种特异性饥饿。前面提到过，雌苍蝇在准备产卵时多吃蛋白质的食物。有些妇女怀孕后爱吃酸的东西，这是人所共知的。实验证明，切除大鼠的肾上腺使它的体内不能保留足够的氯化钠，它会立刻开始吃盐。

曾经有过一个很典型的病例，说明人也有类似的情况。事情是这样，一个三岁半的小男孩，因为有了特别发育的第二性征，送进医院检查。在住院后，拒绝吃医院的淡味食物，一星期后突然死去。死后尸体检验发现他的肾上腺不正常。产生性激素的细胞过度生长破坏了产生节制排盐激素的细胞。调查他住院前的情况得知，他以前是靠摄食大量的食盐活下来的。平日他拒绝吃不太咸的食物。而且"盐"是他学会的第一个词（L. Wilkins and C. P. Richter, 1940）。许多患有渴求食盐症状的人，常有肾上腺皮质的损伤。

有些对健康极为重要的物质和特异的饥饿虽无明显联系，但是，动物能学会喜欢吃含有这种物质的食物。其中一个例子就是硫胺（thiamine），即维生素 $B_1$。实验使大鼠体内缺乏了硫胺之后，它们不会立刻就能在几种供给的食物中认出哪一种含有这种物质，但过了几天之后，它们就喜欢吃含这种物质的食物了。含硫胺食物的滋味和缺硫胺病的康复机制似乎形成了某种联系，使得含硫胺食物的滋味受到大鼠的偏爱。这种效果叫做"药偏爱"（medicine preference）效果（D. M. Zahorik et al., 1974）。

相反的一种效果叫做"饵怯"（bait shyness）或习得性味厌恶。这就是说，一个动物如果吃了一种东西之后，经验到中毒的恶果，将来它常常要躲避这种东西。味的厌恶学习在软体动物和包括人在内的哺乳动物中都有实验的事实(A. Gelperin,1975;J. L. Garb and A. J. Stunkard, 1974)。这些实验证明，产生味厌恶效果的食物不一定是对本身有毒的物质。如在动物吃过一种无害的食物之后，给它注射氢化锂或接触大量的 X 射线（两种情况都引起呕吐），以后它就会出现对该种食物滋味的厌恶反应。对于鸟类，视觉暗号（如食物的颜色和外观）比滋味更为重要。学习避免吃有害的食物似乎是非常容易的，而且记得很巩固。一次经验即可学会，甚至进食和发生病害后果之间有几小时的间隔也能习得对所吃食物的厌恶反应。还有报道说，在动物被麻醉时给毒物处理也能习得对所用毒物滋味的厌恶反应 (J. Bures and O. Buresova, 1981)。人们知道任何其他的学习都必须是在清醒的时候，所以这个结果是很令人感兴趣的。味的厌恶学习，在大鼠中，损毁新皮质的味觉区、外侧下丘脑或杏仁核的底外侧部后，即被破坏。

# 肥胖问题

在今天的世界上人类的食物分配还是非常不平均的。在西方科学技术和生产力发达的国家中，有较多的人能更容易地得到富有营养的食物，于是有些人不知不觉地就吃肥了。然而过分的肥胖(obesity)不仅给人带来行动上的不方便和感觉上的不舒适，而且损害人的优美的体态和仪容。因此肥胖成了一个使许多人烦恼的问题。在地球的另一些地方，饥荒正在威胁着大多数人的生存。他们得不到足以果腹的食物，苟延残喘，形容枯槁。肥胖的问题和他们是一点关系也没有的。

然而在一般的生活条件下，过分贪吃和过分肥胖确实也是一种不正常的现象。前面曾讲过，动物和人的脑内侧下丘脑损伤后，都会出现过食和肥胖现象。但是有的人多吃和过分发胖并不一定有脑损伤。我们指出过，摄食行为的控制因素是复杂的，控制系统是多重的，而不是单一的。激素水平的变化和失调、神经递质的因素和遗传的因素都影响人的摄食。

从生理和心理学的研究结果来看,有些人过分贪吃和过分肥胖的原因,可从以下的三个方面来分析。

## 外在的原因

有位心理学家(S. Schachter,1968,1971)曾提出过外因和内因区别的假说。他设想肥胖的人比较更易于反应外界的各种食物刺激,而忽视内在的影响摄食的生理信号。照他看来,许多胖人的自发的饮食行为模式足以证明他们最易受食物的诱惑。例如,他曾报告说,肥胖人在食物味美而丰富的时候吃的多,但当眼前没有可吃的东西时他们也并不想积极地找东西吃,所以也能节食。一个常被人引用的实验是,让肥胖的人和体重正常的人都做同一种工作(如阅读资料),在工作中可以随便吃桌上摆的腰果。当把腰果摆在灯光明亮的地方时,胖被试吃得比摆在暗处时多;而体重正常的人在腰果摆在亮处和暗处的情况下取食皆少。这位心理学家比较了肥胖人和VMH损毁的肥胖大鼠的一些相似之处,他指出,他们的共同特点之一就是吃的时间多和不愿为取得食物而努力工作。例如,让VMH损毁的大鼠按多次杠杆才取得一粒食物时,它往往就不再去按杠杆了;请肥胖人吃带壳的核桃时,他就不如当核桃仁摆在他面前时吃的那样多。

另一个实验是,测验肥胖人和体重正常人的进食量和内外时钟的关系。试者把同样数目的胖被试和正常被试混合编成两个实验组,即每组都有同样数目的胖人和正常人。把两组被试安排在两个房间中,一个房间的时钟拨快几分钟,另一个房间的时钟拨慢几分钟。所有的被试都不知道真实的实验目的,只告诉他们坐下来等着测量他们的生理反应。半小时后给他们每人端来一盒数量一样的饼干,让他们在填写问卷时可以随便吃点饼干,试者假装做着记录。饼干是按实际开晚饭时间端来的,但是在时钟拨快了的房间里,被试从时钟上得知已过了吃饭的时间。而在时钟拨慢了的房间里,被试则认为还不到吃饭的时间。但他们都或多或少地取饼干来吃。过几分钟结束实验之后,分别计算各组肥胖被试和体重正常被试吃的饼干的平均量,所得到的结果见表 8-1。

表 8-1

| 被　　试 | 所吃的饼干数量（克） | |
|---|---|---|
| | 慢时钟组 | 快时钟组 |
| 肥　胖　者 | 19.9 | 37.6 |
| 体重正常者 | 41.5 | 16.0 |

从表内所列的结果看来,肥胖被试在时钟快的情况下食量多,可能是觉得吃饭晚了;在时钟慢的情况下食量少,可能是觉得还不到吃饭的时间。体重正常的被试则与此相反。他们大多数在实际的晚餐时间食量多,食量的增加似乎不受钟表时间的影响,在表中看到在时钟快的情况,该组的正常被试反而吃少了。这可能另有原因。这一结果也可说明肥胖人的摄食更受外界刺激的影响。

此外,还有许多事实证明这一假说,例如,人们观察到,有美味食物时,肥胖人常常比一般体重正常的人多吃。

然而从许多更深入的研究中有人得出与此不同的结论说,不只是肥胖人,大多数的人都受外在的食物刺激的影响,而对于自己体内营养需要的判断并不灵敏（J. Rodin, 1980）。在很多控制条件比较严格的实验室中和自然情况下的观察证明,肥胖人和体重正常人的进食方式和频次很少差别（G. T. Wilson, 1980）。

由此看来,把肥胖归因与对外界食物刺激的敏感这一种因素,似乎过于简单了。这应该记住前面说过的,控制摄食的因素是多重的。

## 体重定点的变化问题

以前讲过,VMH 损毁后动物的体重定点可能是提高了。在正常动物中体重的定点是否也有变化呢？人们看到黄鼠（ground squirrel）的体重有规律性的年周期,如秋末体重增加,冬季下降。甚至一些不冬眠的黄鼠冬天有食物吃的时候体重也下降。而冬眠的黄鼠从冬眠中醒来，开始吃东西后，在整个夏季体重只维持在适当的水平，而不能达到开始冬眠时的水平。这是否说明体重的定点在正常动物中可以有季节性的改变呢？另一个例子如松鸡的孵化时体重消损。在此期间它每天离巢时间只有 20 分钟，它似乎不因体重下降而增强摄食动机，或增强饥饿感。实验证明，在此期间即使把食物放在它的窝里它也吃不多，体重照常下降。如果在此期间完全剥夺它的食物，过几天后再供给它食物，它将会多吃，直到体重恢复到原来的低水平后食量才减少。

所观察到的这些事实能否证明决定体重定点的神经机制因时节而改变，尚须进一步研究。但在人类中也有类似的现象。例如，有的人夏季不爱吃东西，体重减轻，冬季则相反。

此外，激素水平的变化也可能是影响体重定点的一个因素，例如，人到中年发胖者多。人们观察到雌章鱼在产卵和保护卵的期间吃食很少。卵孵化后它不久即死去。如果摘除掉它的脑的视叶中的一个很小的内分泌腺，它就停止护卵，而开始增加食量，因此寿命得到延长 (J. Wodinsky, 1977)。

对于体重定点因素的研究，在探讨人的正常的摄食规律和寻找正确的控制体重的方法方面都有重要的意义。

最后应当指出的是：(1) 健康人的肥或瘦也有遗传的成分。据计算，肥胖人体内贮存脂肪的细胞比瘦人的多。多数是由遗传决定的。但婴儿时期过分摄食糖和脂肪也可以使脂肪细胞的数量增加。胖娃娃长大后容易成为胖人。他们的体重定点将比一般人高。如果让一个由遗传决定的，或因婴儿时期的营养产生了多脂肪细胞的人，为不发胖而节食，那么他或她实际上就是处于一种饥饿状态。(2) 一般健康人都有自动调整体重和摄食量的能力。例如，体力劳动多时，能量消耗多，食量随之而增加，反之则减少。有些怕发胖的人，只注意节食，而不去增加体力劳动，节食的效果甚微。这是因为，在节食的时候，随着食量的减少，体内的基础代谢率也在降低。脂肪的贮存量将不会有显著的减少。一般人在饥饿中代谢率也会降低。这是一种卫护体重的机能。(3) 发胖在欧美几乎成了一种使许多人，特别是妇女们发愁的事。其实正常的发胖不一定是坏事。有一位医生 (F. T. Fitzgerald, 1981) 曾提出过与众不同的看法：他认为，一般人所谓的肥胖，并不是从医学的角度来看的，而是从美学的观点评论的。然而，从美学上来看肥胖的标准因文化不同而有异。他说，在苏联人看来是丰满的，美国人可能就认为太肥胖了。其次，用药物或过分节食的方法治疗肥胖也可能带来危害生命的恶果。据某些医学的调查，胖有胖的好处，胖人容易抵抗许多种疾病，其中包括肺结核和癌症。据说胖人的自杀率也低。从生物学角度来看，胖也有其演化的源流。善于适应的动物在食物丰富的季节都有在体内贮存能源防备饥荒的能力。他说，在美国很多人（30岁以上的30％的男人和46％的女人）发胖可能是数百万年演化的备荒能力与今天大量食物的容易获得相结合的结果。胖在美国人以及其他民族中可能是一种高度演化的特性。当食物因自然的灾荒、战争，或能源匮乏而难以得到时，肥胖者可能容易活下来。

## 渴 和 饮

人是一种水分很多的生物。成人体重有多半是水的重量。水是我们大多数的组织的主要组成部分。为组织输送营养物和氧气的血液主要是水。许多离子与水分子结合才能通过细胞膜。水也用来清除体内的废物。在气温适中的一般条件下，成人平均每天消耗约2 540毫升水。一个成人平均每天的水收支情况大致如表8-2。表内无形损失指的是在不出汗的情况下从皮肤表面和肺中蒸发的水分。在热天或劳动时出汗是另一种类型的水支出，这种支出可能两倍于一般的日支出量。但无论排出多少水，总是要得到补充的，否则就会危及生命。

水的摄取和排泄的控制在演化中是逐渐复杂化的。最初的原始生物是在海洋中演化出来的。它们体内的液体，从离子的成分来说，和海水是一样的，体内外的水平衡是容易保持的。但是，即使是这些原始的有机体也要摄食和排除废物，也要控制和环境的物质交换。当海中的动物进入淡水领域中时，由于淡水的渗透压（osmotic pressure）低，体内的液体就难于维持在需要的水平，就

表 8-2

| 水的摄取量（毫升） | | 水的排泄量（毫升） | |
|---|---|---|---|
| 饮料水 | 1 200 | 尿 | 1 400 |
| 食物中的水 | 1 000 | 无形损失 | 900 |
| 食物氧化的水 | 300 | 粪 | 200 |
| | 2 500 | | 2 500 |

需要有更精细的控制摄水和排水的系统。同时，体液中各种离子的水平也逐渐地有了变化。而当动物从水里升到陆地上来的时候，体内的水平衡问题就更困难了。这时是在一个非液体的外环境中来维持身体的液体的内环境。而体内还有各种间隔起来的液体，主要是细胞内外的液体。要使它们保持一定的平衡，这就要有更精确的调理饮水行为的机制。

不同种类的动物有不同的调节体内液体的方式，这是由它们的演化历史和生态环境决定的。水的调节方式在哺乳动物中也有巨大的差异。某些生活在沙漠中的小哺乳动物，如更格卢鼠（kangaroo rat），因为得不到水，所以从来不喝水。它们吃草和蔬菜，从这些食物中摄取水分。另一方面，它们的尿也很少和很浓。海象在一年一度，为期四至五个月的上岸交配时节，不吃食物，体内的液体完全来自所贮存的食物和脂肪的代谢。海象在其他时间也不饮水。因为当它们在海洋中时，它们是生活在渗透压高的盐水之中的，所以它们仍需从食物中吸收水分。

水的平衡是生命攸关的问题，因此在各种动物中都演化出了十分有效的调节饮水和排水的机制。这些机制都包含有内在的生理过程和针对环境特点的行为。我们侧重的是有关体内液体调节的行为反应的控制机制。当然必须记住这只是问题的一个方面。

在这个方面，要研究的问题有：身体如何监视水的供应情况？有哪些因素使人和动物去喝水或停止喝水？

## 身体如何监视水的供给情况

相当于一个人体重的 40% 的水是贮存在身体的几十亿细胞之内的,另外的 20% 的水是在血浆和细胞外的间隙之中。生理学上通常说身体内的水分隔在两个空间中,一为细胞内液(intracellular fluid)或简称细胞液(cellular fluid)。一为细胞外液(extracellular fluid),即血液和细胞间的液体(或称间隙液)。身体有分别监视这两种液体情况的机制。一般这两个隔间的水的供应情况是一致的,而且一个隔间内的水可以移到另一个间隔。然而有些病可以分别地影响它们。研究者发现细胞内缺水常常是引起饮水反应的更更重要的因素。下面分别说明监视细胞内和细胞外的液体情况的机制。

**一、监视细胞内的液体变化** 要了解脑是如何监视细胞内的液体情况,我们首先需要知道水是怎样进出细胞的。细胞膜只可透过某些物质,而不能透过其他物质。例如,细胞膜容易让钾离子($K^+$)透过,而不易让钠离子($Na^+$)透过;细胞内的蛋白质不能通过细胞膜渗出,而水分子则很容易由细胞渗出或渗入。细胞间的液体和血浆中都含有 0.9% 的盐(NaCl)。盐的浓度超过 0.9% 的液体称为高渗的(hypertonic),低于 0.9% 的称为低渗的(hypotonic)。当一个人喝了高渗的盐水,或吃了很咸的食物时,血浆和细胞间的液体中的钠离子浓度很快地上升。钠离子不能进入细胞,因此细胞外的钠离子的浓度就要高过细胞内的浓度。只要细胞内外的离子浓度失去平衡,水就要从低浓度的一边渗入高浓度的一边。这叫做渗透作用(osmosis),渗透力称为渗透压(osmotic pressure)。因为钠离子不能进入细胞,所以在细胞外钠离子浓度过高时,水就要从细胞内渗出,以使细胞内外的离子浓度恢复平衡。当细胞内的水渗出后,细胞就要收缩。但如吃的是葡萄糖,则不会发生这种情况,因为葡萄糖可以自由出入细胞。所以当血浆中的葡萄糖高时,它可以进入细胞,使细胞内外的浓度一致,或者说是渗透性（osmolality）一致地提高，而不产生水分子的转移。

渴是怎样引起的呢？有三种假说。它们都与服用高渗 NaCl 溶液后产生的饮水行为符合。

一种假说是，细胞间的液体中的钠离子的浓度提高是产生渴感的有效刺激（B. Andersson, 1978）。第二种假说是，细胞间的液体中的一切粒子的浓度（即渗透性）的提高都是渴感的有效刺激。第三种假说是，细胞的脱水是直接唤起渴感的刺激（A. Gilman, 1937）。这三种假说是一致的，是最为普遍接受的，而且得到了新近的实验支持。

50 年代有许多实验证明，把微量的高渗 NaCl 溶液注入实验动物的下丘脑后，动物就开始饮水。这种实验结果暗示下丘脑的某些细胞可能有渗透压感受器（osmoreceptors）的性质，就是说它们能反应渗透压的变化。最新的实验曾用过其他物质刺激这些细胞，更清楚地说明了它们的特性。例如，用容易透过细胞膜的葡萄糖和不能透过细胞膜的蔗糖实验，发现蔗糖能刺激下丘脑的那些反映 NaCl 的细胞，而葡萄糖则不能。这就证明，这些细胞不反应一般渗透性的提高，而只反应引起细胞内的水向外流的渗透压的变化。也就是说，这些细胞只反应自身的脱水和体积的缩小。这些细胞对胞内液体减少的反应所产生的渴感称为渗透渴（osmotic thirsty）。

上述实验结果大都是用记录单个细胞的放电反应得到的。从单个细胞放电的记录上查知渗透压感受器散布在视前区（preoptic area）、前下丘脑和视上核（supraoptic nucleus）的广大范围内，还需要进一步研究的是确定这些细胞和其他细胞的联接和追踪引起饮水行为的神经线路。电刺激视前区能使实验动物的饮水量猛增。

**二、监视细胞外的液体变化** 对细胞外液体容积缩小的反应常常称为低容积渴（hypovolemic thirst）。血管系统中的液体如果不能保持一定的容积，心脏就不能正常工作。血液的大量丧失，如大出血（hemorrhaging），使心脏血流减少，心脏输出的血少了使血压下降，从而进一步减少了给心脏的供血。为了避免循环系统中可能发生的这种危机，身体内一定有监视血液容积的机制和迅速补救的机制。无疑神经系统的反射能完成这一任务，但也可能还涉及到化学的监视系统。心脏和某些动脉中的压力感受器 (pressure receptors) 产生有关血压下降的信号，这种信号引起补救的反应。一种反应是增加血管壁的肌肉紧张。另一种反应是垂体后叶分泌的抗利尿激素 (antidiuretic hormone)，这种激素抑制肾脏排水，使水保留在体内。

许多研究者相信对低容积的反应还有肾的和血中的特殊化学物质的反应。但也有对此持怀疑态度的。现在先说明这种假说。

实验证明减少通过肾脏的血流量引起肾内的小动脉壁分泌一种叫做肾素 (renin) 的物质。肾素同血液中的一种物质合成血管紧张素 (angiotensin)，然后再转变为血管紧张素 II (angiotensin II)，它的作用是使血管收缩。把微量的血管紧张素 II 注入视前区，立即引起动物饮水，甚至动物刚饮过水之后还能再饮水。当将其注入饥饿大鼠的视前区时，可以使它不去吃食，而是去饮水 (A. N. Epstein, 1970)。所以说，它的效果是高度特异性的。

血管紧张素 II 作用的脑区经过了许多人的研究。最初的发现如上所述，注入视前区最为有效。但是人们知道血管紧张素 II 的分子大，不能穿过血脑屏障。在正常的生理条件下它是怎样到达视前区的受体细胞的呢？因此研究者们注意到了一种叫做室周器官 (circumventricular organ) 的结构。从名称上可以明白，这是处于脑室壁上的器官。它含有接受脑脊液的血管紧张素 II 的受体细胞。当这些细胞（称为室周细胞）受刺激之后，它们的轴突把信息送到脑的其他部分。

但是有的研究者仍然相信主要是视前区的细胞反应血管紧张素 II。他们认为这种物质也可以在脑内产生。至于血管紧张素 II 的受体是在视前区，还是在室周器官中，仍是一个正在研究的问题。

另一个问题是，因血液减少而产生在血液中的血管紧张素 II 的数量是否足够引起渴的感觉。新的精细的定量分析发现，在一般情况下产生的血管紧张素 II 的数量不足以引起渴感 (S. F. Abraham et al., 1976)。因此许多研究者认为以前用注射血管紧张素 II 得到的结果反映的只是药理的作用，而不是正常的生理作用。所以说失血引起渴感的机制尚未研究清楚。不过，心脏和动脉中的压力感受器对失血的反应无疑是血容积降低的信号之一。神经系统根据这种信号发动饮水反应是可以想象到的，其他的因素则另待研究。

## 饮水行为的发动

电刺激自由活动的大鼠视前区，可使它立刻奔向饮水的管子口，开始饮水。有些大鼠在不停地接受刺激时，一个小时内可以饮完在正常情况下 24 小时所喝的水量。在一组大鼠中，在 10 小时内不停地刺激它们的视前区，它们可喝下与身体重量相等的水。同时它们的尿也跟着增加，因此，它们不会胀死。如果损毁了大鼠的视前区，它们就拒绝喝水，出现不饮症（adipsia）。

一般人在长时间得不到水喝的时候，细胞内和细胞外的水有同等程度的减少。这时细胞内外相对的渗透压没有改变。但人们也要喝水。那么渗透渴是否起作用呢？有一种方法可以在剥夺了水的狗身上分别地检验脑循环和周缘循环中盐的浓度的作用。给狗做一种外科手术，把它的颈动脉拉到皮下来，这样容易往颈动脉中注射盐水。颈动脉是脑的主要供血途径。盐水注入颈动脉很快就到达脑中，而起饮水，而不至于显著改变身体其他部位的血液的盐浓度。脑循环中的盐浓度还可以从颈静脉中抽血来测量。周缘循环中的盐浓度则可以从腿的静脉中抽血测量。如果从两边的颈动脉中徐徐注水，使脑循环中的渗透性降低到剥夺水以前的水平，这时狗的脑细胞中会渗进水去，狗的饮水量会减少 3/4。如果注的是等渗（isotonic）盐水，即与血浆中的盐浓度一样的盐水，则对狗的饮水量没有影响。这一结果支持了这样的论点：脑所监视的可能是脑细胞脱水的情况，而非身体其他部分的细胞脱水的情况。证据就是，降低了脑内的盐含量，而让身体其他部分的盐含量仍保持高水平时，动物的饮水量下降了很多。这说明身体其他部分的水含量对饮水与否似无影响（D. J. Ramasy et al., 1977）。

测验血容积的作用的另一方法是在剥夺饮水后往颈静脉中注等渗盐水。这是为了使血液的容积恢复剥夺水以前的水平。这时狗的饮水量只减少了 1/4。这样看来,恢复血内的水不能减少太多饮水量。由此推测细胞外的失水在控制饮水的作用上不如脑细胞脱水重要。用猴子作实验得到了同样的结果 (B. J. Rolls et al., 1980)。

损毁了大鼠的外侧下丘脑(LH),引起它们拒饮或拒食。值得注意的是,在 LH 损毁后经过一段时间动物恢复吃食之后仍不愿饮水。它们只是在吃干食时喝点水。这好像只是用水来把食物冲下去,而不是因为渴。关于外侧下丘脑如何参与控制饮水的行为现在还未研究清楚,很可能这个区域并不直接地监视水的供应,它的重要作用可能是促进(或易化)执行饮水的运动线路的工作。

剥夺了水的动物,或视前区受刺激动物都易于饮水,但是只有合适的饮料在附近时才是这样。这证明,要发动饮水行为还需要有感觉输入和下丘脑的活动联合起来才成功。这两种信息在脑的什么地方联合,显然还没有太多的研究。

## 饮 水 的 停 止

24 小时不让狗饮水,以后给它水时,它在 2 到 3 分钟的时间内即能喝足它所需要的水。大鼠的情况有所不同,大鼠喝足它 24 小时所缺的水较慢。给水后,它在 3 分钟内喝足所需要量的一半。然后在一小时内断断续续再补足另一半。人的情况在狗鼠之间。人在 24 小时无水喝之后,开始喝水时,在 2.5 分钟内喝完所需要量的 2/3 即停下来,然后再慢慢补足剩下的 1/3。

停止饮水的机制是怎样工作的呢? 一种可能是,人和动物体能监视引入的水量,喝进足够补充所缺的水量时,饮水行为即停止。实际上,动物或人的缺水不在胃中,而是在组织的细胞中。但是饮入胃中的水需要经过小肠的吸收才能由血液渗入细胞之中。这一段过程的时间比动物从开始喝水到停止喝水的时间要长些。这样看来,停止饮水的控制机制可能有两个阶段。第一阶段的停止信号可能是胃里灌入了足够数量的水后发出的。第二阶段是水到达细胞中，消除了细胞因缺水而发出的渴信号。

例如，狗在 24 小时剥夺水之后，开始喝水时，2 到 3 分钟即停止，有的水这时还在食道中，据测量细胞在停止喝水 10 分钟之后才开始充水。充水不足才引起随后的间断的饮水直到细胞内缺的水完全补足为止。这是第二段停止饮水。

人们研究第一阶段停止饮水的信号来自何处。有三种可能的来源：（1）口内的感官——干燥感的消失；（2）胃壁的感官——胃的鼓胀；（3）小肠的感官——吸收或其他反应。

第（1）种来源似乎无可能。因为给狗做了食道瘘管的手术，使喝的水从食道瘘管流出来，到不了胃里，狗就会延长第一次喝水的时间，看来口腔的湿润不一定是终止饮水的重要信号。第（2）种来源在狗身上也被否定。如在狗的胃中放一个能从外面充气的气球，当气球鼓胀时并不能使狗停止饮水；但在猴子中证明胃的膨胀可能是停止饮水的信号之一。如，给猴做一胃瘘。当胃瘘口塞住时，猴子喝了一定量的水即停止饮水。这时打开胃瘘口使水流出后，猴子立刻又开始饮水。这说明胃的膨胀有抑制饮水的作用。第（3）种来源的可能性的证据是，在猴子的小肠中植入一根管子，可以把水由管子直接灌入小肠（约在十二指肠处），当猴子喝水时，灌入小肠微量的水就能使猴子停止饮水。试验者进一步证明，这并不是由于往小肠中灌水引起了痛苦感觉，而抑制了饮水。因为猴子在吃食时，往小肠内灌水不能使猴子停止吃食。所以他们认为，水进入小肠可能是一种特殊的停止饮水的信号，或者说十二指肠处可能含有渗透压感受器，胃或小肠中发出的信号自然都要到达脑中枢后才能产生停止饮水的行为反应。这种脑机制的详情尚在研究之中。

## 味 觉 和 饮 水

味觉在决定饮水量中也有重要作用。但体内的存水或缺水的情况也能影响味觉的作用。我们常说"渴者易为饮"，意思是在体内缺水时,滋味不好的感觉可以失去或降低它抑制饮水的效果。另外,味觉的影响也可以从一个人或动物选择饮料的实验中测量出来。当水里加了糖或糖精时,人、大鼠或猴都会多喝些,但对猫却无此影响。大鼠比较喜欢饮淡盐水（0.7％的盐水）。如果不断地更换饮料的滋味,人和大鼠都会多喝些。

实验证明人对一种饮料的评价可因体内水的缺乏与否而异,例如,当经过一夜的水剥夺之后,对于一种饮料的味道的评价就会比平常高一些（M. Cabanac, 1971）。如果以 5 分钟的间隔再次品尝这一饮料,对它的评价就会略有降低（例如,原来得分为 1,现在降为 0.8）。如果喝饱了再评价,那就会有更大的降低（降为 0.6）。在猴子的下丘脑中有某些神经元的放电也有类似的变化。当猴子饮水时这些神经元有放电反应。在剥夺水后,或在颈动脉中注射高渗盐水后,饮同样滋味的水时这些神经元的放电频率增加。而在猴子继续饮水时,它们的放电频率随之下降（E. Arnauld et al., 1975）。如果这些神经元是与味觉有联系的。那么可以肯定味觉能对饮水施加一定的影响。味觉刺激值的降低可能在停止饮水中起一定的作用。

# 第二性的饮水及其脑机制

## 定　　义

上面我们讲的饮水都是从身体内缺水的角度来分析的。但是,人和某些动物的日常饮水,并不一定必须在身体内缺水的时候。我们有时不渴也要喝点水,或饮其他的饮料。这可能有各种原因。例如品茶可能是为了润口和提神,或纯粹是为了享受佳茗的清馨。然而,人们观察到动物也常喝多余的水。例如,大鼠在笼内供水充足的时候通常每 100 克体重每天要喝 12 毫升水。如果加以限制,每天按 100 克体重供给 7.5 毫升水,它们很容易适应,它们的食量和体重也不会下降（S. E. Dicker and J. Nunn, 1957）,只是尿量减少了。看来少饮水似乎没有坏影响。但是动物

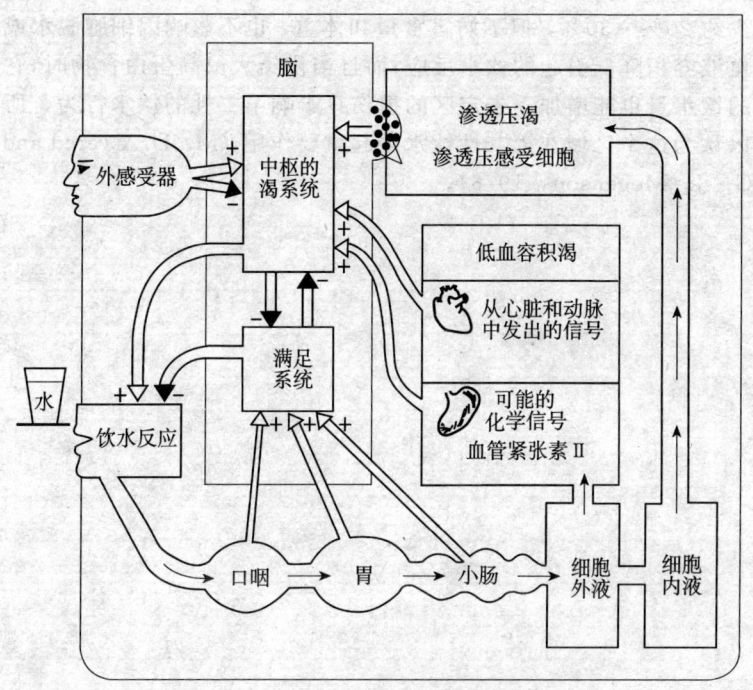

图 8-9 调节动物饮水的基本系统
△代表兴奋作用的；▲代表抑制作用的

和人为什么要多喝一些呢？这或许有一种保障安全线的生物意义，也可以认为是动物和人类在自然选择的过程中演化出来的一种备荒本能。

生理心理学家把因体内缺水而引起的饮水称为第一性的饮水；体内不缺水时的饮水称为第二性的饮水。

## 第二性饮水的脑机制

实验证明下丘脑的未定区（zona incerta）可能参与控制第二性饮水的机制。这个区域靠近外侧下丘脑。损毁LH时常常也侵害了这个区域。如果只损毁了这个区域，大鼠的饮水量将永久地减少约 20%～30%，但不妨害食量和体重，也不影响因细胞脱水或血液容积降低引起的饮水反应；而且当供给大鼠高蛋白食物时，它的饮水量也能增加。未定区的损伤只影响第二性的饮水行为，所以认为这个区域在第二性饮水中起重要作用 (M. D. Evered and G. J. Mogenson，1976)。

# 第九章　睡眠和觉醒

概　论
人类睡眠的定义
人类睡眠的情况
　一夜的睡眠
　人类睡眠模式的变化
睡眠的演化
个体的一生中睡眠的变化
　从婴儿到成人睡眠的变化
　老年人的睡眠
导致睡眠和影响睡眠时间的因素
　睡眠的剥夺
　　一、睡眠剥夺期间的精神障
　　　碍
　　二、失眠的补偿
　药物对睡眠的影响
　昼夜节律和睡眠
睡眠时的心理活动
　睡眠时的心理经验：梦的世界
　学习和睡眠
　　一、睡眠中的学习问题
　　二、睡眠对长期记忆的
　　　影响

睡眠和唤醒阈限
睡眠的神经生物学方面的研究
　睡眠时的神经过程和运动变化
　激素和睡眠
睡眠的神经机制
　睡眠是一种消极现象的观点和
　　根据
　睡眠是醒中枢被抑制的观点和
　　根据
　睡眠和觉醒的神经化学的控制
睡眠的生物功能
　睡眠保存能量
　睡眠有利于躲避猎食动物
　睡眠是为恢复疲劳
　睡眠有助于信息加工
睡眠的障碍
　失眠和睡眠中的问题
　过度嗜眠的问题
　睡眠和醒的时间改变产生的
　　问题
　睡眠的其他障碍

# 概 论

人的一生约有三分之一的时间是在睡梦中度过的。有些动物睡的时间比人还多（例如猫每天要睡 12 小时），也有些动物睡眠的时间少（例如马每天睡 2 小时），但大多数的动物似乎都是要睡眠的。看来睡眠在人类和其他动物的生活中一定有很重要的意义。可惜，关于睡眠的生物的和行为的特征还没有详尽的研究。

近二十年来睡眠才成为生理心理学研究的一个重点问题。这有多种原因，其中最主要的是因为人们深刻认识到了睡眠状态的复杂性。睡眠不仅仅是一种非清醒的状态，它实际上是一些复杂的周期性过程的连环、一些不同状态的交替。这些状态包括有思想停止、迷糊以至做梦。

本章要讲的问题是：人类和其他动物的典型的睡眠模式，影响睡眠模式的因素和睡眠的生理过程。我们要讨论控制入睡、睡的时间长短和不同睡眠状态交替的神经机制，也要讨论睡眠的生物意义和做梦的作用。

# 人类睡眠的定义

睡眠的特征之一是没有行为，它是一个不活动时期。此时外界刺激唤醒的阈限提高。在某些动物，如猫、狗等还有横卧的特点。但有蹄类的哺乳动物常常是站着睡觉的。

在 60 年代，当实验者发现从头皮上记录的脑电图（EEG）可以用来确定觉醒和睡眠的水平时，人们对睡眠的研究获得了新的进展，并找到一些可以确定不同睡眠状态的脑电图的指标（图 9-1）。在完全醒着精神奋发的时候脑电活动的模式呈现一种失同步的样子，混合着许多频率，其中低幅的、比较快的频率（15～20 Hz）占优势。在醒着闭起眼来休息的时候，出现一种整齐的、频率在 8~12 Hz 之间的较大幅度的波动，称为 α 节律（alpha rhythm）。这种节律在头的后部更为明显。当开始瞌睡时，α 节律的波幅降低，在某一时刻消失，代之以低幅的不规则的低频波。这个时期称为睡眠的阶段 1。在此期间心率慢下来，肌肉的紧张放松。有许多人在此阶段醒来并不自知曾经睡着了，虽然他们曾经对要求他们回答的问题或其他信号失去过反应。这一阶段，一般历时几分钟，然后过渡到阶段 2。阶段 2 的脑电图出现了周期性的爆发波，这是一种有规则的 14~18 Hz 的波，一阵一阵地爆发，开始波幅较低，逐渐升高，然后又逐渐下降，一组一组的状如纺锤，称为梭状波，这就作为阶段 2 的脑电图的特征。在此时期人们对外界环境全无反应，闭着眼，两个眼球在眼皮下面很不协调地慢慢转动。这个阶段多是在夜间睡眠的早期。由此睡眠进入到阶段 3。阶段 3 的脑电图的特征是纺锤式的阵发波和幅度很高的慢波的混合。在这个时期肌肉继续放松，心率和呼吸频率更低了。这个阶段以后接着是阶段 4，这时脑电图出现连续的高幅慢波。从阶段 1 到 4 统称为慢波睡眠（slow-wave sleep）。

一个人在睡眠最初的第一个小时内可能都经过了这四个阶段，并且接着出现了完全不同的一种变化。突然间脑电图展现出一种类似警醒时的低幅快波的模式，但与身体姿势有关的颈肌的紧张已经消失。由于这种脑电图像警觉时的样子，而肌肉是深度放松的和无反应的，所以这种状态就被称为异相睡眠（paradoxical sleep）。这时呼吸和脉搏加快而且很不整齐。同时眼球在眼皮下面快速转动。因此又称之为快速眼动睡眠（rapid-eyemovement sleep or REM sleep）。这时人虽然仍在躺着，从行为上看是绝对睡着的，但是却出现了许多特异的生理变化（表 9-1）。

从睡眠时的脑电图来看，睡眠包含有一系列的状态，而不仅仅是一个不活动的时期。下节说明在人的正常的一夜睡眠中这些状态的进行情况。

表 9-1

| 系统活动 | 慢波睡眠 | REM 睡眠 |
|---|---|---|
| **自主系活动** | | |
| 心 率 | 慢 | 有爆发式变化 |
| 呼 吸 | 慢 | 同 上 |
| 体温调节 | 保持正常 | 损 失 |
| 脑温度 | 下 降 | 升 高 |
| 大脑血流 | 减 少 | 增 加 |
| **骨骼肌系统** | | |
| 姿势紧张 | 逐渐下降 | 消 失 |
| 膝跳反射 | 正 常 | 抑 制 |
| 局部偶然的颤搐 | 减 少 | 增 加 |
| 眼 动 | 少、慢两眼不配合 | 快而且配合 |
| **认知状况** | | |
| | 模糊的思想 | 生动的、组织美妙的梦 |
| **激素的分泌** | | |
| 生长素的分泌 | 多 | 少 |
| **神经放电率** | | |
| 大脑皮质 | 许多细胞放电下降而且更有时相性 | 放电率增加，强直性的活动 |
| **事件有关电位** | | |
| 感觉引起的 | 大 | 减 小 |
| **药物效应** | | |
| 抗抑制剂 | 加 强 | 减 弱 |

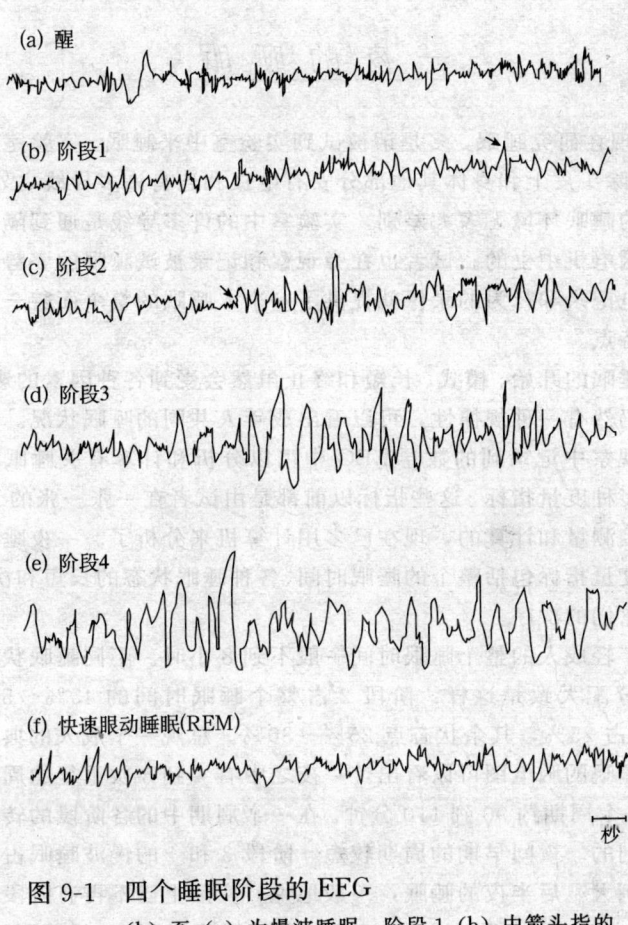

图 9-1 四个睡眠阶段的 EEG
(b) 至 (e) 为慢波睡眠,阶段 1 (b) 中箭头指的是一个高峰波出现在这个时期,阶段 2 (c) 中箭头指的是作为这个阶段的一个特征的梭状的阵发波。

# 人类睡眠的情况

## 一夜的睡眠

现在研究睡眠,多是请被试到实验室中来睡眠。实验室中的卧室,除头皮上和身体其他部分安有电极和连有许多导线之外,与普通的睡眠环境无多大差别。实验室中的许多导线是通到隔壁房间的脑电机中去的。试者也在旁观察和记录被试睡眠的姿势。这样脑电记录和行为的录像就提供了一个人睡眠的整个面貌——时间和特点。

睡眠的开始、模式、长短和终止虽然会受到各种因素的影响,但是仍然有一种规律性,可以看出成年人共同的睡眠状况。从一夜的观察中记录到的数卷 EEG 中可以分析和计算有关睡眠模式的许多种度量指标。这些指标以前都是由试者在一张一张的 EEG 上直接测量和计算的,现在已多用计算机来分析了。一夜睡眠的典型度量指标包括整个的睡眠时间、各种睡眠状态的长短和次数,以及它们的次序。

年轻成人的整个睡眠时间一般不到 8 小时。不同睡眠状态的时间分配大致是这样:阶段 2 占整个睡眠时间的 45%～50%,REM 占 25%,其余状态点 25%～30%。总观一个成人的典型的一夜睡眠的脑电图可以看出,一夜之中有 4 到 5 次重复的周期循环,一个周期约 90 到 110 分钟。在一个周期中的各阶段的转变是很规则的。夜间早期的周期较短,阶段 3 和 4 的慢波睡眠占的时间比例大。后半夜的睡眠,一般地说,实际上已不再有阶段 3 和 4 的慢波睡眠。相反地,在后半夜睡眠的周期中 REM 睡眠更长了。第一次 REM 睡眠的时间最短,有时只有 5 至 10 分钟,最后一次 REM 睡眠刚刚是睡醒之前的一段,这段时间在正常的成年人中可长达 40 分钟(图 9-2)。

在一个周期中 REM 睡眠之后常常紧接着就是阶段 2。这种次序是极其规律的。只有在婴儿和神经系统功能紊乱的病人中才会

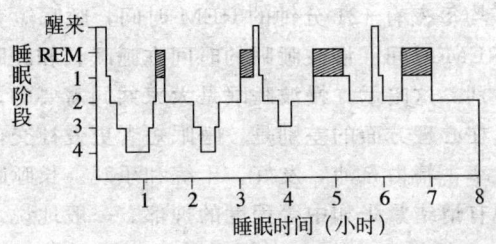

图 9-2 青年人一夜睡眠的周期变化
黑的部分为快速眼动睡眠

出现例外情况。有时在 REM 睡眠过后紧接着的是片刻的唤醒。

有些研究者认为 90～110 分钟的睡眠周期是一种基本的休息——活动周期的表现。有人还考察过醒着时的类似的周期,例如,有人醒着时的白日梦的周期之间约有 100 分钟的间隔(P. Lavie and D. F. Kripke,1981);还有其他一些心理和生理的特性也有 90～110 分钟的周期,其中包括儿童的饮、食、游戏行为、心率和大脑两半球相对的优势支配(D. B. Cohen,1979)。

## 人类睡眠模式的变化

人类睡眠的情况很不一样。有些差别是与成熟的情况或机能状态,如紧张、药物作用和其他一些内外因素的影响有关;也有些差别可能是和人的个性有关,有的人睡眠时间多,有的人睡眠时间少似乎都是正常的。据报告,斯坦福大学的一位教授 50 多年每夜只睡 3～4 小时,活到 80 岁才死;另一位健康妇女每夜只睡 1 小时。

有人比较了自认为睡眠时间少和自认为睡眠时间多的志愿被试者的睡眠特点。通过考察他们在实验室中几天的睡眠情况(包括 EEG 记录)和个性量表的答卷,以及详细的面谈,发现他们自报的睡眠特点是正确的,在他们之间的确存在着一些有趣的差别。睡眠短者和睡眠长者的主要不同是用于 REM 睡眠的时间不同。

睡眠长者平均每夜有 121 分钟的 REM 时间，睡眠短者平均只有 65 分钟的 REM 时间。慢波睡眠的时间在睡眠长和睡眠短者之间没有显著差别。这暗示，慢波睡眠是大家共同需要的。睡眠长者和睡眠短者在心理方面的差别是，睡眠短者更爱社交，精神不太紧张，有效率，精力充沛，友好，干练和乐观。长睡眠者其中有许多人表现有情绪紧张和中等程度的抑郁。一般地说，他们与睡眠短者比较显得优柔寡断和有更多的忧虑（E. L. Hartmann, 1978）。研究者指出，一定的生活作风，特别是那些关心世界大事的，可能需要较长的睡眠，而长睡眠者的 REM 时间多正反映这一阶段在心理恢复过程中的重要性。

# 睡 眠 的 演 化

借助脑电图可以比较不同动物的睡眠状况，至今已经用这一技术研究了多种哺乳动物和少数鸟类、爬行和两栖动物的睡眠。研究者发现，各种动物的睡眠在许多指标上有着巨大的差异，例如，一天整个的睡眠时间，或 REM 睡眠的平均长度，都不相同。对不同动物的睡眠进行比较的研究有助于确定那些控制睡眠的时间和周期特性的因素。例如，一种动物所适应的小环境对睡眠有什么影响？猎食动物和被猎食的动物的睡眠有何不同？从研究现代动物的睡眠中能否得到有关睡眠演化的历史线索？睡眠行为的演化和神经系统的演化有何种关系？弄清这些问题，对于理解人类睡眠的特点、它的来源、生物的适应功能、现在的神经机制和现代的社会生活可能对它的影响，都有重要意义。

在研究过的动物之间一昼夜用于睡眠的时间和其中异相睡眠的比例都有巨大差别（见表 9-2）。

从表 9-2 中列的这些百分数中可以看到除针鼹外，所有的动物都有 REM 睡眠。针鼹是一种食蚁和产卵的哺乳动物，这种动物的历史在现在的动物中是最久远的了。在这方面可以与它匹敌的是负鼠，都被称为活化石。负鼠是一种早产的动物，生下来的幼鼠发育还不完全，要在母鼠袋里生活一个时期，但它已有了慢波睡眠和 REM 睡眠。它的脑电图和有胎盘的哺乳动物的相比没有显著特点。以这两种动物作比较，使某些研究者提出这样一种看法，即认为慢波睡眠是最先发展出来的。因为针鼹的历史最古老（约在 13 000 万年前即存在了）。如果比较这两种动物的脑的解剖结构，或比较针鼹和其他哺乳动物的脑的结构，或可获得有关 REM 睡眠能够出现的脑结构的发展情况的知识。

表 9-2

| 动物 | 状态 （0/0＝时/日） | | |
|---|---|---|---|
| | 醒 | 慢波睡眠 | REM 睡眠 |
| 袋鼠 | 55.7 | 38.5 | 5.8 |
| 大鼠 | 42.9 | 48.2 | 8.9 |
| 兔 | 50.0 | 48.0 | 2.0 |
| 负鼠 | 19.2 | 76.7 | 4.1 |
| 犰狳 | 28.0 | 59.0 | 13.0 |
| 针鼹 | 64.2 | 35.8 | 0 |
| 猫 | 42.3 | 42.2 | 15.5 |
| 狐 | 59.2 | 30.8 | 10.0 |
| 狗 | 66.2 | 30.8 | 3.0 |
| 海豹 | 55.7 | 33.5 | 10.8 |
| 牛 | 82.6 | 15.8 | 1.6 |
| 松鼠猴 | 17.8 | 59.3 | 22.9 |
| 狒狒 | 18.0 | 71.5 | 10.5 |
| 人类 | 60.6 | 32.8 | 6.6 |

应当说明一下。虽然某些研究者认为 REM 是较晚的演化产物，然而也有人（R. Meddis, 1979）提出过相反的见解，认为慢波睡眠和 REM 睡眠这两个阶段周期只有在生理上能够自己调节体温的动物（即内温动物——endotherms）中才能看到。许多实验记录证明在 REM 睡眠期间体温的调节是不完善的，因此推测 REM 睡眠可能是从不需精确调节体温而能生存的动物（即外温动物——extotherms）中演化而来。对于内温的动物来说，如果长时间处在不能精确调节体温的状态，那将会招致不幸。而在慢波

睡眠中体温的调节是完善的，所以可以设想慢波睡眠是演化出来拯救内温动物的。按照这种见解，小的动物就应当有较短的 REM 睡眠和较短的睡眠周期，因为它们的体积小，热量少，散热快，容易受环境温度变化之害。

从表 9-2 中得到的另一个印象是有蹄动物睡眠最少，然而也有 REM 睡眠。

小的动物，如大鼠，慢波睡眠和 REM 睡眠的周期都短。在人类，从慢波变到 REM 再变回来的一个周期约为 90～110 分钟，而大鼠的只有 10～11 分钟。这一事实似乎说明周期的长短可能是与代谢速度有关的（小动物的代谢快）。也许还有其他原因。例如，海豚需要升到水面上来呼吸，因此它的睡眠插曲是很短的。某些鸟类，如雨燕和黑燕鸥在滑翔中有短暂的睡眠。雨燕筑巢季节，大部分时间是在空中的。黑燕鸥常连续数月在水上飞或滑翔，而不着陆，只在水面上捕鱼。它们的睡眠插曲也很短。

比较灵长目动物的睡眠可以看到在时间模式上它们之间也有很大差别。然而 EEG 波的变化很相似，也可以分成慢睡眠和 REM 几个阶段。阶段 1 和 2 的慢波睡眠在狒狒的睡眠中占优势。狒狒常常在树的小枝干的末端睡觉，这种地方不容易受到猎食动物的袭击，但是在 REM 睡眠时全身肌肉的放松则是危险的，很可能使它从树上掉下来。黑猩猩的情况就不是这样。黑猩猩的 REM 睡眠很多，而它们是在树的大枝干上搭窝睡觉的。

应当指出的是，研究动物睡眠大多数是把动物限制在实验室的不正常的环境之中。因此有人批评说，在实验室内的各种设施束缚之下，很可能抹杀了许多物种的睡眠特色。但是，也有人对照过一些野外观察的材料，并未发现与实验室中观察的结果有明显差别。在这方面还需要作进一步的研究。

有人（R. Meddis，1975）提出应该按照下列的几个方面来比较各种动物睡眠特点：

（1）一天的活动和休息时间的分配；

（2）至少观察每天的一个长时间的不活动时期；

（3）在不活动时期对外界刺激的唤醒反应阈限的提高情况；

（4）慢波和有关的不活动状态；

（5）REM 睡眠时间的长短和分配；

（6）物种典型的睡眠处所和典型的睡眠姿式。

从比较研究中看到，所有的脊椎动物一天的时间都有分配，都有一个长的不活动时期，在此期间对外界刺激的反应阈限升高，而且还有一种此时特有的姿式。除单孔目、两栖和鱼类外，所有的哺乳动物、鸟类和爬行动物都有 REM 睡眠。慢波睡眠也是在哺乳动物、鸟和单孔目中才更明显。

# 个体的一生中睡眠的变化

在任何一种动物中，一生的睡眠和觉醒周期都随着年龄变化。这种变化在个体发育的早期更为显著。许多种动物幼婴的 EEG 还不能按照成年动物的模式划分。在人类 5 到 6 岁之前，慢波睡眠的四个阶段的 EEG 特征还不明显。在五六岁时 EEG 刚能分出成人的那几种阶段。从婴儿的行为上看可以分出安静睡眠（相当于慢波睡眠）和活动睡眠（相当于 REM 睡眠）。这种区别的主要根据是肌肉颤搐、眼动、呼吸和心率等反应方面的不同。婴儿的安静睡眠的特征是略可看出 EEG 较慢。此时吸吮动作强和呼吸不规则。活动睡眠的特点是呼吸有周期性的增强、阵发的眼动、低幅的 EEG，面部某些肌肉颤搐和偶尔做笑脸。下面谈谈一生中睡眠模式是怎样变化的。

## 从婴儿到成人睡眠的变化

人和所有其他动物的婴期睡眠都比较长，其中 REM 睡眠的时间比例也大。在人类降生后的头两个星期内，有一半的睡眠是 REM 睡眠。婴儿和正常成人不同，他可以从醒直接进入 REM 睡眠状态。仔猫和仔鼠也有这种特点。

婴儿要在降生 16 个星期后才有明显的睡眠周期。婴儿睡眠的另一特点是状态的转变多，每一阶段的平均时间短。这些特点可能是与脑的发育不成熟有关。有几点根据可以说明：第一，早产婴儿的睡眠时间比足月产的婴儿的睡眠时间多；第二，有些动物如豚鼠，生下来的时候发育比较成熟，它们的睡眠模式随着年龄变化的情况不太明显。

智力落后儿童的睡眠模式和正常儿童很不相同（O. Petre-Quadens，1972），明显的不同是在睡眠的质量上。例如，许多智力落后儿童 REM 睡眠数量大为减少。因此降生后的 EEG 记录可能对鉴别智力落后儿童及早进行治疗有一定用处，特别是对于鉴别那些没有生化或解剖的变异特征的智力落后者更为有用。

## 老年人的睡眠

人到老年睡眠模式逐渐发生变化。但这种变化比较慢，和幼儿发育时期的变化不同。表 9-3 列出了青少年、中年和老年人的几种睡眠状态的参数。

从表 9-3 中列的各种睡眠参数来看，中年人和老年人的整个睡眠时间减少了，同时一夜间唤醒的次数增加了。老年人常常患失眠，这种失眠可能与白天的小睡有关，因为从此表中可见老年人的睡眠时间也增加了。老年人睡眠的显著变化是阶段 3 和 4 的比例率大为减少，到 60 岁时只有青年人的 55%。老年人的阶段 3 和 4 的下降可能与认知能力的衰退有一部分关系，因为患衰老性痴呆的人其睡眠的阶段 3 和 4 都显著减少。

在一生中睡眠的这些变化有什么功能含义呢？仅就 REM 睡眠的时间变化而言，有人认为童年的 REM 睡眠占优势可以说明这一状态似乎是给神经系统的成熟提供重要的刺激。但这种假设还没有很详细的说明，而且也很难成立。因为根据直观的认识，对于神经系统的发展来说，重要的应该是模式化的刺激，而 REM 的活动则似乎是无规则的。另一种假说是 REM 睡眠对短期记忆的巩固有重要作用。婴儿期正是开始大量学习的时期，这一假设似乎可以说明幼年 REM 睡眠多的问题。还有些理论指出，睡眠的各种阶段的逐渐改变反映了信息加工能力发展速度的相应变化。然而这种见解也难以确定这两种变化之间的因果关系。总之，关于睡眠的发展问题，仍然是个令人困惑和正待进一步去研究的问题。

表 9-3

|  | 13～15 岁 | | 41～46 岁 | | 60～69 岁 | |
|---|---|---|---|---|---|---|
|  | 平均 | S.D | 平均 | S.D | 平均 | S.D |
| 睡眠状况 |  |  |  |  |  |  |
| 整个睡眠的时间（分） | 489.85 | 12.02 | 376.65 | 35.68 | 388.36 | 26.12 |
| 睡眠阶段转变次数 | 46.50 | 7.89 | 44.25 | 10.03 | 50.98 | 5.46 |
| 觉醒的次数 | 4.40 | 2.88 | 6.50 | 2.53 | 9.38 | 2.94 |
| 每段 REM 睡眠的长度（分） | 30.26 | 4.25 | 21.18 | 6.84 | 19.45 | 5.58 |
| 阶段 1 的百分比 | 3.79 | 1.66 | 5.95 | 2.23 | 12.11 | 4.46 |
| 阶段 REM 的百分比 | 26.97 | 2.77 | 21.88 | 4.28 | 21.33 | 4.37 |
| 阶段 2 的百分比 | 43.92 | 5.22 | 50.76 | 11.72 | 51.94 | 7.46 |
| 阶段 3 的百分比 | 6.05 | 2.55 | 7.19 | 2.78 | 3.73 | 2.93 |
| 阶段 4 的百分比 | 18.10 | 3.81 | 7.99 | 10.49 | 1.44 | 2.37 |
| 一夜前 1/3 的 REM 的百分比 | 8.56 | 4.46 | 20.15 | 8.69 | 22.50 | 8.68 |
| 一夜后 1/3 的 REM 的百分比 | 53.14 | 8.03 | 39.01 | 11.46 | 39.37 | 9.40 |

# 导致睡眠和影响睡眠时间的因素

周围的各种刺激、社会生活和生理状况都能影响睡眠的时间和模式。然而睡眠是一种相当稳定的状态，这些因素对睡眠的影响远比对醒时的行为影响弱。例如，运动只能使入睡后的第一个阶段的睡眠缩短，但对以后的睡眠阶段似无影响。对睡眠有显著影响主要有下述的几种因素。

# 睡眠的剥夺

人们都知道部分或全部剥夺睡眠会使人困倦。这是为什么呢？人或其他动物是否有一种补偿或调节睡眠的内在机制，剥夺的睡眠是否必须补偿？这就是研究剥夺睡眠的后果的主要目的。

**一、睡眠剥夺期间的精神障碍** 精神病学家首先注意到剥夺睡眠产生的异常行为很像精神病患者，特别是精神分裂症的一些表现。因此，他们研究部分或全部剥夺睡眠希望能说明精神病人的行为发生的某些原因。他们从剥夺 REM 睡眠可以产生持久的异常的情绪反应方面来考虑，提出做梦是精神健康的监护者。为验证这一假说，他们雇佣了一些患精神分裂症的病人进行睡眠的研究。但未能证实这一假说。这些病人的睡眠和觉醒的周期与健康人的一样，而睡眠的剥夺也未使症状加剧。

长时间的完全剥夺睡眠对行为的影响因人而异，可能与人的个性和年龄因素有关。有几个实验采取了 205 小时或 8 到 9 天的全部的睡眠剥夺。有些被试偶尔出现了幻觉（hallucinations）。超过 100 小时的睡眠剥夺只有极少数的人表现了精神病的症状。在这些实验中最普遍的行为变化是易怒、精神难集中和偶尔的糊涂。在每一个剥夺日的早晨这些后果最为明显，在下午和晚上累积起来的不眠效果似乎更不显著了。有人描写说，这些被试完成工作任务的能力好像一个用过多时的爱熄火的发动机，运转时常会熄火（L. C. Johnson，1969）。但引起强烈动机的、短时的工作，即使在长时的睡眠剥夺之后，仍能很好地完成，几乎看不出有什么不好的影响。

在睡眠剥夺的过程中 EEG 的最明显的变化表现在 $\alpha$ 节律上，$\alpha$ 波的幅度明显地逐渐下降。这些被试虽然还都在走动着，但他们的 EEG 看上去都像睡眠的阶段 1 的样子。有许多观察还发现睡眠的剥夺能产生类似癫痫患者的 EEG 和行为特征。

## 二、失眠的补偿

在长时期剥夺睡眠之后恢复睡眠时,最初几夜的睡眠显得异乎寻常,要经过几天的时间才能恢复正常。这种实验都是在青年志愿被试者中进行的。在经过 264 小时(11天)的全部睡眠剥夺之后,一个男青年被试睡眠恢复的情况如表 9-4 所示。

从表 9-4 中看到,第一夜睡眠的阶段 4 和正常的情况不同,时间增加了很多,REM 睡眠也显著增加。阶段 2 和 3 也有所增加。阶段 1 和醒的时间少了。似乎要经过三天以后才能恢复正常的睡眠。看来剥夺的睡眠是要补偿的。但为什么要补偿和补偿的机制,则尚待研究。

有的实验是部分剥夺 REM 睡眠。方法是每当被试的 EEG 出现 REM 的特征时就叫醒他们。短期剥夺 REM 睡眠后,被试恢复睡眠时 REM 的时间也增加。但补偿 REM 睡眠的过程与补偿全部睡眠剥夺的情况有所不同。在长时间剥夺 REM 睡眠之后,它的恢复

表 9-4 剥夺睡眠 264 小时之后恢复睡眠的情况(每夜睡眠时间以分钟计算,括弧内的数字为各阶段的百分比)

| 睡眠阶段 | 恢复过程 | | | 完全恢复后的睡眠 | | |
|---|---|---|---|---|---|---|
| | 第1天 | 第2天 | 第3天 | 1周后 | 6周后 | 10周后 |
| 醒 | 0 | 0 | 11 | 15 | 33 | 16 |
| | (0) | (0) | (2.02) | (3.54) | (8.57) | (4.0) |
| 1. | 1 | 3 | 1 | 6 | 36 | 22 |
| | (0.11) | (0.5) | (0.18) | (1.42) | (9.31) | (6.0) |
| 2. | 397 | 258 | 224 | 255 | 183 | 227 |
| | (45.2) | (41.3) | (41.4) | (60.1) | (47.13) | (58.0) |
| 3. | 133 | 109 | 98 | 57 | 46 | 39 |
| | (15.1) | (17.4) | (17.9) | (13.3) | (11.86) | (10.0) |
| 4. | 113 | 67 | 60 | 18 | 34 | 12 |
| | (12.8) | (10.7) | (11.0) | (4.24) | (8.85) | (3.0) |
| REM | 236 | 188 | 152 | 73 | 56 | 75 |
| | (26.8) | (30.1) | (27.8) | (17.4) | (13.64) | (19.0) |
| 全部睡眠时间(分) | 880 | 625 | 543 | 424 | 388 | 391 |

复从时间长短上来看是不完全的。但是从维持肌肉（如颈肌）的放松程度上看是完全的。肌肉的放松可以在慢波睡眠时出现。这好像是把一部分 REM 睡眠的特性分给了其他的睡眠阶段。这一现象在猫的实验中也看到了。

此外，似乎还有另一种补偿。例如，REM 睡眠经过剥夺之后，当恢复睡眠的时候，它变得特别强烈，即在每次出现期间眼动的次数特别多。这说明恢复中的 REM 睡眠可能与一般的 REM 睡眠不同。

还有些实验证明，剥夺代表一个睡眠阶段的特征的时相（如快波睡眠阶段的快速眼动出现时，慢睡眠时的纺锤波动出现时，REM 的补偿现象更为明显）。例如，给两组猫以不同的睡眠剥夺，一组剥夺 EEG 快波睡眠的全部时间，另一组只剥夺慢波睡眠的梭状波时相和快波睡眠的 REM 时相，都进行两天。结果发现，后一组恢复正常睡眠时 REM 睡眠的补偿更为明显。需要说明的是，梭状波时相和 REM 时相都是比较短的。

睡眠剥夺后的补偿问题有许多方面尚待研究。但这是一项不易做的工作，因为剥夺睡眠引起的精神紧张和情绪变化的因素很难控制，所以许多重要问题还不能解决。

## 药物对睡眠的影响

人类服用药物催眠的历史相当悠久。古希腊人已经知道用罂粟汁炼鸦片，用毒参碱制成的药物，即今天名为东莨菪碱和颠茄的药物。他们混合各种植物炼制促眠药。传说中我国三国时华佗能用麻沸汤使病人睡眠以完成外科手术。现代的致睡药物学开始于 19 世纪从鸦片中合成吗啡。从 19 世纪中期阿司匹林的发明者阿道夫·冯·伯尔（Adolph von Bayer）开始制备巴比土酸以来，已有了许多致眠药物，而巴比土酸盐（barbiturates）仍继续用来治疗睡眠的机能障碍。

测量药物对睡眠的作用在方法学上有许多困难。通常的实验方法是给被试服用某种药物后测量他的睡眠模式。根据许多的研究发现，一般被认为是诱导睡眠的药物，其效果既决定于剂量又常常因测量的时间长短不同（如一夜或数夜）而有异。服药后停药的方式也影响睡眠。这是因为在服药期间可能有某些神经化学物质的增加，而停药后的改变一定会有某种后果。

有许多测量睡眠药物效果的实验是在健康的青年人身上做的，这可能也是测不准的原因之一。正如，在没有肺结核的病人身上实验治结核病的药物的效果一样。

人类的一种最古老的睡眠药物就是酒。酒的效果几乎和很多抑制剂的效果一样。中等剂量的酒精（相当于不善饮酒的人喝半两白干酒）抑制 REM 睡眠。连续几天饮这一剂量的酒 REM 睡眠又恢复正常，三五天内也看不出有其他后果。这一实验结果使研究者设想酒精和类似的药物（如巴比土酸盐）可能激活一种 REM 补偿的机制。有关这种设想的另外的根据来自对酗酒者断酒期的观察。他们断酒后约在第三天最易出现震颤性谵妄（delirium tremors），这时 REM 显著地受到压抑。接着 REM 睡眠有几天的增加，然后又经过一个抑制期而恢复。在长时服用巴比土酸盐停药之后也有类似的情况。REM 压抑后的增加，叫做反跳，被认为是一种补偿现象。

在服用抗抑郁药或兴奋剂后 REM 睡眠显著受压抑。苯异丙胺（amphetamine）成瘾的人在服药期间可能完全没有 REM 睡眠。在停药之后，在某些人中，REM 睡眠的反跳可多达每夜睡眠的 75%，而且往往在入睡之初即出现（在正常状态下 REM 出现要在入睡 40 到 90 分钟后）。有苯异丙胺瘾的人在戒药期间 REM 睡眠的优势可能与做恶梦有关。但也有些抗抑郁药抑制 REM 睡眠而没有反跳的后果。

药瘾和 REM 睡眠之间有明显的关系。抑制 REM 睡眠和产生 REM 反跳的药物也都是能上瘾的药物。相反地，抑制 REM 睡眠但不产生 REM 反跳后果的药物则不会上瘾。有的研究者猜测，这一类的药所引起的生理活动可能有代替 REM 睡眠的功能。这类药物包括一些如单胺氧化酶抑制物一类的抗抑郁剂。

服用安眠药物应该注意的是，有许多成瘾药长期服用会失去安眠的效果。这样往往要增加服用剂量，以至于带来危害健康的后果。其次是用安眠药既可在服药期间引起睡眠模式的改变，也可在停药后产生长时间的睡眠障碍。大多数的安眠药在初服时都减少了 REM 睡眠，特别是减少前半夜的 REM 睡眠。对药物的逐渐的适应的明显表现是 REM 睡眠的恢复。突然的停药又会使 REM 睡眠急剧增加以至于使人感到很不舒适，而必须重新继续服药。最后出现的严重问题是影响到醒时的行为，通常是嗜睡，在白天打瞌睡，即使努力振奋也难以维持清醒的注意力。

安眠药的这些有害作用使得人们寻找另外的治疗睡眠障碍的生物化学的方法。其中主要一种设想是试图促进与睡眠有关的神经递质的释放，例如，增加 5-羟色胺（serotonin）的释放。5-羟色胺被认为是睡眠过程中的一种重要的神经递质。服色氨酸（tryptophan）可以增加脑内 5-羟色胺的含量。色氨酸是合成 5-羟色胺的先成物。低剂量的色氨酸服后可缩短入睡的时间而不改变睡眠的模式。这是用双盲实验在正常人身上观察到的，也在中度的失眠人中得到了证实（E. L. Hartmann, 1978）。这种药物长期服用也不产生耐药性，对白天的精神状态也无影响。睡觉前喝杯牛奶常常被认为有安眠作用。这可能与牛奶中含的色氨酸有关。

## *昼夜节律和睡眠*

睡眠和外界的许多刺激似乎有一种同步的关系，特别是和 24 小时中的明暗周期有关。如果把这些刺激除去，睡眠将如何？有人进行过这方面的观察。有些实验主要是观察昼夜的明暗周期对睡眠的影响。所以实验是关闭在黑暗的山洞中进行的，洞中没有明暗的变化和其他计时的暗号。在这种情况下，人们的睡眠和觉醒的昼夜节律依然保持着。但人们的生物钟从 24 小时慢慢变到 25 小时，也有的被试一天的周期延长到了 35 小时。

最近的研究（E. D. Weitzman et al., 1981）是让十个成年

人在一处完全没有时间暗号的房子里呆了 25 到 105 天。被试可以在任何时候去正式睡觉也可以在任何时候醒来,但不许小睡(类似午睡)。同时记录了他们的几种生理指标,包括体温、血液中的激素水平和睡眠时的 EEG。这些被试可以与试者直接接触。这和以前在山洞中的实验不同。

在这种情况下,所有被试的睡眠和觉醒的节律都比 24 小时长了。有三个被试一天的周期延长到 24.4～26.2 小时,还有三个被试的周期是 37 小时。这些被试的某些生理周期与睡眠和觉醒周期呈现不相配合的情况。例如,体温的变化仍旧保持 24 小时的周期节律。这后三个人的睡眠时间短的时候少于 10 小时,长的时候可达 20 小时。短的睡眠时间开始于体温最低的时候。长睡眠时间开始于体温最高时。看来睡眠似与 24 小时的体温节律有时间关系。在这个实验中也看到睡眠状态的某些改变。例如,REM 睡眠出现较早,但在整个睡眠中占的百分比没有改变。REM 睡眠和体温也有特殊的时间关系,REM 出现时体温下降。这些材料证明睡眠和觉醒的节律和脑内其他生物节律的波动有关。

# 睡眠时的心理活动

从睡眠的心理活动方面来看,睡眠绝不能和关闭发动机相类比。睡眠包含着不同的阶段,而许多脑内细胞也在继续工作着,只是工作的方式可能有所不同。因为脑在睡眠时继续活动,所以应当探索一下此时的心理活动的特性。

## 睡眠时的心理经验:梦的世界

现在关于睡眠的心理生物学的研究,有一个很令人感兴趣的工作就是考查在睡眠的不同阶段的思想和意象的性质。典型的实验是在 EEG 记录的不同阶段(如在阶段 1、2、3、4 或 REM)唤醒被试，问他们在醒来之前的思想和知觉的情况。

直到最近得到的材料才有力地证明做梦大都在 REM 睡眠阶段。在 60 年代中的一些研究普遍地证明在这个阶段醒来有 70% 到 90% 是报告有梦的，而在无 REM 的阶段醒来只有 10% 到 15% 是报告有梦的。起初人们设想这个阶段的快速眼动的特点是和观察梦中的景像有关的。譬如说，如果你梦见看乒乓球赛，你的眼球会出现左右的快速运动，就像真在看乒乓球赛一样。关于 REM 睡眠时眼运动的这种扫描理论的解释现在看来有些不适当，特别是因为睡眠时眼动的特点与真实看东西时的眼动有许多不同之处。

现在有许多研究者越来越怀疑以前的看法，他们转向研究慢波睡眠的梦和 REM 的梦的性质特色的问题。研究的结果表明，REM 睡眠的梦显然具有视觉梦幻的特色，而慢波睡眠的梦更多的是思维的类型。REM 的梦常常是包含有怪异的知觉经验的故事，梦中看到某种景像，听到声音，嗅到气味，和做了某些事情。在这样的梦中发生的事情似乎都很真切。慢波睡眠时的梦则往往是思想多于景像。在这种梦中醒来被试常报告说他在思考某些问题，而不是自己在做什么。但是大多数的梦（90%）都是有故事和知觉经验的，所以对 REM 与做梦有密切联系的判断仍然是正确的 (R. D. Cartwright, 1978)。

研究梦的内容，特别是 REM 睡眠时的梦的内容，发现在睡眠的前半段的梦多是针对现实的。这些梦的细节往往把白天的经验结合了进去，出现的事件也是有次序的。相反地，在睡眠的后半段梦的内容变得怪异和不易与白天的事件联系起来，事件的次序和内容更带有强烈的情绪特色和荒诞性质。REM 睡眠时的梦的情绪色彩也可能反映某些病理变化，如患抑郁病者在病情严重时，他们的梦缺乏情绪色彩和活动。

梦是否有预示未来事故和反映被压抑的欲望的功能，这是现在研究梦的心理生理学家不能回答的问题。有一种看法认为梦是人体的一种基本的体力恢复过程的副产物，它本身没有什么意义。睡眠的生物作用必然伴有偶尔引起的梦，因为脑干的某些区域的神经元的具有时间性质的活动会影响视觉皮质或其他感觉皮质。它如果兴奋视觉皮质的神经元,就可能产生梦中的视知觉事件。这些无规则的兴奋可以被做梦者的认知活动统一起来。梦虽然能反映一个人的经历,但它本身可能没有什么功能作用。

另一种看法认为梦能满足一个人的欲望,解决某种思想问题。有人觉得睡中无梦(或醒来时想不起做过的梦)很不快意,希望每夜做个好梦,到梦乡中去享受现实生活中得不到的乐趣。是否有办法随意做梦,生理心理学家还没有致"黄粱美梦"之术。

## 学习和睡眠

睡眠既然不是脑的完全休息状态,在睡眠时许多脑细胞还在积极活动,那么在睡眠中能否学习什么东西呢?发明家在梦中受到什么启示或解决了某个问题的传说很多,有没有这种可能呢?有的话,是怎么一回事呢?现在的研究还不能清楚地回答这类问题。但已有事实证明白天的学习经验能影响睡眠的模式;也有的研究发现 REM 睡眠和记忆巩固有一定的关系。另外,有人还认为 REM 睡眠可能对白天的经验起一种过滤器的作用。此说指出一个人一天碰到的许多事情有的是重要的,必须认真对待,也有些是重复出现的琐碎小事,不需要给予太多的注意。在建立一种巩固的记忆中所耗费的能量很大,睡眠可能有利于只巩固一天中的某些重要事件的记忆。在这方面的研究主要是考察学习后的睡眠对学习材料的记忆的影响,以及观察全部或部分剥夺睡眠对学习记忆的影响。现在分别说明以下问题。

**一、睡眠中的学习问题** 在这方面有许多矛盾的事实和争议。例如,有些实验证明在动物睡眠的各阶段中可以形成简单的条件反应。但对人来说,在睡眠中学习语言材料似乎是不可能的。有两位研究者(K. Tani and N. Yoshii, 1970)做过这样的实验,在一组被试睡眠时给他们读一对一对的词,醒来后读给他每一对中的一个词，测验他们能否想起另一个词，即是否在睡眠中建立了两个词之间的联系。同醒着学的对照组比较，他们似乎也形成了一些联系。但是，能够联系起来的词对，只是那些在读给他们听的时候能使睡眠从一个阶段瞬息地转变α波阶段的睡眠的词对。那些不能引起 EEG 变化的词对，无论是在睡眠的阶段 1、2、3、4 或 REM 时读，都不能形成联系。这样看来，语言材料的学习只能在刺激唤醒被试的一瞬间才能发生，即在 EEG 出现 α 波的片刻之间。

比上述实验更为简单的学习，如习惯化的作用，在动物和人类的睡眠中都能发生。例如，在被试的慢波睡眠时期给以强的声音刺激可以使 EEG 出现唤醒特征的快波。重复同样强度的声刺激，其唤醒效果即逐渐减弱终至消失。但这一现象，严格地说不能算是学习。不过它能说明在睡眠中脑细胞能察觉新异的刺激和对刺激有一定的适应性。

睡眠中学习的另一方面，人们考虑到梦中对内生的信息的注意和记忆问题。从人的一般经验中可以知道，睡眠时有许多认知和知觉事件的插曲，有的是一般的，有的是荒诞的。这都是梦的内容，做梦说明睡眠时的心理生活是很丰富和活跃的。然而，对梦的回忆往往是支离破碎的。

大多数报告做梦的情况是在被试的 REM 睡眠阶段终止后立刻被唤醒时。如果被试是在 REM 终止 5 分钟后被唤醒，他们常常报告无梦。可能是回忆不起来。这样看来，在 REM 睡眠时发生的认知和知觉事件不能留下永久的记忆痕迹。只有在做梦后即刻醒来的时候梦里的事件才能够回忆和记住。

梦中发生的大部分事件不能长久贮存下来，可能是有好处的，因为这些不切实际的事件贮存下来对于人的生活会有干扰，而且浪费精力。在 REM 之后的慢波睡眠可能就是一种起清除残梦作用的神经过程。

**二、睡眠对长期记忆的影响**　　早在 20 年代有人（J. Jenkins and K. Dallenbach, 1924）做过这样一个实验：让被试在上床睡觉之前学习一些语文材料，睡8小时后起来测验他们的记忆；另一些被试在早上学习同样的材料，8小时后测验。他们发现，在学习和测验之间有一段睡眠时间者记忆比较好。如何解释这一结果，现在还在研究。

有不同的心理学解释。一种解释是，在学习和回忆之间如果有一段醒着的时间，记忆会受到各种经验的干扰。在学习和回忆之间如果是睡觉的话可以减少干扰的刺激。第二种解释是，记忆易于衰退，这种衰退过程在睡眠时会慢下来。第三种解释是，睡眠对学习和记忆有一种积极的贡献。它有巩固醒时所学的功能。睡眠过程给印制持久的记忆痕迹提供了条件。

新近的实验情况有些复杂。有一个实验是比较睡眠时间不同的三组被试学习成对的联想词汇的成绩。第一组在晚上学，经过8小时不睡眠的间隔时间接受测验；第二组，先睡半夜然后起来学习，在测验之前再睡4小时；第三组，先学联想词汇然后睡4小时，醒来后接受测验。测验结果发现第二组的成绩最好。试者认为更多的慢波睡眠对记忆有帮助（B. R. Ekstrand et al., 1977）。但这一结果自然还可以有另外的解释。

另一种研究是专门观察REM睡眠对巩固记忆的影响。某些实验是在动物学习之后剥夺它们的REM睡眠，然后观察学习和记忆的情况。这类实验的顺序是这样：(1) 训练动物，(2) 剥夺REM睡眠，(3) 测验记忆，(4) 让动物恢复睡眠，(5) 再测验。这种实验一致证明REM睡眠剥夺损害记忆。

此外，还有些实验证明，在动物接受了训练之后，其睡眠中REM的时间比例增加。如果训练延长，可以看到REM睡眠增加最多的时候是在学习曲线上升最陡的阶段（V. Bloch, 1976）。

## 睡眠和唤醒阈限

睡眠时是否容易被唤醒决定于许多因素，就睡眠本身而言，决定于睡眠的阶段。唤醒阈限往往代表不同阶段的睡眠深度。测量睡眠深度的方法一般是测量在不同的睡眠阶段唤醒的刺激的最低强度。例如，在慢波睡眠的不同阶段给以不同强度和持续时间不同的刺激，观察何种强度和长度的刺激能唤醒睡者，或引起他的EEG出现唤醒特征的波。

早期用动物做的研究证明，在从慢波睡眠进入REM睡眠的时候最难唤醒。这说明REM是睡眠最深的时候。更进一步的研究发现，在REM睡眠期间深度并不是一致的。在眼动最频繁的时候唤醒阈限是最高的（L. J. Price and I. Kreinen, 1980）。

唤醒阈限也决定于被试对刺激的意义是否关切。实验证明呼唤睡眠者自己的名字唤醒的阈限最低。有趣的是如果他的名字是用录音带放出来的，那就没有人呼唤的效果好（I. Oswald, 1962）。看来在睡眠时脑细胞对外界刺激仍有选择性地反应。

# 睡眠的神经生物学方面的研究

在睡眠时，许多神经和激素的功能都有显著的改变。有些改变对了解睡眠的恢复功能很有意义。下面说明睡眠时的主要的生理变化。

## 睡眠时的神经过程和运动变化

在睡眠时许多系统都有明显的生理变化。在自主神经系中，如心率、血压和呼吸等功能，当慢波睡眠阶段逐渐下降，在REM睡眠阶段则显著上升。在REM睡眠阶段某些脑区的血流量增加。说明REM睡眠需要代谢率的提高。

所有动物在睡眠时都不需要骨骼肌活动。这是否说明运动系统完全静息了呢？这和脑在此时的活动似乎不一致的。然而，细致观察可以看到除有眼的快速运动之外，还有维持姿势的肌肉在活动，手指、手和其他肌肉群的颤搐。所以在睡眠时肌肉系统并非完全静息，而是有一些局部活动的。

在慢波睡眠时单突触和多突触的脊髓反射削弱。在 REM 睡眠时这些反射基本消失，结果是肌肉的张力也深深地丧失。某些运动的下降是由于脑对脊髓的影响，因为在睡眠时反射的受压抑，在脑桥以下切断脊髓与脑的连接后即不会发生。曾在猫的脊髓中记录到在睡眠时运动神经元上的抑制性的后突触电位。这些事实可以解决睡眠时没有运动而脑的活动仍然活跃的问题，特别是在 REM 睡眠时出现的这种矛盾，事实是脑的活动抑制了脊髓的运动神经元的活动。

在 REM 睡眠阶段，可以在脑桥、外侧膝状体和视觉皮质等部位记录到与周期性运动有关的电位，这种电位称为"PGO"（桥膝枕）锋电位。在猫脑中这种电位在 REM 睡眠开始前 1～2 分钟出现，在 REM 睡眠的整个阶段连续爆发。PGO 峰波起源于脑干的一些特别的区域。在慢波睡眠阶段它被掩盖，警觉和 REM 睡眠时才被引出。它代表脑对新异刺激的反应，但它在 REM 睡眠阶段的作用则不清楚（A. Morrison，1979）。也许这时脑好像是受到了一些新的刺激而在工作。

有些看法强调睡眠有恢复疲劳的作用。如果从这一观点出发，可以预期在睡眠时感觉和运动区的神经细胞的放电率应当减少。但对大脑皮质单个细胞放电的研究结果和这种预期不相符合。在睡眠时有些细胞的放电反而增加，这又说明睡眠时脑并未停止工作。

## 激素和睡眠

研究激素和睡眠的关系是从两个不同的方面出发的。其一是，考察在睡眠时是否有特殊激素的分泌，睡眠的不同阶段激素的分泌情况是否也有不同。这一类的工作包括对垂体的生长激素分泌的研究。其二是，研究激素对睡眠的影响。这类工作是在发现雄性和雌性的睡眠过程有许多不同之后引起的。

垂体分泌生长激素、甲状腺刺激素和卵泡刺激素有明显的日周期。生长激素的分泌与睡眠的特殊联系已经得到证实。这种激素除与生长过程有密切关系之外，它还参与蛋白和碳水化合物代谢的控制机制。每天在不同的时间抽血检验，血中生长激素的含量在夜间最多。在开始睡眠以后血浆中生长激素的水平有一个升高的高潮。即使在白天睡眠也是这样。详情是这样，生长激素的释放在睡眠阶段3和4最多。但生长激素释放和慢波睡眠的这种同步关系的机制尚待研究。

垂体与肾上腺素有关的激素，如促肾上腺皮质激素（ACTH）与睡眠也有类似的关系。特别是REM睡眠的关系最为明显。要理解这样一种关系需要回顾一下以前讲过的东西：垂体前部是受下丘脑控制的。它释放促肾上腺皮质激素，使肾上腺皮质分泌糖皮质激素（glucocorticoids）。这是一种抗炎的物质。它常常是在紧张情况下才分泌的，所以也叫做紧张激素。此外肾上腺皮质还释放一种物质，叫做17-羟皮质激素（17-hydroxycorticoids），在黎明前4到6点钟时人的血液中这种物质的含量达到高峰。在研究中发现这种物质的释放在REM睡眠开始后也有一个高潮。它的释放与REM的关系密切，即使人为地打乱昼夜节律，如延长白天或缩短白天，当REM睡眠出现时也会释放这种物质。在一般情况下肾上腺皮质释放的这类物质都和情绪紧张有关。它们在REM睡眠时大量释放也可以从这方面来考虑。当然确切的说明犹待深入研究。

# 睡眠的神经机制

任何能够完全说明控制睡眠的神经机制的理论必须能回答以下的问题：

(1) 为什么要睡眠和睡眠是怎样来临的？

(2) 一天的睡眠和觉醒的周期性质和睡眠各阶段的时间控制的神经生理基础是什么？

(3) 睡眠是怎样终止的？

有许多的假说、猜测和设想来说明这些问题，但都不能完全说清楚。有的假说完全是从解剖学的角度提出的，有的则是从神经化学方面提出的。概括以往的理论可以说有两种观点：一种认为睡眠的来临是由于支持觉醒的机制工作了一个时期而疲劳了，于是停了下来。这一观点把睡眠看做一种消极过程；另一种观点认为睡眠是由于支持觉醒的机制被抑制了。这是把睡眠看做一种积极的过程，它是抑制中枢的活动控制了醒中枢的结果。

## 睡眠是一种消极现象的观点和根据

在 30 年代末到 40 年代，比利时的神经生理学家布雷迈尔（Frederic Bremer）做了几个实验成为睡眠的消极观点的理论基础。他在猫的延髓以下切断脊髓和脑的连接之后，检查皮质的电活动。这种实验标本叫做分离脑（encephale isole）（图 9-3b）。这种动物的 EEG 有觉醒和睡眠的特征。在 EEG 呈现所谓醒的特征波时，猫的瞳孔放大，跟踪运动的物体。在 EEG 呈现睡眠的特征波时，瞳孔缩小，好像正常睡眠的样子。（在那时还没有分别慢波睡眠和 REM 睡眠，这是 50 年代的事。）

在另一组实验中在中脑的上丘和下丘之间切断脑干。这种标本叫做分离大脑（cerveau isole）（图 9-3a）。这种动物的 EEG 只有睡眠模式，没有觉醒的模式。瞳孔也只有收缩。在当时这一结果被解释为去传入的作用，也就是说睡眠是由于觉醒机制失去了感觉输入的支持。因为切断脑干后感觉输入到达不了大脑皮质，而感觉传入被认为是觉醒的必要条件。正常的睡眠可能是感觉通路的传递疲劳之故。

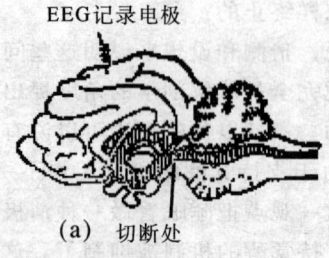

(a) 切断处

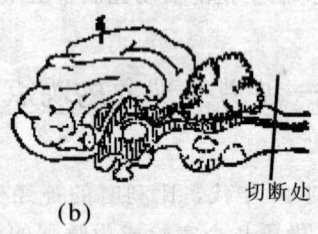

(b) 切断处

图 9-3 (a) 分离大脑（猫），(b) 分离脑。(a) EEG 表现永久睡眠，(b) EEG 表现有醒和睡的变化模式。

## 睡眠是醒中枢被抑制的观点和根据

在 40 年代，布雷迈尔的实验结果在新的实验基础上得到新的解释。新的实验包括用电流刺激脑干的范围很广的一个区域，现在叫做网状结构（reticular formation）。网状结构包含着许多不同的细胞团，这些细胞的树突和轴突伸向各个方向，交错成网状。从延脑连接到间脑。有两位科学家，一位是意大利的生理学家莫拉兹（G. Moruzzi），一位是美国解剖学家麦巩（H. W. Magoun），在 1949 年因研究网状结构的功能而闻名。他们发现，刺激网状结构使动物唤醒；破坏动物的这一区域使动物持久地睡眠；但如果只破坏脑干中的特异的感觉通路动物都不会睡眠。这一结果导致人们修改了布雷迈尔的观点，从而开始认识到睡眠是由于网状结构的活动的降低，而不是由于感觉通路的疲惫。另一方面觉醒是靠网状结构的兴奋维持的。在中脑水平切断网状结构与大脑的连接，大脑得不到网状结构的兴奋支持动物就要睡眠。

那么在正常情况下，网状结构的兴奋和觉醒的机制是由什么来控制的呢？现在的看法认为，中脑和脑桥部分的网状结构对控制和维持觉醒状态是极其重要的。当然也还有其他部分的作用。

有许多因素对脑干的觉醒机制有抑制的影响，例如血压、感觉输入、大脑皮质下行的抑制和脑干尾部（桥、延部）的影响。脑干尾部有抑制觉醒的机制。实验证明切断脑干前部与尾部的连接，动物就处于持久的觉醒状态。而刺激脑干的尾部则可以抑制脑干前部的醒机制和运动系统，使动物睡眠。

抑制觉醒机制的线路比较复杂，有几个区域的活动对觉醒的控制系统有同样的抑制作用。其中特别重要的是脑干中线上的一些神经元，叫做中缝核（raphe nucleus）。这些细胞含有 5-羟色胺，这是一种突触传递物质，被认为是在抑制觉醒机制的线路中使用的。

另一些区域可能涉及到睡眠，特别是慢波睡眠的开始和维持。这些区域包括有内侧丘脑，刺激内侧丘脑可以使猫睡眠。也有前下丘脑，刺激前下丘脑也可以使猫睡眠。

由此看来，睡眠是一种积极的抑制过程，是由许多脑区对脑干的觉醒机制施加抑制的结果。

## 睡眠和觉醒的神经化学的控制

在许多年前，人们设想睡眠可能是由于脑和体内集聚了某种致眠的物质，或叫做"睡原"（hypnogen）。1910 年，有位法国的生理学家（H. Pieron）证明，把疲劳了的狗的脑脊液注入休息过后的狗的血内可以使休息过的狗再睡眠。从此以后，类似的实验很多，包括用刺激丘脑的方法使动物睡眠，然后把它的血注射给不睡眠的动物，还有把两动物的血管连结起来，使它们的血液循环沟通，以观察两个动物的睡眠是否同步。这些实验大都有积极的结果。

为研究这种激素是什么物质和怎样产生的,生理学家一直在做着大量的工作。重要的设想是,这种物质可能来自于神经递质的代谢物,从脑中进入血液的。因此注意力转向研究脑干中的神经递质的物质成分。在过去的几年中,大量的研究比较弄清楚了脑干中各种神经递质和它们产生的部位。几乎所有的 5-羟色胺都是在中缝核的细胞中制造的,还有大量的去甲肾上腺素聚集在脑干的蓝斑(locus coerulus)中。在获得这些知识的基础上,生理学家朱维特(M. Jouvet, 1972, 1977)提出了一个综合的理论。

朱维特提出慢波睡眠是由中缝核的前核细胞产生的 5-羟色胺引起的。这些神经元抑制醒系统,特别是抑制脑干的黑质(substantia nigra)和蓝斑的细胞活动。实验证明给猫注射一种降低 5-羟色胺水平的药物[如 PCPA(para-chlorophenylalamine),抑制色氨酸羟基化酶,因而阻碍 5-羟色胺的合成],可以使猫失眠。如果再给猫注射 5-羟色胺的先成物,如色氨酸,可使猫恢复慢波睡眠。此外在大鼠中测量到其脑内 5-羟色胺的含量在一天 24 小时中的变化和昼夜的周期很一致。

他解释睡眠过程时说,中缝核的尾部含 5-羟色胺的神经元是为 REM 睡眠做准备的。这些神经元的突触终止在蓝斑。当中缝核前部的神经元释放的 5-羟色胺随着慢波睡眠而减少时,中缝核尾部这些神经元就开始在蓝斑这里发动 REM 睡眠。蓝斑控制 REM 睡眠,包括强直性地抑制骨骼肌的活动和产生快速眼动。蓝斑的尾部抑制骨骼肌的活动,中部刺激眼的外在肌。蓝斑神经元的突触传递物是去甲肾上腺素。如此说来,慢波睡眠和 REM 睡眠的交替是由这两个区域(中缝核前部和中缝核尾部与蓝斑)的交互作用控制的。当蓝斑前部含去甲肾上腺素的神经元活动抑制了中缝核前部的神经元的活动时,出现觉醒状态。

这种解释总结起来可以这样说,睡眠是由于中缝核中含有 5-羟色胺的神经元强直性地抑制了去甲肾上腺素和多巴胺(黑质的)的醒系统引起的。觉醒是由于蓝斑的前部含去甲肾上腺素的神经元强直性地抑制了中缝核中含 5-羟色胺的神经元引起的。慢波睡眠和 REM 睡眠的交替是由中缝核和蓝斑（受中缝核尾部影响）的交互作用产生的。

这个公式虽然说明了许多问题，但新近的研究结果又提出了问题。最近的实验发现，损毁了大鼠的中缝核并不影响它每天的 REM 和慢波睡眠的总量。而且，在有些动物中，损毁了附近其他的结构却能改变 REM 和慢波睡眠的量（J. Mouret and J. Coindet, 1980）。看来睡眠和觉醒的机制不似上述理论所设想的那样简单，还需要进行更深入的研究。

# 睡眠的生物功能

人和其他动物为什么都需要睡眠，睡眠有什么特殊的生物意义？这是一个很令人感兴趣的问题。对此问题虽曾经有过不少的解释，但都是从个别方面做的，所以对于睡眠的一些特殊问题（如有的人睡眠很少，甚至长久不睡眠也没有明显的有害影响）还无法完全回答。下面讲睡眠可能有的几种生物功能。

## *睡眠保存能量*

睡眠期间能量消耗少是一大特点。例如，在睡中减少了肌肉的紧张，降低了心率和血压，呼吸也慢下来。睡中体温的下降也与代谢过程慢有关。睡眠中的这许多生理变化都可以说明睡眠的功能在于保存能量。从这一观点看，睡眠是强迫停止进行的活动，以保证休息；它是减少代谢活动所必需的一种状态。

从小动物的睡眠情况中可以看到这一功能的重要性。那些代谢率高和活动多的小动物耗费的能量和体内贮存的能量相比就显得过多了。可想而知它们必然更需要睡眠，特别是慢波睡眠。事实正是如此。从表 9-2 中可以看出，大鼠、负鼠和犰狳的慢波睡眠时间都多。

应该指出，把睡眠的功能只看做是保存能量也有难以理解之处，如在 REM 睡眠中，代谢率并不降低；心率、呼吸、脑血流和部分的肌肉紧张都有增加，都增加能量的消耗。所以睡眠应该还有其他功能。

## 睡眠有利于躲避猎食动物

自然选择喜欢那些更能适应环境的行为特点，从而创造了许许多多的物种和它们的各式各样的行为。有的动物要吃别的动物，有的就成为被吃者。而被吃的动物也在自然选择的压力下，保存了各种逃避猎食者的行为策略。有人认为睡眠是有效的策略之一；睡眠时的不活动状态增加生存的可能性，因为这时睡在隐蔽处减少了与猎食者遭遇的几率。特别是在必须与猎食动物生活在同一地域的时候，有一段不出外活动的时间，就减少了被吃掉的可能 (R. Meddis, 1975)。

睡眠这一功能也可以说明为什么要有 REM 睡眠的阶段。有人用"放哨"来比喻 REM 睡眠的功能，认为有这样一段似乎唤醒的时间可以让睡中的动物估量一下可能发生的危险。因此它是一种防备危险的措施 (F. Snyder, 1969)。但此说与 REM 睡眠的实际情况并不符合，因为 REM 睡眠时唤醒阈限是高的。

这种躲避猎食者的论点很片面，它不能说明为什么老虎和狮子这样一些专门吃其他动物的、居于深山荒野中为王的猛兽也要睡眠，而且睡眠的时间特别长。这些猛兽惟一的天敌是人类，但人类的演化史短不足以证明它们的睡眠是在人类的压力下选择的结果。

## 睡眠是为恢复疲劳

一种普遍的看法是，我们疲劳了才去睡眠，睡眠可使身体的疲劳得到全面的恢复。一天的活动消耗了大量的能量,在睡眠中可以重新把能量积累起来。

不幸的是这种普遍的见解没有得到实验的支持。测验这种观点是否正确,方法很简单。看一看睡眠以前的活动量对睡眠的时间和周期的影响就清楚了。白天的强烈的代谢消耗对夜间的睡眠影响甚微。睡前的体育运动只能使入睡的时间缩短,而不影响整个的睡眠时间的长短。有的研究发现可能稍微延长了早期慢波睡眠的阶段。但无法证明这一点延长有恢复体力的巨大作用。

此外,研究各种动物的不同的睡眠模式也未发现它们的睡眠模式和它们活动时消耗的能量有什么关系。如果睡眠的惟一功能是恢复身体活动所消耗的能量,那么为什么一匹善跑的马只睡眠2小时,而一只家猫却要睡12小时呢?是否它们的恢复速度有所不同呢?这个问题也很难回答。

有的研究者强调睡眠只是恢复脑的能量需要,而不是恢复全身的能量。他们强调醒时的活动更深地影响神经递质的代谢过程。在这方面的著名研究者莫拉兹(G. Moruzzi, 1972),认为活动影响的是脑内的小神经元,睡眠是专为恢复这些小神经元的,因为大的神经细胞储备的代谢物质较多,故不大受使用的影响。这一看法尚待进一步证实。

## 睡眠有助于信息加工

人的一天中有许多的事情发生,小者见到一个陌生的人,大者获得了科学奖或国际运动会的奖牌。许多的事情,有的需要铭记不忘;有的如过眼烟云,不必在意。许多研究者相信睡眠有过滤白天获得的信息的作用。睡眠的功能是调整和巩固白天的记忆。记忆的持久似乎是由睡眠过程控制的一种脑活动导致的。这种观点的根据,我们在学习和睡眠的关系中已讲过了。多数实验证明与学习和记忆的巩固有关的似乎是 REM 睡眠阶段。

# 睡眠的障碍

人们有时不能安静地按时入睡，或一夜不醒。入睡困难和夜间频频醒来，对某些人也会习以为常，对另一些人则可能造成心理上的负担。睡眠的异常现象被认为是睡眠功能的障碍。近几十年来用动物做的许多关于睡眠机制的实验研究，为了解和治疗睡眠障碍提供了许多有用的知识。另一方面，研究人的睡眠障碍也加深了人们对睡眠机制的认识。

最近从睡眠障碍的临床研究方面总结出有四大类睡眠障碍（E. D. Weitzman, 1981），见表 9-5。

下面分别说明几个问题。

## 失眠和睡眠中的问题

很难入睡是最普通的一种睡眠障碍。在实验室中研究的失眠者都是有长期失眠史的人，他们难以入睡和不能整夜的睡。常常发现这些人自己报告的失眠和他们的 EEG 记录的指标有矛盾。例如，有某些失眠者报告说他们没有睡，但他们的 EEG 出现了睡眠的特征波，而且在此期间他对测验的刺激也不曾有过反应。但是在另一些实验中，失眠者的 REM 睡眠确实少，而睡眠的阶段 2 却比一般人的长，阶段 3 和 4 则无异于常人。

在某些被试者中看到，在睡眠中他们的呼吸很不正常，有的呼吸慢到危险程度，血内的氧含量也显著下降，这种症状叫做"睡眠窒息"。产生这一现象的原因可能是胸肌、膈肌和喉部肌肉过度放松，也可能是脑干的呼吸起步神经元的活动发生了变化。前一种情况，如喉部的松弛阻塞了呼吸道，即所谓憋气。肥胖人仰卧睡觉时容易出现这种现象。如果是这种原因，喉中插一个可以在不用时取出的管子，就能恢复夜间的正常睡眠和减少白天的睡眠。

表 9-5　睡眠障碍的分类

1. 入睡和保持睡眠的障碍——失眠（insomnia）
　　一般的不完全的失眠
　　　　暂时的
　　　　持久的
　　与服药有关的
　　　　服兴奋药
　　　　停服镇静药
　　　　长期酗酒
　　与精神障碍有关的
　　与睡眠诱发的呼吸障碍有关的
　　睡眠窒息（sleep apnea）
2. 过度嗜眠（somnolence）
　　发作性睡眠（narcolepsy）
　　与精神病有关的
　　与服药有关的
　　与睡眠诱发的呼吸障碍有关的
3. 睡眠和醒的时间紊乱
　　A. 短暂的
　　　　洲际飞行时差
　　　　工作时间安排，如值夜班
　　B. 持久的
　　　　节律的紊乱
4. 与睡眠的阶段有关的障碍，如部分的唤醒，或睡梦中起来行走（somnambulism），其他如：
　　睡中遗尿
　　睡中惊恐
　　梦　魇
　　睡眠的癫痫发作
　　磨　牙
　　与睡眠联系着的心脏和肠胃病

有些婴儿在摇篮中突然死去，可能是睡眠窒息的结果。因此需要常常注意婴儿睡眠的情况，发现其呼吸过慢时应唤醒他。婴儿脑干的呼吸起步中枢的机能比成人更受干扰。

## 过度嗜眠的问题

有些人整天睡或突然就睡着。过度的白日睡眠和睡眠窒息的症状常常是有联系的。最严重的嗜眠是发作性睡眠，表现为频繁地突然地睡去，睡 5 分钟到 30 分钟，在白天任何时候都可发生。发作性睡眠常常伴有肌肉张力的突然丧失。这种情况可以由突然的强刺激引起，有时一阵大笑就会引起发作性睡眠。患有这种嗜眠症的人的睡眠特点是 REM 在睡眠一开始即出现。这种人的夜间睡眠无异于常人。研究者推测这种病可能起源于脑干的机能失常，包括醒机制不能抑制控制 REM 睡眠的中枢。

许多发作性睡眠的患者伴有强直性昏厥症（catalepsy），这是肌肉的突然的一阵瘫软，身体不自觉地倒下来。这种症状和发作性睡眠一样，可以被突然的强烈的情绪刺激触发。患有这种病的人终生不愈，可能还会遗传。他们的脑没有解剖上的特殊病变。

最近发现有的狗也有类似的症状。这种狗的运动会突然抑制（僵住），很快就睡着，REM 也很快地出现。这种病似乎是遗传的，因为有一个血统的狗都有这种病。

## 睡眠和醒的时间改变产生的问题

坐飞机从地球的一面飞到另一面能破坏睡眠和醒的周期。这种地域的快速变换和值夜班者的昼夜颠倒类似，使睡眠的模式发生变化，有的人睡眠的时间缩短。

严重的睡眠障碍是难以入睡，睡眠与昼夜节律不能同步，常常出现睡眠的延迟,有时需要每天睡眠延迟几小时(例如 3 小时),经过几天后才能与新地区的昼夜节律同步。也有的人重新调整睡眠节律有困难,几年调整不好的也有。调整的有效方法就是主动延迟睡眠时间,直到与新地区的昼夜节律同步为止。这种方法叫做"时间治疗"(chronotherapy)(C. A. Czeisler et al., 1981)。

## 睡眠的其他障碍

一般人的睡眠时间是按照从入睡到觉醒这一时间算的,很少注意睡眠中发生的事件。睡眠中发生的事情很多,有轻微的不舒适,有危及生命的事件。

在儿童的睡眠中最常发生的是梦游。梦游包括从床上坐起来,下地行走,甚至出外行走,像醒着的样子。对这种儿童的研究发现,梦游常常出现在慢波睡眠的时期,特别是在阶段 3 和 4 中。儿童醒来后不能回忆这段时间发生的事情。一般随着年龄的成熟梦游会自然消失。儿童中比较普遍的夜惊和尿床也都是发生在慢波睡眠时期。夜惊约在睡眠 1 小时后出现,其特征是突然的尖叫。成人的夜惊是梦魇,可以使人惊醒,感觉到胸部被什么东西压住了。这种经验无论成人和儿童都发生在睡眠的阶段 4 中。如果梦魇不醒常常没有梦景的回忆。遗尿多半发生在夜间睡眠的前 1/3 期,也都是在阶段 3 和 4 中触发的。治疗这种病最好是用能减少睡眠的阶段 3 和 4,同时增加阶段 2 的药物。

一般的父母都认为睡眠能促进儿童健康。但是 REM 睡眠也能损害健康,特别是对于精神紧张而引起的病有害。自主神经系统的强烈的活动可以导致它所支配的那些内脏器官的组织损毁。胃溃疡是受 REM 睡眠影响的一个很好的例子。许多溃疡病者常常诉说剧烈的上腹痛把他们从梦中唤醒。检查证明,正常人在 REM 睡眠阶段胃酸不增加,而胃溃疡患者在 REM 睡眠阶段胃酸分泌量比正常人的高 3 到 20 倍,即在 REM 阶段胃酸浓度达到最高水平。

心脏病患者也有同样的受害情况。许多医院记录，心脏病人多死在上午 4 到 5 点钟的这段时间。根据对睡眠的研究，在这段时间正是出现最多和最长的 REM 睡眠的时候。此外，很多记录证明患冠状动脉硬化的病人的心绞痛也多出现在 REM 睡眠阶段（A. Kales and J. Kales 1970）。

这些例子说明 REM 睡眠可能给病人带来严重的生理紧张状态。因此，在护理方面应注意设法减少他们的 REM 睡眠的危险。

# 第十章 情绪和精神失常

概 论
情绪的身体反应和主观体验的关系
 情绪的理论
  一、詹姆斯—兰格理论
  二、坎农—巴德理论
  三、情绪的认知理论
 情绪状态的骨骼肌反应和自
 主神经系反应
  一、面部表情和情绪
  二、自主神经系的反应
自主神经系统反应的个体模式
与情绪有关的内分泌腺的活动
自主系反应的控制：生物反馈
心身医学
对紧张情境的身体反应
  一、紧张和胃的反应的实验
   研究
  二、实际生活中的紧张反应
情绪的脑机制
 脑损伤和情绪
  一、去大脑皮质的怒反应
  二、去颞叶皮质的症状

三、Papez 环和情绪
四、麦克连的三层系统论
脑的电刺激和情绪反应
  一、脑电刺激产生的阳性强
   化效果
  二、情绪反应的脑区
攻击行为的生物基础
攻击的含义
激素和攻击行为
攻击行为的神经机制
人类的暴行是否有神经病理学
 的原因
精神障碍的生理心理学的研究
对于精神分裂的遗传学的研究
  一、家谱的研究
  二、双生子的研究
  三、收养子女的研究
精神分裂症的生物化学的研究
  一、多巴胺假说
  二、精神分裂症病毒假说
情绪失常
精神病的外科手术治疗

# 概 论

"人非草木孰能无情",研究人的行为如果不注意情绪问题,就不能完全理解人的行为。情绪(emotions)指的是人们经验到愉快、悲伤、恐惧、憎恨、热爱和忧虑等等的意识状态。它不同于认识和意向的心理过程,虽然和它们是有密切联系的。情绪常常是一种激动的和强烈的情感状态,同时伴有许多生理的变化和特殊的感觉。

情绪的世界是极其复杂的,它包含着不同的感情和感觉、各式各样的行为和生理的变化。因此情绪也是一个很难研究的问题。情绪的一个重要的方面是个人的主观状况或体验。很难给各种的情绪下确切的定义和做详细的描述。即使是表面看来极为单纯的情绪表现往往也含有复杂的情感内容的主观经验,远比饥和渴的状况复杂。我们如果去研究人类以下的各种动物的情绪那就更困难了。例如,一只受到挑逗的猫发出嘶嘶声,是一种怒的情绪呢,还是在和别的猫或主人逗乐呢?难以说明它是一种什么情绪,更莫论其情绪的主观体验了。

从心理生物学的研究文献中来看,情绪一词至少有两种含义。

(一)情绪是一种私人的主观情感或感触。人类能报告许许多多的个人的感受或体验,有时伴有明显的愉快或难过的表示。但是这些主观体验的报告往往也不伴有任何外露的行为。

(二)情绪是一种特别的驱体的和自主神经系统的反应的表现或显示。这一含义强调的是情绪状态。这是可以用身体反应的状况说明的。特别是在这些反应中包含着自主神经系支配的内脏器官的活动,如心脏和肠胃的活动。它们的活动都能由特别的情绪刺激引起变化。但是,成为一种情绪刺激的刺激属性则是不易精确说明的。

在生理心理学中考察动物的情绪只是就情绪的第二种含义

而言。

情绪的生理或生物学的研究有不同的路线。我们要讲的只是其中的两种,即情绪状态的身体反应和控制不同的情绪表现的脑机制。在这方面的研究中,又特别偏重于攻击性的情绪行为。这一方面是因为它在人类的生存中也有一定的重要性,另一方面因为它在动物中的表现比较明显,易于做实验研究。在人类的情绪问题中,我们讲到精神失常或紊乱的问题,因为在精神失常的情况中情绪的变化常常是其中最突出的特点。

## 情绪的身体反应和主观体验的关系

在处于情绪状态时,人们能感到心跳,手和脸发热,手心出汗,胃里作呕。这里似乎可以看到主观的心理现象和自主神经系所控制的内脏器官的活动之间的密切联系。因此产生了几种理论来说明情绪和内脏活动的关系。这些理论提出了一个问题:如果没有内脏的活动人们能否有情绪的体验。下面我们先讲几种理论,然后再谈情绪的一些身体方面的表现问题。

### 情绪的理论

在关于情绪的许多理论中有的注意于周缘的生理变化方面,有的侧重于脑内的过程,还有的试图把这两方面的事件整合起来看。在本节中我们只讲三种著名的理论。

**一、詹姆斯—兰格理论** 这个理论认为强烈的情绪和骨骼肌的活动以及自主神经系控制的活动实际上是分不开的。在许多种语言中表达情绪的词汇都抓住了这种关系。例如,我们常说"气得发抖"(英语 trembling with rage),毛骨悚然(英语 hair standing on end),令人伤心(英语 break somebody's heart)等等。

威廉·詹姆斯（William James）是20世纪初美国心理学界的领导人物，他提出情绪是对特殊刺激引起的身体变化的知觉。这个概念可以具体地用怕的情绪来说明。例如，人在森林中遇见了一只大熊，它就是特殊的刺激，人见了熊就要逃跑，心脏扑通扑通地跳，这就是身体的变化，这些变化被知觉为情绪。也就是说，情绪就是身体变化的感觉（或体验）。

丹麦的一位医生——卡尔·兰格（Carl Lange）也不约而同地提出了同样的理论。因此称之为詹姆斯—兰格理论。詹姆斯开始是研究内脏反应和情感或情绪之间的关系。例如，爱，怒，或怕这样一些情绪的心脏反应如何？这些问题后来成了情绪的生理学和生物学研究中的重要部分。詹姆斯—兰格理论对于开展情绪的研究工作起了推动作用，但是他们的理论本身并未能使人信服。例如，它没有解释人们对引起身体变化的刺激的认知问题。人们对刺激意义的认识引起身体的变化，身体变化的知觉可能给认知反应加上某种情绪体验的色彩，但很难认为身体变化是情绪反应的原因。

**二、坎农—巴德理论**　　这是美国的两位生理学家（W. B. Cannon and P. Bard, 1929）在批评詹姆斯—兰格理论的基础上提出的另一理论。

坎农认为，如果身体的变化就是情绪的原因，那么不同情绪应当有不同的内脏活动的变化。同样，如果用实验或其他方法（如服药物）引起内脏的变化，也应当有情绪反应；相反地，如果除去内脏变化的感觉，就应当不再有情绪。因此，他提出了一些有力的反证。第一点，他指出，不同的情绪可以有同样的内脏活动的变化，而同样的内脏活动的变化也可能有不同的情绪。例如，伤心和感激都能流泪；心跳加快可能是受惊，也可能是过分激动或生气。第二点，他指出，脊髓高部位因意外事故切断的病人失去了内脏感觉，但并未丧失情绪或情感。虽然有的病人报告情绪有所淡薄，但都还是有情绪的。

坎农自己的理论强调脑的整合作用。情绪有主观的体验和身体反应两个方面,这两方面是在大脑中整合起来的。情绪状态包含着大量的能量消耗,这是交感神经系统的活动耗费的。他着重指出,某些情绪是有机体对突然的具有危险性的情境的紧急反应。这种反应产生了自主神经系的交感部分的最强烈的活动。在他看来,交感神经支配的内脏活动是由于情绪性质的刺激使大脑皮质兴奋了,大脑皮质的兴奋解放了丘脑控制的机制。丘脑的活动产生两个方面的作用,一方面反馈到大脑皮质产生情绪的主观体验,另一方面激活交感神经系产生内脏的反应。这个理论已说明引起情绪的刺激首先是被大脑皮质"知觉"的,然后由大脑皮质解放丘脑的活动(原来是被抑制的),丘脑的活动回报给大脑皮质才有了情绪体验。与此同时丘脑下行的兴奋激活了内脏的活动。这样情绪的体验和内脏的活动似乎只是平行的,而不是因果的关系。引起情绪的原因是大脑皮质对刺激性质的反应,其中暗示有"认知"的问题。当然也有对某些有害刺激的本能反应。

**三、情绪的认知理论** 明确提出情绪和认知过程的关系来,应该说使情绪的生理心理学的研究又向前迈了一步。

1975年沙克特(Stanley Schachter)指出,每个人是以刺激的性质、周围的情境和他们的认识来解释所引起的内脏活动的。情绪不是由生理的活动,特别是交感神经系的活动强迫来的。相反地,身体的状况都是用认知的原委来解释的,并且是由经验塑造的。在他看来,情绪的标签,如怒、怕、欢乐等等,取决于对情境的解释,解释是受内在的认知系统控制的。

他做了很多的实验研究,其结果都是强调认知性评价的重要性。然而他的一些观点并非没有争议之处,有的曾被别人证实,有的则被认为可能是他的实验中的一种个别现象。他的基本的实验方法是给被试注射肾上腺素模拟交感神经系统的兴奋。给被试"解释"药物的作用以操纵被试的认知活动。例如,把注射过肾上腺素的被试分为三组。一组叫做告知组(epinephrine-informed)。用一种假药名告诉给被试说:"给你们注射这种'suproxin'有一种副作用,一会儿你们的手可能要发抖,你们的心脏可能会扑通扑通地跳，你们的脸也会发热和发红。"另一组叫做无知组（epinephrine-ignorant），不给他们说明药物有任何副作用。第三组叫做误告组（epinephrine-misinformed），告诉他们药物的副作用是身上发痒和麻木（实际上肾上腺素是不会有这种副作用的）。此外还有注射安慰剂（placebo）的一组（即对照组）。

在给被试注射之后，再请被试进入一种故意制造的社会情境中，以观察他们的情绪反应。实验有两种情境。一种是欢乐情境（euphoria condition），这种情境是请被试进入一间有一个滑稽小丑在表演的屋子里，他哈哈大笑，抛掷纸叠的飞机，有时还邀请被试者参加他的欢乐游戏。另一种是愤怒情境，这是请被试填写一份令人生气的问卷，如"你母亲同几个男人发生过不正当的关系，5—9—；10或更多一些？"在填写问卷的房间里也有一个滑稽小丑装模作样地填写问卷，最后他把问卷撕碎并用脚来践踏。研究记录被试们在这两种情境中的情绪反应。这个实验的结果见表10-1。

表 10-1

| 欢乐情境中的情绪反应指数 | | |
| --- | --- | --- |
| 被 试 条 件 | 人　　数 | 行 为 指 数（评分） |
| 肾上腺告知 | 25 | 12.72 |
| 肾上腺无知 | 25 | 18.28 |
| 肾上腺错误告知 | 25 | 22.56 |
| 安慰剂 | 26 | 16.00 |
| 愤怒情境中的情绪反应指数* | | |
| 被 试 条 件 | 人　　数 | 行 为 指 数（评分） |
| 肾上腺告知 | 22 | −0.18 |
| 肾上腺无知 | 23 | ＋2.28 |
| 安慰剂 | 22 | ＋0.78 |

\* 愤怒指数，正数表示有更多的怒行为。

从实验的结果看来，情绪的行为和体验的产生既有生理因素又有认知因素。也就是说个人的情绪的基础一部分是交感神经系的兴奋产生的生理变化，一部分是对情境的认知成分（这是在中枢神经系统的高级部位发生的事件）。在下表所列的结果中最能说明认知成分的重要作用是肾上腺素告知组的表现。他们知道了肾上腺素的确实的副作用后,有了对本身的生理变化的正确解释,因此情绪就比较不太受实验情境的影响。注射肾上腺素的其他两组比注射安慰剂的对照组更受实验情境的影响,这说明身体的变化在促进情绪体验的反应中有一定的作用。

人们认为夏彻尔的实验在条件的控制上不够严格,其结果的组间差异也不是很显著。因此后来又有人(G. Erdmann and W. Janke,1978)做了另一种实验。试者操纵了更多的情绪情境,如"怒""快乐""忧虑"和"中性的"。给被试注射了麻黄素(ephedrine)引起交感神经系的兴奋,对照组仍注射安慰剂。让被试先做一种智力测验,然后给他们分别地报告成绩。引起愤怒的情境是对被试说"你的成绩有多坏",引起快乐的情境是告诉被试说"成绩太好了"。产生不安或忧虑的情境是给被试一次电击并给他们谈电击的后果。情绪的测量包括心率和血压的生理指标,以及被试在各种情绪的形容词上核对的记号。用这些指标评定的情绪证明由认知得来的快乐和愤怒影响被试对药物效果的判断。这就是说,愤怒的人在药物作用下觉得更怒,而高兴的人在药物作用下则觉得更乐。然而在忧虑的情况下却没有证明认知对麻黄素的作用的影响。这些被试的情绪分数和对照组无异,这说明认知因素和情绪的生理反应之间的关系不能一概而论。

## 情绪状态的骨骼肌反应和自主神经系反应

情绪反应的外在表现是面部的表情、手势和身体的姿势。这都是骨骼肌的反应,有时这些反应十分微妙,在演员中受到最大的重视和训练。内部的表现是自主神经系统支配的内脏反应,包含着各种内脏器官的活动。这部分反应在研究情绪的工作中受到重视。上面介绍的理论都涉及到情绪的内脏反应。

**一、面部表情和情绪**　　高兴、发怒和悲伤的表情是人们都熟悉的,也是人们交流思想感情的重要方式之一。人的面部表情是由中枢神经系统精密控制的面部肌肉的活动完成的。这些肌肉的活动可以组成各种的面部表情。有些表情是某一部的小肌肉变化造成的。面神经的许多纤维分布到许多细小的肌肉中,能控制细致的表情。

最早是达尔文在他著的《人类和动物的表情》(The Expression of Emotions in Man and Animals, 1872) 中作了表情的分类。他强调了一些表情的普遍性质。他特别指出在人类和人类以下的灵长目动物中面部表情是和不同的情绪状态有联系的。它们是人或其他动物个体之间传达信息的一种手段。

最近的研究者 (Paul Ekman, 1972, 1979) 提供了关于面部表情的信息特性的丰富知识。重要的是,在不同的文化中,面部的许多表情都是相似的,都可以互相认识。在一些不同的文化中,对面部表情的理解几乎都不需要学习。不同文化的面都表情的相似性特别显见于某些特别的表情上,例如最常见的愤怒、厌恶、高兴、悲伤、恐惧和惊异等面部表情。在没有文字的社会中(如新几内亚土著)和在现代工业化的社会中,人们的表现都是一样的。

但是应当指出,作为社交手段的面部表情,一样的"笑脸"不一定有完全一样的情绪反应的内容。文化的不同可以表现在表示某种情绪的礼法或习俗上,如在什么场合下,或对什么人,能表示或不能表示某种情绪,每种文化社会都可能有特殊的规定。所以有些人类学家指出,由文化形成的对面部表情的礼节限制可以掩盖面部表情的普遍的共同性质。此外,在不同的文化中引起面部表情的刺激也可能不同。换言之,喜、怒、哀、乐的面部表情在全人类中是一样的,但引起喜、怒、哀、乐的事件和应该在什么场合下适当地表现在脸上,在不同的文化中是有所不同的。

因此,婴儿的面部表情更有普遍的共同性。婴儿在 REM 睡眠阶段都常常有微笑的面部表情。3至4个月的婴儿对成人的面部表情都有辨别反应。许多研究证明4至5岁的儿童才获得了有关许多习惯的面部表情的样子和意义的知识。

**二、自主神经系的反应** 情绪的内脏活动的变化往往需要用电子仪器才能检验出来。它们是身体内部的反应。心率、血压、胃的蠕动、血管的扩张和收缩、皮肤电阻、手心和脚心的出汗都能反映情绪状态。测量这些身体反应的仪器叫做多道仪(polygraph),也叫"测谎器"(lie detector),因为人在说谎时往往伴有情绪反应。

这些身体的反应能否告诉我们是什么样的情绪,怕还是怒?乐还是悲?这个问题自从詹姆斯—兰格的理论提出以来一直是人们感兴趣的问题。在这方面有许多实验研究,查证人们对特殊的情绪刺激是否有特殊的内脏反应模式。例如,我们记录在怒或怕的情况下出现的心率的变化、胃的蠕动变化、皮温的变化、呼吸和血压的变化,观察在每种情绪状态中这些变化是否有特殊的模式。有一个常被引用的实验是1953年阿尔伯特·爱克斯(Albert Ax)报告的,他用侮辱性质的行为作为引起被试愤怒的刺激,用难受的电击威吓作为引起惧怕的刺激,在这种刺激下得到的生理反应,如脉搏频率和血压有所不同,在怕的情况下脉率和血压上升较多。但是,如果不从这两种刺激情境中推测被试的主观经验,单凭脉搏和血压的变化模式,是不易判断被试的主观经验究竟如何的。

## 自主神经系统反应的个体模式

各种身体反应有明显的个体差异。这种差异称为自主反应的特异性。有两位研究者(J. I. Lacey and B. C. Lacey, 1970)作了这方面的系统研究,即研究人们从幼儿时期到成年时期情绪的生理反应的变化。他们设计了几种引起自主系反应的刺激情境,如把手伸入冰水中,做快速的数学计算,在皮肤上施加强烈刺激。这些刺激都能引起被试的自主系的反应。几个被试的反应也各有其特点,就是在新生儿中也有差异。例如,在冷的或强烈的刺激下,有的新生儿心率变化很大,有的是胃的运动变化大,还有的是血压反应显著。每个人的反应模式一生中似乎不变。这个发现使得我们可以理解到为什么强烈的紧张情绪会在不同的人身上造成不同的器官疾病。可以想到每个人的体质因素是产生特殊疾病的一个原因，有的人在长期的情绪紧张之下发生胃溃疡，有的人发展成高血压。因此自主系反应的特异性的概念在研究心身医学中是十分重要的。

## 与情绪有关的内分泌腺的活动

情绪的体液理论（humor theory）有一个很长久的历史，它涉及到许多身体器官的活动，包括肝、脾和内分泌腺的活动。这个历史很长的理论反映在表达情绪状态的普通词汇中，例如，"发脾气""动肝火"，这似乎认为气从脾来，火从肝来。与此相类似地，在英文中和爱发脾气同义的一个形容词"bilious"也是从"bile（胆）"衍生出来的，"bile"一词也有愤怒的意思。又如，把情感冷淡和迟钝的人称为黏液型的（phlegmatic）。现在的许多研究是探讨情绪和激素的关系。主要从两方面来研究：

（一）在实验的或自然产生的情绪状态下，测量血中的激素水平，这需要用精确的生化分析的方法；

（二）观察服用激素之后，或内分泌功能失常之后的情绪变化。

通常作为重点测量的，与情绪有关的内分泌有两种：一种是肾上腺素（epinephrine），这是由肾上腺髓质分泌的一种激素，它反映交感神经系的兴奋；另一种是17-羟皮质醇（17-hydroxycorticosteroids），这是肾上腺皮质分泌的，它反映脑垂体—肾上腺皮质系统的活动，这两种激素都可测量它们在血液或尿中的含量。许多研究都证明情绪的刺激或情境都会使这些激素的分泌增加。在紧张和费力的活动中，如运动员在比赛时，士兵在演习时，或一般人在急躁不安的情况下，尿和血中的肾上腺素和去甲肾上腺素的水平都有提高。但是，这种激素的提高并不能反映情绪的性质，只能反映情绪的强弱。肾上腺皮质的反应也不能反映情绪的性质。例如，看色情的或使人精神紧张的影片都能提高血中的皮质醇

(cortisol) 的水平 (W. A. Brown and G. Heninger, 1975)。

猴子做防御反应的行为训练时（如让它必须按一定的时间按压一个杠杆来避免电击），它血中的肾上腺素、17-羟皮质醇、甲状腺素和生长激素都有增加,而胰岛素和睾丸酮(testostosterone)则显著减少。

各种病引起的激素的减少也影响情绪的反应。甲状腺素的分泌减少常常伴有抑郁症。因肾上腺功能失常而出现的糖皮质激素 (glucocorticoid) 的分泌减少，即所谓阿狄森氏病 (Addison's disease) 也伴有抑郁症。

## 自主系反应的控制：生物反馈

心率、血压和呼吸，以及其他的自主系统的反应都可以受许多内在和外在条件的影响。气功很可能是通过控制身体内在的条件达到治病效果的。它首先是控制呼吸和心率，经过学习能够很有效地调整其他的自主神经系控制的生理过程。

生物反馈是在实验室中训练被试利用自身发出的信号有意识地控制自己的自主系统的活动的一种方法。例如，在实验室中有一定的电子仪器把被试的血压变化显示出来，要求被试努力使自己的血压维持在一定的高度。达到这一高度时仪器给被试发一信号，鼓励被试得到更多的信号。练习一段时间，被试的血压就能稳定在所要求的高度。

新近米勒 (N. E. Miller, 1978) 曾在脊髓横断的病人身上得到了用生物反馈控制血压水平的良好结果。情况是这样：许多人早上从床上猛地站起来时常常有瞬息的头晕现象，或"眼冒金星"。这种短暂的反应是由于血压在重力作用下有瞬息下降。在正常人血管的收缩反应能迅速地使血压恢复正常。但脊髓高部位横断的瘫痪病人，当从平躺的状态被人扶起之后，血压会持久降低，这是因为，身体大部分的肌肉丧失了张力，因而改变了调整血管系统的机制，对血管受到的机械刺激失去了适应性的反应。这种血压降低的情况迫使脊髓受伤的患者只能平躺着。米勒用生物反馈的方法使这种病人坐起来后血压还能保持在高水平。这种训练首先是告诉病人努力使自己的血压升高，并把血压的情况不断地提供给他。方法是每当收缩压（systolic pressure）升高时就发出一种声音，告诉病人使声音出现的次数越多越好。开始把出现声音的血压定得低一点，然后逐步提高，最后达到适当的水平。每升高一步皆需练习数次才能达到。这种学习得到的血压上升有高度的特异性，并不伴有心率的变化。

生物反馈的方法也可以用来练习自己控制皮肤的温度和缓解，如偏头疼这样的疾病。生物反馈的方法不仅有临床的使用意义，而且证明人的内脏活动可以经过训练来有意识地控制。如果内脏活动确实能左右人的情绪状态，人就可以通过对内脏活动的自觉的控制来调理自己的情绪。我国的气功和静坐、印度的瑜珈术（Yogis）能使练习者心情安静，精神舒畅，可能与控制自主系统的活动有部分的关系。

## 心身医学（psychosomatic medicine）

近五十年来，精神病学家和心理学家都注意到心理因素在疾病的发生和治疗中的重要作用。研究这方面的问题开创了心身医学这个领域。最先提出这个问题的是著名的心理分析学家托马斯·弗伦奇（Thomas French），他指出某些疾病的起因来自某些心理特性，由此，他认为，胃溃疡与口的需要受挫折有关，高血压是由敌对的竞争活动引起的，偏头疼反映有压抑的仇恨或冲动。每一种病或症状都被认为是与一组特异的心理特性联系在一起的，如产生某种不能解决的心理冲突。

这一点在心身医学发展的初期非常引人注意。但现在的看法已经不再强调疾病和心理特性的特异性的联系了。现在认为情绪的反应特性只是决定身体疾病发生、持续和治疗的许多因素中的一种。情绪的刺激能引起不同的神经和内分泌的变化，这些变化都有影响身体器官的病理过程。现在心身医学的研究范围已经广阔多了，重在全面地估计情绪、紧张和疾病的情况以揭露情绪和身体反应的特别关系。在这种认识的基础上出现了新的心理医学（psychological medicine），或叫做行为医学（behavior medicine）。

然而研究身体疾病与情绪的关系遇到了很大的困难，主要是因为人有巨大的个别差异，这种差异不仅在情绪反应的性质和强烈程度方面，而且在人的身体的不同的素质方面。

例如，研究紧张生活和身体疾病的关系一般有两种方法，一是，考察在一段被认为确实紧张的生活期间（如在战时敌机经常来空袭的时候）某种疾病（如胃溃疡）的发病率；二是一个人患某种疾病和他经受过的情绪紧张事故的时间关系。这类研究的资料都是追述性质的。在后一种情况下，病人的紧张生活是由自己或其亲属叙述的，缺乏严格的定性和定量的分析。这类研究虽然得到了一些肯定的结果，但也有不少的争议。

就现在研究的情况看来，人们已不再强调单纯的紧张的生活事件的频频出现与严重疾病有多大的相关。例如心脏病（如冠状动脉硬化）人在发病以前生活中遇到的紧张事故并不一定频繁，或者说不多于一般人的紧张生活的经历。心脏病人可能对紧张生活的反应更强烈，或更易忧虑，但是，这可能是病的原因，也可能是病的结果。有更多的研究是观察在实验室和实际生活中紧张情境引起的身体反应。

# 对紧张情境的身体反应

**一、紧张和胃的反应的实验研究**　　心身医学对紧张生活、情绪反应和身体疾病的关系的重视，导致了许多关于紧张状态下的自主神经系活动的研究。

对于胃的活动和紧张情绪的关系的实际情况的认识，是在一个偶然遇到的病例中得到的。1943年，沃尔夫（Harold Wolff）遇到了个叫唐姆的病人，因误饮了一种腐蚀性的溶液灼伤了食道，不能再吃食物。外科医生给他在胃部开了一个口，以便把食物直接灌入胃中，这样也提供了从洞口中直接观察胃黏膜活动的机会。当和这个病人进行引起强烈情绪的对话时，看到胃黏膜上集聚了大量的胃液。这就使得人们理解到情绪紧张时胃酸（盐酸）的过多分泌可能是产生溃疡的原因。

在实验室中常用电击的方法使动物经常处于紧张状态，从而观察它们的溃疡病的发展。结果证明，这种实验条件能够使动物患胃溃疡。并由此相信，人类的胃溃疡有一部分也可能是因情绪紧张引起的。

有许多实验条件可以使大鼠患胃溃疡。有一种比较老的方法是把大鼠捆绑起来，使它不能走动。这个方法对幼鼠最为有效，特别是对那些很早就和母鼠分开来的幼鼠更有效。切断支配胃的迷走神经可以使胃溃疡减少。在这类实验中还发现另一种决定溃疡形成的因素，它就是胃蛋白酶原（pepsinogen）的分泌水平，这也是一种消化液，胃中的胃蛋白酶原多了也增加溃疡形成的可能性。

在用电击引起情绪反应的实验中发现，不可预期的电击更容易使实验动物患胃溃疡（J. M. Weiss，1977）。

1958年，布雷迪（J. V. Brady）在用猴子做的实验中也得到了同样的结果。这个实验被称为"执行猴"实验（executive monkey experiment）。他把一对猴子绑在两个并排的椅子上。一个叫做"执行猴"，它可以按一杠杆来避免电击，如果间隔20分钟按一次杠杆它就可以永远不会受到电击。如果到了20分钟的间隔时间它没有按杠杆，就要被电击。同时另一只猴子也受到一次电击。执行猴避开电击时它也不受电击。这就是说另一只猴子和执行猴所受到的电击次数是相等的，所不同的是它无事可做，只有把命运交给执行猴。在这个实验中，执行猴患了胃溃疡，而无能为力的猴子却没有患胃溃疡。这个实验结果发表之后引起了许多人的注意和重复，不幸的是，有许多实验未能肯定布雷迪的结果。相反的是在大白鼠的实验中发现有可能对电击信号作主动的躲避反应的大鼠不易得胃溃疡。这类的实验虽然暗示某些心理因素对胃溃疡的形成有一定影响，但是在心理因素和发病的关系中还有许多的条件值得研究。

**二、实际生活中的紧张反应** 在实验室中研究人的情绪,一般都是观察痛刺激引起的情绪反应,如电击被试或让被试把手伸入冰水之中。因此,这种实验常受到批评,大都认为这样的实验极不自然,不能与面临威胁生存或引起心理创伤的事故所产生的情绪相比。有些研究者试图在真实的生活情境中探索可利用的机会来研究紧张情绪的生理反应。但是这种情境大都是不能在事先预见的,因此无法评定被观察者在紧张生活以前身体的基本情况。比较适合于作这种研究的真实的生活情境是军事训练的情境,特别是飞行员的跳伞训练,这种情境可以引起怕的情绪(怕受伤和怕跳伞失败)。在这种训练过程中也可以对受训者进行长期的观察。他们身体的基本情况也有过检查和测验的记录。

对于在跳伞(从跳伞塔或飞机上跳)训练的情况下发生的紧张情绪的心理生理学的研究,包括测量受训人员在训练前、训练开始时和训练过程中的许多心理和生理的变化。训练开始是从12米高塔上顺着一根斜缆索滑下来,受训者穿着一件背上有钩子的上衣,悬挂在缆索上,向下滑时可以获得一种自由下落的经验。他们虽然都知道不会跌伤,但在开始时都有很大的恐惧,就如同真有危险一样。在训练期间,每天在跳伞之前和之后都抽血取样,检查神经内分泌的变化情况。

在这种情况下,自主神经系的活动很强。在第一天跳时,血中的皮质醇(cortisol)上升。这是一种垂体和肾上腺的反应。第二天练习时这种反应迅速下降了。第一天跳时,血浆中的睾丸酮(testosterone)的水平降到基线水平以下。这和大鼠和猴子对有害刺激的反应相似。跳伞训练时人的这种反应是由于恐惧。在有过一次练习经验之后,这种反应就消失。

尿中肾上腺素水平的变化模式有些不同。在第一天跳的时候,尿中的肾上腺素显著增加,在继续练习中,尿中的肾上腺素缓慢地回到基线水平。去甲肾上腺素上升后,恢复基线水平似乎较快一点。肾上腺素的水平上升和下降缓慢,在其他研究中也是如

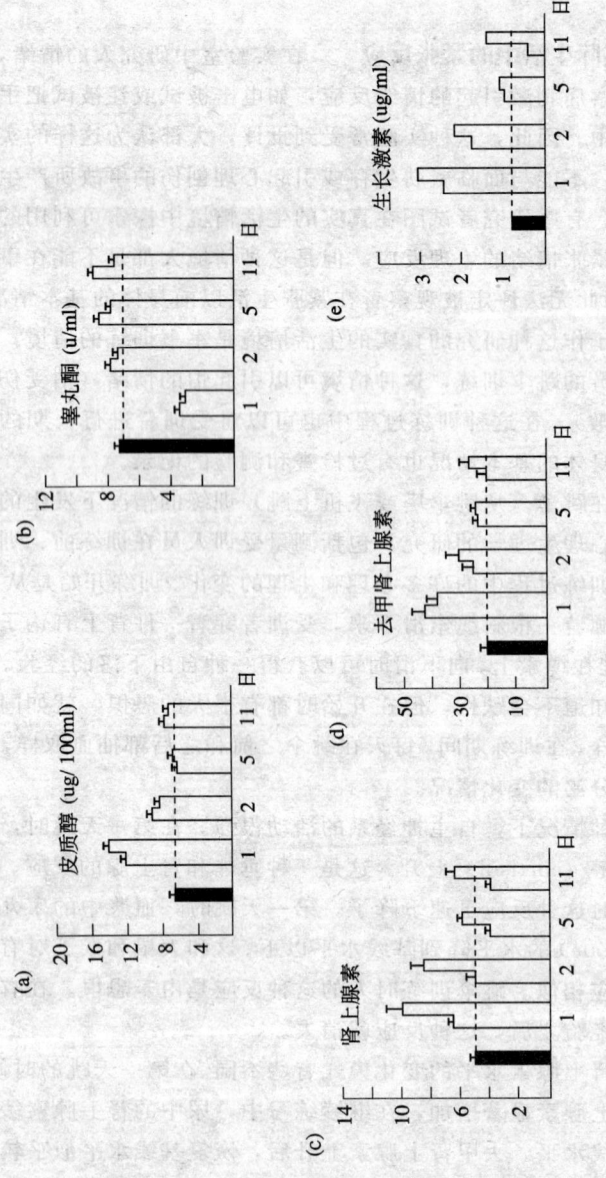

图10-1 跳伞运动员在训练的1至11天的过程中几种内分泌水平的变化。图中黑柱代表训练前的水平。

此，这可能是与积极的应付反应（coping responses）有关，而去甲肾上腺素则可能与应付反应没有太多的直接关系。

血液中的生长激素（growth hormone）也有变化，在第一天跳的时候，生长激素明显上升，经过两三天的练习后才恢复到基线水平（H. Ursin, E. Baade and S. Levine, 1978）。

有人研究一般的不太剧烈的紧张生活情境也能引起内分泌的反应。如赶班车上班的情境可以引起肾上腺素的分泌，坐车的时间越长，车上的人越拥挤，肾上腺素的分泌越多。工厂里的工作也能引起肾上腺素的分泌。工序周期越短，即重复同一种操作的次数越多，肾上腺分泌也越多。博士论文答辩也能引起肾上腺素和去甲肾上腺素的大量增加（M. Frankenhacuser, 1979）。

## 情绪的脑机制

在某些脑区中是否存在着有关情绪行为的特别的神经线路的问题，曾经从许多方面进行了研究。有的是观察脑的局部损伤对情绪反应的影响，有的是用电流刺激脑的某一区域观察引起的情绪反应，还有的是用生物化学和药物学的方法分析有关情绪行为的神经递质。下面介绍这些方面的研究成果。

### 脑损伤和情绪

这方面的研究包括临床观察和动物实验。这两条路线的研究取得了有关情绪行为的脑区的基本知识。

**一、去大脑皮质的怒反应**　　切除新皮质是研究行为的脑机制的一种最老方法。在本世纪初已经发现，去掉狗的新皮质后，它会对通常的抚摸出现突然的怒反应。这种反应有时叫做"假怒"（sham rage），因为这种攻击行为没有针对性。呜呜、汪汪和嚎叫，可以用一般的触刺激引起，这些行为也伴有强烈的内脏反应。这种怒行为显然是在皮质以下的水平组织引起来的。这也说明大脑皮质存在的时候，可能对情绪反应有抑制作用。

**二、去颞叶皮质的症状**　30年代末，克鲁维尔和布西（H. Klüver and P. C. Bucy，1938）发现去颞叶皮质的猴子变得特别驯顺。手术前凶猛的动物在做了大部分颞叶切除手术后既不怕人又不攻击人，显得非常柔顺。此外，似乎失去了对许多物体的认识，它们拾到什么吃什么，常常向其他种类的动物背上爬，有性欲亢进的表现。这些症状被称为 Klüver—Bucy 症。但是如果只切除颞叶的新皮质（neocortex），不伤及下面的深层结构——边缘系统，如杏仁核，则不出现此种症状。这种实验观察，对于后来研究皮下结构在情绪行为中的作用起了推动作用。

**三、Papez 环和情绪**　关于情绪的脑解剖学的知识，大多来自临床观察。1937年，神经病学家帕佩兹（James W. Papez）提出了有关情绪线路的模型。他从情绪失常病人死后的脑解剖上看到，损毁的脑结构大都包含有边缘系统中的许多交互连接的通路。他也研究了疯狗的脑和精神病人的脑，发现了类似的情况。因此，他的情绪线路模型包含有控制内脏器官的下丘脑，和与产生情感有关的下丘脑、乳头体、前丘脑，以及扣带回皮质。这一些互相连接的结构合起来称为帕佩兹环（Papez circuit）（图10-2）。

帕佩兹提出这个环路之后，引出了许多实验研究的工作。有的是损毁这个环中的各个区域，有的是用电流刺激各个区域，以观察情绪反应的过程。多数实验集中在攻击性的行为反应上，因为这种行为在人和动物中的表现都比较明确，容易识别，而且动物和人的生活中也是最为常见的。在实验研究的过程中进一步发现，帕佩兹环的线路远比最初设想的复杂。

杏仁核（amygdala）和隔区（septal area）也应包括在这个环路之中。

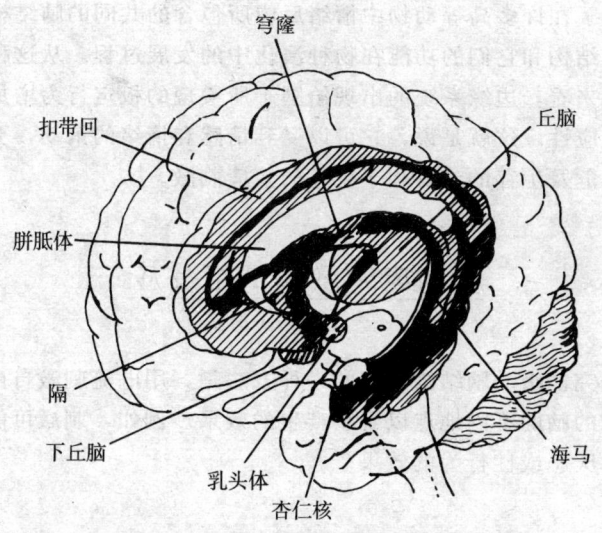

图 10-2　帕佩兹环与情绪过程有关的脑结构

### 四、麦克连的三层系统论（Paul Maclean's three-layered system）

1970 年，麦克连根据对人的边缘系统癫痫患者的研究，电刺激猴脑所引起的行为模式的观察，和对哺乳动物脑的演化的研究，提出了一个有关情绪行为的更为扩大的脑模型。他认为人脑可以被视为一个三层的系统，每一层都是一个重要的进化发展。最老和最深的一层是从低等的鱼类留传下来的，这就是我们的脑干。它的功能是执行极其刻板的行为，这类行为的节目很少，都是与维持生命直接有关的活动，如呼吸和饮食等等。在进一步发展的动物中，脑干之外又包上了一层。这个两层的系统，对于种族和个体生存来说，有了更为有利的功能。其中包含有产生情绪、情感、战斗行为、主动躲避痛苦刺激，或寻找愉快经验的神经线路。第二层中最为有关的结构就是边缘系统。进一步进化，最后出现了第三层，其中包括组织特别复杂的大脑皮质，它为出现智慧行为提供了神经基础。

麦克连的模型强调了边缘系统在情绪活动中的重要作用，同时说明了在许多高等动物中情绪反应所包含的共同的脑结构，以及这些结构和它们的功能在物种演化中的发展过程。从这种演化的观点来看，边缘系统的出现给脑干所实现的板定行为增加了更多的适应性，这就是说，它可以受到情感和情绪的策动，更有效地反应危及生存的或有利于生存的情境刺激。

## 脑的电刺激和情绪反应

研究情绪的脑结构常用的一种方法是，用电流刺激自由行动的动物的脑的不同地点以观察产生的效果。例如，刺激可能产生奖励、厌恶或性行为的效果。

**一、脑电刺激产生的阳性强化效果**　　1954年，有两位心理学家（Jame Olds and Peter Milner）报告了一个有趣的实验。他们发现，用短促的电流刺激大鼠的边缘系统中的隔区（septalarea）可以起类似食物的奖励作用，用这种刺激为强化手段可以使大鼠学会按压杠杆。学会的大鼠可以频繁地为获得这种刺激去按压一个能接通电流的杠杆。所以这种行为现象叫做"自我刺激"（self-stimulation）。有些病人在这一区域埋有电极，通电刺激时报告说有愉快的感觉或温暖的感觉，有的病人还有性的兴奋（R. G. Heath, 1972）。

自从发现这一现象之后，将近三十年来，有许多人对此进行了实验研究。有的是考察可以引起这种反应的脑的其他部位，有的是探索实现这种反应的神经线路，也有的是比较脑刺激作为奖励的效果与自然奖励物（如食或水）的效果的异同。这些研究的结果表明，引起这种反应的脑刺激可能触动了某些中介饮食或性欲刺激的奖赏（或强化）作用的神经线路。近几年的研究转向这些线路的神经化学方面，即试图鉴定实现自我刺激行为的脑通路中的神经递质。在这方面的研究取得的成果很多，而且对了解许多药物对人类的情绪反应的影响有极其重要的关系。

自我刺激不是鼠脑的一种特异的性质,在猫、狗、猴和人类的脑中都可以找到能够产生自我刺激行为的地点。大多数的研究自然还是在大鼠中进行的。在大鼠中,如果电极插在适当的脑区,电流的强度合适,大鼠可以几个小时不停地按压杠杆,贪恋这种电刺激。早期的研究比较了自我刺激和自然奖赏(如食或水)的强化效果,发现了两者有重要的不同之处。例如,当中断电流之后,用脑电刺激强化的按压杠杆的行为立刻消退——动物很快停止按压杠杆。食物强化的按压杠杆的行为,在不给食物后,消退较慢。但最近的实验,改变了脑电刺激的时间模式(如在一个地方按杠杆,到另一地方受电刺激),发现与食或水的强化并无不同之处(M. E. Olds and J. L. Fobes,1981)。

电极在许多皮质下的脑区都可以得到自我刺激的行为。然而在大脑皮质上却未曾发现这种地点。这种地点最集中的地方是在下丘脑,在脑干中也有这种地点。从脑干到下丘脑有一很大的神经纤维束,叫做内侧前脑束(medicl forebrain bundle——MFB),含有许多引起强烈自我刺激的地点。这一束纤维的发源地比较分散,终止在许多脑区。在许多哺乳动物中,自我刺激地点的分布都是一样的,但在大鼠脑中自我刺激的地点比猫脑中的分布更广。最近的研究都是把这些自我刺激地点和各种神经递质联系起来。有些人认为多巴胺是奖赏线路的神经递质,但这一观点尚有争议(图10-3)。

**二、情绪反应的脑区** 用埋植的电极刺激清醒的猫和猴脑,也发现了许多引起情绪反应的地点。这种地点也被叫做厌恶作用的地点。这种发现使得人们对边缘系统中的许多地点重视起来,同时也把观察集中在进攻性质的反应上。引起进攻反应的地点除在边缘系统内的,也有在下丘脑区域的。下节详述。

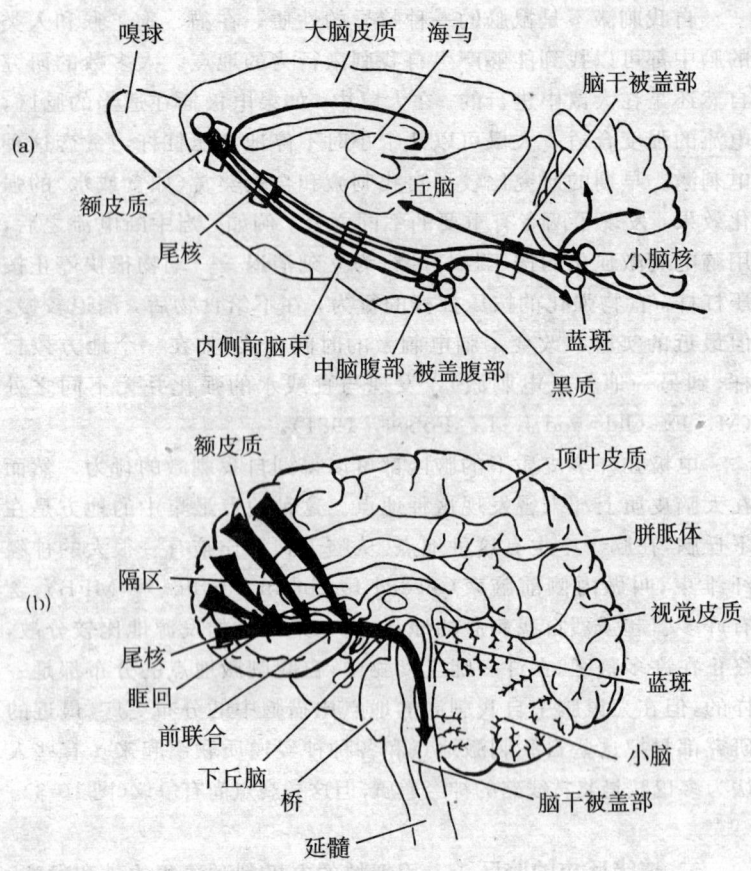

图 10-3 自我刺激区的分布
(a) 大鼠脑,方框处都是产生自我刺激的地点;
(b) 人脑,箭头所示是奖赏系统

## 攻击行为的生物基础

动物界不是和平的,种间和种内经常发生残酷的争斗。就是在自命为万物之灵的人类的各种类型的社会中,虽然都有公认的法律和道义准则，但暴乱和杀人的事件也不断发生。在人类中，更甚于其他动物的是大规模的互相残杀。这种残杀在人类历史上从未中断过。就以二次世界大战后的40年来说，地球上也从未停止过人类的战争。更为可悲的是，人类智慧所创造的科学技术，不仅没有给人以消灭战争的手段，相反地却给人类带来了最大规模自相残杀的武器。

人类这个物种内的斗争根源是极其复杂的。它是在人类个体固有的生物特性的基础上社会化了的现象。讨论人类的战争问题不是生理心理学的任务。生理心理学要研究的是个体动物和人所共有的攻击性或侵略性的生物功能和它的脑机制。增加这方面的知识，至少在控制个人的这类行为中是有用的。

## 攻 击 的 含 义

攻击（aggression）一词有不同的含义，此处指的是一种情绪行为，人在出现攻击行为时的情绪状态含有一种仇恨感和伤害别人的欲望。这一定义强调攻击行为的主观方面，即把它视为一种强烈的内在感情。但是在研究它的外表反应时可以看到有几种不同的表现形式。引起这些反应的刺激也不一样。大致有以下几种：

（1）猎食动物对猎物的攻击行为，也可以归入摄食行为；

（2）同种同性之间的攻击行为，各种动物都有，一般雄性之间发生较多；

（3）母性对幼仔的攻击，在啮齿动物中有吃仔的行为，母鸡有时逐追已经能独立生活的雏鸡；

（4）雌雄保护幼仔攻击侵犯者的行为；

（5）由恐惧引起的进攻行为，如猫对狗的接近发起的自卫性攻击；

（6）由伤害性刺激或受挫折引起的攻击行为，一般叫做怒反应。

## 激素和攻击行为

在同种雄性之间的攻击行为中，雄性激素起重要作用。有许多物种，如鸟和灵长目，在生殖季节，雄性之间的互相攻击增加，而且比平常更激烈，这时雄性动物的睾丸胀大，雄激素水平升高，性成熟的雄性比未成熟的雄性互相攻击的行为也多。

阉割的雄性动物之间很少出现互相攻击的行为。给阉割的雄性动物注射睾丸酮之后会增加它们的争斗行为。在小鼠中阉割后雄性的争斗行为随睾丸酮注射的剂量而增加。

在人类，体内雄激素的水平和侵犯人身的行为是否有关，尚有争论。例如，某些研究证明，睾丸酮的水平和用行为作为标准来评定的敌对情绪的等级之间有正的相关。但另一些对睾丸酮水平和侵犯行为之间的关系的研究却未发现两者有任何相关。须知，决定人类行为的因素是复杂的，激素水平已经不再是一个决定因素了。这和在人类的性行为中所看到的情况是一样的。

## 攻击行为的神经机制

用电流刺激脑的许多部分能够引起动物的情绪反应和各种攻击行为。大多数的实验是用猫来做的，这方面的研究已有许多年，是 20 年代由赫斯（W. R. Hess）开始的。多年来的实验查明，在边缘系统，下丘脑和脑干中都有一些地点，用电刺激时可以引起动物的情绪反应，但不同的地点产生的情绪反应的行为模式是不相同的。

刺激猫的脑干的中央灰质或被盖外侧部，可以引起竖毛、嘶嘶、出爪和高声叫的反应，但这些类似攻击的反应是没有针对性的，因此叫做假怒。

刺激猫的下丘脑外侧区时，猫的行为反应类似猎鼠时的偷袭式的进攻，猫低着头，弓着腰朝鼠急速跑去，狠狠地咬住鼠的头或颈。但无竖毛和呜呜的表现，即缺少交感系的兴奋。

刺激下丘脑的内侧区域引起另一种攻击反应，伴有竖毛、嘶嘶、咆哮和深呼吸，最强烈时，也向鼠扑去，用爪来打鼠，并发出尖声的嘶叫。这种攻击行为类似由惧怕引起的自卫行为，因此，叫做带感情的攻击行为。

刺激下丘脑内侧背部则引起猫的逃跑反应。

下丘脑这三个部位的刺激所引起的反应都可称为争斗的行为（agonistic behavior），因为在动物的争斗中既有自卫性的进攻，又有主动的袭击和逃跑（图10-4）。

然而从电刺激下丘脑的这几个部分所引起的争斗行为中，我们并不能完全知道这部分脑区的实际功能。这可能是组织争斗的运动模式的，也可能是发动其他脑区去组织争斗动作的。如果是后者，它就含有动机的成分。

用损毁实验证明，损毁下丘脑的内侧和背区，而外侧区无损时，猫会变得非常凶暴。因此可以推测，在正常动物中，内侧区可能对外侧区有抑制作用。以前我们讲过，电刺激下丘脑外侧区也可以引起摄食反应。在动物猎食时自然也有攻击和偷袭猎物的行为。而损毁下丘脑内侧区也会使动物多食。这也可能是对外侧区的抑制作用解除的效果。刺激内侧区引起自卫或逃跑的行为，这和主动进攻行为的抑制是分不开的。自卫和逃跑时自然就不会再有主动的进攻。由此看来，下丘脑这几个部分在争斗行为中起的作用似乎是在动机方面。

看来，下丘脑的外侧区在电刺激时可以引起摄食，也可以引起猎捕式的攻击行为，说明这两种行为有密切关系。但应当指出，这两种行为的神经线路可能是有区别的。因为，电刺激下丘脑外侧区虽然能引起猫去咬死大鼠，然而它往往是只咬而不吞吃的，这和正常的摄食行为有所不同。

还应当指出，下丘脑外侧区在攻击行为中的作用还受到其他脑区的控制。例如，刺激猫的腹海马可以使电刺激下丘脑外侧区时更容易出现攻击反应。而当损毁了腹海马时，下丘脑的电刺激就不再能引起攻击反应。这说明腹海马对参与主动进攻行为的脑机制有兴奋作用。

此外,丘脑和杏仁核中有些地点在电刺激时也能引起攻击猎物式的行为。

总起来看,攻击行为可能是多种性质的,它们的神经线路有些是重叠的,有的是和其他功能线路互相连接的。它们的活动有复杂的相互影响。下丘脑无疑是一个起重要作用的部分。

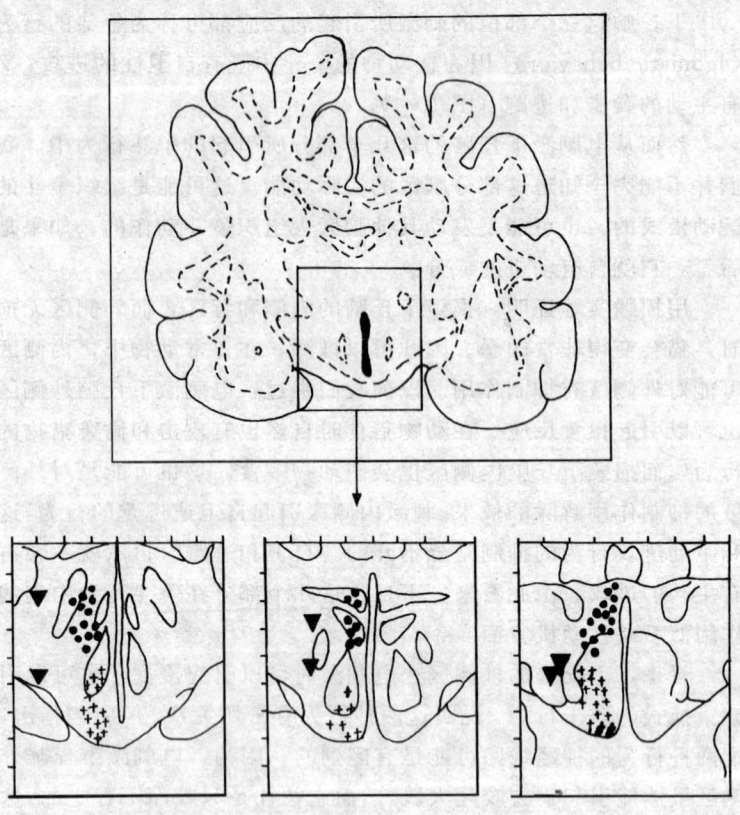

图 10-4　猫的下丘脑中电刺激时引起攻击(▼)、自卫(+)和逃跑(∴)行为的地点 (B.Kaada,1967)

# 人类的暴行是否有神经病理学的原因

1970年有两位神经病学家（V. H. Mark and F. R. Ervin）写了一本书，名为《暴行和脑》（Violence and the Brain），书中提到某些强烈的暴行起因于颞叶癫痫障碍。他们引用的例证是1966年在报纸上登过的一件惊人的杀人事件。有一个叫查里的青年爬到德克萨斯大学的一个塔楼上，用枪任意地射死了下面许多过路的人。在此以前，他也曾杀过他的家属。从他留下来的信中发现，这个青年是被一种强烈的暴虐狂弄昏了头脑。他死后的尸体解剖发现在颞叶中有一个肿瘤。另外的证据是，有相当多的一部分暴行惯犯的脑电图（EEG）有颞叶的病变特征。所以他们认为颞叶的障碍可能是人类的许多暴行的病理原因，因此出现的暴乱行为称为"失控症"（dyscontrol syndrome）。

两位作者提出过许多详细的临床实验报告。有些病人在颞叶中埋有长短不一的电极，用这些电极刺激可以引起典型的癫痫，同时也看到与刺激有直接关系的强烈的打人行为。某些切除了颞叶，特别是杏仁核区被切除的病人的癫痫和袭击行为大为减少。

应当指出，人类个体的暴力行为不能说都是有神经病理学的原因的，其中有许多暴行是由社会问题引起的。脑外科手术只能使用于有颞叶障碍的病人，但不能给每个犯暴行罪者做脑外科手术。一般侵犯人身和杀人者是要受法律处分的。

研究人类暴行的生物原因，也有人注意到染色体不正常的问题。最初人们发现一个杀害了许多护士的病人具有XYY型的染色体。在人类以下的动物中也有人发现攻击行为与雄激素的水平也和多出来的Y染色体有正的相关。但是据一些丹麦学者对XYY染色体的人的履历的研究发现，XYY染色体的人虽然有较大比例的人数坐监狱，但是，他们犯的罪却较少暴行性质。这些人入狱多是因为小偷小摸。因此他们认为这些人的智力较低，不善于掩饰罪行可能是更多入狱的原因之一。

# 精神障碍的生理心理学的研究

精神病有各种特征，大多表现有情绪的异常状态，一般的描述有深度的妄想(delusions)、夸大(grandiosity)、过分欢乐(euphoria)、判断力弱、冲动、行为反复无常和思维结构的异常。这种病在所有的社会中都有。许多人认为这种病是一种机能性的精神病，起因是个人和社会关系的过分紧张。本世纪初一位微生物学家(Hideyo Noguchi, 1911)发现这种精神病有生物学的原因。许多病人死后，检查他们的脑，发现有广泛的脑区受到苍白密螺旋体菌(treponema pallidum)的侵害。因此得知这些精神病是由梅毒引起的。这一发现招来了对精神病的生物学的研究。既然确信身体的疾病可以产生精神障碍，研究者们就要去寻找各种精神病的神经学的和生物学的病原了。

## 对于精神分裂的遗传学的研究

在各种文化社会中都有人相信精神障碍的发生有遗传的因素。但是在这个问题上，学者们有不同的看法和争论。有的争论是由于在这种复杂的精神疾病中能够找到的遗传方面的记录不多。另一种争论来自对遗传在精神病发展中所起的作用的错误理解上。有些人是宿命论的，认为遗传的影响是无法逃避的。但是，我们将会看到，一对同卵双生(identical twins)，一个可以发精神病，另一个可以不发精神病。这样看来，遗传因素未必是百分之百地起决定作用的。因此，在精神病的遗传学的研究中，人们开始认识到应该先去考察在精神病的倾向、爆发和护理中起作用的那些因素。然而对遗传因素的作用有所了解可以有助于分析其他因素（如病人的个体经历等等的影响）。

据估计，全世界约有一千万精神分裂症(schizophrenia)患者。

这样多的人数对于进行遗传学的研究自然是有利的。所以科学家们作了各种的遗传学的研究,其中有家谱的研究、双生子的研究和收养子女的研究。

**一、家谱的研究** 家谱的研究包括统计精神病患者的亲属,如父母、兄妹和远亲中患精神分裂症的人数。在病人的亲属中,患精神分裂症者所占的比例就叫做该患者"发病的危险率"(morbidity risk)。和一般健康群众的危险率相比,精神分裂症患者的危险率总是高的。这就是说精神分裂病人的父母、兄妹和亲属中患精神分裂症者较多,而且生物关系越近的亲属,患者的比例越多。

应当注意的是,家谱的研究容易混淆遗传和经历因素的作用,因为家庭成员在这两方面可能有共同因素。此外,这类记录都是靠患者的亲属的回忆收集来的,而这些人的回忆又常常会被他们在考虑病因时的倾向性左右,例如,把一些可疑的、古怪的叔叔或姑姑说成是精神病患者。但是比较好的家谱研究只限于收集经过专业医生诊断过的病案,所以有些研究结果还是可信的。

**二、双生子的研究** 双生子,特别是由一个受精卵分裂而成的,所谓同卵双生为研究遗传因素的影响提供了最好的材料,因为他们的基因是完全一样的。比较同卵双生和异卵双生〔或叫做兄弟双生(fraternal twins)〕一同患精神分裂症的比率,在同卵双生中高。下面是几组调查的结果。

表 10 2

| 调查组 | 同患精神分裂症的百分比 | |
|---|---|---|
| | 同卵双生 | 异卵双生 |
| A | 61 | 10 |
| B | 82 | 15 |
| C | 75 | 14 |
| D | 42 | 9 |
| E | 38 | 10 |

从五组调查的结果来看，同卵双生同患精神分裂症的百分比都比异卵双生的高。但是在同卵双生中都没有达到百分之百的比率，即在同卵双生中，一对兄弟或姐妹虽然有同样的遗传因子，但是，如果其中一个患了精神分裂症，另一个未必一定也患此病。这说明精神分裂症即使有遗传因素，这个因素也不是决定发病的惟一原因。这一认识推动人们去更全面地探索精神分裂症的发病原因和防治的方法。

研究一对同卵双生中一个正常、一个患精神分裂症的那些个案，发现患精神分裂症的那一个的整个生活总是更不正常的。常常都是出生时体重较轻的一个。更多的是在发育早期得过其他疾病，或生理上受过什么痛苦的。这种发育的历史自然也和父母对待他的态度有关。这种儿童比他们的同卵兄弟或姐妹更怯弱和更敏感（O. F. Wahl, 1976）。

这类研究不仅打破了人们对精神分裂症的遗传决定论的宿命观点，而且为积极的防治观点提供了根据。

**三、收养子女的研究**　　这类研究北欧的学者进行得比较多。研究的目的仍然是针对遗传因素的问题。研究的方法是统计幼年被别人收养的儿童，后来患精神病的人数，并调查他们的生身父母患精神分裂症的情况。得到的资料证明，在患精神分裂症的父或母送给别人收养的子女中，患精神病者多于健康父母的子女（S. S. Kety et al., 1975）。这种研究结果表明，遗传因素在精神分裂的发病率中仍有重要作用。也有人争论说，寄养的环境虽然都是正常人的，但在幼儿早年被生身父母送走之前也可能已经受到一定的环境影响。有的儿童被送给别人的原因可能就是由于父或母患了精神病，不能再正常地照料他们。最初的养育，包括胚胎发育期的母体影响，很难说全无关系。

从这几方面的研究来看，精神分裂症是有遗传因素的。但遗传因素不是惟一的发病原因。遗传可能决定一个人患病的倾向性。一个有精神分裂倾向的人，如果没有生活的不幸遭遇，就不一定发病。相反地，如果一个人没有遗传的精神分裂倾向，即使有不幸的生活遭遇，也不会爆发这样的病症。

## 精神分裂症的生物化学的研究

现代对于精神分裂症的生物学的认识都是以大量的实验研究和临床观察为依据的。有几种观点。一种认为精神分裂症是由于脑的代谢过程发生了故障，使得脑中的某些化学物质过多或不足。这些物质大多是神经递质，现在公认为最有影响的一种神经递质是多巴胺（dopamine）。另一种观点认为，精神分裂症的出现是由于在脑的代谢过程中产生了一种不正常的物质，这种物质引起精神症状的行为。这种假定的物质名之为精神病原（psychotogens）或精神分裂病毒（schizotoxins），它的性质有点像致幻药物（hallucinogenic agents）。这种观点的一个例子是甲基转移作用（transmethylation）的假说。

虽然在研究中获得了令人兴奋的新见解和新资料，但仍有许多问题还未解决，这是因为这方面的研究遇到了许多困难。首先是很难分清哪些生化变化是精神障碍的第一性的原因，哪些是第二性的作用。所谓第二性的作用是指那些因行为的失常而带来的后果。例如，从不能正常吃东西，一直到长期的紧张产生的后果。此外治疗的因素也往往掩盖或歪曲了发病的第一性的原因。因为，治疗手段常常会改变脑和身体的生化物质。这些都给研究精神病的第一性的原因造成困难。研究精神分裂症的另一个大难题是精神分裂症的定义问题。它是一种单一的障碍，还是有不同原因的许多障碍的综合症状？精神病学家对此问题进行了长期的研究。许多人提出精神分裂症所指的不是一种类型的病。至少有两种类型的精神分裂症。一种类型叫做进行性的精神分裂症（process schizophrenia），这种病人幼年就很孤僻，成年后表现有慢性症状，常年断断续续地犯精神病，发病时没有明显的外部原因。另一种类型叫做反应性的精神分裂症（reactive schizophrenia），这种病人的犯病与生活中遇到的困难和紧张情境有密切关系。这是一种急性的精神病，治愈的希望较大。

**一、多巴胺假说**　　许多临床的和实验的研究发现，多巴胺水平的异常是精神分裂症所共有的特点。多巴胺是脑内的一种突触的传递物质。有关这种物质在精神分裂症中的作用的实验研究多是用动物模型做的。某些研究者试图用致幻药物，如麦角酰二乙胺（lysergic acid diethylamide，LSD）或仙人球毒碱（mescaline），在动物身上制造精神分裂症模型，使动物发生知觉、认知和情绪方面的变化。这些病变类似精神分裂症的某些特征。但是这类药物所引起的行为也有许多与精神分裂症不相同的特点。在人身上这些药物引起的精神症状都有精神错乱、定向障碍和明显的妄想等特征，然而这些都不是精神分裂症的症状。药物产生的幻觉一般都是视觉的，而精神分裂症的幻觉则多数是听觉的。给精神分裂症患者服 LSD 之后，他们报告的感觉经验和他们自己的精神障碍的经验很不相同。精神病医生很容易辨别服致幻药者的谈话录音和精神分裂患者的谈话录音。只有一种药物，即苯异丙胺（amphetamine）产生的效果和精神分裂症极为接近。

　　滥用苯异丙胺能产生一种特殊的精神症状。某些人每天服苯异丙胺，把它作为兴奋剂用。但是，常用之后，如果要得到同样程度的愉快感，就要逐日地加大剂量，有的可以达到每日服 300 毫克的程度。人们知道，为了增进食欲和振奋精神只需 5 毫克就可以了，所以 300 毫克的剂量实在惊人。服用这样多苯异丙胺的人都出现妄想，常常有受迫害的妄想，伴有听觉的幻觉，也有多疑病和奇怪的姿态。苯异丙胺也能加剧精神分裂症的症状。苯异丙胺的神经化学作用是促进儿茶酚胺（catecholamines）的释放，特别是多巴胺的释放，它也能延长释放后的多巴胺的作用时间，阻止多巴胺的回收。注射氯丙嗪（chlorpromazine）可以减轻苯异丙胺的精神病，也可治疗精神分裂症。氯丙嗪是一种阻闭后突触多巴胺受体的化学物质，它有治疗精神分裂症的临床效果。这使得研究者们想到精神分裂症可能与脑内的多巴胺系统的工作不正常有关，或者是由于多巴胺的释放过多，或者是由于后突触的多巴胺受体过分敏感。关于精神分裂症的病理原因的多巴胺假说就是这样形成的。

氯丙嗪用做治疗和抗精神分裂症药物是在50年代开始的。它是由一位法国外科医生（Henri Laborit）在寻找能使肌肉松弛的药物时发现的。这位医生注意到这种药物服后不仅能使肌肉松弛，而且能减少病人在手术前的紧张和忧虑。于是他和精神病医生合作给精神分裂症患者试服此药，得到了显著的疗效。从此以后氯丙嗪以及同类的吩噻嗪（phenothiazine即硫代二苯胺）便成为广为应用的抗精神分裂症药物。但是这种药物也有不好的副作用：长期服用之后产生运动障碍，得这种病往往是在服药几月或几年之后，故称之为迟发性运动障碍（tardive dyskinesia），症状是出现一阵阵的面肌、嘴唇和舌头的不自主的运动，特别是舌头的不可控制的转动和吸吮或咂嘴的运动。有些病人还会出现臂和腿扭转或突然抽搐的运动。约有三分之一的服药病人出现过这种运动障碍。女病人中更为严重，停药后常常继续存在，似是较永久性的运动障碍。此外，长期服用氯丙嗪，由于它阻闭多巴胺受体而产生的补偿作用是多巴胺受体的数目增加，致使患者对多巴胺过敏。停药后精神分裂的症状，如妄想和幻觉，可能更加重了，必须服用更大剂量的氯丙嗪才能再有疗效。

精神分裂的多巴胺假说的另一依据来自对帕金森氏病（Parkinson's disease）的研究。这也是一种运动障碍病，主要症状是手的颤抖和走路时迈不开步子，不能做圆滑的动作。病因是脑中的黑质细胞溃变。这些细胞含有多巴胺。这种病在服用L-多巴（L-dopa）后可以得到缓解。L-多巴是多巴胺的先成物，它能增加多巴胺的释放量。在研究帕金森氏病的治疗中发现与精神分裂症的假说有两种关系。一是，给病人服用L-多巴后，虽然缓解了帕金森氏病，但有的患者出现了精神病。二是，如上所述，某些服用氯丙嗪的精神分裂症病人出现了类似帕金森氏病的运动障碍，而且运动障碍似乎是永久性的。这两方面的事例都表明精神分裂症的多巴胺假说是可信的。

然而最近也有人提出了疑问。第一是，对于病人脑中的多巴胺受体的工作水平缺乏直接的证明，有的实验证明也难以确定（M. Alpert and A. J. Friedhoff, 1980）。第二是，病人脑中的多巴胺受体虽然有所增加，但是这种增加也可能是由于多巴胺回收减少引起的，不一定是因为多巴胺释放过多引起的。只有知道了多巴胺的正常水平后，这种增加才会有确定意义（T. Lee and P. Seeman，1980）。第三，药物阻闭多巴胺受体是很快的，而表明药物效果的行为变化则常常需要几星期后才出现。鉴于药物的神经生理作用和行为的变化在时间上不符合，因此就很难说明多巴胺与精神分裂症的真实关系。看来精神分裂症的原因，不似假设的多巴胺突触的过敏反应的模型那么简单。

**二、精神分裂症病毒假说** 有机化学家曾发现有一种人工合成的致幻剂（hallucinogens）的分子结构和脑的一种化合物——

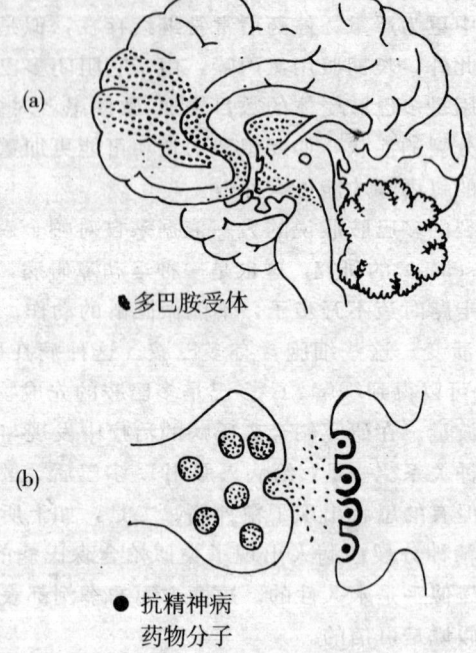

图 10-5 （a）脑内多巴胺受体的分布（有点子的区域）
　　　　（b）图解说明抗精神病药物阻闭多巴胺的受体

样。因此想到脑内可能偶而产生这种化合物,从而发生精神症状的行为。这种物质可名之为精神病原（psychotogen）。设想脑内某些个别通路中的代谢不正常时,可能会产生特别的反应,使一种无毒的分子转变为使行为出现精神分裂症状的物质。这一种看法认为,脑内某些分子增加一甲基根（$CH_3$）就能从无害物转变为致幻的毒物。这一假说称之为甲基转移假说（transmethylation hypothesis）。这一工作是50年代开始的,证明有一种叫做肾上腺色素（adrenochrome）的含甲基的物质,有致幻性质。这种物质被认为可能是去甲肾上腺素的代谢产物。

后来的实验证明,服用一种能够提供甲基根的物质可加重病人的精神分裂症状。但并不是所有的能提供甲基根的物质都有这种作用。因此这一假说的可信度受到怀疑。

最近有些研究者认为去甲肾上腺素的代谢可以产生少量的苯乙胺（phenylethylamine）,这种物质的性质类似苯异丙胺,可能会产生苯异丙胺的精神病,类似妄想性精神分裂症。

还有些研究分析了精神分裂症死者的脑,发现它们的多巴胺β-羟化酶（dopamine beta hydroxylase）减少。缺少这种酶不能使多巴胺完全转变为去甲肾上腺素,而产生一种叫做6-羟多巴胺（6-hydroxy-dopamine）的物质。这种物质是一种神经毒物（neurotoxin）,它破坏多巴胺和去甲肾上腺素的终端突触。这和精神分裂症的关系犹待进一步研究。

近几年的研究又发现精神分裂和内分泌之间的关系。给大鼠注射一种内啡肽（endorphin）可以使它出现类似僵呆的状态。精神分裂症患者的脑脊液中这种物质的含量也高。这种物质的分子结构和吗啡相似。如果认为某些精神病的症状与脑内的这种物质释放过多有关,那么阻闭了这种物质的受体就会减轻精神分裂症状。实验证明给病人注射了与吗啡竞争受体的呐咯酮（naloxone）,确实能暂时减轻幻觉和其他精神症状（J. D. Barchas et al., 1978）。如果这种内啡肽的受体和吗啡受体一样,那就可以证明精神分裂症与这种物质的过多释放有关。但是另有人用呐咯酮做的实验没有得到同样结果,因此仍须进一步研究。

# 情绪失常

人人都有不愉快的时候，一般叫做抑郁（depression）。有些人的抑郁却不是一时的不高兴。他们是经常地、周期地处于抑郁状态。这就是抑郁病。患者年龄一般都在 40 岁以上，女性约为男性的两至三倍。这种病的症状是心情不愉快，没有兴趣，没有精力，没有食欲和性欲，注意力不能集中和焦虑不安，甚至于悲观厌世。这种抑郁症时去时来，有一定的周期，来的时候没有明显的原因（如紧张事故），不医治的话持续几个月就会好转。

有些患者抑郁和心情过分高昂交替出现。在心情高昂的时期，长时间的过分活动，话特别多，精力旺盛和极其欢乐。这种类型称为两极性的病（bipolar illness），或叫做躁狂抑郁精神病（manic-depressive psychosis）男女都可以得这种病。发病年龄早于单纯的（或称为单极性的）抑郁病。

这两种类型的抑郁病都有遗传因素。在同卵双生中，一对同患此种病者比在异卵双生中多，在分养和在一块长大的同卵双生中，一对同患率是一样的。在收养子女中患抑郁病者的生身父母有更多的人患有此病。

关于这种病的病理原因有一个很有影响的假说，称为抑郁症的单胺假说（monoamine hypothesis of depression）。照此假说，抑郁病是与去甲肾上腺能和 5-羟色胺能的突触的活动降低有关的。活动降低特别是发生在下丘脑和边缘系统的神经通路中（J.J. Schildkraut and S.S. Ketym, 1967）。这一假说的根据来自两种有效的治疗方法。一种是某些抗抑郁药物能抑制单胺氧化酶（monoamine oxidase），因而能提高去甲肾上腺素的利用水平。另一种是电休克治疗，这种电休克促进单胺的生成。相反地，消耗脑内的去甲肾上腺素和 5-羟色胺的药物，如利血平（reserpine），它释放神经元内的单胺氧化酶，因而破坏去甲肾上腺素。这种物质能使抑郁病加重。这些证据支持了单胺假说。但是也有些有治疗效果的药物与单胺系统没有什么关系,因此提出了另一种假说,认为有些药物的效果是由于阻闭了神经元的组胺(histamine)受体(P. Kanof and P. Greengard, 1978)。

治疗躁狂抑郁的躁狂期多用锂盐,在神经系统中锂离子的作用很像钠离子,它代替钠离子决定神经的静息和动作电位。但它对不同的神经递质有不同的作用。它降低对去甲肾上腺素的反应,防止躁狂的兴奋特别有效。在动物实验中锂也能抑制大鼠和猫的攻击行为。

## 精神病的外科手术治疗

30年代,葡萄牙一位年轻的脑外科医生莫尼兹(E. Moniz),鉴于在黑猩猩身上做的额叶切除的实验能使本来很凶暴的黑猩猩变得温顺起来,于是他就在躁狂的精神病人身上试用了同样的手术,并获得预期的疗效,从那以后这种手术就被正式采用。这种外科手术主要是切断额叶和丘脑之间的联系。这叫做额叶切除(frontal lobotomy),也叫精神外科手术(psychosurgery)。这种手术在40~60年代流行了一阵,约有10 000~50 000病人做过这种手术。接受这种手术的都是患严重精神病的、用药物治疗无效的精神分裂患者。手术后的病人在精神症状,特别是躁狂症状方面有显著改善,能从事日常的工作,但是大都丧失了创造性的工作能力,有的过不了几年就死去。现今因为发现了许多有效的精神药物,这种手术已不多采用。

由于在动物实验中发明了用长的电极插入脑的深层结构进行刺激或电损毁的技术,所以在临床上也采用了这种技术治疗特殊的情绪紊乱和伴有顽痛的神经病。刺激或损毁的地点大都在边缘系统或与其有关的结构中,如杏仁核、丘脑、下丘脑和扣带回的某些部位。这种方法比额叶切除损毁的范围小和部位更确定。刺激都是用埋植的固定电极,病人自己带着微电源,在需要的时候可以自己按电钮进行刺激,以缓解疼痛或情绪紧张。

# 第十一章 学习和记忆

概 论
学习和记忆的类型
　联想学习
　　一、经典条件作用
　　二、手段的条件作用
　　三、联想集的学习
　　四、印记
　非联想的学习
　记忆的类型
　　一、瞬息的记忆
　　二、短期的记忆
　　三、中间长度的记忆
　　四、长期的记忆
　记忆过程
记忆障碍的病理和脑结构的研究
　脑的局部损伤和记忆障碍
　　一、与记忆障碍有关的脑损伤的部位的确定
　　二、改变脑的活动
　遗忘症的神经病理学
　海马损伤的遗忘症引起的研究工作
　　一、关于颞叶损伤的遗忘是否只涉及语言性质的记忆的实验研究
　　二、海马损毁病人能否形成新记忆的问题
　　三、海马损伤的动物的记忆障碍
　　四、颞叶两侧其他部分损伤的研究
　记忆障碍中的编码问题
学习和记忆能力与发育的关系
学习能力的演化问题
　学习能力在各类动物中的表现和研究中的问题
　物种间学习能力的比较
　学习和智能演化的问题
学习和记忆的神经机制的一般概念
　学习和记忆是中枢神经系统的普遍机能
　记忆贮存可能包含的基本机制
　　一、突触的生理变化
　　二、结构的改变
　　三、记忆的突触解释的局限性

四、在单个神经元中可能也有记忆

影响神经系统的组织和生化活动的行为训练

经验所产生的神经解剖方面的变化

经验对脑的大体解剖方面的影响

不同的经验对突触的影响

产生神经结构变化的真实原因

一、检验非学习的因素

二、检验学习的影响

经验对脑的生化方面的影响

丰富或贫乏经验对脑化学的影响

正式训练对脑化学的影响

一、大鼠走"钢丝"的训练

二、改变用爪习惯的训练

三、回避电击的训练

四、视觉辨别的训练

五、印记学习

在记忆的贮存中对蛋白质合成的需要

与简单学习有关的电生理现象

简单系统中的习惯作用和敏感作用

一、为什么研究简单神经系统

二、习惯化机制的地点

三、敏感化机制的地点

简单的联想学习

脊椎动物中的条件作用

一、EEG 的研究

二、单位神经元放电的研究

三、对于海马在条件反应中的作用的电生理学的研究

四、追踪条件反应的神经元线路

记忆形成的巩固假说

巩固假说的来源

记忆巩固假说的电休克验证

电休克处理的方式、部位和效果

促进记忆的方法

记忆形成的神经化学过程

生化和药物学在研究学习和记忆中的应用

记忆巩固的阶段和药物作用的时间

蛋白合成和记忆

一、研究中的困难问题

二、使用抗生素的实验和发现

兴奋剂和镇静剂对记忆的影响

记忆形成的抑扬

胆碱能的抑扬

儿茶酚胺的抑扬　　　　　智力落后和痴呆的治疗问题
记忆抑扬的机制　　　　　一、智力落后的问题
人类的记忆困难问题　　　二、老年性痴呆的问题
改善记忆的药物

# 概　论

　　学习的最广义的行为定义是：动物个体在与环境中发生的新事物接触的经验中改变自己的适应行为，也就是新的适应行为（或新行为模式）的获得过程。从这一过程的完成来说，学习即包含着记忆。没有记忆就没有学习。所以在生理心理学中讲学习和记忆，实际上都是讲记忆的机理问题。

　　从生物学的角度来看，没有一种动物是不能接受经验"教训"改变其行为的。在物种之间，学习能力的差别只是在学习的速度、范围、性质和实现学习的生物基础方面。一个变形虫只能对经验过许多次的刺激（如光、触和化学刺激）改变其伸展或收缩假脚的反应，实现这种行为变化的基础是整个细胞的原生质对刺激的生化反应的改变。这和大鼠通过大脑的数十亿神经元的活动的改变学会走迷津、按杠杆和躲避电击信号的生物基础大不相同；和人类在受教育的过程中学会许多新的知识和文明礼貌的行为就更不相同了。

　　动物能够改变行为以适应环境是生存的必要条件。没有一种动物生存的环境是绝对无变化的，这就是为什么没有一种动物的行为是不能改变的原因。动物行为的改变有两种过程，一是自然选择的过程，这一过程是缓慢的，要经过千百万年一代一代的选择，产生的是物种行为的改变；另一过程就是个体的学习，这一过程产生个体行为的改变。在自然选择的过程中，除选择了每一物种适应现实环境的最佳行为之外，也选择了它们在将来的环境变化中改变行为的能力，因此，这种能力的大小也是具有物种特征的。

要全面地了解一种动物的行为,包括人类的行为,也必须了解该物种的行为的改变能力及其生物基础。

本章要讨论的问题是在动物界中学习和记忆的某些主要的类型和机制。特别是后者将是我们讨论的重点。例如,在动物界中脑的发展和学习能力的进化有何关系?脑的某些部分在学习和记忆中是否有特殊的作用?在动物一生中学习能力是否有变化?等等问题。

## 学习和记忆的类型

心理学家曾试图给学习和记忆的形式加以分类,以便了解各类学习行为的性质和它们的生理机制。我们试举两种在自然环境中所看到的动物学习的例子来说明分类的概念和意义。这对于学习者理解研究学习的各种实验设计是有帮助的。

一只小老鼠在洞门口犹豫一会儿,如果外面没有危险,它就从洞里探出头来。这时如果有一只猫爪突然拍到它的鼻子上,它会立刻把头缩回洞中。几小时或几天之内,它不再向洞外探头,随着时间的流失,它可能又要出洞,但是,它在洞口里边犹豫的时间大大延长了。这就说明过去受惊的经验使它的行为和以前大不相同了。这也表明它有从经验中改变行为的能力,普通称为学习的能力。在这个例子中所描述的小鼠的这种学习,用科学的术语来说,就叫做消极躲避反应(passive avoidance response)。一般地说,也叫做联想学习(associative learning),这是因为小鼠已把钻出洞外和其后果联系起来。这种联系是通过脑内的神经线路的活动连接起来的。

再举另一种例子。一只龙虾在岸边的浅水中游荡,如果有一只人手或其他动物的爪子去抓它,当手或爪插入水中时激起的水波,给龙虾以刺激,引起它的尾巴的弹跳反应。这样能使它迅速地游走,离开危险情境。龙虾对水压变化的这种反应,可以说是有生存意义的。然而,如果对无关的水波,如风吹的水波或浪花,都作这种反应，那将是白白地浪费精力，而且耽误了觅食的时机，是不利于生存的。事实上龙虾是不会做这种蠢事的，对于重复出现的无关刺激龙虾是不反应的。这叫做对重复刺激的习惯化（habituation）。但是如果一种特别强的或致痛的刺激多次出现，会提高龙虾对大多数刺激的反应性，这叫做敏感化（sensitization）。所有的动物，包括人类，都有习惯化和敏感化的表现。这两种表现和上述的小老鼠的那种表现有所不同。在这两种表现中没有刺激之间的联想关系，反应的大小或敏感性的变化只决定于刺激的强度和重复的次数。这是一种非联想的学习。

下面我们就将分别介绍诸如经典条件作用（classical conditioning）、手段条件作用（instrumental conditioning），以及印记（imprinting）这样一些联想类型的学习，也要谈到保持的时间不同的记忆，如瞬息的也称为掠影的（iconic）记忆、短期的记忆、中间长度的记忆和长期的记忆。

## 联想学习

在实验室中经常做的学习实验是两类，即经典条件作用（又称为巴甫洛夫创始的条件作用）和手段条件作用（又称为操作条件作用——operant conditioning）。这两种都是联想类型的学习。这就是说，这种类型的学习是形成两个特别刺激之间的联系，或某种刺激与某种反应之间的联系。另一种联想学习是在动物生活的早期发生的，如雏鸭和羊羔学会跟随第一次看到的大的运动物体，通常这个物体就是它们的母亲。这种学习就叫做印记。

**一、经典条件作用** 在这种学习中，一个原来不能引起某种特殊反应的刺激，即所谓中性刺激（neutral stimulus），经过与某种能够引起特殊反应的刺激多次配合出现之后，它获得后者的性质，即在单独出现时亦可引起该种特殊反应。例如，一种纯音通常是不能引起狗的唾腺分泌唾液的。但是，如果每次在滴入狗口内一滴酸水之前的几秒钟发出纯音,重复多次之后,纯音单独出现即可使狗流唾液。同样,如果每次在用强气流吹兔眼之前给以纯音,多次重复之后,纯音可以引起兔的眨眼反应。实验室中的术语,把原来的中性刺激叫做条件刺激（conditioned stimulus,缩写为 CS）,把本来起作用的刺激称为无条件刺激（unconditioned stimulus 缩写为 US）。上述的纯音是 CS,酸水或气流是 US。两者在时间上的配合就是一种条件,这种条件所起的作用就是使 CS 取得了 US 的效果。在这种学习中,动物得知 CS 和 US 之间的关系。CS 单独引起的反应,如分泌唾液或眨眼,称为条件反应（conditioned response or reflex 缩写为 CR）,对原来起作用的刺激的反应则称为无条件反应（unconditioned response or reflex,缩写为 UR）。这种学习现象是在本世纪初由俄国的生理学家依凡·巴甫洛夫首先发现和开始实验研究的。因此称为经典条件反射实验,这种实验条件所产生的学习效果,就称为经典条件作用。

实验证明,当条件的和无条件的刺激配合多次之后,动物对条件刺激的反应出现的信度和幅度逐渐增加。当建立了这种反应之后,如果 CS 单独出现几次,不伴有 US,动物对 CS 的反应就将不再出现,这叫做条件反应的消退（extinction）,如果实验停止一段时间,消退的条件反应还可能再出现,这叫做条件反应的自然恢复（spontaneous recovery）。条件作用的另一特点是,条件反应建立之后,不仅采用的特殊 CS 能引起反应,与 CS 近似的其他刺激也能引起同样的反应,这叫做条件反应的概化（generalization）。

条件作用只有在 CS 和 US 同时出现,或 CS 稍微先于 US 出现时,才能成功。在大多数的实验中,CS 和 US 之间的间隔不能超过 1 秒钟。如果 CS 和 US 的先后次序颠倒,或先后的随机配合,则不能建立条件反应。这一特点常被用来区别条件作用和敏感化的作用。

条件反应建立之后,如果在 CS 出现的同时或稍前一点出现另一种强刺激条件反应就可能不出现了。这叫做条件反应的外抑制（external inhibition）。如果延长 CS 的作用时间,几次之后,条件反应出现的时间会越来越迟,越来越弱,终至不再出现。这叫做条件反应的内抑制 (internal inhibition)。

上面提到的几个术语都是巴甫洛夫当年采用的,都有解释条件反应的脑机制的含义。现已被普遍接受作为描述现象的术语。至于条件反应的脑机制则有不同的理论和更深入的研究。

**二、手段的条件作用** 在手段的条件作用中,一个行为出现的可能性决定于它以前的后果。例如,一只大鼠在斯金纳箱中倾向于去按压笼内的一个杠杆,是因为以前每次按压之后立刻能得到一粒食物。这样的按压杠杆的行为就叫做手段反应 (instrumental response),因为它是获得奖偿的一种手段。"奖赏",如吃了食物,叫做强化刺激 (reinforcing stimulus)。如果强化刺激经常在手段反应之后出现,两者之间就建立了偶合 (contingency) 的关系,并从而加强了手段反应的倾向性,也就是增加了手段反应的出现率。如果在手段反应之后得到的是惩罚,叫做负强化 (negative reinforcement),手段反应就将减少,或不再出现。在这种手段条件作用中,动物学习的是反应和强化作用之间的关系。

**三、联想集的学习** 上述的学习是单一的联想,在研究学习中是很有用的,因为这种行为比较简单,研究者可以容易观察单个反应的强度和次数的变化与呈现刺激的时间的关系。但是,研究者往往要研究一些复杂的行为,这些行为包含着多层次或多因素的联系,称之为联想集 (sets of association)。例如,要测验一种动物的充分的学习能力,或研究一种动物的自然的复杂行为(即比实验观察的简单反应复杂的行为),这就需要用另外的方法。从本世纪初开始,有许多心理学家曾用复杂程度不同的迷津研究过许多种动物的学习能力。这种方法研究的学习行为就不是针对一个特殊刺激的单一反应,而是针对一系列刺激(如每一条岔路口)的连续反应。这就叫做联想集的学习。人类学习语言可以认为是一种更复杂的联想集的学习。

**四、印记** 这是一种发生在生活早期的学习。许多种动物都有这种学习。幼稚动物常常学会跟随它第一次见到的比较大的运动物体走。雏鸭在出壳后第一眼看到的是母鸭,以后它便跟着母鸭走,羊羔出生后第一次看到的是母羊,以后它便跟母羊走,第一次印象所起的作用就是印记,像打上烙印一样。在实验室中,如果给一只小鸭第一次看的是一个机械玩具,它也会跟着机械玩具走,并和它呆在一起。如果小鸭第一次看到的是实验员,或其他种动物,它也会跟随。这种印记学习不同于条件作用的学习,它没有明显的强化物(不过有人认为可能有内在的强化因素),它只能发生在生活初期的有限时间内,即所谓关键期内。印记学习不仅是视觉的,也有听觉的。某些鸟(如白冠雀)的雄雏学习本种雄鸟的歌声也是一种印记学习,也有关键期。如果小鸟孵出之后不让它听到雄鸟的歌声,长大之后它就不会歌唱。过了关键期(孵出后10~50天之间)再让它听雄鸟歌声,它也不能再学了。在实验室中,人们观察到印记的关键期的结束似乎和恐惧反应的发展有关。关于印记学习的脑机制尚待研究。

## 非联想的学习

习惯作用或习惯化,是一种非联想式的学习,表现为对经常出现的熟悉刺激的反应减弱或消失。这种变化不同于感官的适应或肌肉的疲劳。这是一种学习过程,名之为非联想学习是因为在这种学习过程中只需要一种刺激的重复出现,不涉及任何其他的刺激。

习惯化的行为研究发现有如下的几个规律。

1. 刺激的重复可以使反应的强度逐渐下降。例如,用电流或机械刺激人的腹肌,多次重复同一强度的刺激,腹肌的反应逐渐降低终至消失。

2. 刺激越弱反应下降越快。强刺激不易产生习惯作用,甚至会增强反应。

3. 在一定时间之内刺激重复的次数越多反应消失越快和越明

显。

4. 如果经过一段较长的时间不用这种刺激,当它再出现时又会引起反应,这叫做反应的自然恢复。

5. 对于一种刺激的习惯化,可以引起对类似刺激的习惯化,或至少是部分的习惯化。这叫做习惯作用的概化。但这种现象并不是经常有的。

当一种反应习惯化之后,如果给一强刺激,无论是同一种感官的或其他感官的,都能使随后的习惯化的刺激再引起反应,甚至引起更强的反应。这叫做去习惯作用(dishabituation)。意思是解除了习惯作用。但也有的研究认为这是一种敏感化的作用。有几种论据:一是,即使还没有习惯化的反应在经过强刺激之后,再出现时也会增强;二是,一个习惯化了的反应在经过强刺激后再出现时不仅仅是达到了习惯化以前的强度,而往往是增加了强度。

由此看来,敏感化似乎是一种不同的现象,它好像是另加在原有的反应性之上的一种作用,而不是简单地去掉了习惯的作用。

敏感化也有两个特点:

1. 越是强的刺激越易产生敏感作用;
2. 重复敏感化的刺激也会使它的效果减弱,这叫做敏感作用的习惯化 (habituation of sensitization)。

## 记忆的类型

"学习"和"记忆"这两个词常常是连在一起的,这似乎说明它们是互相包含的。除非事后有记忆就很难断定事前有学习。从实际的情况来说,即使我们给动物一种学习的机会,并且看到它获得过某种经验(如从一高台上跳下来受到了电击),以后如果没有行为上的改变(如停留在台上的时间延长),就难以说动物有过学习。在此种情况下,"学习"毋宁说只是指人给予动物的训练过程。动物是否学习了什么,则不得而知,除非它后来有了行为的改变。行为的改变是学习的指标也是记忆的指标。"记忆"指的是使行为发生改变的那种经验的保持,更客观地说,是习得的行为的保持。

在记忆的神经生理学的研究中,常常按照记忆保持的时间长短分为如下的几种。

**一、瞬息的记忆** 也叫做掠影式的(iconic)记忆。例如,片刻即逝的景物印象或某种已逝的声音在耳中的余响。这种记忆常被认为是一种感觉的后效。

**二、短期的记忆**(short term memories) 这是一种比瞬时记忆略长一点的记忆。例如,你要拨一个不曾用过的电话号码,你在电话簿上查到这个号码后,如果这时没有其他事情扰乱你,你看了号码后立刻能在电话盘上拨出这几个数字。这说明你利用了短时记忆。但是,如果对方占线,你等几分钟再拨时,就要再看一次号码,因为,刚才的记忆保留的时间很短。如果,在你等待再拨的期间,自己默念这个号码,它就会记得长久一点。等到打完电话,你可能又把它忘记了。短期记忆至今还没有一致的时间定义。生理心理学家只用它来泛指非永久性的记忆,包括保持几分钟或几小时的记忆。有的研究者甚至把保持几天的记忆也叫做短时记忆。但是研究人类语言记忆的心理学家都把短时记忆规定在几秒钟到一分钟之内,即在不允许有反复练习的时间之内。

**三、中间长度的记忆** 心理学家有时把一分钟以上到几小时的记忆(但远非长久的记忆),称为中间长度的记忆。例如,你早晨上班之前把车子停在什么地方,中午或晚上下班后仍然记得车子在什么地方。但你未必记得昨天或前天停车的地方。这种记忆就归入中间长度的记忆范围之内。

**四、长期的记忆** 一般能够保持几个星期或几个月或几年的记忆称为长时记忆。有些事物的记忆虽然能保持几星期或几个月,但可能会逐渐淡薄下去终至完全消失,但也有永志不忘的,所以又有称后者为永久记忆（permanent memory）的。

生理心理学家感兴趣的不是给记忆分类，而是在于研究短时记忆和长时记忆是否有相同的或不相同的生理机制，或者说两种记忆过程是否有共同的或不同的神经生理基础。从临床的和实验的研究资料来看，已能初步肯定短时记忆和长期记忆的神经过程是不同的。

## 记 忆 过 程

心理学家提出要使过去的经验能够回忆，需要通过三个过程，即编码（encoding）、巩固（consolidation）和提取（retrieval）。最初的信息一定要输入感觉通道，然后编成为一种密码，变为短时记忆。这些信息有的在过程中消失，有的巩固下来得以长期贮存。有的认知心理学家相信短时记忆和长时记忆没有本质的不同，他们认为加工程度深的贮存的时间就长。但另一些研究者则认为短时记忆和长时记忆的贮存是由不同的神经过程完成的。最后一步的回忆是一种提取的过程。因此，有些研究者曾试图找出在正常人中某一经验不能忆起的不同原因，如编码不利，未能巩固，或提取困难。这三个过程是否会个别地受到破坏或阻碍？这将是下面讨论的问题。

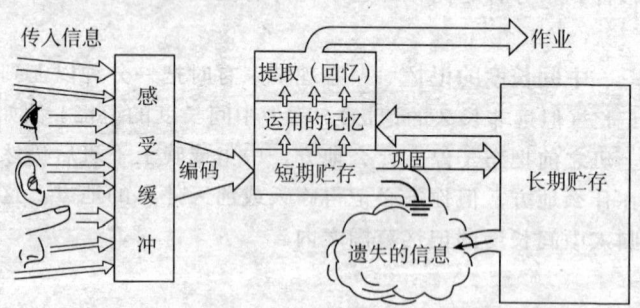

图 11-1　记忆的图解：包括编码、巩固和提取

# 记忆障碍的病理和脑结构的研究

人类的学习和记忆能力是巨大的。我们能记忆上万的单词,甚至可以学会几种外语,能记住许多人的面容和名字;如果有兴趣的话还可以背诵上百篇的诗、辞和文章。偶然的脑外伤或脑的某些部分的病理变化会使人的记忆受到程度和性质不同的损伤。研究不同的脑损伤产生的遗忘症状,给我们提供了有关记忆的神经基础的重要知识。神经心理学家为了确切知道脑的某一部分的损伤所产生的记忆障碍的性质,常常利用严格的、具有分析性质的记忆测验。同时,生理心理学家进一步在各种动物的相应的脑区施行有控制的破坏手术,从而获得了关于各个脑区在记忆中所起的特殊作用的更为详细的知识。本节将讨论这些研究的重要发现。

## 脑的局部损伤和记忆障碍

损毁脑的某些个别部分,然后观察对学习和记忆发生的影响,这是在动物身上所做的一种类型的实验。另一类实验是不损毁脑组织,而用其他手段改变其活动,如用电刺激或注射药物。下面简单说明两类研究方法的特点。

**一、与记忆障碍有关的脑损伤的部位的确定**　在数十年前,要确定一个患遗忘症病人的脑损伤的部位,总是要等他死后做脑的解剖学的检查。现在可以在病人生前利用电子计算机做 X 射线的层描 (X-ray tomograph)。这种技术也叫做计算机轴层描术 (computerized axial tomography, CAT),或用正电子放射的层描技术 (positron emission tomography, PET) 进行检查。在西方,脑外科手术非常普遍,因此,在做手术时也可以直接看到脑病变或损毁的部位。

生理心理学家为验证他们从病人的脑损伤部位和学习记忆能

力丧失的关系中得出的结论或假说,常在动物相应的脑部做同样的手术,然后测验其学习行为的变化,以期获得更系统的知识。

**二、改变脑的活动** 有许多情况和手段能改变脑的活动,如脑震荡、电休克治疗、失眠和服用药物,这些也都能影响记忆的形成。这些方面的研究大都是和关于记忆形成的"保持和巩固"的假说(C. E. Müller and A. Pilzecker,1900)有关。这一假说最初是为说明人类的文字学习提出的。要义是说有关记忆的神经过程有两阶段,其一是,一种经验过后有一段保持的时间,这时是一种不稳定的记忆,即易逝的记忆;其二,在某种条件下,记忆可以巩固下来,成为稳定的记忆,能长期保持。心理学家麦独孤(William McDougall)指出,这一假说可以解释脑部受震荡后的逆行遗忘(retroactive amnesia)。这是在脑震荡后经常有的现象,病人从昏迷中醒来后完全不记得事故发生时的情况,有的甚至忘记了事故发生前几天的事情。按照巩固过程的假说,脑震荡并不是抹掉了记忆,而是打断了由不稳定的短时记忆向稳定的长时记忆转化的神经过程。

在30年代,精神病医生开始用电休克方法治疗精神分裂症,不久即发现电休克产生逆行遗忘。于是这种技术就被引进实验中,用来对动物的记忆作精确的实验研究。研究发现,电休克与学习的间隔时间越短,越能阻碍长时记忆的形成。这一方法现在还继续在实验室中应用,也在临床上继续用来治疗抑郁症。

某些药物也影响记忆的形成。例如,抗胆碱药物——东莨菪碱(scopolamine),将这种药物给难产的产妇服用可以使之放松,便于做接生手术,但发现产后的母亲往往记不清临产前后发生的事情,即没有对这些事情的长久记忆。在实验室中的研究证明,这种药物阻碍或压抑学习后的许多方面的神经活动。这将在以后论及。

# 遗忘症的神经病理学

19世纪80年代,俄国的神经病学家科尔萨科夫发表了一篇关于一个记忆障碍的病例报告，后来成为一个经典的例子，并将此类遗忘症定名为科尔萨科夫综合症（Korsakoff's symdrome）。患此种病者不能回忆不久以前发生的许多事件。如果告诉他不久以前的事情他会觉得非常生疏。但这种病人往往不承认自己有什么问题。他们常常记不清楚时间和地点，有时会胡扯，用谎言填补记忆的空白，而他们自己还认为自己所说的是确实的。

科尔萨科夫综合症的产生是由于缺乏维生素 $B_1$。这是酗酒的后果。酗酒者靠饮酒取得热量，不爱吃其他食物，因此造成了维生素 $B_1$ 的严重缺乏。用维生素 $B_1$ 治疗这种病人可防止病情恶化。发病早期用 $B_1$ 治疗还能够使病情好转。神经病学家检查了许多因科尔萨科夫氏病死亡的病人的大脑，发现有些患者的脑底的乳头体（mammilary bodies）和丘脑的背内侧核（dorsomedial nucleus）有严重损伤。不幸的是，这些研究资料很不完善，特别是有的病人在生前并未做过严格的记忆测验，只是在病例上有过类似"精神混乱"或"意识模糊"的记载。所以至今仍在进行着更系统的研究。

几年前，迈尔等人（W. G. P. Mair et al., 1979）检查了经过多年行为测验的两个病人的脑。发现两个脑都有萎缩现象，乳头体坏死，丘脑背内侧的某些损伤，颞叶、海马和颞柄（temporat stem）都是正常的。这就肯定了以前的发现。迈尔等人指出，乳头体是一个窄狭的通道，从中脑、颞叶新皮质和边缘系统来的神经信息通过它达到额叶。

另一种病损伤的是海马，也有严重的记忆障碍。自从发现此病例以来（W. B. Scoville and B. Milner, 1957），对海马的记忆功能的研究继续至今，但也有许多争论。

最初一个有名的病例名为 H. M.，此人自幼患癫病，病情日益恶化，终至无药可治。到 27 岁时即无法工作了。经诊断，其癫痫病源发生在两边颞叶的内侧底部。于是在 1953 年做了切除两边颞叶内侧和海马的手术。手术愈合后，H. M. 不能记忆新的材料，新经验转瞬就忘，但旧事的记忆大部保留着，所失去的记忆多是手术前三年之内的。手术后的事过后就完全记不起了。例如，手术后六个月 H. M. 的家迁至另一条街，当他外出回家时，他不记得新的地址,仍然回到老住处。H. M. 也记不住他的新邻居的姓名,但仍然认识手术前认识的朋友。对新事物他只能记忆很短的时间,注意一分散,新获得的信息就完全在记忆中消失。因此,他同别人谈话时不能被打断,一经中断就不能接茬再讲下去。他的 I. Q. 在 1962 年和 1977 年测验时都是 114,在平均智商以上,1981 年测量时降到 104。他的短时记忆应该说是存在的,但很难形成长时记忆。

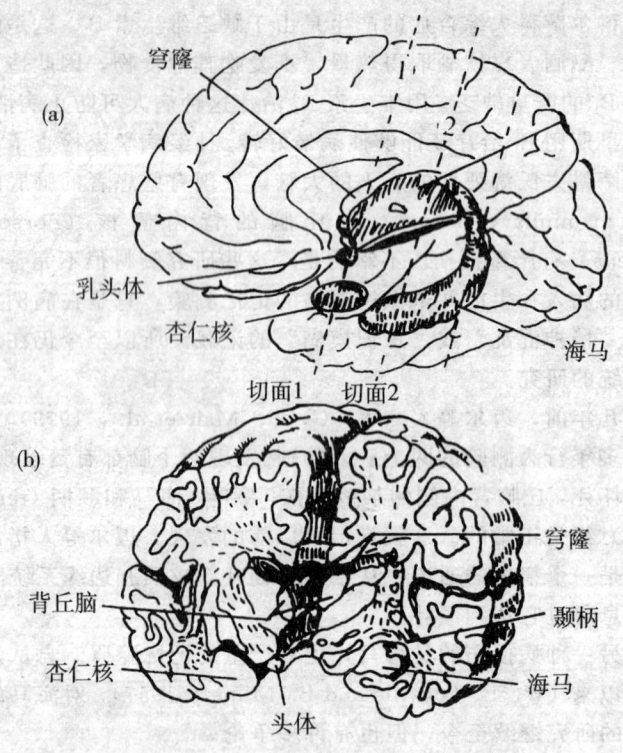

图 11-2 有关形成长时记忆的脑区
(a) 中虚线表示两种冠状切面的角度和部位 (1,2),
(b) 显示 1 和 2 两种切面可见的结构

H. M. 觉察到自己有某些问题,因为他不记得几年前,甚至当天早些时候的事情,感到生活是一片空白。他自己描述这种奇特的空前处境是十分悲伤的,他说:"每天内心是寂寞的,有过什么欢乐？有过什么悲伤？此刻我在自问，我曾做了什么错事或说过什么错话吗？你们看，此刻一切事情在我看来都是明明白白的，但刚才发生了什么？这就是我所忧虑的，就像从梦中醒来一样，我就是记不得。"

在 H. M. 的事例发表之后，继续发现了一些类似的病例，但不是手术造成的，而是由疾病产生的。有的是单纯性疱疹病毒（herpes simplex virus）侵害了内侧颞叶的脑组织。这部分脑组织的损毁，似乎不再能形成新的长时记忆，但短时记忆看来是正常的。颞叶损伤的病人的症状和科尔萨科夫综合症的症状有所不同，他们没有空间的混乱，谈话时也不胡扯。两者的共同处仅在于都和最近的往事割断了联系。

## 海马损伤的遗忘症引起的研究工作

H. M. 病人切除的是两边的颞叶内部和海马。如果伤及的海马部分较少，则不产生明显的记忆障碍。但是，如果损毁了海马前部，包括杏仁核，则出现和 H. M. 共同的遗忘症状。在发现了这些病例之后，研究者开始用动物做实验。他们切除动物的海马观察它们的学习和记忆的行为缺陷，希望能进一步了解长时记忆形成的机制。但是多年来的研究并未能得到肯定的结论。有许多实验发现，破坏了大鼠和猴子的两侧海马，并未能证明它们的记忆不能巩固（R. J. Douglas，1967；D. P. Kimble，1968，R. L. Isaacson，1972）。许多研究者以不同的看法来说明这种结果和以前的发现的不一致的问题。在这个问题上开展了很多研究，这些研究加深了人们对人类的遗忘症、海马功能以及记忆的脑机制的认识，提出了四种不同的假说。

（1）人类的记忆障碍主要涉及的是语言材料，在动物中无法测验这种缺陷。

（2）给病人做的遗忘测验可能不适当或不充分。如果用适当的测验，他们的记忆或许比设想的要好些。

(3) 当给海马损伤的动物用适当的测验时，它们会表现出严重的记忆障碍来。

(4) H. M. 和其他内侧颞叶损伤的病人的记忆缺陷不一定要归因于海马损毁。邻近结构的损伤或其他一些结构的损伤与海马损伤加在一起才可能是妨害记忆的真实病因。

此外还有另一种可能是，人类和动物的记忆包含的脑机制有所不同。但很多研究者不倾向承认有这种可能性。下面介绍检验上述四种假设的几个实验。

**一、关于颞叶损伤的遗忘是否只涉及语言性质的记忆的实验研究** 用镜中描图的训练测验(mirror-tracing test)发现 H. M. 的学习并无困难 (B. Milner, 1965)。这种实验是让 H. M. 看着镜子里的映象，用铅笔在桌上铺陈的一个双边五星图的两条边线内描画，不能让笔描出线外。H. M. 在练习几次之后，描图的技巧明显进步。第二天再试时，一开始就描得非常好，问他是否记得以前曾经学过，他回答不记得了。经过三天的实验，H. M. 从未说过他认识这个测验，但他的描迹是非常好的。人们可以设想，如果一个动物有同样的表现，我们就不会怀疑它有记忆问题，因为我们不会问它是否记得这个测验。如果从这种观点来看，应该说颞叶损伤的遗忘只限于涉及语言的记忆。科尔萨科夫氏病患者也能学会镜描技术，同样也不能再认练习时的情境。

只有两种事实证明，不能把 H. M. 和其他病人的遗忘症完全归因于语言材料的记忆困难。第一种事实是，这类病人也不能再认曾经看过的图画和空间设计图，这些材料都不用语言来回忆。第二种事实是，他们虽然不能记忆语言材料的特殊内容，但他能学会根据语言知识才能掌握的方法和规则。例如，他们能够学会认识翻过来印的三个中等长度的词，如：

　　　　grandiose　capriciouse　bedraggled
　　　(grandiose) (capriciouse) (bedraggled)

学习读这种词比较困难。但是他们经过练习能取得进步。在这种学习中不涉及运动技能，而是要有记忆抽象的规则或方法的能力。

正常人如果重复地使用某些词，就会认识了它们，并且很容易读它们。H. M. 和经过电休克的病人都能学会读这种词的方法，但是在以后再看到以前学过的词时，并不认识它，只不过是机械地按照学过的规则来读。这样看来他们的记忆障碍并不能认为单纯是涉及语言材料的问题。他们能学会方法或规则，但记不住材料的内容。也就是说这类病人只能记忆"如何"去做，而不能记忆做的是"什么"（N. J. Cohen and Squire, 1980）。由此可以推测海马损毁后不影响动物的学习，或影响甚微，原因不在于动物学习的不是涉及语言的材料，而很可能是因为动物所学的只是"如何"去做的问题。动物是否记住了它学的是"什么"（内容），那就很难检查了。

**二、海马损毁病人能否形成新记忆的问题** 有些实验证据表明海马损伤病人的遗忘症更多的是回忆的困难而非完全不能形成记忆（E. K. Warrington and L. Weiskrantz, 1968）。研究者们观察到病人似乎在重复几次之后仍不能记住一个简单的词条表。但是在连续给病人几个词表测试之后，发现他们的记忆错误有相同之处。分析这些结果看出，他们能回忆出来的多是最先给的表内之词。看来这些词是被记住了，但出现的时间不对。进一步实验证明，在病人回忆时给他一种提示能够使他们回忆的成绩明显改善（L. Weiskrantz and E. K. Warrington, 1975）。这一结果被认为是一种证据，说明病人的记忆障碍不在于贮存方面，而在于提取方面。这个发现可能有助于颞叶损伤较轻微的病人恢复记忆，例如指导他利用编码的策略和其他可供提取的方法记取需要想起的事情。

但是这类的技术不一定能完全克服遗忘病人的困难，提示的方法对正常人是更为有用的。与正常人相比之下，可以看到遗忘病人和正常人能回忆的东西可能都比贮存的东西少，不过遗忘病人贮存的东西要比正常人少很多。不能认为遗忘病人完全没有贮存方面的障碍，而只是提取的困难。

而且提取困难的假说也不能解释所有的问题，比如说，如果遗忘病人的症状只是由于提取的障碍，为何对损伤前获得的经验能够容易回忆呢？此外，遗忘病人即使能取回损伤后获得的经验（如镜描技术），但也缺乏对这种经验的熟悉感觉。这些事实说明，海马损伤病人在不严重的情况下，或许有形成新记忆的微弱能力，但终究是微弱的。

**三、海马损伤的动物的记忆障碍** 有些研究者试图缩小海马损伤的动物和人类的记忆缺陷的差别，进行了不少的实验研究。用切除海马的动物进行的实验发现，手术后的动物在改变以前习得的反应方面比正常动物困难。它们以前习得的反应对于以后学习新的反应有很大的干扰作用。这和人类先记的词表干扰后记的词表的情况非常相似。海马损伤的动物也不容易记忆空间的问题。但有人认为这可能是由于空间辨别能力受到损害，而不一定是记忆的障碍。测验海马损伤动物的非空间辨别的记忆，如对视觉图形的辨别并未发现手术产生的损害。许多实验比较明确地证明，在动物中两侧海马的损毁并未产生如 H. M. 那样严重的记忆障碍。

**四、颞叶两侧其他部分损伤的研究** 近几年来，研究者检查了颞叶腹内侧和海马以外的其他结构的损伤是否和记忆的丧失有关（J. A. Horel，1978）。得到的一个结论是，损害记忆的更为关键地点不在海马，而是在颞柄（temporal stem）。这个结构也叫做白质柄（albal stalk），其中包含颞叶皮质和杏仁核的传出和传入的纤维。这个地点易于受到手术的损毁。在脑外科中常在此处做颞叶内侧的白质切断术（medial temporal leukotomy）。如果切断猴子的颞柄，不伤及海马会产生视觉辨别学习和记忆的严重障碍（J. A. Horel and L. G. Misantone，1974，1976）。在颞叶与其他脑区的联系中，这是一部分极重要的通路，因此这个地点的损毁可能与记忆缺陷有关。这一部分的白质与丘脑内侧背核的内侧大细胞部分有联系。科尔萨科夫氏病患者和 H. M. 的记忆缺陷都涉及到丘脑这一部分的损伤。

但是后来的许多发现仍然证明海马在记忆过程中是有重要作用的。例如，在一个曾经用严重缺氧而丧失长时记忆能力的病人的脑切片中看到海马大部分受到了破坏，而颞柄是完好的。看来这些事实的矛盾原因尚待进一步研究。

有些研究者还指出,丘脑内侧背核受损伤的科尔萨科夫氏病患者的记忆障碍和颞叶损伤的病人的记忆障碍可能有性质上的不同。但在这方面还没有确切的证明。

有一例因受了创伤而患有遗忘症的病人的脑经过计算机层描图查看,只见丘脑内侧背核损伤,其他部分看不出有什么伤害。此人代名为 N. A.,1960 年击剑比赛时剑尖从其鼻孔中刺入脑内,以后他失去了记忆语言材料的能力,但能正常地回忆 50 年代以前的事(H. L. Teuber et al.,1968;L. R. Squire and R. Y. Moore,1979)。

在用猴子做的实验中,单独损毁海马或杏仁核,对于学习辨别新物体和熟悉的物体皆无妨碍。但同时损毁海马和杏仁核后,再重新学习这种辨别反应,所需要的练习次数比手术前学会时练习的次数还要多。在这一实验中是要求猴子从每对物体中辨别出以前曾经见过的那个物体。手术后的猴子除不能再认旧物之外,也不能通过一次练习记住选择哪个物体是得到过奖赏的。这一结果可见表 11-1。

表 11-1 内的练习次数指的是达到 90%的正确率时的练习次数 (M. Mishkin,1978)。

表 11-1

| 动物状况 | 手术前 | | 手术后 | |
|---|---|---|---|---|
| | 练习次数 | 错次 | 练习次数 | 错次 |
| 正 常 | 73 | 24 | 0 | 0 |
| 去 杏 仁 核 | 100 | 33 | 140 | 39 |
| 去 海 马 | 93 | 25 | 73 | 19 |
| 去杏仁核和海马 | 130 | 32 | 987 | 270 |

为了进一步比较颞柄损毁和杏仁核连同海马损毁对记忆的影响,研究者(S. Zola-Morgan et al.,1981)用了两组猴子,一组切断两边的颞柄,一组切除杏仁核和海马。然后测验动物的视觉辨别能力和对熟悉物体和新物体的再认能力。结果证明,两边颞

柄切断损害了视觉辨别能力，但对再认的记忆并无影响。相反地，切除杏仁核和海马不影响视觉辨别，但严重地损害了再认的记忆。这一实验尚需做详细的组织学检查和进一步的重复验证。不过这些结果说明，近二十多年来把研究记忆的脑基础过分地集中在海马或杏仁核上是太片面了，海马和杏仁核并不一定与各种学习都有关系。特别是最近有人报告在转换条件刺激意义的学习中，正常的大鼠还不如海马和杏仁核大部损毁的大鼠的成绩好（M. L. Pigareva，1982）。此外，张祥镛和区英琦（1983）还证明，海马、隔区、乳头体在大鼠的味觉记忆中并不起重要作用。所以现在应当进一步研究不同部分的脑结构在不同类型的学习和记忆中所起的作用。

## 记忆障碍中的编码问题

新近的许多研究证明，患有不同的脑损伤的病人，他们的学习和记忆的困难可能发生在学习和记忆的基本的过程方面，或者说他们学习和记忆的过程可能有所不同。一般设想患有科尔萨科夫综合症的病人的困难是在信息的编码和提取方面。测验这种病人时发现，要使这种病人在再认的测验中达到正常人的成绩，刺激字呈现的时间必须长一些，要允许他们有充分的时间进行编码。如果这样做，在间隔不同的时间后给他们再认的测验，可以看到他们的遗忘速度和正常人无异。因此认为科尔萨科夫氏病患者的遗忘症主要是信息编码不好的问题。H. M. 的情况有所不同，他没有编码的困难，他的短时记忆比较好，但他的遗忘速度太快（F. A. Huppert and M. Piercy，1978，1979）。经过一系列电休克治疗的人遗忘也快（L. R. Squire，1981）。人们设想长时记忆的遗忘快是巩固不好的问题。这和短时记忆的遗忘性质有所不同，短时记忆的失败似乎是在信息的编码过程方面。

# 学习和记忆能力与发育的关系

学习和记忆能力在人的一生之中是有变化的。研究这种变化不仅对认识不同年龄的行为特点是重要的,而且也能为认识学习和记忆的神经机制提供线索。人们都知道,儿童随着年龄的增长能越来越多地学习更复杂的课程和解决更困难的问题。有的理论家相信正式的和非正式的教育,在学习能力的发展中都起着重要作用;还有的人认为语言在指导学习和解决问题中,有重要作用。但是在动物实验中,上述的两种见解都不能解释像猴子这样的动物的学习能力的发展。几个月的小猴只能解决简单的学习问题,如简单的辨别反应等,要求解决复杂问题就比较困难。小猴单独地养在实验室的笼中,不给它任何训练,等到3岁时它也能比较容易地学会解决复杂的问题(H. F. Harlow, 1959)。这些实验结果似乎说明,学习复杂问题的能力的发展是和神经线路的成熟有密切关系的。

形成长时记忆的能力也需要神经系统的成熟。很少人记得两三岁以前的事,甚至五岁以前能回忆起来的事也不多。这是一种很令人难以理解的"遗忘",因为人们都知道,从初生到四五岁之间,儿童是有很多学习经验的。为什么不能回忆起来呢?有各种的解释。有人提出,这个时期的记忆是被压抑了;也有人认为这个时期的记忆未能编译成为言语。在这个问题上,动物实验又提供了比较令人满意的解释。用啮齿动物如大鼠和小鼠所做的研究发现,形成长时记忆的能力的成熟比短时记忆能力的成熟慢。

婴儿和大鼠在降生时都被认为是尚在发育的早期阶段,称为"晚成熟的"(altricial)。晚成熟者常常需要多次地重复学习才能记住。儿童记忆词汇和人的面孔是经过长时期的重复学习得到的,但婴儿早期的偶然事件,或片段的插曲,就难以形成长时记忆了。

另一方面的事实是,发育到较高的阶段才降生的物种,称为早成熟的(precocial),如豚鼠,它们的幼仔能够有和成鼠一样好的记忆。如此看来，形成长时记忆的能力似乎要靠神经系统的成熟。

这一假说的近一步的证实，是在小鼠的实验中得到的。实验的方法是人为地延迟或加速神经系统的成熟，同时测验它们的记忆能力。甲状腺素（thyroid hormone）能加速脑的发育。经甲状腺素处理的小鼠在生后十天能在学习迷津后保持 24 小时的记忆，而未经甲状腺素处理的小鼠则需要到 12 天后才有同样的记忆能力，相反地，在营养不良延缓了神经系统成熟的幼小鼠中 24 小时的记忆能力要在生后第 14 天才能出现（Z. M. Nagy, 1979）。这些结果支持了这样一种假说，即形成长时记忆的能力和中枢神经系统的成熟有关。进一步要作的是研究形成长时记忆需要神经系统的那些方面的成熟，这是一个正在研究着的问题。

## 学习能力的演化问题

关于学习和记忆能力的进化只能作一些推论性的探讨，不可能去作直接的研究，因为我们不能测量现在已经灭绝的那些动物。我们只能从现在生存着的一些物种中，寻找那些在系统演化的阶梯上等级关系比较明确的物种，借以比较它们的学习和记忆能力。然而这还不是一种直接研究这个问题的方法。

此外，在比较现存动物的学习和记忆能力方面也遇到了严重的困难。我们很难设计一种对于所要比较的不同种类的动物的感觉运动和习性的特征都适合的学习任务。研究这个问题是相当复杂的。然而，近几十年来，经过研究者们的不懈地努力，却也设计了许多比较可用的测验方法，获得了一些可供参考的结果和认识。这就是下面我们要讲的。

# 学习能力在各类动物中的表现和研究中的问题

在动物界中似乎都有非联想型的学习（nonassociative learning）。在单细胞动物，如草履虫（paramecia），和神经系统很简单的动物，如扁虫（flatworm）和蚯蚓（earthworm）等，都容易对重复出现的无关刺激习惯化（即不再去反应），也容易对强刺激表现敏感化的反应。看来没有一种动物没有这种学习和记忆的能力。

联想类型的学习（associative learning）在动物界的分布范围可能小一些，然而也可以在很多的物种中看到。例如，昆虫能够把某一地点或某种特别的刺激和食物联系起来；蜜蜂能记住食源和蜂箱的位置。在实验条件下，它们也能学会把盘子的颜色和蜜汁联系起来。章鱼或乌贼很容易学会辨别作为食物或惩罚信号的几何图形。有些曾被认为是没有联想学习能力的动物，在特别的条件下也可以表现出这样的能力，或者说它们只有在适当的条件下才能表现出联想学习的能力来。例如，有一种海蜗牛（pleurobranchaea）曾被用来研究习惯化的神经过程，新近发现如果把它经常吃的一种食物和电击配合许多次，它也可以学会躲避这种食物。但是要使它学会这种联想，一小时之内只能给它一次练习，练习次数多了反而学不成。因此可以说这种蜗牛的学习虽然不一定需要练习很多次，但练习必须要有较长的间隔，集中的练习对这种动物是不适宜的。另一种软体动物叫做海兔（aplysia），也是常被用来研究习惯化的神经过程的，只是在1980年才发现它也有联想学习的能力。

测验一种动物的学习和记忆的能力之所以困难，一部分原因是这种能力可能有高度的物种的特异性。近几年来有许多实验证明，某些种类的物种能很容易地习知某一种特别事物之间的联系，但不能学会在我们看来是很容易的工作。因此用一种或两种方法来测验一种动物的学习和记忆的能力，往往不能得到有关该种动物的学习能力的准确知识。在这方面应该注意的一个重要问题是,要了解被测验动物的自然生活的环境或它的生存条件常常要求它去学习什么。

现在人们都在积极地研究学习能力的物种特异的性质(species-specific aspects of learning)。但是在过去,许多著名的学者却忽略了这一方面的问题。例如,巴甫洛夫说过,研究条件反射可以选择任何一种反应,使一个动物把这种反应和任何感觉信号联系起来。斯金纳(B. F. Skinner)也有此种见解,认为可以用他的操作条件反应的方法训练各种动物,使它们学会各种行为模式,例如,让两只鸽子学会打乒乓球,或用光信号通讯等。这些训练一般是成功的,但是也有许多是失败的。许多的失败是发生在他们所要求的行为和受训动物的物种特异性的行为发生冲突的场合下。行为的物种特异性是研究行为演化的一个重要问题,也是研究和比较动物学习能力应当重视的问题。现在演化的观念已经渗透到了学习和记忆的研究中来。这是研究者们发现了有四方面不可忽视的事实之后得到的启发。

(1) 刺激的不等价性(the nonequivalence of stimuli)。对于同一物种和不同物种的学习来说,实验提供的一切刺激并不是等值的,其中有一些比另一些更能引起某一物种的反应。

(2) 反应的不等价性(the nonequivalence of responses)。学习所要求的某一种手段行为出现的容易性和完成的速度在物种之间有巨大的差别。

(3) 联系的不等价性(the nonequivalence of associations)。在各个物种中,不同的刺激和反应形成联系的可能性有巨大的差别,特别是在需要形成联系的条件刺激和无条件刺激,或反应与所伴随的后果之间有长的间隔情况下差别最大。有的刺激只有在无条件刺激紧跟条件刺激或反应后立刻有赏或罚的后果时才能形成。例如,巴甫洛夫经典的条件反射的形成,是在铃声响后立刻给食物的条件下出现的;大鼠按杠杆的手段行为是在按杠杆后立刻得到食粒的条件下形成的。但另有一些联系则能在间隔长的条件下形成。例如,大鼠在吃了一种有害食物数小时后发生了中毒性的呕吐,下次它就不再吃这种食物。这是食物的味或嗅觉刺激与内脏的痛苦刺激之间的联系,但这两种感觉之间是有长时间的间隔的。这种联系只要有一次经验即可形成。依靠从垃圾中寻找食物为生的大鼠学习这种联系的能力最为突出，其他动物也有这种能力。

(4) 强化的选择性 (the selectivity of reinforcement)。现在已经发现，人为强化不一定都能加强神经的联系。

上述这四个方面的事实，被认为是对学习的一些限制，带来了以下的新的认识。一个动物不能学习某一任务不足以说明它不能学习另外的、在我们看来难度似乎一样的任务。例如，一只大鼠在吃过一种食物得病之后，下次不会回避和上次同样的食盘中的同样颜色和同样软硬的食物，但它却学会拒吃和上次有同样味道的食物。鹌鹑是一种视觉敏锐的动物，它的情况有所不同，它能在上述情况下，根据以前吃了发生不良后果的食物的颜色和味道，认出不可吃的食物。蜜蜂能按照24小时的时间表去找到某种食物的地点，但不能按其他的时间表行事。如果训练它按12小时的时间表到一个食源地点，你将会认为它没有学习按一定时间到一个地方去吃食的能力。

现在许多研究者在比较各种动物的学习能力时，都注意到不仅要在实验室中研究它们的学习行为，而且也要观察它们自然栖息地中表现的学习能力，研究它们在自然生态环境中有哪些条件促使它们发展那种学习能力。这些问题都是现在进行着的一些研究所要回答的。

## 物种间学习能力的比较

19世纪末，约在1898年，美国心理学家桑代克（Edward L. Thorndike）就开始进行不同物种的学习能力的比较研究。他的目的是想通过动物的学习测量它们的智力，也就是把学习能力作为智能来看。他设计了几种难题箱（puzzle boxes）用来测验不同的动物。在难题箱中，动物要学习的是如何找到开箱门的关键。他记录了每种动物学会开门时所需要的练习次数和发生的错误次数。他发现每种动物在练习中都是逐渐的减少错误，但减少错误的速度是不同的。因此他认为,动物如猫或鼠的学习都是一种尝试和错误(trial and error)的过程,他们的差别只在错误减少的速度上面。

1913年,亨特(W. S. Hunter)研究了几种动物的延迟反应的学习。他设计的任务是让动物,如大鼠、黑猩猩或蜜蜂等,在

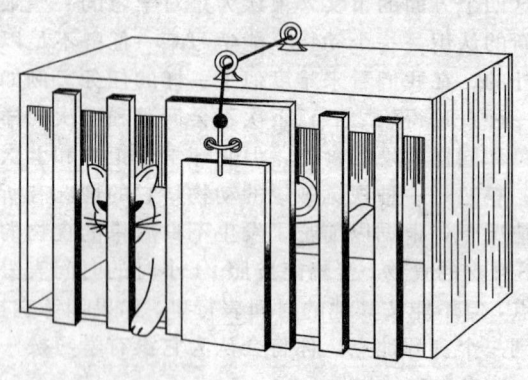

图 11-3 桑代克 1898 年设计的难题箱

某一信号呈现过后,隔一定的时间再去反应。例如,在大鼠面前有三个门洞,其中有灯光的一个表示门内有食物,大鼠进入后可以得到食物。在大鼠学会选择有灯光的门洞之后,进行延迟反应的测验:在灯亮时不让大鼠反应,把它禁闭在一个可以看到灯亮所在的铁纱笼内;当灯光熄灭几秒之后才打开纱笼门,让大鼠根据对光亮位置的记忆进行选择反应。他用这种方法测验过几种动物之后,发现高等的哺乳动物似乎比啮齿动物能够容忍较长的延迟,或者说有较长的短时记忆。但是后来的工作证明,在适合的情境中,大鼠也能做得和黑猩猩一样好。更有趣的是,1961年习性学家廷伯根(N. Tinbergen)指出,如果把延迟反应作为测量动物智能的方法,那就应该认为土蜂是动物中最有智慧的。因为它们在每天巡视了它们所有的、分散在不同地点的许多幼虫巢之后,能够确切地"记住"应该给地点不同、虫数不同的许多巢中各添多少食物。这种延迟反应的间隔时间可长达 24 小时,远远超过了在亨特的实验中大多数动物能够容忍的延迟时间。然而,这

种说法是不完全正确的。土蜂的这种延迟反应（或记忆）的能力只表现在特别的任务上，即哺育幼虫的任务上，这是它的种族生存所依赖的本能。能够在不同的情境中表现有记忆能力的动物才可以说有较高的学习能力，而这种性质才是智能组成部分。土蜂远非如此。单用延迟反应得来的成绩来分动物的学习能力或智能的高下，是全然无意义的。

在 40 年代末哈洛（H. F. Harlow，1949）研究了动物学习定势（learning set）的形成，给复杂行为的形成提供了又一种尝试和错误的解释，并试图用学习定势的形成作为一般的动物智能测验。这种学习定势开始是用猴子做实验被试，基本上是一种辨别学习的实验。例如，训练猴子辨别一个圆形物体和一个三角形物体，这两个物体摆在一个盘子上，物体下面各有一个浅坑、一个物体，如圆形的，下面的坑中有食物，猴子推开这个物体可以取得食物，推开另一个则不得食物。两个物体的位置是随机改变的。猴子在学习几次之后，换另一对物体，按同样原则辨别。猴子经过几百对（例如 300 对）物体的辨别训练之后，逐渐学会了辨别的原则。换成新对之后，它就会在练习一次或两次之后知道了哪个下面有食物。这就是说，如果它第一次推某个物体之后得不到

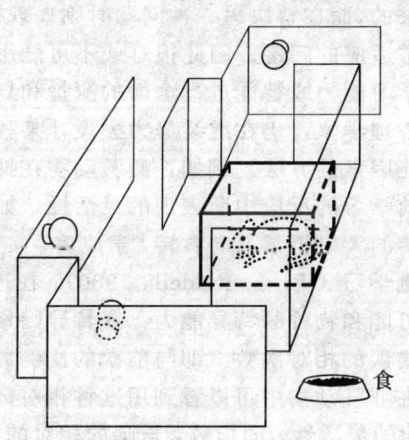

图 11-4　亨特 1913 年设计的测验延迟反应的仪器

食物，第二次它就不再去推这个物体，而是去推另一物体；如果第一次推开一个物体就得到了食物，下次仍然去推这一物体。这说明猴子似乎掌握了"输则换，赢则不换"（lose shift, gain stay）的原则。

在这种学习中，不同种类的动物的进步速度很不相同。如果以 10 或 100 对选择物为一组，计算在每更换一对，第二次就做对的次数在一组中占的百分数可以发现，三四岁的儿童和黑猩猩的学习进步的速度最快，经过十几对到几十对的练习即可达到完全或 90% 以上的正确率；其次是大猩猩和恒河猴，需要 200 到 300 对以上的练习才能达到 80% 以上的正确率；猫和大鼠的进步速度属于最慢的，要到上千对以上的练习才能达到 50% 以上的正确率（W. Hodos, 1970）。学习定势的研究结果似乎符合我们对各种动物的智能水平的直观估计。

然而，有许多心理学家认为这种学习也不能完全测量各种动物的一般的智能，而不受其他因素的影响。这种学习主要是一种视觉辨别学习。他们认为每一种动物的智能是它所具有的一些特异能力的总和，或者说是一些特异的适应系统的组合。一个种的动物可能在解决某一种问题上是能手，因为它是在适应这种生活问题中演化出来的，而在解决另一种问题时则表现得非常拙劣，因为这不是它正常适应的问题。因此很难或不可能用一种学习方法对各种动物的学习能力或智能进行全面的测量和划分等级。

也有一些心理学家，仍在继续努力去设计某种能够用来测量动物的一般智能因素的方法。例如，测验动物在抑制刚才学会的反应而恢复以前学习的反应中所表现的灵活性，如让一个学会在 T 迷津中向左转的大鼠再学习向右转，学成后，又让它再向左转，这样连续地颠倒学习（W. I. Riddell, 1980）。在这种学习中，错误的绝对次数可能和物种的特异能力（或特异因素）有关，但是在颠倒学习中错误的相对次数（即与前次的比例数）则可能代表一般的能力。在哺乳动物中可以看到用这种相对数字作为一般学习能力（或行为的灵活性）的指数，与脑的相对的大小非常符合。但在这方面的问题还需要继续研究才能进一步确定。

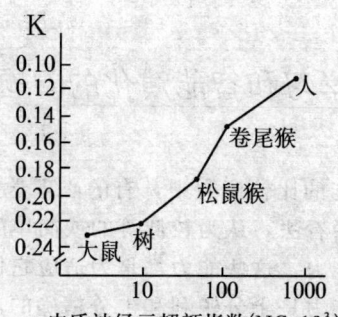

图 11-5　行为的灵活性和大脑皮质神经元额外指数（NC）的关系。K 为灵活性指数，此指数越小表示灵活性越大。灵活性即抑制新习得的反应恢复以前得的反应的能力。实验方法见课文。（W. I. Riddell，1979）

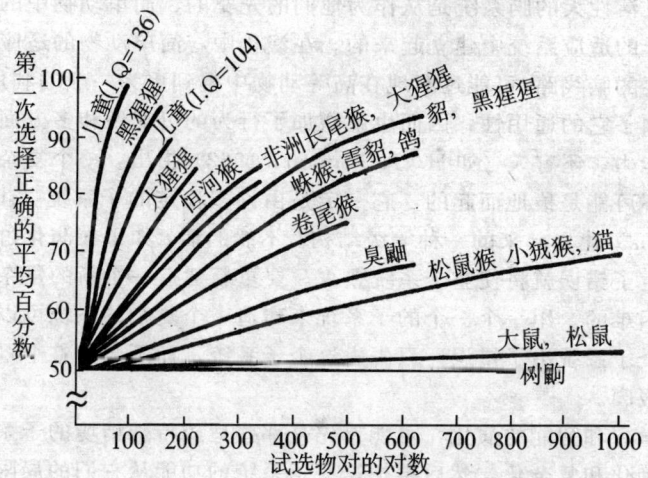

图 11-6　在学习定势中各种动物进步速度的比较
（W. Hodos，1970）

# 学习和智能演化的问题

从学习和智能的比较研究中，有的心理学家（如 P. Rozin，1976）提出过一种看法，认为较低等的或简单的动物多具有特殊化的感觉和运动能力，这些能力都是为适应它们的特殊的生活环境的。有时这些能力是十分锐利和十分精确的。例如，蜜蜂能精确地辨别花的颜色和形状，并能很容易地学会按照 24 小时的时间表，到某一特定的供食地点去采食，但它的这种能力是非常局限的。它们不能学习在人类看来似乎是类似的任务。例如，它们不能学会按照 8 小时或 12 小时的时间表到某一地点去采食，这是因为这种短的时间表在蜜蜂的世界中是没有的。

看来人类和其他高等动物所具有的学习和记忆的强大能力，以及灵活性大的脑系统是从作为他们的先驱的、简单动物中的一些特异的适应系统中建立起来的。在演化中，简单动物的适应特殊需要的脑线路，可能逐渐地在高等动物中得到更为一般的利用，即增加了它的通用性，因而也就增加了行为的可变性和多方面的适应能力。还有人（如 H. A. Simon，1962）指出，一个复杂的系统不可能是拔地而起的，它一定是由许多稳定的子系统（subsystems）建立起来的一种等级结构。不然的话，如果在演化过程中发生了错误就将使整个系统毁灭。要重新建造一个新的复杂系统是困难的。用一个一个的子系统来建造一个复杂的系统可以保障一个子系统出了错误，只失去这个子系统，而不会使整个系统全部报废。

学习和智能的演化，可能首先是那些适应特殊情境的子系统的精细化和复杂化，然后再把这些子系统的功能从它们的局限性中解放出来。换句话说，为解决某些特殊问题（如记忆食源的特殊地点，或保持知觉中的大小的衡常性）而演化出来的一些特殊神经线路，最初只是为它们所适应的传入和传出系统所利用的。随着演化的进步，这些系统的某一些方面逐渐和其他系统连接起来，这样它们就成了一个等级系统的组成部分，并从而得到广泛的利用。这些在适应特殊问题取得成功的线路也就成为有关的许多系统中的线路模型。如我们在大脑皮质中看到的机能小柱的结构（modular structure），它们的基本线路在不同的网路中得到一再的复制。这种基本线路单位在复杂的脑中的多重复制也是脑在演化中体积增加的原因之一。

# 学习和记忆的神经机制的一般概念

## 学习和记忆是中枢神经系统的普遍机能

学习和记忆是否只是脑内的某些特殊部分或特殊线路的专职功能？对此问题有过不同的看法。例如，巴甫洛夫认为学习和记忆是一种高级神经活动，是大脑皮质独有的功能。他曾实验给完全切除大脑皮质的狗建立条件反射，结果失败。因此他认为条件反射是在大脑皮质的感觉和运动区之间形成的一种暂时联系（temporary link）的产物。没有大脑皮质就不能形成条件反射。这在苏联有一个时期成了某些研究高级神经活动的人们的教条。但现代的研究者们已经不再这样相信了，因为后来有许多实验证明在去大脑皮质的狗中也能建立条件反射，甚至在脊髓动物（即切断脊髓与脑的连接的动物）中也能建立条件反射。例如，电刺激脊髓狗的尾巴和刺激半腱肌配合多次之后，只刺激尾巴即可引起半腱肌收缩（P. S. Shurrager and E. Culler, 1938）。在无脊椎动物中也证实了在一个感觉神经元和一个运动神经元组成的最简单的神经线路中也可产生习惯化的作用（E. R. Kandel, 1979）。看来，神经系统的许多部分的许多突触的传导特性都可以在学习过程中得到改变。在神经系统的许多部分中，甚至因反应功能的需要而形成新的突触连接。这说明学习的机制广泛地分布在神经系统之中。

记忆的贮存似乎也是广泛地分布于神经系统之中。许多以损毁脑组织的方法研究学习和记忆机制的实验并未发现脑内有一个专门贮存某种记忆的区域，即未发现某种记忆贮存在某一地点。切

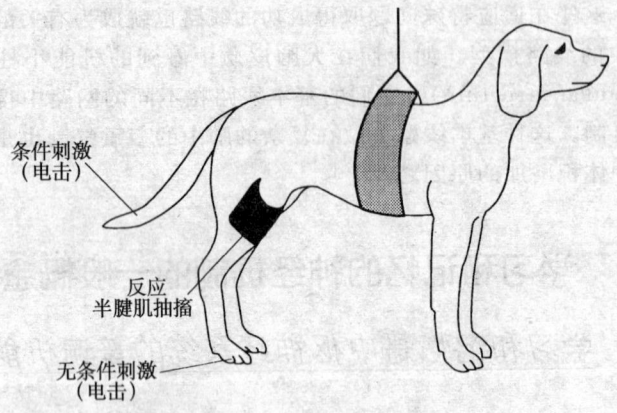

图 11-7　P. S. Shurrager 和 E. Culler 1938 年做脊髓条件反应的图示

除任何一个脑区都不会只损害一种特殊事件的记忆。

然而应当指出,学习和记忆的机制广布于神经系统之中的这一事实,并不能否定某些脑区在学习和记忆中具有特殊的功能(或贡献)。例如,许多实验证明,海马和杏仁核的作用可能是促进在其他脑区中的记忆的形成和贮存。破坏了海马或杏仁核,或同时损毁这两个部分都能妨害新的学习,但并不妨害已有的记忆。因此可以说,这两个区域都不是贮存记忆的地方,而是调节其他脑区的学习或记忆贮存机制的。

## 记忆贮存可能包含的基本机制

自从 19 世纪末发现了神经的突触连接方式以来,许多研究者提出突触的变化可能是记忆贮存的基本机制。随着对突触的解剖和生化知识的增加,人们提出的假说也越来越多,同时也越精确。人们认为在学习过程中不仅使已经存在的突触连接发生变化,而且也会增加突触的数目。下面分别说明这一设想。

**一、突触的生理变化**　　在学习过程中，有许多生理变化可以改变已有突触后对突触前的兴奋的反应。这种变化可能是突触前的，也可能是突触后的，还可能是两者都有的。一种可能的变化是每一个神经冲动释放的神经递质的分子数目增加了，因而也就改变了突触后神经元的反应。神经递质释放量的改变可能是终扣（突触膨大处）中的化学变化引起的，也可能是由于终扣上的其他神经的末梢使终扣的极化状态发生了变化而引起的。另一种可能的变化是突触后的反应性或敏感性的改变，增加了敏感就会使同样数量的神经递质产生更大的效果。

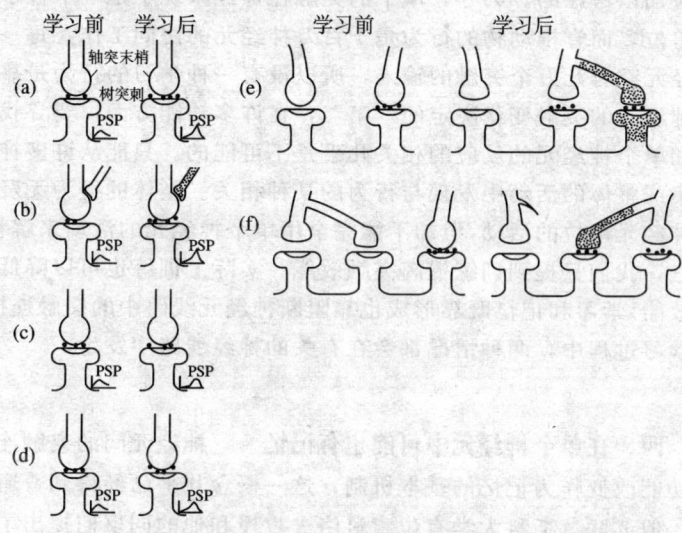

图 11-8　可以作为记忆贮存基础的突触改变的图解。(a) 经过训练之后，在有关神经线路中的每一个神经冲动都能引起更多的神经递质分子的释放、突触后电位 (PSP) 增高；(b) 中间神经元调制轴突末梢极化状态，使每一个神经冲动释放更多的神经递质分子；(c) 突触后受体膜的改变使它对同等数量的神经递质分子产生更大的反应；(d) 在训练过程中突触的连接面逐渐长大；(e) 在常用的神经线路中突触连接的数目增加了；(f) 常用的神经路线夺取了不常用的路线原先占有的突触地点。

**二、结构的改变**　　已有突触的结构改变也可能是记忆的一种机制。身体的许多部分经过锻炼都能发生变化，例如，肌肉经过锻炼能够长大。突触钮也可以在训练过程中长大，在久废不用时萎缩。此外，训练也可能使常用的神经通路中的神经末梢的数目增加，从而使突触的数目也增加，甚至可以夺取不用的或活动较少的突触所占有的后突触。

**三、记忆的突触解释的局限性**　　用突触模型说明记忆有三点应加以考虑的。第一，单个的突触在神经系统中是一个极小的子单位。而脊椎动物的行为是千百万神经元的协同工作，每一个神经元都有几万个突触的输入，所以没有一种学习的行为是靠一个神经元的突触变化决定的。第二，在许多功能方面，要寻找行为和单个神经元的反应的相关几乎是不可能的。只能从许多神经元集或整体的活动中发现与行为的某种相关。整体的行为无疑要靠神经元单位的活动，但却不能完全用单个神经元的活动来解释。第三，我们只提到训练提高突触效能。实际上训练也可以降低突触效能。学习和记忆既靠形成也靠阻断神经元线路中的突触连接。在学习过程中，两种情况都会在有关的神经线路中发生。

**四、在单个神经元中可能也有记忆**　　神经元间的突触连接的功能改变作为记忆的基本机制，这一概念几乎已经得到普遍承认。但苏联莫斯科大学有位索科洛夫教授和他的同事们提出了另一种新的见解，认为神经元内部的变化也可以解释神经系统的记忆能力（R. Sinz, T. N. Grechenko and Y. N. Sokolov, 1982）。他们从蜗牛的神经系统中分离出单个的神经元。在适当的培养基中这些神经元能保持兴奋性和自发的活动，可以用化学物质或电脉冲刺激单个神经元胞体上的不同地点。实验的报告说，如果用阈下剂量的乙酰胆碱（ACh）刺激之后经常伴有胞内的阈限以上的电刺激，以后这种化学刺激就能引起一个动作电位。这种变化表现出经典条件反应的特性。即，此种结果只有在电刺激（US）紧跟着（在120毫秒之内）乙酰胆碱（CS）使用时才能得到；在两种刺激的先后颠倒，或分开来使用时都得不到这种结果。所以不能用习惯来解释这一结果，而只能用联想式的学习来说明它。此外，这种条件反应也可以在几分钟之后消退，或在几次CS作用不伴有US的实验之后消退。消退后重新建立这种条件反应比最初建立时快。

实验者们还指出，这种条件作用在细胞膜上产生了许多有积极作用的地点，但这种变化可能最先是发生在原来受刺激的地点的兴奋性方面。在单个神经元中发现了这种条件作用，使得作者们认为突触的变化并非记忆痕迹的惟一模式。神经元的信息加工可能还包含着神经元内的记忆的形成。但这一假说还需要更多的实验来重复验证。

# 影响神经系统的组织和生化活动的行为训练

近几十年来，人们对神经系统的结构和生化的可变性的认识有了很大的进步。有许多研究证明行为训练或动物的个体经验能改变神经系统某些部分的结构和生理过程。这些研究所应用的行为训练包括有：（1）单个刺激的重复，即习惯化实验；（2）经典的条件作用，如眨眼条件反射；（3）学习正确走迷津；（4）在丰富和贫乏环境中的分别养育。在这些实验中的因变量有解剖方面的参数，如树突分支的多寡，树突刺的数目和突触的大小；神经化学的参数，如RNA的水平；电生理的参数，如神经细胞的放电频率的变化等。在这些研究中用过许多种动物，如海兔、大鼠、猫、猴等等。新近还有用神经系统的分离部分作研究的。下面将分别介绍因个体经验而产生的脑的解剖、生化和电生理的变化。然后讨论在形成记忆中发生的一些过程的顺序。

# 经验所产生的神经解剖方面的变化

正规的训练和非正规的经验都能影响脑的结构,既有大体解剖上的变化,又有突触水平上的变化。

## 经验对脑的大体解剖方面的影响

最早人们曾发现学习能力强的大鼠脑内的乙酰胆碱脂酶(acetylcholinesterase, AChE)的活动水平比较高。后来又发现经受过较困难的学习训练的大鼠脑内的 AChE 的活动水平也比较高(M. R. Rosenzweig et al., 1961)。于是研究者们想到经验或许能改变脑的解剖结构。他们为了节省训练的时间,设计了一种新的实验方法,可以称之为丰富环境和贫乏环境的养育实验。这种方法是把同一窝的同性幼鼠在生后 25 天断乳之后,随机分做三组,分别放在三种环境中饲养。

一种环境称为标准生活群(standard colony,简称 SC),即三只鼠在一个适当大的笼内生活,笼中有食和水。这是在行为和生物学实验室中饲养大鼠的一般条件。

另一种环境是有了丰富化的生活条件(enriched condition,简称 EC)。这是一个比较大的笼子,其中养 10 到 12 只鼠,供有各种刺激物(或者叫做玩具)并且每天更换一些刺激物。这样就给这群鼠提供了较多的获得各种经验的机会。

第三种环境是在实验室中饲养单个鼠的笼中只养一只鼠。笼内除食和水外,没有别的东西。这种情境叫做贫乏化的生活条件(impoverished condition,简称 IC)。

最初的实验是在三种条件下养 80 天后做脑组织检查。后来又把分组饲养开始的年龄和在三种条件下饲养的时间作了不同的改变。

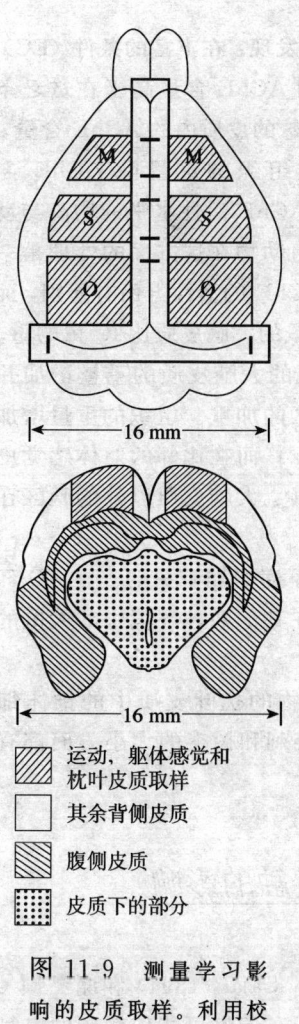

图 11-9 测量学习影响的皮质取样。利用校准的 T 型标尺确定取样部位和大小。

运动、躯体感觉和枕叶皮质取样

其余背侧皮质

腹侧皮质

皮质下的部分

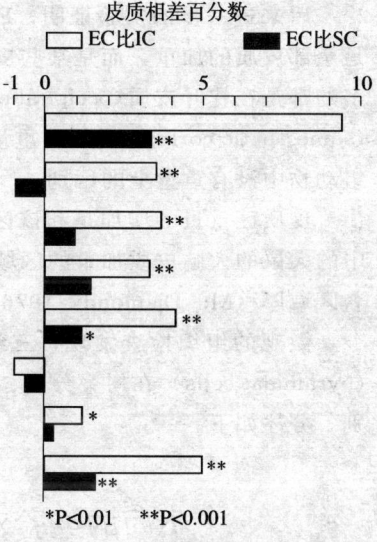

*P<0.01  **P<0.001

图 11-10 不同的经验对各脑区的重量的影响。EC、IC 和 SC 各有 80 只鼠,生后 25 天分组,在不同环境中都是生活 30 天后做脑组织检查,以每两组差别的平均百分比作比较。(M. R. Rosenzweig and E. L. Bennett,1978)

在最初的实验中，脑组织的检查发现：在丰富的条件（EC）下生活了 80 天的大鼠的大脑皮质中的 AChE 含量高于在贫乏条件下，生活了同样时间的同胞兄弟或姐妹的皮质内的 AChE 含量。这种酶的活性的度量是以大脑皮质组织的重量除 AChE 含量（AChE/组织重量）。控制实验证明 AChE 活性水平的增高与动物更多的走动和被捉拿无关，因为三组动物在这方面的处理是一样的。此外，EC 和 IC 两组鼠不仅在 AChE 的活性方面有差别，而且在大脑皮质的重量上也有差别，EC 鼠的大脑皮质比 IC 鼠的重。

后来进一步的实验证明，EC 鼠的大脑皮质的重量增加并不是全部皮质的加重，而是某些皮质区的加重。组织的重量增加最多的都是在枕叶皮质（occipital cortex），而在比邻的躯体感觉皮质（somesthetic cortex）增加的重量最少。大脑皮质以外的脑区在三组动物中没有重量上的区别。

皮质区重量的增加是和该区的厚度增加有关的。在 EC 环境中的大鼠的大脑皮质加重的区域比在其他两种环境中的大鼠的同名区域厚（M. Diamond，1976）。

微观的组织检查发现，三组动物的枕叶皮质中的锥体细胞（pyramidal cells）在树突分支、树突刺和树突的大小方面都有差别。分述如下。

## 不同的经验对突触的影响

早在 19 世纪，卡哈尔（Ramondy Cajal，1894）和谢灵顿（C. S. Sherrington，1896）已经提出学习和记忆可能依赖新的突触联系的形成。1965 年，埃克尔（J. C. Eccles）又强调学习和记忆的贮存可能只包含已有的突触的长大，而不会有新突触的生长。这些假说长时期没有得到事实的证明，一直到了本世纪 70 年代它们才从上述实验中受到检验。

在显微镜下细数 EC 和 IC 鼠的枕叶皮质中的锥体细胞的树突刺时发现，在每一个单位长度上两组鼠的树突刺的数目有显著差别，EC鼠的树突刺明显地多于IC鼠的。但是增加的数目并不是在所有的树突支上都是一样的，增加最多的是在基部树突上，如表11-2所列：

表11-2　经验对树突刺的数目的影响

| 树　突　部　位 | 每单位长度平均增加数目 |
|---|---|
| 顶端树突 | 0.2 |
| 末梢树突 | 3.1 |
| 两侧树突 | 3.6 |
| 基部树突 | 9.7 |

早已知道树突的不同部分接受不同来源的输入。这些细胞的基部树突接受从同区的邻近神经元来的输入。这样看来，丰富的经验能使同区内部的突触连接的数目增加，这种变化也许是记忆贮存机制中的一部分。

同样的实验也发现，EC鼠和IC鼠的大脑皮质的锥体细胞的树突的分支也不相同。EC鼠的树突分支多于IC鼠的，SC鼠的在二者之间。EC鼠的树突并不是长得更长，而只是分支较多充满了它们占据的空间（W. T. Greenough，1976）。

这些结果证明，获得丰富经验的大鼠脑中的信息加工的神经线路更为复杂化了。这有力地证实了卡哈尔和谢灵顿的假说，即学习和长期记忆包含着新的突触联系的形成。

突触的大小也受经验的影响。在这类研究中发现在EC鼠的脑中突触后变得明显地比IC鼠脑中的粗大。这证明前面提到的学习会引起突触扣长大的那种可能性是真实存在的。

看来，大脑皮质的加厚和重量增加的主要因素之一是树突的分支数目的增加，因为皮质的锥体细胞的树突占整个细胞体积的95%。此外，在EC鼠脑中这些神经元的胞体和细胞核也变大，这可能是为了支持较大的树突的代谢活动。在EC鼠的大脑皮质中胶质细胞（glial cell）的数目也有所增加。这可能也是为了支持工作多的神经元的旺盛的代谢活动。这也是皮质重量增加的一个因素（F. Szeligo and C. P. Leblond，1977）。

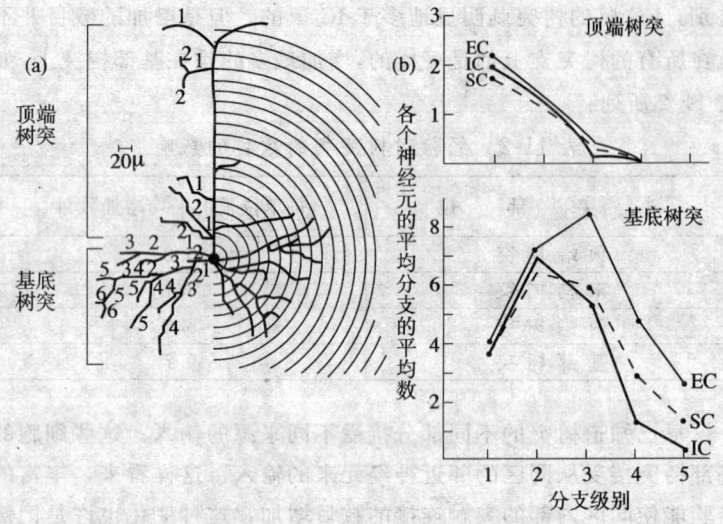

图 11-11　(a) 树突分支的测量，用一个放大的神经元图。有两种数量化的方法，一种如图的左边所示，计算分支次数。另一种方法如图的右边所示，计算树突分支与许多等距的同心圆的交叉次数。用第一种方法结果是 EC 鼠的基部树突有五级分支，数目多于 IC 和 SC 鼠的 (c)。顶端树突 EC、IC 和 SC 三组鼠的分支都较少（只有 1 级和 2 级），三组亦无明显差别 (b)。(W. T. Greenough，1978)

# 产生神经结构变化的真实原因

　　经验可使脑的结构发生变化。对这一事实如何解释呢？是学习的结果，还是其他原因造成的？需要分析地验证下述的两种可能性。

　　**一、检验非学习的因素**　　EC 鼠和 IC 鼠的大脑皮质的不同，是否与所受的刺激或生活方式的不同有关，而不一定是学习和不学习的结果。例如，在 EC 环境中的大鼠可能被人多次捉拿或多走动。或者说，EC 和 IC 两组鼠的脑的比重不同是由于 IC 鼠较少活动因而体重增加造成的比例差别。检查这些因素得到的答案是否定的。用控制组来检验捉拿的次数、行走活动和摄食量的影响，证明这三种变量都与上述 EC 和 IC 以及 SC 鼠的大脑皮质的重量和结构上的差别无关（M. R. Rosenzweig，1962）。

幼小的 EC 鼠脑的某些方面的特点更像成年鼠，这是否因为丰富环境能加速鼠的成熟呢？如果是这样，上述的差别就不应认为是学习与不学习造成的，而应当说是生长速度不同造成的。但是，答案是否定的，因为即使把成年的大鼠分别放在这三种不同的环境中饲养一个时期后，它们的大脑皮质的结构也会出现上述的差别，当然差别是比较小了些，但仍然是可见的。

差别是否由于在不同环境中，生活的紧张程度不同造成的？对于这个问题的回答也是否定的。因为，在这三种环境中生活的大鼠都没有紧张的生理表现。控制实验证明，强制的紧张生活也未能使被试大鼠的脑产生类似 EC 鼠脑的变化。

有人曾提出过这样一种看法，认为不同的环境经验对脑的发育的影响类似感觉输入所起的作用。例如，感觉剥夺或歪曲对视觉系统发育的影响。但是有三方面的证据说明不同的环境经验的影响和感觉剥夺的影响是有区别的。第一，感觉剥夺或歪曲对猫或猴子的视野发展的影响只能在这些动物的生命早期的关键时间内发生（C. Blakemore and G. F. Cooper，1970），而经验对大脑皮质的影响则是在大鼠有生之年都能发生的。第二，单单限制视觉刺激即可引起视觉皮质细胞的感受野的改变，不需要动物的主动的活动。例如，限制或歪曲用药物瘫痪了的动物的感觉也能引起它的皮质细胞的感受野的改变（J. D. Pettigrew and L. J. Garey，1974）。相反，不同环境对脑发生影响需要动物的主动活动，被动地接触复杂环境对脑的发育是没有影响的（P. A. Ferchmin et al.，1975）。第三，在贫乏的生活条件下，大鼠所接受的视觉刺激的数量虽然不足以使它的脑得到充分的发育，但是这种条件对于猫或猴的视觉感受野的正常发育来说是足够的了。这样看来，视觉剥夺发生影响需要严格地限制视觉刺激的传入，而不同的环境的影响则不需要过分限制任何感觉输入。

最后一个问题是，社群刺激是不是产生 EC 和 IC 的鼠脑差别的因素。系统地改变这一因素证明，EC 和 IC 的鼠脑差别不是因社群经验的不同产生的。例如，(1) 将每只鼠单独地放在有玩具的大笼中饲养，它的脑发育状况和 EC 鼠的相同 (M. R. Rosenzweig and E. L. Bennet, 1972)。(2) 将 12 只鼠放在一个没有玩具的中等大小的笼中饲养，另有 12 只鼠放在室外的环境较复杂的大笼中饲养，结果发现，在这两种条件下生活的大鼠的脑发育虽然都比 IC 和 SC 鼠的好，但在室外大笼中生活过的大鼠的脑发育更好。这说明，社群经验即使有影响，其影响也不是决定 EC 鼠脑发育的主要因素。

**二、检验学习的影响** 进一步验证学习影响脑结构的发育的假说，采用了另一种实验方法。这种实验是把同窝的鼠分成两组单笼饲养。一组每天练习走一个三层底的迷津（图 11-12）。它在最底层的一个角落吃过食后需要从迷津的第二层的一个角落的洞口钻到第二层上来，通过用隔板构成的曲折路径，再从对角的第三层的一个洞口钻到第三层上，走到一个角落去饮水。这叫做自定步调的迷津练习 (self-paced maze trials)。另一组每天放在同样的一个三层底的笼中，但第二层没有隔成迷津的障碍，大鼠可以随便漫游。这两组鼠每天练习的次数相同，被捉拿的次数和周围环境的刺激也是相同的，惟一的不同是一组需要学习认识迷津的路线，一组不需要学习路线问题。经过 30 天或更多的时间后，检查两组鼠的脑组织，发现学习迷津路线的鼠脑在解剖和化学特点上很像 EC 的鼠脑。无路线学习的鼠脑则无异于一般 (SC) 的鼠脑 (E. L. Bennet et al., 1979)。

此外还有更强的证据，说明学习影响脑的发育。这是用割裂脑的大鼠做的实验。训练割裂脑的大鼠学习一系列的形式不同的迷津，每天变换一次迷津的样式，一共学习 30 天。在学习迷津时，把某些大鼠的一只眼睛用不透明的接触镜片盖住，只让一只眼睛能看到东西。已知大鼠的视神经大部分是交叉的，每只眼的视觉信息几乎都是送到对侧的视觉皮质去的。30 天的学习之后，检查这些大鼠的脑，发现在可以看见东西的那只眼的对侧半球的视觉皮质中,神经元的树突分支明显地多于另一边皮质的神经元。另一边半球的视觉皮质的神经元的树突分支和未曾学习过迷津的鼠脑中的一样(E. L. Chang and W. T. Greenough,1982)。

这些实验结果足以证明,学习能改变脑的结构特性。可以肯定 EC 鼠的大脑皮质的重量增加和神经元的树突分支增多主要是积极的学习活动造成的。

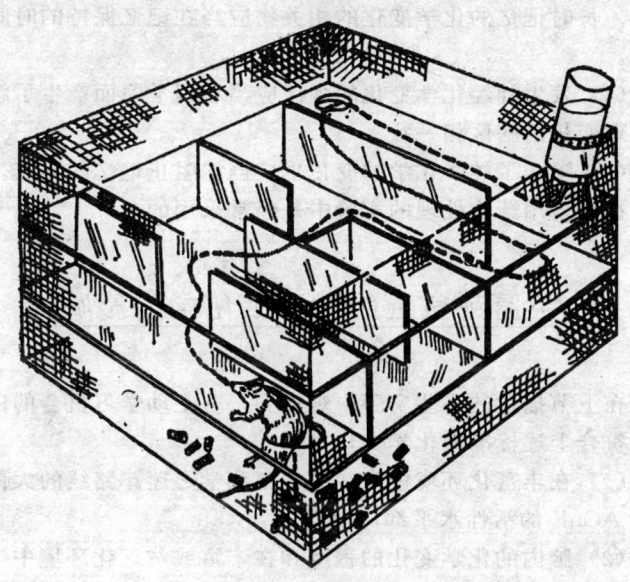

图 11-12 大鼠学习的自定步调的迷津
(E. L. Bennett et al.,1979)

# 经验对脑的生化方面的影响

正式的学习和非正式的学习可以引起脑的神经解剖方面的改变,也可以引起脑的生化方面的改变。但是,研究神经化学变化和学习的关系,也应注意分析脑内的生化变化是学习本身引起的,还是实验中的其他因素引起的。有五个可供参照的标准。

（1）神经化学的改变应当是与学习本身有直接关系的，而不是由刺激或肌肉活动引起的。

（2）如果记忆的强度能定量，那么化学变化的量应和记忆强度有正相关。当然不一定是直线相关，因为记忆不一定直接转换为作业。

（3）化学变化的第一阶段应当在记忆的贮存过程开始时就出现了。长时记忆的化学变化的相关物应当在记忆保持的时间内都存在。

（4）发生神经化学变化的脑区应当和因学习而产生了解剖和电生理变化的脑区相一致。

（5）阻止了神经化学的变化也应当能阻止记忆的形成。这一标准在许多用药物处理的实验中是经常采用的。

## 丰富或贫乏经验对脑化学的影响

在上节描述的一些实验中观察到，有主动学习机会的鼠脑内都有符合上述标准的化学变化。

（1）在丰富化环境中生活的大鼠和学习迷津路线的大鼠，其脑中 AChE 的活性水平都比较高。

（2）脑内的化学变化的程度和在丰富或贫乏化环境中生活的时间长短有明显的正相关，如在复杂环境中生活越久，脑的 AChE 水平越高。在贫乏化环境中生活的则相反。

（3）在不同的环境中生活 4 天，鼠脑内 RNA 就会有显著差别。测验在不同环境中的经验长短的影响，发现当大鼠在 EC 环境中生活 30 天或 80 天后再回到 IC 环境中时，经过几天后，它们的大脑皮质的重量和 AChE 水平与 IC 鼠的比较，其差别有所缩小，但是，经过 45 天之后差别仍然存在。在 EC 环境中生活了 80 天的大鼠脑在回到 IC 环境中后，和 IC 鼠脑的差别的缩小较 30 天的 EC 者慢和更少。

# 正式训练对脑化学的影响

自从发现了遗传密码DNA之后，有的研究者推测，学习的记忆可能和遗传的记忆一样，也是贮存在DNA的结构中的。由此推出，习得的记忆可能贮存在新合成的RNA分子的结构中。这是因为他们设想RNA分子可能像磁带一样记录记忆。所以有人曾报道，从受过训练的动物脑中提取出RNA分子注射到未经训练的动物脑中，可以使后者的学习加快，即所谓用RNA直接传递经验。但这种结果未能在别人的实验中重复出来，因此这种设想很快就被否定了。还有的人仍然相信学习和记忆可能包含着新的RNA和蛋白质的合成，并继续展开了这方面的研究。这类研究采用的训练方法虽然各不相同，但都得到了积极的结果。下面举几个例子。

**一、大鼠走"钢丝"的训练**　　这是最早研究此问题的瑞典学者海登和他的同事们采用的方法（H. Hydén and E. Egyhazi, 1962）。他们训练一组大鼠爬一条绷紧的斜绳，另一组大鼠受同样

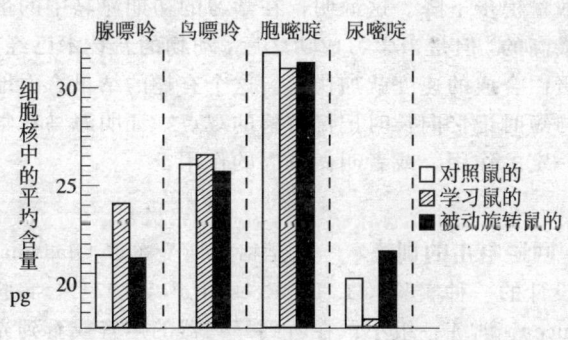

图 11-13　H. Hydén 和 E. Egyhazi 1962 的实验结果：学习走钢丝的、经被动旋转的和对照组的大鼠的 Deiter's 核（前庭系的低级中枢之一）中的 RNA 分子的组成有所不同。

长时间的旋转刺激（前庭刺激）。然后比较这两组大鼠的前庭核的 RNA 含量，发现学习走"钢丝"的大鼠的前庭核内的 RNA 含量比受被动旋转刺激的大鼠的前庭核内的 RNA 含量有所增加，分子的组织成分也有所不同（四种碱基的比例不同）（图 11-13）。

**二、改变用爪习惯的训练** 这是海登进一步的工作（H. Hydén, 1973）。他看到在大鼠中有的惯用右前爪抓东西，有的惯用左前爪抓东西，于是设计了一种实验：首先是训练大鼠从一个细管中用一只前爪取出食物颗粒；然后把管口移在左边或右边的墙角里的一个夹缝中，并让惯用右爪的大鼠到左墙角去吃食，这就是说，迫使它们必须改用左前爪才能得到管中的食物。相反地，让惯用左前爪的大鼠到右墙角去吃食，即迫使它改用右前爪取食。在学习改变用爪习惯的不同阶段，他给大鼠注射有放射标记的亮氨酸（leucine），并测量不同脑区的放射量，由此可知这种亮氨酸结合到脑组织蛋白中去的数量，并从而可以估计在学习的不同阶段，各脑区中蛋白合成的数量。结果发现了很有趣的现象：在学习过程中，亮氨酸越来越多地结合到皮质的组织中；但是在海马中则相反，开始时亮氨酸在海马组织中也有一定数量的结合，但以后结合的数量稳步下降。这说明，在学习的初期海马中的蛋白合成速度是最高的，但是当学习成功之后，动物的新技术已经熟练时，皮质中蛋白合成的速度就加快了。这个有趣的结果有力地支持了海马参与短时记忆向长时记忆转移的观点，证明海马在学习的初期起着一定的作用，或者叫做巩固的作用。

**三、回避电击的训练** 这是格拉斯曼（E. Glassman）及其同事们设计的一种实验（H. D. Rees et al., 1974）。实验用的是小鼠（mice）。训练一组小鼠在听到蜂鸣器的声音或看到光信号后跳到一个小台上去，这样可以不受电击（如果蜂鸣器响后不往台上跳，脚上就要受到电击）。这是一种典型的条件反应学习，小鼠能很快地学会这种反应。而对照组的小鼠，被置于同样情境中，即每当蜂鸣器响后必然有电击，但没有小台可以跳上去躲避。它们没有学习躲避的机会，只能被动地接受电击和声或光的刺激。这两组动物在每次训练实验前 15 分钟都接受放射标记的尿嘧啶（uridine——RNA 的一种碱基）或赖氨酸（lysine——蛋白质的一种先成物）。在训练的不同阶段，每一次训练完之后，测量各脑区的放射性，发现尿嘧啶在脑组织中的结合量随着训练而减少，这暗示 RNA 的合成速度在训练成功后放慢。但赖氨酸的结合是增加的。已知 RNA 是指导蛋白合成的密码。这一结果的意义十分明显，这就是说，在学习过程中，作为指导新蛋白质合成的密码的新 RNA 分子的改造是一个逐渐完成的过程，学习成功了，这个过程也就结束了。

**四、视觉辨别的训练** 这种实验是把大鼠放在一个 Y 形辨别箱中，让大鼠向有灯光的一个通道中跑，可以逃避脚底的电击。受这种训练的大鼠作为训练组。另外设两个对照组，其中一组养在饲养笼中，不让它们学习任何工作，称为"不活动对照组"；另一组，也让它们学习逃避电击，但是不论向亮的一边跑还是向暗的一边跑都能避开电击，这叫做活动对照组。这三组动物在每次实验之前也都注射放射性的尿嘧啶。在训练的不同阶段，即在每一试程的训练之中或结束之后，取脑测量海马、视觉皮质和扣带回中的尿嘧啶的含量（放射量），结果发现在这些部分，受过辨别训练的大鼠的尿嘧啶含量都比其他两组大鼠的高，而在其他脑区三组动物间无此差别。

在训练的每个阶段，分析海马组织的变化时发现，最初的变化是和突触的活动有关的。在训练过程中观察到乙酰胆碱（ACh）的增加，开始是细胞浆内的 ACh 增加，以后是在训练后的一小时内，突触泡中的 ACh 的增加。

在结构上看到，在训练中，海马中的突触数目增加，在训练后的一小时中继续增加，最多的时候比各对照鼠的多 30%，24 小时后仍比各对照鼠的多 20%，训练停止 2 星期后降到正常水平。在训练后 8 小时有一个蛋白合成的高峰。研究者们推测，这个蛋白合成的高峰可能反映与记忆有关的突触后结构的形成所需要的特殊蛋白和糖蛋白（glycoproteins）的形成（H. Matthies, 1979）。

**五、印记学习**（imprinting learning） 小鸡孵出之后放在暗室内过 18 到 24 小时，然后用闪光刺激 60 分钟。这一训练可使小鸡以后见到闪光时倾向于去接近闪光。这叫做印记学习。这种训练也使得有放射性标记的 RNA 先成物更多地结合到有关视觉的脑区（如中脑顶盖部）(C. Horn et al., 1973)。用割裂脑的，即切断上视联合（supraoptic commissure）的小鸡进行实验。蒙住一只眼，只让一只眼接受光刺激。结果发现，受光刺激的那只眼的神经冲动所投射到的半边脑中的 RNA 先成物的结合量高于另一边脑的。在两边的脑所接受的刺激，除光刺激外，其他都是一样的（包括实验可能产生的紧张状态）的条件下，两边的脑中所出现的 RNA 及其蛋白质合成的差别，可以归因于对视觉刺激的印记学习。然而，其中还有光刺激本身对脑组织化学的影响尚须排除。此外，还有动机因素的影响（这是一个最难排除的因素）。要做这类实验进行彻底的分析是比较困难的。

## 在记忆的贮存中对蛋白质合成的需要

蛋白质的合成在记忆的贮存中可能有几种作用和需要。

（1）蛋白质是细胞膜的重要的结构成分。各种正规训练和在丰富化环境中生活所导致的树突的分支增多和树突刺的增加都需要结构蛋白的合成。

（2）突触的数目和体积的增加也需要后突触膜中有更多的受体蛋白。

（3）引导树突分支、树突刺和受体的生长需要增加酶蛋白。在记忆形成的过程中，各种蛋白质合成的作用和需要尚待进行更多的研究，而且要找到随着学习和记忆的时间进展，每种蛋白质在脑的哪些部分和什么时候产生，这样才能更确切地认识蛋白质的合成在学习和记忆中的作用。

# 与简单学习有关的电生理现象

神经系统的工作都包含着电信号的发生和传递。因此，许多研究学习和记忆的神经机制的工作都注意到记录各种训练所引起的神经系统的电活动的变化。其目的有二：
(1) 确定发生重要变化的地点；
(2) 查明所包含的过程。

这种实验的对象范围很广，从软体动物的神经系统的分离部分到完整的哺乳动物的脑。学习的种类也不同，有简单的习惯化，有经典的条件作用。下面我们先讲在简单的神经系统中发生习惯作用的电现象及其机制，然后讲复杂神经系统中与复杂学习有关的电活动。

## 简单系统中的习惯作用和敏感作用

**一、为什么研究简单神经系统**　　前面曾经讲过，习惯作用指的是对重复刺激的反应逐渐下降终至消失的现象。在一切动物中都可以看到这种习惯作用。人们曾在哺乳动物的脊髓标本和无脊椎动物的简单神经系统中，对习惯作用的机制进行了比较详细的研究。进行这方面的研究利用无脊椎动物，例如海兔（aplysia），最为方便，因为它们的神经系统有许多优点。

(1) 它们的神经节中的神经元的数目比较少。虽然拥有上千的神经元，但比哺乳动物的脑简单多了。

(2) 在无脊椎动物的神经节中，神经元的胞体处于外层，树突在里面，这和哺乳动物的脑相反。因此，从无脊椎动物的神经节中辨认神经元和记录它的电活动比较容易。

(3) 在同种无脊椎动物中，神经节的细胞结构无个体差别，是比较一致的。其中的神经元的形状和大小比较容易辨认。可以认出某些神经元,并能追踪它们的感觉和运动方面的联系。因此,如果从某种无脊椎动物中分离出一个神经节来,就能很容易地查明其中那些比较大的细胞体的基本连接的情况。所以在无脊椎动物中当追踪出一种反应的整个线路之后,就有可能检查发生习惯作用的地点。在这种研究中最著名的动物标本就是海兔(E. Kandel,1976,1979)。

海兔(图11-14)是一种无壳的软体动物。它的样子像从背面看的兔子。它的头部有两个触角(tentacles),像两只耳朵。背部有鳃,鳃上面有一鳃盖或称套膜(mantle shelf),其尾端形成吸管(siphon)。海兔的腹侧有头神经节和腹神经节,神经节间有神经连接,形成腹神经索(图11-14)。海兔是生活在浅海水中的。它的典型行为是在水底爬行。它的鳃经常是展开的,吸管是伸出的,为了吸水和使水在鳃中循环。如果任何东西触及鳃盖或吸管,它的鳃就收缩,以避免受伤。鳃的收缩反应是由腹神经节控制的。

实验中准备的标本是分离出来的腹神经节和与之连接的吸管、套膜、鳃以及感觉和运动神经。把这些结构固定在一定的位置,试者可以用一精细的水管按严格规定的时间和水柱喷射其吸管或套膜,同时记录鳃收缩的大小。

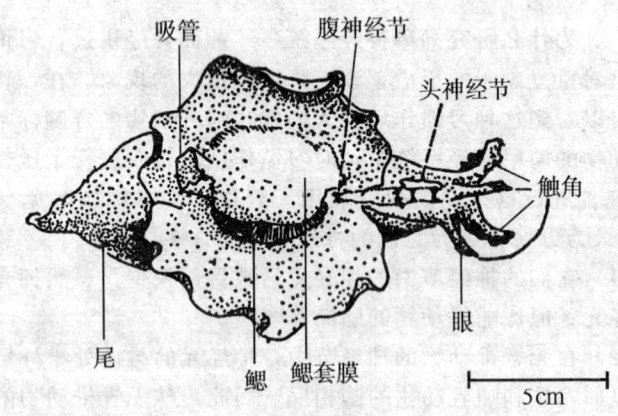

图11-14 海兔的形状

鳃的收缩反射在重复刺激下很快地表现出习惯化的作用，即收缩反应逐渐减弱，终至消失。这种习惯作用具有以前讲过的习惯化的一切特点。

此外，海兔也表现有敏感化的作用。当它的头部受到强的"痛"刺激时，鳃的收缩反射大大加强。在海兔中发现的这些现象与在哺乳动物中观察到的完全一样，说明习惯作用和敏感作用的基本机制在无脊椎动物和哺乳动物中是相同的。因此增加了研究海兔学习和记忆的神经机制的兴趣。下面讲的是研究中的两点重要发现。

**二、习惯化机制的地点**　　产生习惯作用的地点，在简单动物的反射活动的神经元线路中比较容易检查。地点可能在感觉神经元上、运动神经元上、中间神经元上，或在这些神经元连接的突触上。把海兔作为研究材料，从它身上分离出一个单突触的反射线路，其中包含着一个连接吸管和套膜的感觉神经元和一个控制鳃收缩的运动神经元。将这种标本置于特殊的培养液中进行实验：用玻璃棒轻触吸管或套膜，或用电刺激感觉神经纤维，同时记录感觉神经上的动作电位，发现动作电位并不因刺激的重复而消失；电刺激运动神经元，记录运动纤维上的动作电位，动作电位也不因重复刺激而消失。因此可以断定习惯化不会发生在感觉和运动神经元上。

当刺激吸管或套膜，而记录运动神经元的突触后兴奋电位（EPSPs）时情况就不同了。随着刺激的重复，EPSPs 逐渐降低。这可以说明在习惯化时，运动神经元放电频率减少是鳃收缩反应逐渐消失的原因。使标本休息一段时间再刺激时，EPSPs 恢复了原来的幅度。这可以说明为什么消失的反应又能恢复。重复刺激一个地点（例如吸管）所导致的 EPSPs 的降低不是一般化的，刺激另一个地点（例如套膜）EPSPs 不会降低，因此可以说，引起 EPSPs 降低的重复刺激的地点是有一定范围的。在这种单突触的线路中没有中间神经元。因此习惯化的作用就很可能是发生在感觉神经元与运动神经元的突触连接的地方。更精确的检验证明，突触后兴奋电位的下降是由于每一个感觉冲动所引起的前突触释放的神经递质的量子数目减少了。因为在严格控制的条件下，当感觉神经元的突触扣释放的神经递质的量子寥寥可数的时候，EPSPs 的大小是和量子数成整数比的。由此看来，习惯作用的地点是在运动神经元之前感觉神经元的前突触扣的地方。这样，一个由两个神经元组成的线路所控制的反射活动就可因刺激的重复而改变。这是一种最简单的学习和记忆机制的模式。

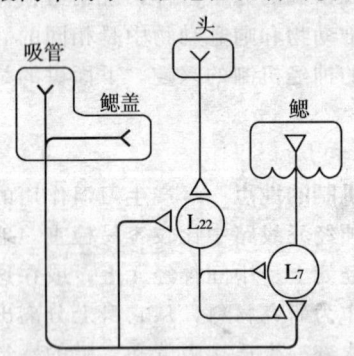

图 11-15　在海兔中习惯作用和敏感作用的神经元线路的示意图。图中粗线表示习惯作用线路，细线表示敏感作用线路，$L_{22}$ 是中间神经元，$L_7$ 是运动神经元。(E. R. Kandel, 1976)

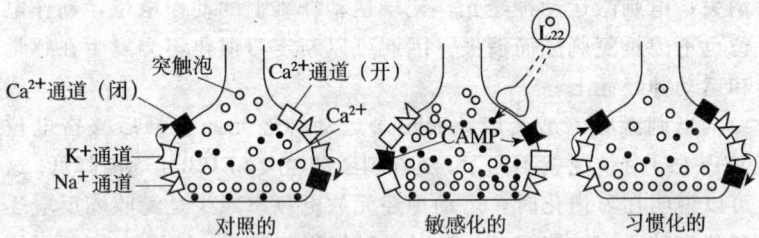

图 11-16　关于敏感化和习惯化的神经生化机制的假说的图解说明：在正常状态下，$K^+$ 通道是开着的，抑制了 $Ca^{2+}$ 通道（关闭）；在敏感化的状态下，由于中间神经元的 5-羟色胺作用，使感觉神经元的突触前膜内释放 cAMP 将 $K^+$ 通道关闭，同时打开 $Ca^{2+}$ 通道，$Ca^{2+}$ 进入，促使突触泡与胞膜的释放地点结合，然后释放神经递质；在习惯化的状态下，$Ca^{2+}$ 的通道大部关闭了。

### 三、敏感化机制的地点

一种反应可以因刺激的重复而减弱或消失，也可以因某种刺激的作用而加强反应，或降低反应阈限，即所谓敏感化。例如，在海兔的实验中，如果其头部受到痛刺激，鳃对吸管或套膜的触刺激的收缩反应就会加强。这是因为痛刺激兴奋了一种中间神经元。这种中间神经元的轴突末梢终止在分布于吸管和套膜中的感觉神经元的轴突末梢的突触扣上（即与控制鳃的运动神经元接触的突触前上）。它分泌的一种神经递质，可能是 5-羟色胺（serotonin）。这种神经递质能促进感觉神经元释放神经递质给运动神经元。这可能要通过第二信使——环磷酸腺苷（cAMP）。

在头部的强烈感觉刺激下，通过中间神经使来自吸管和套膜的感觉神经元的前突触内产生更多的环磷酸腺苷。这种物质即第二信使，它增加钙离子向前突触中的流入。流入的 $Ca^{2+}$ 使突触内的囊泡更多地附着在突触膜的释放点上，增加了向突触缝隙中释放递质的机会。这可能就是海兔的鳃反应敏感化的机制和最终作用的地点。

## 简单的联想学习

最近研究者们在海兔中成功地建立了条件的鳃收缩反应（T. J. Carew et al., 1981）。已知海兔对作用于套膜上的轻微触刺激会很快地习惯化。但是，如果在触刺激后紧接着给尾部以强烈的电击，这样地重复几次之后，单独的触觉刺激又能引起运动神经元的兴奋和鳃的收缩反应。要产生这种效果，触刺激和电击必须配合，两者之间的间隔必须很短。这就叫做条件作用（conditioning），触刺激是条件刺激（CS），电击是无条件刺激（US）。习惯化了的触觉刺激与电击配合之后，得以单独引起的反应即称为条件反应（CR）。这是一种简单的联想式的学习（simple associative learning）。这种简单的条件反应在其他的无脊椎动物，如昆虫，甚至更低等的环节动物中，也能建立。

要注意的是，在确定一个反应是条件作用的时候，必须把条件的作用和非条件的作用（如敏感化）区别开来。在上述的实验中，区别的方法是用一种对照的实验，即把触刺激和电击随机配合——无一定的先后次序和时间间隔。在这种条件下，经过多次重复，触刺激单独作用就不能再引起鳃的收缩反应，即可证明在前一种条件下触刺激引起的反应是一种条件作用的反应。这种条件作用可能也是发生在运动神经元的突触前神经元上。

## 脊椎动物中的条件作用

**一、EEG 的研究** 在神经系统更复杂的脊椎动物中研究学习的神经机制，也多采取条件反应的实验方法。在生理心理学的实验中，常常先要探索有关学习的电生理现象。例如，探索有关学习的脑区和已经确定的脑区中的特别地点；进一步追踪涉及某种条件作用的整个神经线路和确定在线路中什么地点发生这种学习作用。从这类的实验中得到了许多有价值的结果。

用电生理学的方法记录在条件作用过程中脑的活动，是从 20 世纪 40 年代开始兴盛起来的一种研究工作。最初是由两位法国心理学家（G. Durup and A. Fessard，1943）偶然从一个被试身上得到的启发。他们原来的工作是要观察当被试的视野照亮时他的 EEG 的 α 节律如何受阻抑（即消失）。他们看到每次开灯之后被试的 α 节律都要消失。有一次开灯时，灯泡坏了，屋内没有亮起来，但是被试的 α 节律仍然消失了。这一异乎寻常的现象使他们想到被试可能是对开电门的声音发生了条件反应。用开电门的声音测验新的被试，证明电门的声音不能使 α 节律消失，而当给新的被试做过几次照明试验之后，电门的声音就引起了 α 节律的消失。这说明开电门声和光亮配合多次之后，确实能获得条件刺激的性质，从而能单独引起 α 节律的阻抑。这种 α 阻抑可能是反映与条件作用（或联想学习）有关的脑活动的变化。

在 40 年代和 50 年代之间有过许多 EEG 的条件作用的研究。其中有的是为了确定所记录的条件作用的电信号来自脑的哪些部分。例如有的发现当条件反应建立之后，α阻抑集中在条件刺激和无条件刺激的皮质投射区，如触觉的在顶叶、视觉的在枕叶。而且，阻抑出现的时间往往延迟至刚刚在无条件刺激出现之前。然而这种工作是非常困难的。因为 EEG 是隔着头骨和头皮记录的。而且关键的变化不一定是发生在皮质，而可能是发生在脑的深部结构。因此研究的线路有了改变，即不再集中在从人的头皮上记录 EEG，而开始用埋植在动物脑的不同深部结构中的电极做记录。做这种记录的目的是要探索与学习有关的重要的脑电变化发生在什么地点。同时也可以通过埋植的电极刺激一个地点，以观察对学习有何影响。

## 二、单位神经元放电的研究

用微电极插入神经元的细胞体内，或插在一个神经元的附近，可以记录这个神经元的电活动。用这种方法可以观察脑的某些部位的神经元因学习而发生的电活动的变化，并从而确定与学习有关的脑结构。例如，可以确定与延迟条件反应过程有关的重要地点。在这种实验中，比如训练大鼠当某一频率的纯音（CS＋）发出时走向一个食盘取得食物，当另一频率的纯音（CS－）发出时不给食物，与此同时从埋植在大鼠脑的不同区域中的微电极记录单个神经元的放电反应。研究者（J. Olds et al.，1972）发现，当大鼠的条件反应建立之后，脑的某些区域的神经元在 CS＋出现 20 毫秒后放电加快，而有些区域的神经元在 CS＋的频率改变后仍有反应，甚至对新颖的刺激也有同样反应。这叫做泛化的反应，说明这些区域的神经元是非特异性的（nonspecific）。

这些神经元可能是与学习过程有特殊关系的。这些神经元是在大脑皮质的额叶和感觉运动区。海马的 $CA_3$ 区中也有。如果把含有这种神经元的区域损毁，学习任务即不能完成。

## 三、对于海马在条件反应中的作用的电生理学的研究

人们从临床研究中早已发现海马结构和学习记忆有密切关系。两侧海马损伤的病人不能记忆新事物。大量的动物实验也证实了海马损伤妨害学习和记忆能力。近几年有的研究者（如 R. F. Thompson et al.,1976,1980)在给家兔建立瞬膜(nictitate membrane)的条件反应时记录海马有关结构中的神经元放电的变化,发现了许多有趣的现象。

在做这种条件反应的实验时,是把兔子固定在一定位置。用一个管子朝它眼里吹气作为引起瞬膜反应(外展)的 US。一个纯音作为 CS。实验中记录瞬膜反应的大小(遮盖角膜的程度)和反应的时间,同时通过埋植在海马内的微电极记录单个神经元的放电。

在实验开始时,纯音(CS)不能引起瞬膜反应。纯音和吹气随机配合使用许多次后,纯音也不能引起瞬膜反应。只有在纯音出现后立即吹气的条件下,即当纯音作为吹气的信号的时候,经过多次重复后,纯音才能引起瞬膜反应(CR)。

电记录发现,当纯音和吹气按照建立条件反应的正常方式配合后,不久海马中的神经元的放电就发生了改变。开始是对吹气的放电反应增加,然后是反应提前,最后是反应在吹气之前就出现了。

有趣的是,海马中的神经元的放电变化先于瞬膜的条件反应(CR),经常是在 CR 出现前 25~35 毫秒之间神经元放电开始改变。更有趣的是,在出现条件反应的过程中,神经元反应的变化模式和瞬膜反应的变化模式相同。例如,当纯音(CS)出现约 200 毫秒后,神经的放电开始增加,瞬膜的反应也随之崭露头角,到吹气之后神经元的放电增加到最高峰,瞬膜反应的幅度也达到最高峰。由此看来,海马中神经元的活动似乎决定瞬膜反应的肌肉运动的模式。但是,海马的神经元并非只是瞬膜反应的运动通路的一部分。因为,在条件反应形成之前,甚至在条件反应建立之后,在瞬膜的自发运动时,这些神经元的活动并无变化。

此外,海马神经元在条件作用的训练之前,即不反应吹气也不反应纯音。它们只是在建立条件反应的过程中才逐渐反应纯音和吹气的。这表明在建立条件反应的过程中,海马中神经元的活动似乎迅速地反映了两种刺激的这种特殊的时间偶合作用。在两种刺激随机使用的情况下,这些神经元是没有反应的。

在猫中进行的类似实验看到的现象略有不同。猫的海马神经元开始就能反应纯音和吹气。但是,当纯音和吹气配合之后,海马神经元的反应会增加,对与随机使用的两种刺激则无增加反应的变化。所以研究者认为在经典条件反应的建立过程中海马神经元的基本作用在猫和兔中可能是一样的(M. M. Patterson et al., 1979)。

海马是边缘系统的一部分。在条件作用下,海马神经元活动的改变是原发的还是反映其他结构中的变化?已知内侧隔区是海马的传入信息的来源之一,外侧隔区则是接受海马输出的。为研究它们之间的关系,在用兔进行条件作用的实验时,记录了这两个地点的神经元的活动;同时也记录了乳头体的神经元的活动,因为乳头体也接受大量的海马输出。

内侧隔区的神经元在实验开始时既反应 CS,也反应 US,但是它们的反应不因 CS 和 US 的配合而改变。这样看来,在条件作用下,海马神经元的反应的改变并不是受内侧隔区的传入的影响。外侧隔区的神经元对 CS 和 US 配合反应的发展和海马神经元的情况相同。这表明外侧隔区的神经元的条件反应是受了海马输出的影响。乳头体的神经元的活动,在条件作用的过程中,只有很小的、散乱的、很不一致的变化,而且和海马或隔区的神经元的变化没有关系。这样看来,在边缘系统中,不同结构对条件作用的反应是不一样的。海马似乎在觉察环境刺激的偶合关系中起主要的作用。

应当注意的是,海马神经元的反应在条件作用过程中的变化虽然如此明显,但是条件反应的建立却不一定需要海马。因为损毁了海马和隔区并不妨碍瞬膜条件反应的建立(M. Lockhart and J. W. Moore,1975)。

还应指出,海马虽然不是条件反应的建立所必不可少的结构,但是在它存在时,它确实是参与这种学习的。例如,在损毁内侧隔区后显著地改变了海马的自发电活动,并且使瞬膜的条件反应的建立变慢(S. D. Berry and R. F. Thompson,1979)。这一事实似乎说明,海马不能正常工作可以阻碍学习,或者说,如果完全没有海马动物的学习或许还要比有一个受伤的海马好些。

在猴类中破坏了杏仁核和海马会严重地妨害学习,但破坏了其中的一个,则对学习的影响甚小(M. Mishkin, 1978)。在兔脑中损毁了海马很少影响瞬膜条件反应的建立,可能是由于杏仁核能起到完成这种学习所需的作用。但这种推测尚待实验证明。

最后再指出一点,新的实验证明,在海马损毁之后,实验情境中的微小变化就会使兔子不能形成条件反应。例如,原来的实验是让纯音持续到吹气之时,这叫做延迟的条件作用(delayed conditioning)。还有一种叫做痕迹的条件作用(trace conditioning),这是 CS 停止后间隔一段时间(几毫秒或几秒)再给 US。一个健全的兔子可以在这种条件下获得条件反应。但是一个海马损毁的兔子就不能再形成条件反应(D. J. Weisz et al., 1980)。

这证明海马对于复杂的条件作用可能是不可缺少的。在这种痕迹的条件作用中,CS 和 US 的偶合在时间上是有距离的。CS 的作用需要保持一定的时间,即需要短时的记忆。

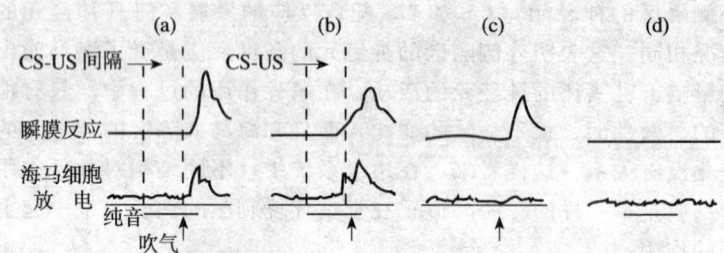

图 11-17 瞬膜条件反应和海马神经元放电的关系:(a) CS-US 配合 8 次之后;(b) CS-US 配合 128 次后瞬膜和海马细胞的条件反应皆出现,海马细胞的反应在前;(c) 在不配合的条件下吹气引起瞬膜反应,但对海马细胞的放电无影响;(d) 在不配合的条件下纯音既不能引起瞬膜反应也不影响海马细胞的放电活动。(S. D. Berger and R. F. Thompson, 1978)

**四、追踪条件反应的神经元线路** 电生理学的方法也可以用来探索脑的有关条件反应的整个线路和因条件作用反应发生变化的地点。在这方面有许多研究。例如,用家鸽作的研究(D. H.

Cohen,1974,1981)是这样进行的:在电击鸽爪之前,先给强光刺激。这种配合重复多次之后,强光能引起鸽子的心跳加快。这是一种条件反应。在建立这种条件反应的过程中,记录从视网膜到大脑的视觉通路中的许多重要部分(如视觉顶盖、外侧膝状体和大脑两半球)的神经元活动的变化和支配心脏的传出通路中的

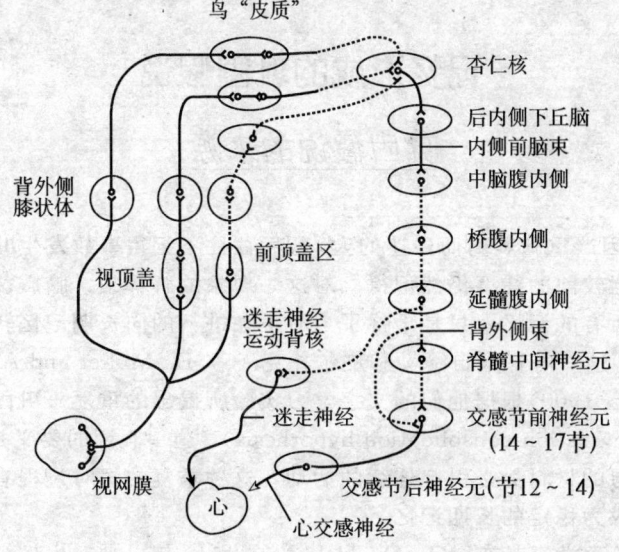

图 11-18 在鸽子建立对强光的心率变化的条件反应中包含的神经元线路(D. H. Cohen, 1982)

重要中枢部位(如杏仁核、丘脑后内侧、中脑腹内侧、桥脑和延脑腹内侧以及迷走神经运动背核)的神经元活动的变化。这种方法虽然不能把完全的线路勾画出来,但是已探明从视网膜到大脑半球(包括鸟皮质)有三条平行的通路,一经外侧膝状体,一经视觉顶盖(optic tectum),一经顶盖前(pretectum)。如果损毁了其中的任何两条通路,只要留下一条就能建立条件反应。此外从记录中还看到,在建立条件反应的过程中,视网膜中的神经元的放电活动没有改变,而视觉丘脑(如外侧膝状体)中的神经元的

放电频率则是随着心脏对光（CS）的条件反应（心率加速）的加强而增加的。这是条件的作用的结果。因为，这些神经元对于光刺激或电击的反应在光和电击配合之前是没有这种变化的。在条件反应建立中神经元的活动发生变化的地点可能都是与学习有关的脑区。

# 记忆形成的巩固假说

## 巩固假说的来源

因严重脑震荡而昏迷的人，醒后往往不记得事故发生时的情况，但较前的往事仍然记得。对这一现象的解释是，脑震荡未能抹去所有的记忆，只是干扰了当时正在进行的向长期记忆转变的过程。这一解释来自缪勒和皮尔札克（G. E. Muller and A. Pilzecker, 1900）根据他们的文字学习实验所提出的重复—巩固假说（perseveration-consolidation hypothesis）。这一假说的要义是，重复学习的材料势必引起连续的活动，这种重复的短时过程有利于巩固成为稳定的长期记忆。

心理学家赫布（D. O. Hebb）在1949年以神经生理学的术语重述了这一假说，称之为记忆的双重痕迹假说（dual-trace hypothesis of memory）。按照赫布的这种说法，记忆的痕迹最先是以神经冲动的循环（或称振荡）形式存在的。此即短时记忆痕迹。这种循环的冲动有助于形成长期的结构痕迹，这就是改变了突触连接的形式。这被认为是长期的记忆痕迹。这些假说后来简称为记忆的巩固假说（consolidation hypothesis）。

以这种假说为指导的最初的研究是用电休克的手段干扰短时记忆向长时记忆转变的过程。以后采用了各种妨害记忆形成的心理药物进行研究。下面先介绍第一种研究方法获得的重要成果。

## 记忆巩固假说的电休克验证

在巩固假说提出 40 年后,研究者们终于找到了一种测证它的方法。这就是电休克方法。所谓电休克(electroconvulsive shock, ECS),是从头的两侧给大脑通以短暂的电流使接受电流的人或动物发生片刻的痉挛和昏迷。此法从 1938 年开始用于治疗精神分裂症,有一定的效果。后来发现电休克后病人有逆行遗忘(retrograde amnesia)现象。病人不能回忆电休克前几分钟内的事情,但旧事的记忆不受影响。这一发现使得此法被生理心理学家用来研究记忆的巩固问题。

用这种方法做的典型实验是让动物获得某种经验之后立刻给电休克,休克后测验动物的经验是否保持。例如,把大鼠放在一个两隔间的木箱的较小的一间内(起始箱),隔板上有一圆洞,大鼠在几秒钟内就会从圆洞中钻入大间〔图 11-19(a)〕。有过一次经验的大鼠再被放入小间中时会更快地钻入大间。但是如果大鼠第一次钻入大间时,给以足够强的电击(箱底的电栅通电刺激鼠脚),几分钟后再把它放入小间,它在小间停留的时间会大大延长。这表明它对刚刚受到的电击有记忆。然而,如果大鼠在大间内受电击后接着就给它的大脑通电流,使它痉挛,痉挛过后再把它放入小间内,它会像没有在大间内受过电击的大鼠一样,几秒钟内就钻入大间。这表明它没有记住电击的经验,或者说电休克干扰了记忆的巩固过程。

进一步实验还可以看到,记忆保持的程度(用反应时来测量)和电击经验与电休克之间的间隔有关。一般是电击经验与电休克间隔越长,经验的保持越多。然而许多实验结果并不一致。有的实验证明,一次经验与电休克的间隔超过 30 秒,电休克就不能再干扰记忆的巩固。另一些实验发现,习得经验后,过几分钟,甚至 10 小时后,电休克仍能干扰记忆。实验结果如此分歧的原因是很多的。有许多因素可以影响记忆巩固过程的时间,如采用的行为标准、学习任务的难易、脑的休克地点、实验动物的品种和测量遗忘的标准。这些都需要作细致的分析。

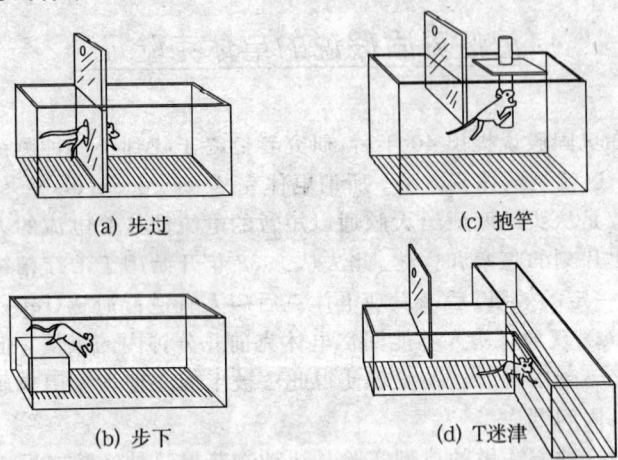

图 11-19　测验记忆巩固的几种学习任务

## 电休克处理的方式，部位和效果

从头的两侧通电流做脑的电休克不是一种严格的方法。为了获得更精确的知识，有的研究者把电极放在脑的不同的区域或不同的中枢。这些实验获得了意想不到的结果。

在以前通过头部或直接通过大脑皮质给电休克时，只有在动物发生痉挛之后才有遗忘作用。但是，如果电极植入某些皮质下中枢，则可以用微弱的电流引起遗忘，而不产生痉挛。杏仁核就是这样一个地点。用 50 微安的电流刺激脑的一侧的杏仁核足以使大鼠获得的新经验遗忘。即使练习和电刺激杏仁核之间的间隔长达 1 小时仍能产生遗忘效果。如果给大脑皮质通电流，则需要强一百倍的（毫安级的）电流才能产生遗忘效果。

然而这并不证明杏仁核是巩固记忆的一个必要的中枢，因为损毁了两侧的杏仁核的大鼠仍能和正常大鼠一样地学习和记忆。正如前面提到的，杏仁核和海马在某些学习任务中可能是平行工作的，它们都能单独工作。所以杏仁核对学习和记忆不是必不可少的，但是如果用电流扰乱了杏仁核的正常活动则可能妨害长期记忆的形成（P. E. Gold et al., 1973）。

此外，还有一些训练后的处理方法能妨害记忆的巩固，例如减少氧气的供应，改变体温，皮质活动的扩散性质的压抑，麻醉，脑内蛋白合成的抑制，剥夺快速眼动睡眠，都妨碍记忆的巩固。

## 促进记忆的方法

早在 1917 年，拉什利（K. S. Lashley）发现在每天训练之前给大鼠小剂量的番木鳖碱（strychnine），能使它们比未服药的大鼠更快地学会跑迷津。以后其他研究者获得了同样的结果。为确定这种药物促进学习的原因（例如，它可能有助于记忆的形成，也可能是影响信息的编码过程），研究者们给一组动物在训练前的不同时间注射此药（0.1 mg/kg），给另一组动物在训练后的不同时间内注射此药。实验结果表明训练后给番木鳖碱的效果和训练前给的效果一样。在训练前 60 分钟和在训练后 60 分钟用药都能使学习迷津的错误大为减少。但是，如果在训练前或训练后 120 分钟给药就不能再有效（J. L. McGaugh and L. F. Petrinovich, 1959）。这样看来只有在与练习的时间比较接近的时候用这种药，才能对记忆有影响。这一结果可以证明它影响的应该是记忆的形成过程，因此也支持了记忆的巩固假说。

从上述的两类实验中可以看到，在练习后有一个时间不太长的记忆巩固过程。在这段时间内可以用不同的手段干扰或促进巩固的过程，从而妨害或加快长期记忆的形成。

在训练后用微弱的电流刺激脑干的网状结构，也能促进记忆的巩固（V. Bloch et al., 1970）。鉴于网状结构有上行的激活系统，可知提高警觉水平也能促进巩固过程。这可能就是人们早已经验到的、加强注意力能提高学习和记忆效率的原因。

# 记忆形成的神经化学过程

## 生化和药物学在研究学习和记忆中的应用

应用生化和药物手段研究记忆的形成开始于20世纪50年代。这方面的研究有了许多新的发现，并形成了一种新的概念。化学的处理比损毁脑组织的方法优点多。首先是化学的效果有的是暂时的，对于脑功能的干扰可以逆转。化学药物作用的时间可以确定。其次是给药后被试动物仍然是完好的。其三，药物可以使用于全身也可以使用于脑的局部。使用于全身可以影响到整个神经系统的神经元和突触的传递功能。

使用于脑的特殊地点可以用来研究局部的功能。

不同的药物的不同效果证明，在记忆贮存的不同时期（如短时记忆、中长记忆和长期记忆）有不同的生化过程。这方面的发现使人们获得了有关记忆形成的生化过程的概念。同时也认识到同一种药物或生化手段在一种条件下可以有利于记忆的形成，在另一种条件下又能妨碍记忆的形成。这又产生了记忆形成的抑扬概念。

## 记忆巩固的阶段和药物作用的时间

有一组实验证明，在记忆过程中有三个生化阶段（M. E. Gibbs and K. T. Ng, 1977）。一些影响记忆的化学物质发生作用的时间不同是和这三个阶段有关的。例如有些化学药物作用于第一阶段，有些作用于第二阶段，还有些作用于第三阶段。研究者根据他们的实验结果把几种化学药对小鸡的记忆的影响列成表11-3。

记忆的最早阶段历时很短，不能用特殊的药物检验。但是它最易受电休克的干扰。这时的记忆可能是因某些残余的活动使最初的电反应短暂地复活而得以保持。第二个阶段，是化学阶段的

表 11-3

| 阶　段 | 最长时间 | 假设的作用过程 | 促　进　剂 | 抑　制　剂 |
|---|---|---|---|---|
| 短期记忆 | 30分钟 | 超极化，与$K^+$传导变化有关 | $CaCl_2$ | LiCl<br>KCl |
| 中期记忆 | 90分钟 | 超极化，与$Na^+$—$K^+$泵活动有关 | diphenylhydantoin, pargylin | ouabain, ethacrynic acid |
| 长期记忆 | 数　天 | 蛋白合成 | pargylin, amphetamine | anisomycin, cycloheximide, aminoisobutyrate |

开始，或称为第一个化学阶段，它和$K^+$的传导变化所产生的神经元的超极化有关。这个阶段的时间约10～30分钟，故称为短期记忆阶段。它可以被改变$K^+$传导的药物强化或消除。第二个化学阶段保持记忆的时间约30～90分钟，称为中期记忆，也叫做不稳定的记忆(labile memory)，因为它容易受干扰。这个阶段似乎与$Na^+$—$K^+$泵的活动改变所产生的超极化有关。第三个阶段的性质是建立长期记忆所必须的蛋白质的合成。这几个阶段可能是依次进行的，破坏了一个阶段，下一个阶段就没有了。

检验这几个阶段的神经生化过程是用孵出后一天的小鸡做的。大多数的训练是只做一次练习，观察的是消极躲避的行为(passive avoidance behavior)。实验的基本方法是这样：在一根钢丝头上装一发亮的小珠，把它浸入水中，引小鸡去啄。如果浸入苦味的水中，小鸡啄后就会摇头、在地上磨嘴，并能记住这一次的经验。过3小时或24小时后，再用这个明珠测验，它就不再去啄了。另一种方法是用不同颜色的珠子。如果把苦味的物质涂在某种颜色的珠子上，小鸡啄过一次之后，就再也不啄这种颜色的珠子，但是仍然啄其他颜色的珠子。这说明小鸡有保持这种经验的特殊能力。经验一次即可记住。然而，如果刚刚在小鸡做这种尝试之前或之后给它注射某种药物，就可以使它忘记珠子的苦味，测验时它会不再去啄。

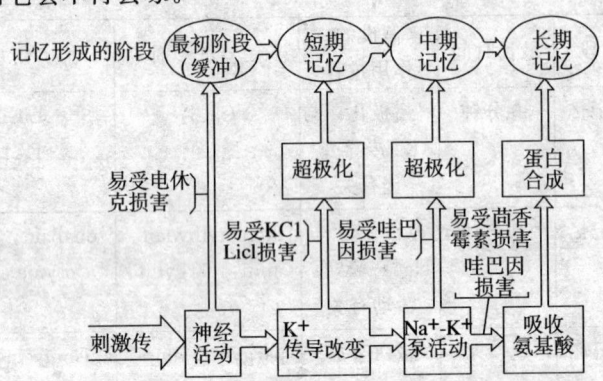

图 11-20　记忆形成阶段和过程的图解
(M. E. Gibbs and K. T. Ng, 1977)

测验不同药物在练习之前或之后的不同时间使用时对经验保持时间的影响，需要用上千只小鸡，按照不同的训练与给药的间隔时间和训练与记忆测验的间隔时间分成许多组，进行实验。实验结果证明，有的药物如茴香霉素（anisomycin），在训练后给小鸡脑内注射，只妨碍长期记忆的形成，而不影响短期或中期的记忆；哇巴因（ouabain）注射后，妨碍中期记忆的形成，但不妨碍短期记忆；KCl 注射后短期记忆的形成也受到阻碍。这些实验结果支持了记忆形成的三阶段论。在哺乳动物进行类似的实验也获得了肯定的结果。

人类记忆形成可能也有这三个阶段，但也可能有不同的机制。如果有这些阶段，我们也是不自觉的，因为我们不能觉察体内进行的过程，只能意识到它所产生的行为。

# 蛋白合成和记忆

**一、研究中的困难问题**　长期记忆的形成或记忆的贮存，似乎需要新的蛋白质的合成，因此这方面的研究有很重要的意义。测验抑制蛋白合成对长期记忆形成的影响的工作开始于 60 年代，继续到现在。但至今研究者们还不能确定蛋白质的合成是否对形成长期记忆是绝对必要的,原因有以下五点。

(1) 实验用的药物往往有多种作用,很难检验和排除一切副作用。例如,有些药物抑制蛋白质合成,但同时也降低肾上腺类固醇和儿茶酚胺类神经递质的合成,后者的合成降低也妨害记忆,这与抑制蛋白合成的效果难以分开。

(2) 许多的行为发现使得研究者们提出了不同的解释。例如,有的研究者提出,抑制蛋白质合成的药物妨害了记忆的提取,而不是妨害了记忆的形成。这两种解释需要分别地验证。

(3) 抑制蛋白合成的药物起作用是否需要一定的条件和与其他药物的相互作用?这些问题也待研究。

(4) 测验记忆的行为标准不一致往往也不能提供明确的答案。

(5) 记忆痕迹也可能有强弱之分,对药物的抵抗力也有所不同。

这些问题使得研究不易得到明确的结论。下面介绍这种研究的主要步骤和重要发现。

## 二、使用抗生素的实验和发现

有几种抗生药物(antibiotic drugs)阻碍蛋白质合成,常用来检验它们是否妨害学习和记忆,嘌呤霉素(puromycin)就是其中之一。给小鼠的颞叶皮质注射嘌呤霉素阻碍蛋白合成,是由于它被一种生长的肽链吸收构成了一种对细胞有毒的物质,这种毒性使得人们很难把它产生的遗忘效果归因于蛋白质不能合成。因此研究者以后即不再使用这种药物。

放线菌酮(cycloheximide)是另一种蛋白质合成的抑制物,在60年代广为采用。如果在训练前几分钟内给动物注射抑制90%的蛋白合成的剂量,可以产生遗忘效果。一剂这样的药物能抑制蛋白合成达几小时。然而用这种药物做实验也有缺点:

(1) 产生遗忘效果必须达到中毒剂量,因此实验动物皆出现病态,而且在下一天死去;

(2) 大剂量产生的高达90%的蛋白合成的抑制也只能妨碍训练不足的记忆。例如小鼠在T迷津中的学习达到在连续4次练习中有 3 次正确的程度，放线菌酮可以消除这种学习的记忆，如果达到 10 次练习 9 次正确的程度，这种药就不再能消除记忆。

茴香霉素是比较好的一种蛋白合成的抑制剂，用小剂量即产生遗忘效果。因为这种药安全，所以能重复用。如果每 2 小时注射一次，可以使脑内的蛋白合成抑制 90%。重复用药的实验证明，充分练习后的记忆也能被这种药物消除。当然越强的记忆越需要长时的药物抑制才能遗忘（J. F. Flood et al., 1973）。例如，训练小鼠作一次练习的消极躲避反应。在第一次练前 15 分钟皮下注射茴香霉素的一组小鼠，两星期后测验有 70% 的鼠保持着记忆；在练习后 2 小时又注过一次的一组中只有 25% 小鼠有记忆；在第二次注射后隔了 2 小时又注射第三次的一组中则全部失去对练习的记忆。另有些小鼠有的练习一次，有的练习三次，还有的练习四次。每次练习之后，有的隔 2 小时注射第二次，有的再隔 2 小时注射第三次。这几组小鼠的记忆测验结果有显著差别，练习次数多的遗忘者少，注射次数多的遗忘者较多。比较明显的是经过四次练习的小鼠，注射过两次茴香霉素后也没有产生遗忘的。只有注射过三次的一组才有 50% 的鼠产生了遗忘。

一般有关记忆贮存的蛋白质的合成发生在练习后的几分钟内，如果第一次注射抑制物是在练习完 15 分钟后，就不会再有遗忘效果，甚至以后继续注射也不会有效。这是因为贮存记忆所必需的蛋白质已经合成。但是如果开始注射了少量抑制剂，这种迅速合成蛋白的过程也可能延缓至训练后的 4 到 6 小时发生，因此形成与记忆有关的蛋白质的能力可以保持几个小时。在这种情况下如果在训练后每隔 2 小时注射一次抑制蛋白质合成的药物，使抑制作用的时间延长，记忆会完全失败。

例如，用 T 迷津训练小鼠跑到一边去躲避电击（积极躲避反应），练习达 10 次之后，连续注射蛋白合成抑制剂，使抑制作用的时间延长到 14 小时。一星期后测验练习的记忆，大多数动物都表现了遗忘。用几组小鼠做抑制时间长短不同的实验证明，抑制蛋白合成的时间越长的组，表现遗忘的鼠越多；训练次数少的鼠，遗忘者也多。这些实验结果见表 11-4。

从上述的消极和积极躲避学习的实验结果看来，蛋白质合成对形成长期记忆可能是必要的。

表 11-4　在 T 迷津中学习积极躲避反应、练习次数和蛋白合成抑制时间对记忆的影响：表现遗忘的小鼠的百分数

| 练习次数 | 抑制延长时间（小时） | | | | | |
|---|---|---|---|---|---|---|
| | 0 | 2 | 8 | 10 | 12 | 14 |
| 6 | 0 | 10 | 77 | 73 | 70 | 90 |
| 8 | 0 | 10 | 44 | 50 | 71 | 77 |
| 10 | 0 | 0 | 36 | 38 | 60 | 62 |

引自 J. F. Flood, 1975。

# 兴奋剂和镇静剂对记忆的影响

## 记忆形成的抑扬

有许多兴奋剂（如苯异丙胺和咖啡因）、镇静剂（如水合氯醛和苯巴比妥）、神经肽、儿茶酚胺类神经递质（多巴胺、五羟色胺、和去甲肾上腺素）和一些影响儿茶酚胺或乙酰胆碱递质的药物，都能改变记忆的贮存过程。用这些药剂做的实验得到了关于记忆的形成或贮存的抑扬概念。这一概念的一种含义是指同一种药剂既可以抑制记忆的形成，也可以促进记忆的形成，这决定于使用的时间和其他条件。另一种含义是指形成记忆有一种基本的生物过程，其他的处理是加在这一基本过程上的第二性的作用，即抑扬的作用。然而，实际上我们很难区别哪是基本的过程，哪是抑扬的作用。有许多抑扬作用是很强大和很重要的。下面举例说明两种记忆抑扬剂的实验结果及其机制。

## 胆碱能的抑扬

影响胆碱能系统（cholinergic system）的药剂都能改变记忆的

贮存和提取（回忆）。乙酰胆碱是新皮质、海马和许多其他脑区中的突触递质，这些区域都属于胆碱能系统。东莨菪碱（scopolamine）封闭毒蕈碱的（muscarinic）乙酰胆碱受体，常被用来助产，但用后母亲往往不能回忆分娩时的情况。用人做的实验证明，东莨菪碱不影响短期记忆，但明显地妨害长期记忆。一系列的测验证明此种药物产生的遗忘很像老年人的遗忘症状（D. A. Drachman, 1978）。

强化胆碱能作用的药物能促进人的长期记忆的形成（K. L. Davis et al., 1978; N. Sitaram et al., 1978）或提取过程。因为有这些发现，所以曾试用延长乙酰胆碱在突触处的存在时间的药物，或乙酰胆碱的先成物来改善老年人的记忆。

此处要讲的是，延长乙酰胆碱在突触处存在的时间，既可促进记忆，又可抑制记忆，这决定于学习情况。例如，异丙氟磷（diisopropyl fluorophosphate，缩写为DFP）能帮助大鼠的较弱或较老的练习经验的回忆，但妨害较强和较新的记忆。这是一种抑制胆碱脂酶的药物。胆碱脂酶分解乙酰胆碱，停止它在突触处的作用。注射DFP抑制了胆碱脂酶，就可以延长突触释放的乙酰胆碱分子的作用时间。当记忆很强的时候，乙酰胆碱在突触处的含量和作用是在最佳水平。但更多的乙酰胆碱会使后突触膜处于一种长久的去极化状态（depolarized state），从而阻碍了突触的传递活动。这就是DFP对强记忆的提取有害的原因。然而当乙酰胆碱较少和活动较弱的时候，往往不足以使后突触膜产生去极化，这时是记忆弱的情况，这时使用DFP可以延长乙酶胆碱在突触处的作用时间，因此可以促进弱的记忆的回忆（J. A. Deutsch, 1971）。

## 儿茶酚胺的抑扬

改变儿茶酚胺类递质的作用也能影响记忆的形成。这类递质释放或注射后作用的时间较长。

有的实验曾证明，如果使用弱的脚部电击训练大鼠在一个穿梭箱(shuttle box)中不进入黑暗的一间,在练习之后立刻给它们注射不同剂量的肾上腺素(0.001 mg/kg、0.01 mg/kg、0.05 mg/kg、0.10 mg/kg 和 0.50 mg/kg)或生理盐水。24小时后,把每只大鼠放入穿梭箱中测量它进入暗间的潜伏期(即在从放入箱内到进暗间的时间)。潜伏期越长表示记忆越好,反之潜伏期越短表示记忆越差(或遗忘越多)。结果发现,肾上腺的注射量太少(如0.001 mg/kg)或太多(如0.5 mg/kg)都不能促进记忆(和注盐水一样),只有中等剂量(如0.01 mg/kg)明显地加强了记忆(P. E. Gold and R. Van Buskirk, 1975)。

作者认为,肾上腺素可能改变中枢去甲肾上腺能的突触的活动。他们以前曾发现强的脚部电击能加强记忆,同时脑内的去甲肾上腺素的水平也出现暂时的降低。现在用弱的脚部电击加上中等剂量的肾上腺素,脑内的去甲肾上腺素水平也有暂时的下降。注射低剂量的肾上腺素则不出现这种情况。

他们为研究肾上腺素对中枢的去甲肾上腺能的突触活动的影响,做了进一步的实验。实验是在大鼠进行练习之前,有的注射一种β肾上腺能受体阻闭剂(propanol,丙醇),有的注射一种α肾上腺能受体阻闭剂(phenoxybenzamine,苯氧苄胺),还有的注射生理盐水。这三组大鼠中各有一半用弱电击,另一半用强电击进行消极躲避训练(如前述)。此外,在强电击和弱电击的鼠做完练习之后有一半注射盐水,另一半注射肾上腺素。这样一共有12组被试大鼠。结果发现,在用弱电击训练的大鼠中,练习前注射过α肾上腺能突触受体阻闭剂的和注射盐水的,在练习后注射了肾上腺素,都表现了较好的记忆;而练习前注射了β肾上腺能突触受体阻闭剂者,在练习后注射了肾上腺素,记忆成绩又低于注射生理盐水者。在用强电击训练的大鼠中,练习前注射过α肾上腺能突触阻闭剂的,在练习后注射了肾上腺素,记忆成绩和练习后注射盐水的一样好。练习前注射过β肾上腺能突触受体阻闭剂的,练习后注射了肾上腺素,记忆成绩也低于注射盐水的。在强电击组中,练习前注射α肾上腺能突触受体阻闭剂和盐水的,练习后注射肾上腺素或盐水,记忆成绩都比较好(P. E. Gold, and R. Van Buskirk, 1978)。

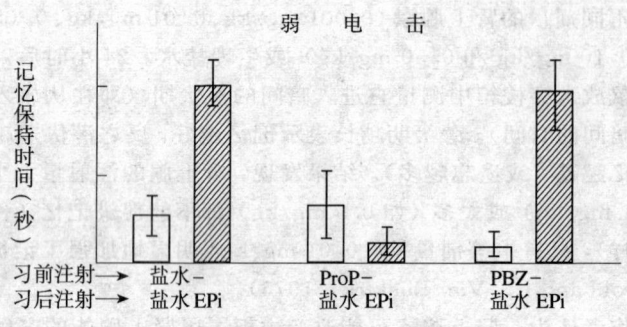

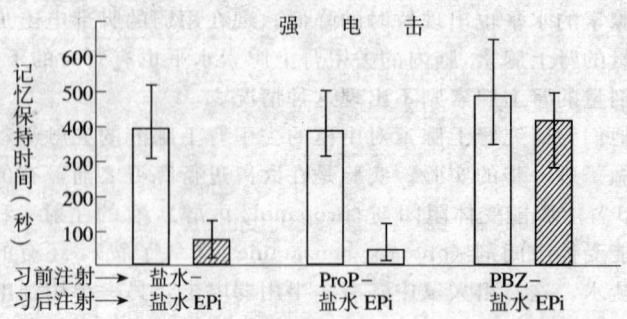

图 11-21　肾上腺素（EPi）在弱电击组和强电击组中对 β 肾上腺能的突触和 α 肾上腺能的突触活动的不同影响所产生的记忆效果，ProP-（propanol）是 β 肾上腺受体阻闭剂，PBZ-（phenoxybenzamine）是 α 肾上腺受体阻闭剂；测验时进入暗间的潜伏期长，表示记忆的保持好。

　　这些结果表明，肾上腺素作用于 β 肾上腺能的突触受体能加强记忆，作用于 α 肾上腺能的受体则可能妨害记忆，所以在弱电击下，当 β 肾上腺能的突触被阻闭之后，注射肾上腺素也不能改善记忆。阻闭 α 肾上腺能突触后，肾上腺素则可以产生较好的作用。因为这时 β 肾上腺能的突触发挥积极作用，而且除去了 α 肾上腺能的消极作用。

在强电击下，β肾上腺能的突触被阻闭之后，注射肾上腺素后也不能改善记忆，因为记忆的突触不起作用了，而起作用的只有阻碍记忆形成的α肾上腺能的突触受体。

在强电击下，肾上腺素对练习前只注射生理盐水的大鼠的记忆产生极坏的影响，但对于练习前注射过α肾上腺能阻闭剂的大鼠的记忆则有好的影响。这表明在前一种情况下肾上腺的注射可能更多地作用于α肾上腺能的突触受体，从而阻碍记忆的形成，在后一种情况下，由于α肾上腺能的突触受体被阻闭，消除了阻碍记忆形成的因素，因此记忆测验成绩较好（图11-21）。

## *记忆抑扬的机制*

上面只在突触水平上探讨了肾上腺素影响记忆的机制。然而有许多记忆的抑扬药物，也可能有不同的作用途径。有的可能是通过直接对蛋白合成速度的影响抑制或促进记忆的，有的可能是通过影响学习后的兴奋水平压抑或增强记忆的。后者似乎更有可能性，因为学习后的兴奋水平对记忆形成时的蛋白质合成的速度和合成过程的时间长短起重要作用。例如，上面曾提到过的，强的脚部电击产生强的记忆。在练习中受到的强电击无疑提高兴奋水平。此外，在训练后电刺激网状结构也能助长形成长期记忆。

另有一种假定认为有些抑扬记忆的药物可能是通过改变动机因素的反馈作用影响长期记忆的形成的，因为一个动物或人在获得的各种信息中要贮存哪些信息是要经过选择的。如果某种刺激或行为伴有与重要的动机有关的后果，它就更容易贮存在长期记忆中。儿茶酚胺类，特别是去甲肾上腺素，常常是在动机性的反馈过程中起重要作用的。这类神经递质系统已证明在记忆的贮存中起着重要的作用（如上节所述）。

# 人类的记忆困难问题

理解经验的获得、记忆的贮存和提取的机制，可以应用于防止或减轻许多记忆困难的问题。现在对许多治疗记忆障碍的药物的作用已有了不少的认识。

## 改善记忆的药物

有些能影响实验动物的记忆形成或回忆的药物应用于人也有同样的效果。例如，胆碱能的竞争物——槟榔碱（arecoline）和乙酰胆碱的先成物——胆碱（choline），能改善正常人对系列词的记忆。胆碱能的拮抗药物东莨菪碱妨害这种记忆。学习成绩越坏的被试，服用槟榔碱或胆碱越见效。这就是说，像槟榔碱或胆碱这种药物能使一个人的胆碱能系统的活动达到一种最佳水平，从而改善他的记忆。但是它们不能使一个已经具有最佳的胆碱能水平的人的学习更好（N. Sitaram et al.，1978）。毒扁豆碱（physostigmine）能促进正常人的文字材料的记忆贮存和提取。这种药物的作用是抑制乙酰胆碱脂酶，从而延长乙酰胆碱的活动（K. L. Davis et al.，1978）。

有一种早衰性痴呆症，也叫做阿耳茨海默氏痴呆（Alzheimer's dementia），这种病人的大脑皮质中没有足够的合成乙酰胆碱所需要的酶。初步的实验证明，只用毒扁豆碱治疗不能改善患者的记忆，但是用毒扁豆碱和卵磷脂（lecithin，一种乙酰胆碱先成物）配合治疗是有效的（B. H. Peters and H. S. Levin，1979）。

最近发现脑中含有加压素（vasopressin，一种抗尿激素），这可能是一种突触递质。给啮齿动物注射加压素能助长记忆的形成。给三个脑震荡病人和一个酒精中毒病人试用几天后使他们都恢复了记忆（J. C. Oliveros et al.，1978）。

前面讲过，科尔萨科夫综合症是酗酒产生的一种遗忘症，是由于缺少维生素 B₁（thiamine）而产生的。服用维生素 B₁ 可使酗酒者少出现科尔萨科夫综合症。但是，如果酒精中毒太深，损害了神经系统，服用维生素 B₁ 也无效了。这种症状的发展是由渐而著的。即便不是酗酒者，但常常在社交场合喝醉的人，其记忆也会受到一定程度的损害，解决问题的能力也会降低。

已知记忆的形成包含着几个阶段和许多过程。记忆的缺陷也往往不是由于一种过程的障碍产生的。因此，改善记忆用多种药物效果会比只用一种药物好。

## 智力落后和痴呆的治疗问题

智力落后和痴呆与学习和记忆能力的薄弱是分不开的。改善学习和记忆能力无疑会促进智力的发展和改变痴呆的面貌。

**一、智力落后的问题** 智力落后的因素很多。但对大多数智力落后者的病理原因是不容易查清楚的。已知有一种遗传性的智力落后是因为体内缺少一种使苯丙氨酸（phenylalamine）转化为酪氨酸（tyrosine）的酶，致使苯丙氨酸的代谢产生一种有毒的物质（可能是 phenylpyruvic acid，笨丙酮酸）。这种病叫做笨丙酮酸尿性智力不全（phenylpyruvic oligophrenia）或苯丙酮酸尿症（phenylketonuria，缩写为 PKU）。诊断这种病的方法很简单，用一种试纸放在婴儿的尿布上观察颜色的改变，即可确定有没有 PKU 病。如果婴儿有这种遗传病，能在 2 岁以前诊断出来，注意不给他们吃含有苯丙氨酸的食物，他们的智力还能得到正常的发展。

还有一种不正常的基因决定的智力落后，称为泰萨二氏病（Tay-Sachs disease），也叫做家族黑蒙性白痴（amaurotic family idiocy），现在还没有好的治疗方法。将来有可能利用遗传工程的方法恢复患童的 DNA 所缺少的遗传指令来治疗这种疾病。目前最好的办法是查出有这种基因的胎儿后早日坠胎。

另有许多智力落后是因缺乏文化教育造成的。神经系统在发育期间没有得到充分的刺激和训练，致使脑的组织和生化过程不能健全地发展出来。对于这种智力落后者进行补习的教育能改善他们的学习能力和提高他们的智力水平。

**二、老年性痴呆的问题**　　年纪大的人常常有痴呆现象。过去曾认为这种痴呆和上面提到的早衰性痴呆（即早于40或50岁出现的痴呆）有所不同，但近来多数研究者相信它们是同一种病，在行为症状和脑的病理学上都是一样的，只是有的出现较早，有的出现较晚。

这种病第一个明显的症状就是丧失记忆。病情发展很快，在一年或两年中患者就到了生活不能自理的程度。轻微者可以用前一节中提到的药物治疗。重者很难治愈。

痴呆的神经基础是在衰老人的大脑皮质和海马中出现了神经原纤维的缠结（neurofibrillary tangles）和斑块。这种病似乎有遗传因素，因为患者的近亲中也多有患此种病者。但遗传的原因还不清楚。

脑外伤也会导致此病。许多长期接触某些金属（如铅、铝等）也会发生这种病。

除用上节提到的胆碱能药物治疗这种病外，鼓励患者尽量地多活动也可以使病情的发展慢下来。如劝说老年人多参加社会活动，鼓励他们记日记或写每天的活动计划，都是防止老人患痴呆病的好办法。老年痴呆也是当今神经病学和生理心理学研究中的重要课题。将来一定会找到更好的防止和治疗的办法，使更多的老年人得以欢度晚年，同时减轻他们的子女的家务负担。

# 第十二章 高级心理过程的脑基础

概论
人类的语言
 鸟鸣和人言的比较
 人类以下灵长目动物的发声
 关于猩猩学习人类语言的问题
人类的脑损伤和语言障碍
 失语症的类型和脑损伤部位的关系
 聋哑人的失语症
 会两种语言者的失语症
 不能阅读症
 脑的电刺激所产生的言语障碍
 失语症的康复
大脑两半球的功能不对称性
 割裂脑的研究
 正常人左右大脑半球信息加工的不同
  一、两半球的听觉加工的差别
  二、两半球视觉加工的差别
  三、两半球对情绪认识的差别
  四、两半球在分析和整体认知方面的差别
 左利手者的问题
 关于两半球功能差别的解剖和生理学的研究
 大脑两半球功能不对称的根源
 有关人类大脑两半球认知功能不同的理论问题
 人类的大脑皮质内语言系统的发育问题
联络皮质的高级功能
 额叶损伤的后果
  一、额叶损伤的病人
  二、额叶切除对人类以下的灵长目动物的行为的影响
  三、对丘脑和额叶的单个神经元的电生理的研究
 顶叶皮质损伤的后果
  一、知觉缺陷
  二、空间定向的障碍
  三、一侧无知症状

下颞叶损伤的后果
  一、下颞叶不同区域的损伤对视觉功能的影响
  二、对下颞叶皮质细胞的电生理的研究
  三、人类下颞叶损伤的视觉障碍
  四、电刺激下颞叶的反应

关于高级过程的平均诱发电位的研究
  平均诱发电位的性质
  平均诱发电位与注意
  平均诱发电位与行为定势
  平均诱发电位与决策
  平均诱发电位与记忆的定位

# 概　论

高级心理过程指的是对复杂事物的认知或理解，或进行思维的过程，以及人类用语言来表达的各种意识活动。生理心理学在这方面的研究尚处于幼稚阶段。然而无可否认，这是生理心理学研究中的核心问题。了解人类的思维和意识活动的神经机制，无疑是生理心理学研究的最终目的。

人类的思维似乎离不开语言，虽然两者并不一定是同一神经过程。但是，人类不借助语言就无法表达细致的思维过程。因此，本章将从语言的脑基础开始。

从行为的角度来看，人类和动物的一个最显著的区别就是人类有用清晰而多变的音节和一定的规则（文法）组成的、以词为单位的语言。人类用语言不仅能够互相传达有关周围世界的信息，而且能表达个人的主观世界的动态，包括各种的经验、思想和情感。此外，人类的语言还可以从声音信号的形式转变为用视觉可以接收的文字形式。这样就使得人类互相传递信息的能力超越了空间和时间的限制，因而出现了人类独有的万世连绵和不断发展的丰富多彩的文化。人类的文化环境又使得人类的适应行为再也不能离开语言。

语言的实质是用符号性质的词和由词组成的句子，来传达关

于具体事物的和一个人自己的思想和愿望的信息。人在进行思维的时候，也大都是加工或处理语言信息，即操作一些由语言符号所唤起的、比由实际的刺激物（听觉的或视觉的）所兴奋的神经线路更为整合的线路。脑的加工语言符号的系统，巴甫洛夫称之为第二信号系统。这个系统使得人类的思维活动不仅更有系统性，而且可以摆脱或超越现实的刺激物的限制，使得人能进行抽象的思维，形成各种的概念。所以，要讲高级心理活动的脑机制，从有关语言的脑机制开始是合理的。此外，还有一个更现实的理由是，目前有关语言的脑机制的知识远比对一般思维的脑机制的知识多。

# 人类的语言

人类说话，动物鸣叫，都是种内的个体之间互相通讯的手段。然而，如果拿某些动物的鸣叫和人类说话作一比较，则可以看出人类说话的独特性质。

## 鸟鸣和人言的比较

有许多鸟类能唱出婉转动听的歌声，还有许多种鸟善于模仿其他动物的啼声，有的还可以学人说话，如鹦鹉和鹩哥。用声谱仪来分析某些鸟类的歌声，发现它们也有不同的音节组成的句子。这近似人的言语。在某些鸟类中，如白冠雀和金丝雀，雄性鸟要唱出本种的完全的歌声还需要在幼时有听到成年雄性唱歌的机会。这又和人类的言语发展需要幼时有语言环境有类似之处。有的鸟（如白冠雀），同种的歌声还带有地区的特点，即所谓有不同地区的"方言"。这也是和人类的言语相似之处。此外，从脑的控制方面来看，大多数右利手的人说话是由大脑的左半球控制的，而某些鸟（如金丝雀）唱歌也是由左边半球单侧控制的（F. Nottebohm,1979)。然而在人说话和鸟唱歌的这些相似性中却存在着巨大的差别。

（1）一种鸟的歌声纵然有音节和句子，但变化是极其有限的，能传达的不外乎是一些具有直接的生物意义的信息，如警报、声明占有领地、招引异性、示威或准备进攻入侵者的信号。这是无法和人类的丰富语言相比拟的。

（2）有的鸟只能学习本种鸟的歌声，不能学习异种鸟的歌声。有的鸟虽然能学习其他鸟的歌声，甚至学人说话，但它们就像一架能收能放的录音机一样。它们不能自己创造新的歌曲。人类能学习各种语言，能创造新的词汇和语句来表达新颖的思想。

（3）从发声的机制上看，鸟类是用鸣管（syrin）唱歌的，人类是用声带（vocal cord）发音的，鸣管的控制中枢在上纹状体，声带的控制中枢在大脑皮质。

## 人类以下灵长目动物的发声

20世纪30年代初，耶克斯（Robert M. Yerkes）曾记录过黑猩猩在各种条件下，如要求食物、警告对方和惧怕时发出的许多种声音。这些声音在音调的变化上是多样的。但分析起来，其中包含的母音和子音，以及子母音组成的音节却很少。这说明黑猩猩还不能充分运用喉、舌和唇齿多种配合发出人类言语中所必要的一切母音和子音。看来它的发音能力距离学习人类的音节清晰的言语还相去甚远。还有人（P. Lieberman, 1979）进一步指出，从演化上看，人类以下的灵长目的声带近似婴儿声带的样子，因此不能发出说话所需要的全部声音。

最近有人（D. Ploog, 1981）研究了低等灵长目松鼠猴的发声行为，发现它们有作为个体之间通讯手段的各种叫声，如尖叫声、呱呱声、唧唧声、呜呜声和汪汪声。这些叫声有的能穿过森林达到很远的地方，传达警报，宣告地盘的占有和表示其他的情绪状态。用电流刺激松鼠的大脑皮质以下的某些部位可以引起发声行为。引起发声行为的脑区往往也是引起攻击、摄食和性行为的区域，如下丘脑的外侧部分和边叶的一些地点。但是用电流刺激大脑皮质却未发现有产生发声行为的区域。

另有一些实验证明，人类以下的灵长目动物的大脑皮质切除之后，对它们的发声无明显影响。而人的大脑皮质损伤后则会严重影响人的言语。看来人类说话需要有大脑皮质，而动物的鸣叫可以不要大脑皮质。这又是两者间的一个重要差别。在此值得注意的是，大多数动物都是在情绪状态下才发声的。而人类在日常生活和工作中是经常说话的，在有情绪的时候甚至故意不说话。这些都和大脑皮质的控制有关。

## 关于猩猩学习人类语言的问题

在四五十年前，有些研究者试图教黑猩猩学人说话，都没有成功。后来人们都承认，黑猩猩还不具备学人说话所要求的发音器官。于是人们进一步去研究像黑猩猩这样高级的动物能否学习其他形式的人类语言。最初是葛德纳夫妇（Allen and Beatrice Gardner，1969）用美国聋哑人用的手势语（sign language）训练黑猩猩。结果发现黑猩猩能学会许多手势，而且似乎能自发地把学会的手势编成新的词序（句子）。

在此之后，普雷马奇（David Pramach，1972）又采取了另一种方法训练黑猩猩。他教黑猩猩认识代表事物的符号（各种颜色和形状不同的小板板，可以贴在带磁性的壁板上）。黑猩猩经过长期的训练，能用一些小板板按照学习的"文法"摆成表示一种意思的简单句子。

最后在耶克斯灵长目中心，朗博（D. M. Rumbaugh，1977）又设计了教黑猩猩使用一种计算机语言的实验。这种语言称为"Yerkish"。它有一个键盘，上面有许多代表"词"的键。黑猩猩很容易学会使用许多的词（按适当的键要求某种东西），并且能把这些词串起来组成新的有意思的句子。

这样看来，像黑猩猩这样有较高智力的动物，虽然不具备说人话的发音器官，但是，它们似乎能够学习人类语言的某些成分，如词和词的简单用法。

然而，对于黑猩猩习得的这些技能是否可以称为语言，仍有不同的看法，从方法学和理论上都有人提出问题。例如，特雷斯（Herbert Terrace，1979）经过对一只幼年黑猩猩学习手势语的观察和严格的测验发现，黑猩猩用手势串成的句子都是试者有意或无意地做给它看过的。它实际上是模仿，而不是创造。照语言学家的说法，文法是语言的实质。只有掌握了文法才能创造新句子。不能认为黑猩猩串成的句子是自己创造的，因此也不能认为它能掌握人的手势语。

另一种看法认为，真正的符号化的语言不仅仅能用来代表某些事物和动作，而且还应该能表示想交谈的意向，或能够表示某种内在的思维过程。这些过程在黑猩猩运用学习的语言中可能是看不到的。因此黑猩猩是否真有掌握语言的能力仍然是一个有争论的问题。有一点可以肯定，那就是黑猩猩的大脑皮质的确还远不如人类的发达，可以设想它的思维能力和对人类语言的理解程度不可能与人类等同。

## 人类的脑损伤和语言障碍

我们对语言的脑机制的认识大都来自因脑损伤而产生的各种语言障碍。有90%～95%以上的患失语症（aphasia）的病人都有脑损伤（有的是外伤事故，有的是种种疾病造成的脑损伤），而且损伤部位都在左半球。只有5%～10%的失语症患者的脑损伤在右半球。

# 失语症的类型和脑损伤部位的关系

语言障碍的性质决定于损伤的大脑皮质的区域。在大多数人的左边的大脑皮质上,有两个区域损伤后严重地影响说话能力。一个区域在额下回,靠近控制舌和面肌的运动皮质,称为布劳卡氏区(Broca's area)。此处损伤的病人吐字非常困难,说动词比说名词更难,而且勉强说出的话也常常有文法上的错误,但这种病人还能写字,还能听懂别人的话,也能阅读。这种病人的言语障碍称为布洛卡氏失语症(Broca's aphasia)。患有这种病的人常伴有右瘫或右半身无力。这样的病人其损伤区往往是比较大的。用电流刺激布洛卡氏区可使正在说着话的病人立刻停止说话(W. Penfield and L. Roberts,1959)。这个区域的损伤看来影响的是控制说话的运动机制,即妨害了由此区向控制喉和舌活动的一级运动皮质去的输出。

另一区在颞叶和顶叶交界的地方,即在颞上回的后上方,接连角回(anguler gyrus)的部位,称为韦尼克氏区(Wernicke's area)。这个区域损伤的病人说话没有困难,但言语杂乱无章,没有任何意思。这种病人也听不懂别人的话和看不懂文字。这叫做韦尼克氏失语症(Wernicke's aphasia)。

韦尼克氏区邻接一级听觉皮质。听觉皮质的输出传至韦尼克区,在此可能进行某种语言的分析。从这个区域传出的神经兴奋到布洛卡氏区,由布洛卡氏区控制指挥喉舌运动的皮质,产生有意义的言语(N. Geschwind,1972)。

此外,还有第三种失语症,叫做传导失语症(conductive aphasia)。这种病的特点是能听懂别人的话,但不能重复别人的话。这种病人说话时发音往往不正确,也不能朗读。产生这种障碍的原因是损伤了韦尼克氏区和布洛卡氏区之间的神经联系。

在脑损伤造成的各种失语症的患者之中从未发现有特别的语言单位,例如音位或前置词的丧失。脑损伤产生的变化似乎是语言功能的一般模式的改变，主要是和运用语言的一般规律有关的缺陷，可以说是一种高级过程的障碍。

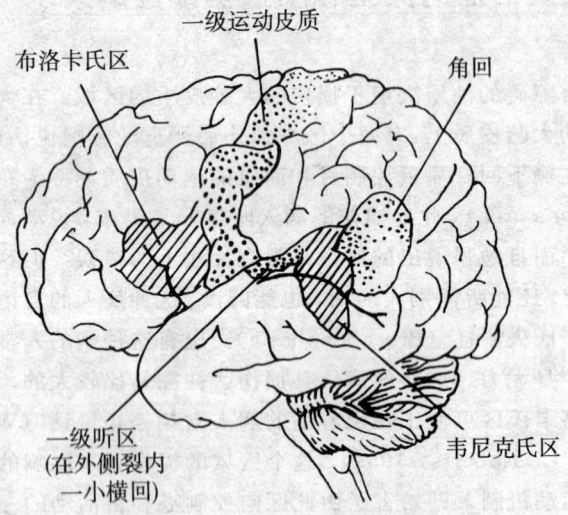

图 12-1　大脑皮质的语言区

## 聋哑人的失语症

　　手势语虽然与发音器官无关，但也是人类运用的一种语言。实际上它和书写的动作是同样性质的。研究运用手势语者的失语症对认识语言的实质及其脑机制很有帮助。

　　人类的手和臂能做各种的细致动作。人也能用手和臂的动作表示各种意思。这是人类共有的能力。用手势传递信息的能力在黑猩猩中已经出现了。因此有人认为，人类语言的起源也许是先用手势，然后伴之以发声。由于声音通讯比用手势通讯有利，例如可以传到较远的地方，不受方向的限制，在互相看不见的地方或在黑夜中都可利用，因此，声音通讯就取得了优势地位，随之而来的是人的发音器官和脑的控制发声的部分，收听和分析语音的部分也发达起来。现代的人类虽然以语言交际为主，但手势仍在被利用。而在失去了听觉能力的人中,就只能尽量利用手势来交际了。

用手势来交流复杂的思想,必须要按照一定的、公认的规则来做手势才能表示确切的意思。这样就出现了聋哑人的手势语。在手势语中有代表一定事物的个别手势(词)和运用手势的规则(文法)。手势语不仅能表达细致的思想,而且能表现方言的特点。因此,研究者应该探讨手势语和有声语言的神经组织是否同属一个系统,例如,手势语的大脑皮质的控制中枢是否也在左半球?是否也涉及到正常人的语言区?

在这方面的研究工作是十分少的。在此可举两个例子。一个是由聋哑父母养大的一个青年,他原来能说话也能用手势语,后来因意外的事故患了失语症。他的说话、手势语和写字能力都有了同样严重的障碍。他能重复实验者的复杂手势,但不能自发地做手势(R. J. Meckler et al., 1979)。另有一个自幼聋哑的病人,她能用很熟练的手势语。在她59岁时头部受了一次沉重打击,此后她两手都不能再做手势语。从计算机做的层描图中,看到她的左颞叶皮质有大面积的损伤。几个月之后测验她,发现她的手势语有所恢复,但只能做简单的短句。在这些手势中出现的许多错误也和有声语言的失语病患者在说话和书写中发生的错误非常相似,如语法混乱和用词不当等等(C. Chiarello et al., 1981)。

这两个病例表明,口语和手势语的神经控制机制是相似的。在这两类病人中,大脑皮质的损伤都是影响了按照一定规则组织和分析符号信息(口语或手势)的机制。

## 会两种语言者的失语症

有些人能说和能写两种或几种语言。许多研究者希望能从这种人的失语症中考察不同的语言是否共用一个控制系统,或者说大脑皮质的部分损伤是否对两种语言有同样的影响。然而考察了许多病例之后,发现情况十分复杂。语言丧失和恢复的情况十分不同，似乎和许多因素有关，如学习两种语言的年龄和时间、语言的种类（欧洲语还是亚洲语）和患失语症时的年龄。

在能用两种语言的失语病人中，大致有一半是两种语言有同样的障碍，恢复时也同样地恢复。这似乎说明，两种语言在脑中是由一个系统组织的。但有少数的例子表明，两种语言的恢复是有先后的。然而，却没有一致的规律说明先学的语言先恢复，或后学的语言先恢复。还有极少数的例子是一种对抗性质的，即一种语言的恢复抑制了另一种语言的恢复。不过有一件事实是清楚的，即没有确实的报告发现过一种语言丧失而另一种语言无损的病例（M. Paradis，1977）。这似乎说明脑中的语言系统是统一的。

## 不能阅读症

有些儿童具有正常的智商（IQ），甚至较高的智商，但是很难学会读书。这被称为不能阅读症，或诵读困难症（dyslexia）。

研究者发现，这是一种发育上的语言障碍，它还涉及到语言功能的其他方面。例如，一个患此种病的人，自幼时很晚才学会说话，从13岁到19岁屡次受测验，他的阅读都是极其困难的。但他的智力是正常的。他的父母也有阅读的困难。在他20岁时因意外事故而死亡，解剖后发现，他的左半球的颞叶皮质是畸型的，由许多小回构成。明显的不正常的区域在听觉区的后方，这个区域是韦尼克氏区的一部分。在此区及其他皮质区有不正常的细胞层，看见许多细胞在不正常的位置聚集成堆，但右半球的皮质在各方面都是正常的。这一发现说明，左半球局部结构的不正常能产生阅读困难。

## 脑的电刺激所产生的言语障碍

有些患严重癫痫又久治不愈的病人需要做脑手术，一般是要切除颞叶的病灶。在切除之前,为避免伤及有语言功能的区域,常用电流刺激皮质上的某些地方以探试可以切除的范围。在做这种脑手术时,一般使用局部麻醉,病人是清醒的,可以说话或回答医生的问题。因此发现了一些与语言有关的皮质区。

最早做这种观察的是加拿大的脑外科医生彭菲尔德和他的助手(W. Penfield and L. Roberts,1959)。他们根据在许多病人的大脑皮质上用电刺激不同地点引起的反应,画出了左半球皮质上许多与语言有关的地点。一部分地点在中央沟的前方,多数集中在布洛卡氏区和一级运动皮质控制的舌和喉的区域。这些地点接触电刺激时,正在说话的病人会立刻停止说话。但当刺激的电极拿开时,立刻恢复说话,而且是接着停止前的话茬说。另有一些地点被刺激时,病人会说错物名或重复说一句话,这些地点大都散布在中央沟后方的颞顶皮质区,中央沟前面的额叶也有这种地点。

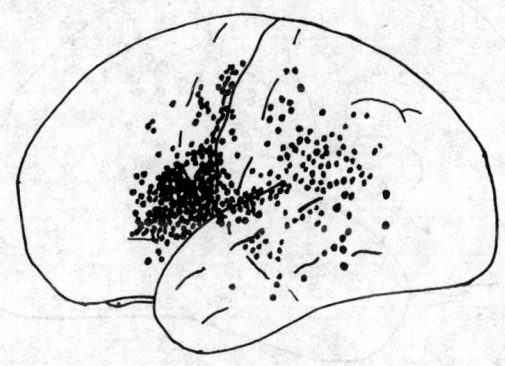

图 12-2 刺激时停止说话的皮质点(W. Penfield and L. Roberts, Speech and Brain-mechanisms, 1959)

近几年来应用新的语言分析的技术,如在刺激皮质的不同地点时分析口和唇的运动、声音的辨别、说出的物名和记忆等情况,画出了更为详细的皮质功能图,发现有几个系统。

第一个系统在刺激时制止说话,妨碍了整个面部的运动。这个系统被认为是皮质控制说话的最终的运动通路,处于额叶皮质

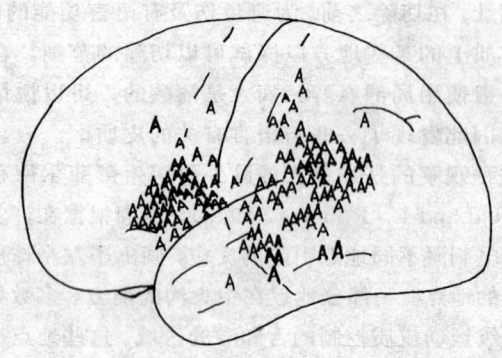

图 12-3 刺激时产生计数错乱、不能说物名和误解词义的皮质点（出处同图 12-2）

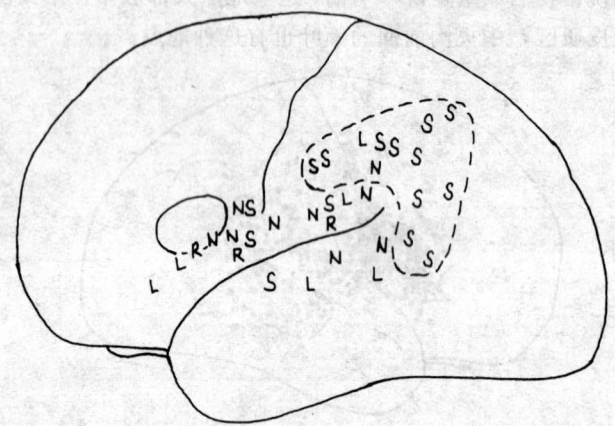

图 12-4 从四个病人中查明的语言功能的皮质区。N 刺激时产生说物名的困难，R 刺激时产生重复的运动，S 刺激时短时记忆错误，L 有关语理解的地点。(G. Ojemann and C. Mateer, 1979)

的前运动区的下部。

第二个系统被刺激时改变了面部运动的正常模式，妨害了音位的辨别（如不能辨别 p、b、d、t 等等）。这个系统包含有额叶、颞叶和顶叶皮质下部的许多地点。

第三个系统被刺激时会引起记忆的错误。它处于那些在刺激时妨碍音位辨别的地点的周围。

另外还有其他一些散在的皮质点刺激时会产生阅读的错误。

## 失语症的康复

有许多人在因脑受伤而失语后，还可以恢复语言能力。对于某些病人来说，语言的恢复要靠特别的治疗方法。具体的方法常常是从治疗中摸索出来的，而不是从理论中产生的。

失语后，语言再恢复的可能性可以从几方面的因素来预测。一般脑外伤（如头部受重击）后的失语症较易康复。患严重失语症者不易康复。左利手者的失语病比右利手者的易康复。近亲中多有左利手者的失语病人也比亲属中没有左利手者的失语症病人容易康复。

研究者发现，绝大多数因脑外伤而失语的患者都是在伤后三个月开始康复的。另有许多患者经过一年的时间也未能康复。然而，研究者认为，这可能是由于治疗方法不对，而不是由于神经系统的可塑性的特殊性质；并认为康复有一系列的阶段，可以从语言的特性上来区分，即在整个过程中病人的失语症的类型有所改变。一般最后残余的是不能说物名（或说物名很困难）的失语症（anomic aphasia），这常被称为后遗症（A. Kertesz，1979）。

在幼年儿童中，在脑受伤之后失语症的康复比较完全，这可能包含着语言功能从左半球向右半球的转移，这一假设最近从一个成年的失语病人的康复中得到了支持。这个病人的左半球受了伤，计算机做出的层扫描证明左半球的韦尼克氏区和布洛卡氏区完全损毁。在受伤之后他的语言只剩了少数的词，实际上词义也丧失了，他听不懂口语。三年以后他能说令人听懂的短语，也能正确地认识事物名称。因为他的左半球的语言区已完全损毁，所以此人的语言能力的恢复就很可能是用右半球来完成的（J. L. Cummings et al.，1979）。

从失语症能康复的事实中，人们得到了一种新的认识。过去曾把神经系统看做是一个组织固定不变的器官，现在看到了脑的组织和功能是可变的。这使得人们对脑损伤后的功能障碍的治疗和康复有了信心。治疗失语症的方法大都从经验中来，没有固定的方法。一般都认为听觉的刺激和重复是重要的，最近发现，用音乐治疗很好。有人发明了一种歌咏治疗法，或叫做"有旋律的朗诵治疗"（melodic intonation therapy）。这是因为人们看到失语症患者常常能唱出一些词和短句，但不能说，这种治疗方法就是鼓励和指导病人用唱歌的方式和人交谈，即唱出他想说的话来。在治疗过程中让病人从唱歌方式逐渐地转变为说的方式。这种治疗方法曾在一些失语病人中取得了疗效。

## 大脑两半球的功能不对称性

大脑两半球功能不对称性，也叫做大脑半球功能的专化（functional specialization）或功能的单侧化（functional lateralization）。在本世纪初，当人们确信大脑两半球在语言功能方面不一样的时候，曾把控制语言的半球，即大多数人的左半脑称为优势半球（dominant hemisphere）。这个名称实际上是不确切的。以后的许多研究证明，非优势的半球，即大多数人的右半球，并非是完全无能的。相反，右半球在某些功能方面还优于左半球。多年来的研究证明，两半球所表现的功能优势的不同实质上是工作方式的不同，例如在认识方面。两半球各自的专长和工作方式如表 12-1 所列：

表 12-1

| 左 半 球 | 右 半 球 |
| --- | --- |
| 语言的 | |
| 拼音的 | |
| 顺序的 | 非语言的 |
| 分析的 | 全盘的 |
| 命题的（逻辑的） | 综合的 |
| 个别的时间分析（节奏的） | 完形的 |
| | 形状知觉（空间的和旋律的） |

这就是说，两半球中存在着不同的功能系统，某些系统在左边，某些系统在右边。这就是功能单侧化的意义，一般称之为大脑两半球的功能不对称性。

人体表面看来是对称的，实际上任何一对左右对称的器官在功能上未必都是对称的。两只手的力量和技能不一样，两个眼睛的视敏度也常常是不一样的。所以大脑两半球的功能不对称性不是一种特殊现象。然而，由于两半球之间有紧密的联系，在日常工作中它们是互相协作的，因此掩盖了它们各自的工作特点和各自的特殊贡献。它们的工作特点只有在割断它们之间的联系的情况下，即在割断了胼胝体的、所谓割裂脑（split-brain）的病人中才能发现。

## 割裂脑的研究

大脑两半球的不同的功能特性近十几年来由斯佩里（Roger Sperry, 1974）及其同事们在割裂脑的病人中进行的一系列研究而得到了比较充实的说明。有少数患频发性的严重癫痫病者，经过检查确定，他们的癫痫发作是从一边的半球开始扩散到另一半球的。试图治疗这种癫痫病的一种脑手术是切断连接两半球皮质的胼胝体，使一个半球的癫痫活动传不到另一个半球去。这种手术也叫做连合切开手术（commissurotomy）。试验证明，手术后病人的癫痫可以缓解。早在30年代，有的研究者曾用一般的行为测验（如成人的IQ测验）证明这种手术不影响病人的智力。然而，后来用割断胼胝体的动物实验，给手术后的病人做更严格的测验，发现两半球的联系断绝后确实产生了许多行为特点。

50年代开始研究动物两半球的连接切断后对行为的影响。例如，切断猫的胼胝体和视交叉（optic chiasm），使得各只眼获得的信息只供给同侧的半球，以及在两个半球皮质中的视觉信息彼此也不能再通过胼胝体发生联合。让这样的猫用左眼学习辨别两个符号（如△、▽），一个（如△）被选择后给食物，另一个（如▽）被选择后则不给食物；然后再让这种猫用右眼作相反的选择。实验结果证明，割裂脑的猫能够用左眼习得的方式辨别呈现给左眼的符号，用右眼习得的方式辨别呈现给右眼的同一对符号，两者互不干扰。

到了60年代，由于确信割裂脑的手术能控制癫痫在两半球间的扩散，做这种手术的病人就多了。同时由于在手术前和手术后采用了心理学家斯佩里设计的一系列测验，从而对病人的脑功能进行了详细的研究。测验方法的原则是把刺激只呈现给一个半球，以观察病人的认识特征。例如，手术后让病人只用右手摸物体，右手获得的感觉信息传到左半球的躯体感觉皮质。因为胼胝体已经切断，这些信息不能传给右半球，就只能由左半球单独加工。这时对物体的知觉完全是左半球的功能。

在另一些实验中，例如把文字投射给左眼视网膜的鼻侧和右眼的视网膜的颞侧区，这样关于文字的信息就只能到达右侧的半球。在这种实验中，由于被试的眼球经常转动，所以常用速视器及其他光学装置使物像只呈现左眼的颞侧和右眼的鼻侧，或右眼的颞侧和左眼的鼻侧。实验证明，被试容易读出投射到左半球的词，而投射给右半球的词被试则读不出来。这似乎说明右半球没有语言能力。这是过去研究的情况。但后来发现右半球也有一点语言能力，例如，它可以认识单词（E. Zaidel, 1976）。一般说来，右半球的词汇容量和文法的运用能力远比左半球的薄弱，或者说在发展上是很落后的。但是在认识空间关系方面，如鉴别无规则的图形，右半球却比左半球优越。

斯佩里等人的发现不仅肯定了早先用动物做的研究结果，即两个半球可以独立工作，而且证明了只有发生在左半球的过程被试才可以用语言表达出来。概言之，在大多数的人中，是用左半球加工语言和控制说话的。但每一个半球也能独立地加工和贮存自己擅长处理的信息。

不会说话的右半球的认识能力可以用无语言的方法测验。例如，把割裂脑的病人的右眼蒙住，在他的左眼的左视野中呈现一把钥匙，这样钥匙的形象就投射到左眼视网膜的鼻侧部分，从这里发生的神经冲动通过视神经交叉的纤维将信息传送到右半球的视觉皮质。由于胼胝体已割断，所以关于钥匙形状的信息就只能在右半球上加工了。然后要求被试在许多形状不同的钥匙中用手摸出曾给他看过的那一把。在这种实验中发现，病人如果用右半球所控制的左手来摸，他会摸出正确的钥匙；如果用左半球控制的右手摸，则是失败的。这不仅说明右半球有认识能力和贮存信息的能力，而且说明在胼胝体割断的情况下，右脑接受的信息和右脑控制的左手做的是什么，左脑是完全不知道的。

这类实验也证明，左脑在语言功能方面占优势；右脑在加工空间信息方面占优势，特别是当用手摸索而不是简单地辨认一个视觉形象时右脑完成得更好。

关于左右两半球功能的特异性，不能作简单化的、夸张的理解。在正常人中两半球的工作是互相影响和互相配合的。因此在正常人中检验两个半球的特异性的功能是比较困难的。然而也有人发明了一些检验的方法，也观察到两半球在信息加工方面的不同。

## 正常人左右大脑半球信息加工的不同

**一、两半球的听觉加工的差别** 研究者发明了一种两听技术（dichotic-listening technique）(D. Kimura, 1973)，研究正常人的两半球的听觉信息加工的差别。这是通过耳机同时给被试的两耳以不同的声音。例如，被试一耳听到一个说话的声音，同时另一耳听到一个母音或子音，或一个词，被试的任务是辨认或回忆这些声音。由此观察呈现给两耳的说话声是否同样正确地回忆出来。

这一技术一致地观察到大脑两半球的功能特异性。总的结果证明，右利手的人辨别呈现给右耳的语言刺激比辨别同时呈现给左耳的语言刺激更为精确。这被认为是右耳对语言信息的优势。相反地，有 50% 的左利手者表现了左耳对语言信息的优势。有些结果也证明右利手的人的左耳对非语言的刺激，如音乐的辨别比右耳敏锐。

对这一结果的解释是，一耳的听觉信息大部分传给对侧的听觉皮质，如右耳的信息大部传给左半球的皮质，左耳的信息传给右半球皮质。因此右耳对语言的优势也就说明了左半球皮质的语言优势（图 12-5）。

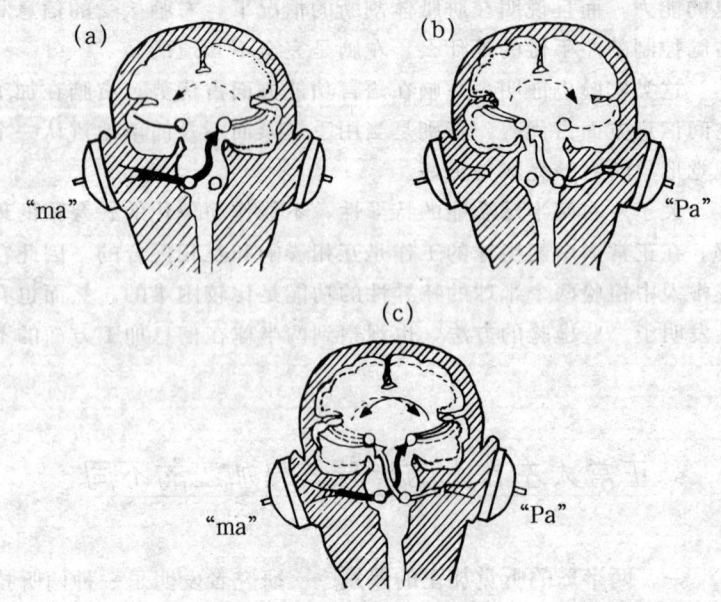

图 12-5　两听技术的图示
(a) 左耳的听觉传入到右半球皮质，再经胼胝体传递给左半球皮质；
(b) 相反；(c) 两听模式 (D. Kimura, 1973)

新近的研究证明，右利手者的右耳对语言声音的优势只限于对子音，如 "b" "d" "t" 和 "k"，对母音并未表现优势（P. Tallal and J. Schwartz, 1980）。因此某些研究者提出，右耳的优势实质上是反映左脑在加工声音上的特性，而非对语言声音的一般优势。研究者进一步指出，左脑似乎是对快速变化的声音的特性更为敏感。快速的变化当然是说话声音的特点。如果故意地慢语，即延长吐字的时间，左脑的优势就大为下降。用两听的技术研究的结果加深了人们对左半球的语言功能的优势性的理解。这就是说左半球皮质所表现的，辨别言语声音的优势不是一种对言语本身的特异功能，而是一种对快速变化的声音的特异的敏感能力。

**二、两半球视觉加工的差别** 研究正常人的大脑两半球在视觉功能方面的差异，常应用速视器把一个视觉刺激闪现在视野的右边或左边。从视神经向两半球的投射通路已经知道，右视野的视觉刺激兴奋左眼颞侧和右眼鼻侧的视网膜，发自这两部分的神经纤维经视交叉后合成一束，将信息传至左半球。而有关左视野的视觉信息则以同样的方式传至右半球。用速视器呈现在一边视野中的刺激一般只呈现 100 到 150 毫秒。在这样短促的时间内，眼球不至于转动，因此传入的信息都是到一个半球去的。当然在这样短的时间内也还不能完全保证一边皮质的信息不会通过胼胝体传给另一边的皮质。但由于时间的短促，两边的信息量总是有区别的。通过反复对比的测验方法可以揭露两半球加工视觉信息的不同性。

大多数的研究证明，文字的材料呈现在右视野比较容易认识，即说明左半球在这方面的优越性；而非文字的材料呈在左视野则比较容易认识。这是右半球的优势。简单的视觉功能，如觉察光、色和简单图形，两半球是一样的。

**三、两半球对情绪认识的差别** 在一种有趣的实验中，给被试戴一种特制的角膜镜，使任何一边视野中的信息都只能首先传给一边（左边或右边）的半球皮质。例如，物像投射在左眼鼻侧和右眼颞侧的视网膜上，信息就只能传给右半球皮质。物像投射在右眼鼻侧和左眼颞侧的视网膜上，信息就只能传到左半球皮质。被试戴上这种眼镜很快就能适应，没有不舒适的感觉。然后让被试看电影，看完电影后，用一种问卷表来测量被试的情感——愉快或不愉快。同样的影片，如果都是从角膜镜中投射到右半球皮质上时，大都报告说是不愉快的。这种实验经过多次重复得到一致的结果（G. E. Schwartz, 1975）。这似乎说明用右半球看世界是悲观的。但是人们知道在正常人中两半球的信息是交流的，两半球是联合工作的。为什么在戴上这种眼镜后会发现这种现象呢？解释是，在这种条件下，可能妨碍了两半球的信息的平衡作用。

**四、两半球在分析和整体认知方面的差别**　　在心理学中有一种棒框实验。这种实验是在暗室中进行的。让被试坐在一个能左右倾斜的椅子上，在对面的影幕上放映一个带方框的直光柱，方框也可以向左右做某种角度的偏转，同时让被试在身体不同的倾斜下判断光柱是否与地面垂直。有些被试的判断受方框倾斜的影响，这叫做与场有关的，或称依赖场的（field-dependent）判断。另有些人则不受方框倾斜的影响，叫做与场无关的，或称不依赖场的（field-independent）判断。研究者认为，这是涉及到人的性格特征的。给接受电休克治疗的抑郁性精神病患者做这种实验，发现当电休克作用于右半球使右半球功能暂时被压抑时，病人的判断多是与场无关的。人们认为与场无关的判断，参照的是来自自身肌肉或前庭器官的本体感觉。而与场有关的判断则是根据视觉刺激的整体或完形来判断的。参照本体感觉的判断是具有分析性质的。当右半球因休克后，只有左半球来进行判断。左半球做与场无关的判断，证明它的工作方式是分析性的。而右半球的判断则多是与场有关的，证明它的工作方式是重视信息的整体性质的。

## 左利手者的问题

大多数的人惯用右手写字和使用其他工具。据人类学家推测，用右手的习惯可能早在史前的人类就已经有了。这是从史前人类在山洞中留下的壁画和制作的旧石器中看出来的。此外，从原始人猎食的动物头骨的破裂处可以看到，大多数动物头骨的破裂处是在左边。人类学家推测这很可能是用右手打击的。与此同时,在悠久的历史中常常把惯用左手的人视为异常的人。甚而至于用左说明非正宗的法则,如"旁门左道。"英语称"左手的"为"sinistral",这个词和"sinister"(不祥的)来自同一个拉丁词根。

左利手者约占全人口的10%。在中国人中由于注意教育儿童使用右手,所以左利手者的百分比可能低于此数。

一般认为,左利手者的语言能力是右半球的功能。因此许多人想检查左利手者和右利手者的左右两半球在认知和情绪功能上是否有所不同。但得到的实验结果往往是不一致的。原因是划分左利手者和右利手者的标准不统一,同时也存在着实际的困难。有的研究者把用哪一只手写字作为划分的标准。有的研究者采用多种行为标准。如有人写字用右手,但做其他事则不一定也用右手,这样就难以确定他们是左利手者还是右利手者。若只用写字的手为标准就显得不确切了。

有人(C. Hardyck et al., 1976)研究过从一年级到六年级的7 000儿童的用手习惯和他们的认识能力的关系。收集的材料包括他在校的学习成绩、理解能力、动机和情绪活动,等等。经过详尽的分析,在任何方面都未发现左利手者和右利手者有何不同。

然而,曾经有过一种比较普遍的看法,认为左利手者多是脑受过损伤造成的。这种看法有时也会发现一些事实的支持。例如,人们(D. A. Silva and P. Saltz, 1979)发现,在1 400个智力落后的儿童中有17.8%是左利手者,这个百分数约为一般群众中左利手者的百分数的两倍。在这些儿童中,脑电图(EEG)表现不正常者,左利手者多于右利手者。因此研究者认为在智力落后儿童中左利手者的比率多,可能是与脑损伤有关。幼时脑损伤可能会改变手的优势。因为绝大多数人是惯用右手的,所以少数左利手者可能是因为左半球受伤后有关的功能优势移到右半球。

由于文化环境和教育的关系,有些人在幼时或可能是倾向于利用左手的,但是经过常规教育改用右手。据研究者观察,少数用右手写字的人执笔的姿势很特别,他们把笔尖朝向怀里,使笔尖在字行的上边。人们(J. Levy and M. Reid, 1976)认为从这种执笔的姿势可以推测他们的右一边的半球掌握语言功能。他们用前面讲过的在单侧视野呈现词或图像刺激的方法证明，这种右手执笔姿势异常的人和左利手者的左视野在认识文字上占优势，这似乎暗示语言功能掌握在右半球皮质。相反地，也有些用左手以同样异常的姿势执笔者，这些人也许是为了故意学这种样子，也许是为了这样能写出好的斜体字而养成的习惯，他们却和一般正常的用右手写字者一样，都是右视野认识文字好。这说明他们的语言功能都是左半球的优势。然而从这一工作所发现的事实是否能得出这样的结论，尚有争论。因为，用两听的技术实验却未发现左手或右手写字的姿势与两耳的不同优势有特殊关系（S. P. Springer and G. Deutsch, 1981）。

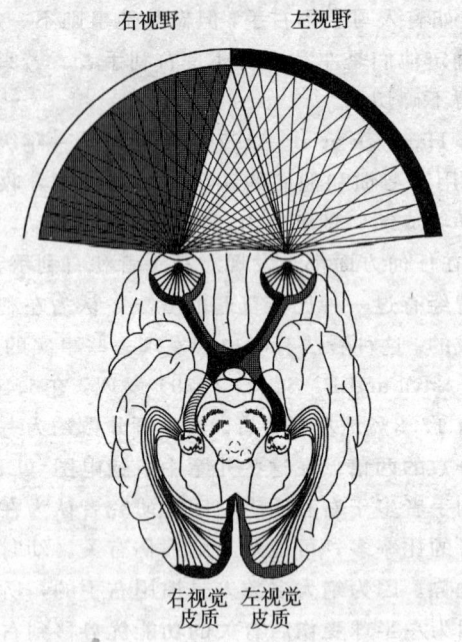

图12-6 视野在视网膜和半球皮质上的代表区域示意图

## 关于两半球功能差别的解剖和生理学的研究

近年来对大脑两半球皮质的解剖和生理的研究证明,两半球的功能差别是有其生物基础的。人体的许多器官左右并不完全对称。有的很明显,如心、肺、肝、脾等等。有的仔细检查也可发现两边的不对称性,例如,眼的大小、脸上的皱纹、嘴唇的边缘以及面肌的运动等都有细微的不对称性。有人指出,面部的表情两边是不一样的。左脸似乎更能表现情绪的变化。这被认为是和右半球更多地参与情绪活动有关。

研究人脑的解剖特征发现,有 65% 的大脑皮质的颞平面区 (planum temporale) 左半球的比右半球的大 (N. Geschwind and W. Levitsky, 1968)。只有 11% 的脑是右半球皮质的这一部分较大。某些研究还测量出左右两半球的颞面区的比例是 2∶1,即左边的是右边的两倍。这一区域包括颞叶的上部和韦尼克氏区。所以左边的这一区域大,被认为是反映了它的语言功能的优势。左半球皮质的这一区域不仅是面积较大,而且其中神经元的数量也多,神经元的树突分支也多。左右半球皮质的这一差别在 80% 的被解剖的新生儿的脑中既已存在。这些事实证明,人类左半球皮质的语言功能的优势是有其遗传的内在基础的。

在活人身上采用动脉造影术 (arteriography),在 44 个右利手病人的大脑两半球的动脉造影图 (arteriograms) 上,发现有 86% 的人的左边的大脑中动脉(即供给颞叶皮质的动脉)的血管比右边的大,分支也多。而在同样数目的左利手人中则只有 1.7% 的人具有这种左边的中动脉大的特征 (M. LeMay and A. Culebras, 1972; F. H. Hochberg and M. LeMay, 1975)。

用电子计算机做大脑半球的层描图,在大多数 (61%) 的右利手的人中发现,右边的额叶比左边的宽大。在左利手者中只有 40% 的人是这样的,相反地,他们大多数是左边的额叶宽大。在家族中有遗传性的左利手者中这种特点更为突出 (M. LeMay,

1977)。

在被试反应语言刺激或反应非语言刺激时,测量左右大脑半球的血流量也发现左右两半球的不对称性。一般在右利手的人中,当反应语言刺激时,左半球的血流量比右半球的多。反应非语言刺激时相反。

上述事实说明,左右两半球在解剖和生理方面都有不对称性。这是功能不对称性的内在的生物基础。

## 大脑两半球功能不对称的根源

大脑两半球的功能不对称性是否有某种生物适应的意义?这是一个使研究者们发生兴趣的问题。要研究这个问题需要知道它的演化历史,但是行为和它的控制系统没有留下化石的记载,因此关于它的演化和演化的原因只能在演化的一般规律中作一些推测。

有人认为,大脑两半球的功能专化起源于在许多经常的活动中是以不同的方式来使用左右肢体所致。例如,在人类最初使用工具打猎的时候,用一只手持握武器和用更大的力量,另一只手做精细的方向的调整和指导,或维持身体的平衡。前面曾提到,考古学家发现被人猎食的野兽头骨的伤痕多在一边,常常是在适合于用右手打的一边。受伤的人类头骨也显示出人类是用右手打人的,因为头骨上的裂痕多在左侧(在面对面战斗时用右手打击对方的左边似乎方便)。由于惯用右手的人在自然选择中偶然的或因某种原因的成功而演化出来的左半球同时也可能用来控制说话并随之产生了语言功能。但是必须注意惯用右手是脑发展的原因还是结果?尚难肯定。故此说只可供参考。

有几种关于说话和语言发生的理论。有的着眼于说话的运动方面,有的着眼于语言的认知特性。说话的运动器官包含着处于人身中线上的许多细小的肌肉系统,如喉和舌的尖端。已知感觉的敏度在身体中线上是比较低弱的。这可能是身体皮肤中左右两边的轴突末梢互相对抗的结果。中线上的这种两侧对抗特性对于说话的精确控制自然是很不利的。由单侧控制发音器官就可以避免两侧的对抗性的干扰，从而可以更精确地发音。前面曾提到过，发音器官的单侧控制在某些鸣禽中就出现了。

着眼于认知方面的看法是，半球功能专化的适应优点是，左半球提供分析性质的信息加工，右半球提供整体性的信息加工。这样两半球具有不同的认知方式，可以充分发挥自己的功能专长，可以互相补充，而不至于互相冲突。任何语言的或者认知的反应都由其自己的专职系统来完成，这是脑的最佳工作方法。所以半球的功能专化就在演化过程中发展起来。但是这只能说明两半球的分工是有利的，而不能说明为什么某些功能分在左边，某些功能分在右边，而不是相反。

## 有关人类大脑两半球认知功能不同的理论问题

在初期研究割裂脑的病人时，关于两半球在认知和情绪功能上的区别有过一定的推测。这种推测在正常人的实验中得到了鼓励。现在有些教育家提倡所谓的"两半球的教育"，因而这方面的研究论文也增加和普及起来。然而，有些实验结果常常使我们对所谓左脑和右脑的绝对分工不无疑问。如有些对割裂脑的病人的研究发现，右半球也有一定的语言加工能力。这种结果当研究者不用口语或文字作为惟一测量语言能力的手段时就越来越多了。例如，割裂脑病人可以用左手指出曾闪现在左视野中的物体的名称。此外，我们必须记住两半球之间虽然在许多功能上有差别，但是差别往往是很小的，而且在正常情况下也难以证明哪一个半球更多地参与某一具体工作。在大多数正常被试的实验条件下，很难说提供给被试的信息只限于到达一个半球。两半球同时加工信息是更有可能的，而且这是两半球典型的工作方式。

研究两半球的功能差异固然给我们提供一些线索来认识两半球的信息加工有一定的分工过程。另一方面一些线索也引导我们去认识无论割裂脑还是完整脑，人们所经验到的是心理的统一性质。即使在割裂脑的病人中,任何一种认知实验所得到的病人的有意识的反应都是统一性的。所以要分别地去教育每一个半球是不可能的。

# 人类的大脑皮质内语言系统的发育问题

语言的习得既需要有语言的环境,也决定于内在的发育过程。这就是说,不同的语言的特殊性质是从发育早期的学习中得到的,同时也可以看到,在一切文化社会中,儿童语言发展的阶段都有一致的规律。在任何文化中,婴儿第一年牙牙学话时发出的声音都是一样的。

语言功能单侧化似乎是遗传因素决定的。例如给婴儿做两听实验,证明大多数婴儿对右耳的声音刺激的变化比较敏感。实验是在婴儿吮乳时给一种声音刺激,当他对声音厌倦了时他吸吮的速度便慢下来,倘若再换一种声音,他的吸吮速度立刻加快,就以这种反应作指标来进行两种听实验。例如,用耳机给右耳以"ma"的声音,给左耳以"pa"的声音,当他听厌时吮乳的速度放慢,这时右耳或左耳的声音换一下,他会立刻就加快吮乳速度。实验证明,在大多数婴儿中,右耳声音的变换更能引起吮乳加速的反应。这说明左半球对声音的分析能力在婴儿中已占优势。这就暗示这种优势是由遗传因素决定的 (A. K. Entus, 1976)。

脑功能的这种遗传特性,在正常的语言发展的过程中越来越显著,最终确定了语言功能的单侧优势,对大多数人来说是在左半球皮质。

已知脑的不同部位成熟的时间是不一致的。胼胝体的成熟较晚,它的纤维生髓鞘可晚至 17 岁到 20 岁才能全部完成。有人认为语言单侧化的程度与语言发展的早晚有关。如果语言的发展开始在胼胝体大部成熟之前,即在两半球还没有交通的时候,两半球可能都会发展语言功能,如果语言发展较晚于胼胝的成熟,即在两半球有了交通之后,语言功能就可能只在左半球发展了。这是因为左半球有遗传的优势,当它发展语言功能后,它就通过胼胼胝体抑制了右半球的这一功能的发展，让右半球去专门发展其他功能。

许多研究证明，女孩子的语言发展早（在胼胝体开始工作之前），因此妇女语言的单侧化程度比男子差，也就是说，妇女的语言功能在两半球皮质上都有，但同时也发现妇女在空间知觉和定向能力方面比男子弱一些，这暗示，妇女的右半球虽然参与了一部分语言过程，但是也牺牲了一部分空间认识的能力。这也从反面说明了功能单侧化的重要意义，即使两半球各司其职，专其事才能精其术。有的实验还发现，妇女虽然语言能力强，但在分析和抽象性的语言加工方面似乎也比较弱一些。这可能是左半球也不能专于职守的结果。

还有一种看法是，两半球在发育速度上是不一样的，而在发育的关键期，雄性激素的存在与否又能影响两半球的组织发育。在还没有雄性激素时，左半球就开始发育了。右半球发育晚，在它发育的关键期已有了雄性激素，因此它的组织发育更受雄激素的影响。女性中雄激素的影响则甚少，这可能也是女孩语言发展早和单侧化的程度较差的原因之一（E. J. Nordeen and P. Yahr, 1982）。

# 联络皮质的高级功能

大脑皮质上有相当大的几个区域在用电流刺激时不能引起运动或感觉反应。这些区曾被称为哑区。最大的区域在额叶、顶叶后部和颞叶下部。这些部分损伤往往产生复杂的心理过程的障碍。

## 额叶损伤的后果

人类的额叶几乎占皮质体积的一半。而其他动物的额叶，特别是前额叶，只占皮质的一小部分。因此，额叶曾被认为是智慧和抽象思维的所在地。对额叶损伤病人的临床观察和用动物所做的额叶损伤的实验发现,额叶损伤后在情绪、动作和认识能力方面都有深刻的变化。

**一、额叶损伤的病人** 额叶损伤的病人的情绪表现十分不稳定,有时很淡漠,甚至对痛刺激也无反应;有时很夸张,很天真,表现为狂欢和得意;有时有不可控制的性欲和性行为。

额叶损伤的病人在认知方面的改变更为复杂,往往需要做细致的测验才能发现症状的实质。在做了额叶切除手术的病人中进行标准的智力测验证明,手术前后智力的变化不大。但在需要注意力集中的工作中,病人表现有易忘症状。另外手术后的病人往往难以变换已学会的工作原则,如让他们按照物体的颜色分类后,再让他们按照形状或数目来分类就困难了 (B. Milner, 1965)。

手术后的病人在动作方面也有许多变化,特别表现在动作的计划方面。例如,要求病人先把手伸开然后再攥拳,病人开始做这个动作时有困难,但一经完成一次之后,便一伸一攥不停地动作起来。手术后的病人自发的活动大为减少。例如,面部的表情十分呆板,头和手的动作也减少。有些婴儿的反射运动,如手的握执反射,又重新出现。临床的分析看出,病人的动作变化主要是在有目的的行为方面,他们似乎不能根据预见做出有计划的动作。这些病人的日常生活杂乱无章,缺乏一个有次序的行动计划。

**二、额叶切除对人类以下的灵长目动物的行为的影响** 30年代,研究者(C. Jacobsen)发现,切除了黑猩猩的前额叶,黑猩猩变得非常温顺,但是学习延迟反应(delayed response)发生了困难。这种实验的方法是,在黑猩猩的笼子前面摆一个木盘,盘上有两个小坑,让黑猩猩看着在其中的一个坑内放一颗葡萄或其他干果,然后用两个外表不同的杯子分别把两个坑盖住,再将笼子前面的一个幕落下来。过一短暂时间(从几秒至几分钟),将幕升起,测验黑猩猩是否记得哪个杯子下面有食物。正常的黑猩猩都能在几分钟的间隔时间之后直接去够盖着食物的杯子。但是切除前额叶的黑猩猩往往不能作出正确的反应。但切除其他皮质,只要不损伤视觉和运动功能就能较好地完成这一任务。因此,人们认为前额叶可能与记忆功能有关。实验又进一步进行,如果在落幕之前让黑猩猩在盖着的杯子下面先取点食物,它的延迟反应的正确率就能提高。这似乎暗示如果提醒它注意时,它能记得好一些。所以前额叶的损伤也可能是妨害了它的注意力的集中。

为了进一步分析额叶的功能,有的研究者在猴子的额叶皮质做了不同部位的小范围的损伤手术。如损伤了额叶的背外侧区,猴子仍能做对物体的交替测验(object alternation test)。这种测验,是给猴子一个托盘,上面有两个形状不同的物体,如一个是方块,一个是角锥体,一个下面的小坑内有食物。猴子移动它可以取得食物,如果第一次方块下面有食物,第二次食物换到锥体下面,在这种测验中猴子必须记住前次是在哪一个物体下取得的食物,才能做对下次的测验。在这种测验中两个物体的位置可以交换,也可以不交换。因此位置是无关因素,只要记住上次选择的物体形状就可以做对下次的选择。在这种测验中额叶背外侧区损伤的猴子是能做对的。然而,如果换一种测验,即用同样形状的物体做为选择对象,但食物一次放在左边的物体下面,下一次放在右边的物体下面,如此交换,称为空间交替测验(spatial alternation test)。在这种测验中,猴子要做对,必须记住上次是在哪一边取得食物的。在这种测验中额叶背外侧损伤的猴子常常是失败的。如果损伤的部位是在额叶的腹侧,则在两种测验中都是失败的(M. Mishkin et al., 1969)。

进一步做范围更小的手术损伤,发现额叶皮质背外侧的主沟部分(图 12.7)在记忆空间暗号中起重要作用,损伤了这一部分,对于不需要空间记忆能力的简单的延迟反应影响较少,但破坏了空间关系的记忆能力(P. S. Goldman and H. E. Rosvold, 1970)。

**三、对丘脑和额叶的单个神经元的电生理的研究** 这是在动物做延迟反应的时候记录丘脑中投射到额叶皮质去那些部分的单个神经元的放电活动。这些研究发现,在延迟反应的不同时间

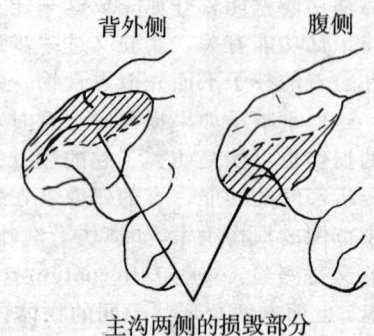

图 12-7 猴脑额叶的背外侧和腹侧的损伤部位 (P. S. Goldman, 1972)

有各种类型的神经元的活动,有些神经元的活动情况看来好像是参与猴子的决策过程。研究者(J. M. Fuster and G. E. Alexander, 1973)发现丘脑中有六种类型的神经元。它们在延迟反应的不同时相改变放电频率。情况如下:

A 类型的神经元在幕起或幕落时增加放电频率;

B 类型的神经元在幕升起期间放电频率持续增加;

C 类型的神经元在看到食物放入小坑中后开始加速放电,并在幕落后持续放电直到幕再升起取得食物为止;

D 类型的神经元只在幕落期间加速放电,但在幕升起时放电率下降;

I 类型的神经元在看到食物线索和作选择反应时出现抑制状态,即放电频率下降;

O 类型的神经元在整个延迟实验中放电频率没有变化。

有许多皮质细胞也有上述的几种放电模式,特别是在主沟区域,即在执行空间记忆的区域内,这几种类型的细胞放电最为明显。

有许多细胞似乎是参与猴子的运动反应的。曾在一个实验中找到 198 个细胞在延迟的交替反应中增加放电,其中有 26 个细胞在作空间交替反应的延迟期间(即在幕落期间)增加放电。研究者认为这些细胞可能是有关空间记忆的,即代表正确的空间选择的某种密码。当动物作简单的视觉辨别反应时，这些细胞的特异反应就消失了，这似乎说明这些细胞并不是只和选择左边或选择右边的运动活动相关的，它们可能是参与空间选择的记忆过程的(H. Niki, 1974)。

## 顶叶皮质损伤的后果

顶叶损伤产生许多心理过程的障碍。一般地说，顶叶损伤的症状特点和严重程度因损伤的范围大小和与枕、颞或额叶的接近程度而有异。

顶叶的前部包括一级躯体感觉皮质，即后中央回。损伤了顶叶前部并不产生麻木，而是产生比较复杂的感觉缺陷。例如，一边皮质的这一部分损毁，病人就不能利用对边的一只手的触觉辨别手中拿着的物体。这种缺陷叫做无实体觉（astereognosis）。这种缺陷在损伤不包含一级躯体感觉皮质的情况下也会出现，这时病人能感觉到手中拿着东西，但不知道是什么东西。有些病人的这种缺陷出现在和受伤半球同侧的手上。顶叶皮质大范围的损伤会影响到各种感觉通道之间的交互作用。例如视觉和触觉的交流，正常人可以用视觉辨别曾经用手摸过的物体，或用触觉辨别曾经看到过的物体；顶叶损伤范围接近枕叶的病人会丧失这种能力。下面分述几种常见的顶叶损伤症状。

一、**知觉缺陷** 顶叶损伤后产生的知觉缺陷在视觉方面最易察觉。人的一生看到过许许多多的形象，如各种动物、风景、图画和人的面孔等等，并且把这些形象贮存在脑中。无论何时再碰见它们时，就认识它们。认识一个熟悉的形象，如人面，包含着现实的视觉传入和脑内贮存的人面的配合。有些脑损伤的病人失去了这种能力，他们不再认识自己的亲属和朋友，但他们还能知道面前站着的是一个人，或看到的是一个人的脸。一个有此症状的病人的脑经过检查，发现他的两边半球的大脑后动脉堵塞，因此影响到包括视觉皮质和海马回的大范围的区域。这个病人的外侧膝状体丧失了大量的细胞。减少了传到大脑皮质去的视觉信息,这也是构成症状的一部分原因,虽然视觉信息还没有减少到失明的程度。这个病人的头部受重击后,当他的妻子站在一群人中间时他认不出来。只有听到他妻子说话声时才知道谁是他的妻子。这表明他的语言皮质区未受损伤。这个病人也不认识自己的照片(R. Cohn et al., 1977)。

另一种脑损伤的病人能认识熟人的面孔,但不能认识某种物体。例如,一个头部受过重击的妇女,她过去很喜欢花,受伤后就不能再识别各种花了。她可以形容拿给她看的花,但不能认识那是什么花。她所丧失的似乎只限于认识花的能力,因为她仍然能认识许多其他的植物,如各种蔬菜。

还有类似的一个男病例,他过去熟悉各种汽车,脑损伤后不再能认识各种名牌汽车,但仍然知道哪是消防车、卡车或小汽车。

有的病人丧失了空间定向的能力,例如,在一张他很熟悉的地图上找不出一个熟悉的地点来,让他画一个他每天去工作所走的路线,他也画不出来。右半球的顶叶皮质损伤后这种症状特别严重。

**二、空间定向的障碍**　　空间定向有两种,一种称为自我中心的(egocentric)定向,这种定向的参照点是自身的位置。另一种定向称为异我中心的(allocentric)定向,这种定向的参照点是一个其他的物体。在顶叶损伤的病人中他物中心的空间定向(W. Pohl,1973)受到损害。

用猴子做实验得到这一证明。三组猴子分别损毁了顶叶、颞叶或额叶。然后测验它们在三种不同的工作中的表现。一种叫做陆标颠倒工作(landmark reversal task),在这种测验中有两个方木块分别盖在一个盘子的两个小坑上,一个方块的附近放一个圆柱体作为"陆标",即靠近它的方块下有食物。当猴子学会按照这一关系选择方块(移动)时,则将关系颠倒,即要求猴子选择离圆柱体远的方块。这种工作是测验猴子的他物中心的定向能力的灵活性。另一种工作叫做物体颠倒工作(object reversal task),用同样的方法训练猴子学会识别盘子上面的两个形状不同的物体中的一个。当猴子学会之后，再让它改变为选择另一个。这只是测验猴子改变习惯的能力。第三种工作叫做位置颠倒工作（place reversal task）。这是先训练猴子选择左边或右边的方块，然后再倒转过来，这是测验猴子的自我中心的定向能力的灵活性。

从这三种测验的结果中看到，顶叶损毁的猴子在路标颠倒工作中表现有很明显的困难，在其他两种工作中则没有任何困难。颞叶损伤的猴子在物体颠倒的工作中似乎困难一些，额叶损伤的猴子在位置颠倒的工作中有困难。由此看来，顶叶损毁后伤害的是他物中心的空间定向能力，额叶损伤妨害了自我中心的空间定向能力，颞叶损毁则妨害了物体辨别的习得习惯的反转。

**三、一侧无知症状** 右半球皮质的顶叶下部损伤产生一种特别的行为变化，主要的症状是患者不知道左边的空间和身体的存在，例如让患者画一个表盘时，他会把所有的时间数字都集中在右边。这种病人穿衣时往往只穿上右半身，甚至否认他的左臂和左腿是他自己的。有时他完全不知道站在他左边的熟人。然而这种病人的视野并无明显的缺陷。

有一种测验可以检查这种症状。简单的办法是让患者二等分一横直线。这种病人常常把分割线画在偏右的地方。如果被分割的线条呈现在他身体的左边，他画的二等分线就更加靠右。

与这种症状联系在一起的另一特征是不能感觉同时的两个刺激。大多数人当身体的左右两边同时受到刺激时都会报告说有两个刺激。而右下顶叶损伤的病人完全不知道有两个刺激，他们往往只报告右边身体受的刺激。有的病人在康复之后，单侧无知症状消失，但这种不能感觉同时的两个刺激的症状仍然残留。

这种病人的另一特征是不承认自己有病，不承认对左边的无知所产生的错误（如画图的错误）。

对于这种症状有许多解释。有的人认为这种障碍是丧失了空间模式分析能力的结果。这一解释与右半球皮质在空间关系的认知方面占优势的见解是一致的，因为左半球皮质的顶叶下部损伤并不出现这种症状。另一种看法则认为这种症状是一种注意的缺陷。

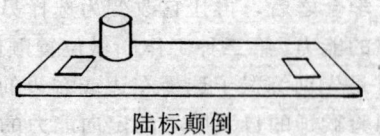

陆标颠倒

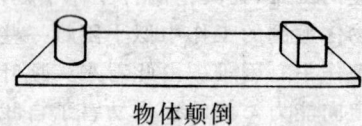

物体颠倒

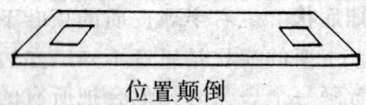

位置颠倒

图 12-8 三种颠倒工作的图示

(M. Mishkin, 1972)

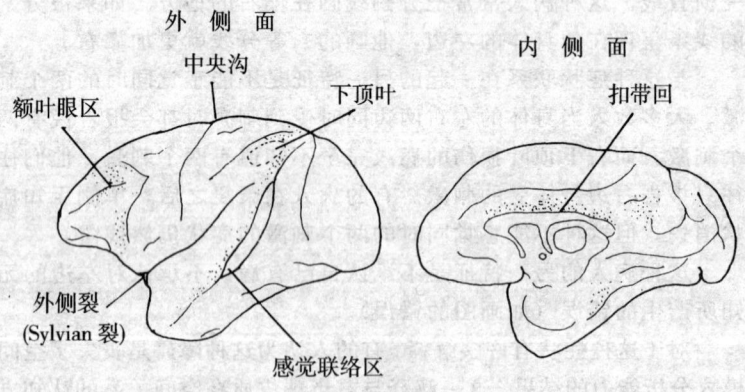

图 12-9 与一侧无知症状有关的各个区域

最近有人（M. M. Mesulam，1981）提出一种新的看法，认为顶叶的这一部分在控制注意力的网路中起一种特别的作用。因为从单位神经元放电的记录中发现，这一区域中有些细胞在猴子的眼睛跟踪一个有食物信号意义的运动物体时增加放电频率。从解剖上看，进入顶叶后部的纤维来自几个重要的皮质区，其中包括多型性的皮质感觉区、扣带回皮质和额叶皮质，特别是额叶的眼区。而顶叶后部发出的纤维又回到这些皮质区。可以推测顶叶后部可能参与组织脑内的感觉图形的过程，而额叶则是按照图形来控制有关的搜寻运动。扣带回则可能是提供动机作用的成分。

## 下颞叶损伤的后果

下颞叶皮质损伤后最显著的症状表现在视觉的辨别方面。最初克鲁维尔和布西（H. Klüver and P. C. Bucy，1937，1938）发现切除了下颞叶皮质的猴子出现一系列的症状，其中最引人注意的是不能识别物体。正常的猴子对于出现在身边的新异物，总是采取谨慎的态度，不轻易去触碰。猴子最怕蛇，也怕用橡胶做的假蛇。但手术后的猴子毫不犹豫地去接触任何动物和任何无生命的物体，它可以拾起放在地上的橡胶蛇，拣起任何小物件都往嘴里送，性欲也特别旺盛，常常爬其他动物（包括非猴类）的背。这些症状被称为克鲁维尔—布西综合症（Klüver-Bucy syndrome）。因为这种症状的表现好像是失去了视觉的辨别力，所以也称为心理盲（psychic blindness）。

进一步的研究发现，心理盲只与下颞叶皮质的损毁有关，而其他症状，如性行为过强和缺乏情绪表现，则是由于皮质下的区域（如杏仁核）的损毁所致。因此研究者开始把下颞叶皮质视为视觉系统的一个部分，在这里可能形成视觉的多方面的联系。下面简单地说明下颞叶皮质的视觉功能。

**一、下颞叶不同区域的损伤对视觉功能的影响**　　猴子的下颞叶从后向前可以分为6个5毫米宽的区域。如果损伤了后部的区域（即0、Ⅰ、Ⅱ、Ⅲ和Ⅳ区）猴子就很难完成视觉辨别的任务，而损伤了下颞的前部（Ⅴ区），或梭状回（fusiform gyrus），或前纹状皮质（prestriate cortex），或颞上回（superior gyrus of temporal lobe），对视觉辨别都无影响（M. Mishkin，1972）（图12-10）。前纹状皮质（0区）的损毁妨害视觉的注意，例如在辨别的图形的背景中加上其他暗号，猴子的辨别就困难了（C. G. Gross et al.，1971）。后下颞叶皮质（即Ⅰ、Ⅱ、Ⅲ和Ⅳ区）的损伤表现为不能形成大数量的联系。例如，在一个试程中，如果给猴子几对不同的视觉刺激，它就不能对每一对刺激作出正确的辨别反应。这些结果说明，下颞叶的前纹状皮质参与视觉的注意机制，而下颞叶皮质的后部则是与视觉的多种联系能力有关的。

**二、对下颞叶皮质细胞的电生理的研究** 记录下颞叶皮质中单个细胞放电的反应所得到的资料和上述的结论是一致的。这个区域内的许多细胞对视觉刺激有反应，而不反应听觉刺激（C. G. Gross et al.，1972）。这个区域的细胞和视觉皮质中的细胞有所不同，这里的细胞的接受野大，而且都包含着视网膜的中央小凹（fovea）的部分。这种大接受野表明一个细胞可以被视网膜上相当大的一个范围内的任何一点的刺激所激活，也说明这类细胞的功能特性是复杂的。有些细胞对某种特殊性质的刺激发出最佳的反应，例如，有的细胞对猴子的轮廓反应最佳，有的细胞对瓶刷的反应最佳（C. G. Gross et al.，1972），有的细胞反应多种刺激，很难找到哪一种刺激是最好的。细胞的这些特性说明下颞叶一定参与视觉的高级加工机制，很可能是视觉的多方面的联系功能。

**三、人类下颞叶损伤的视觉障碍** 人类下颞叶皮质损伤常常发生语言障碍，这可能是因为这部分皮质与语言区（如韦尼克氏区）有一部分重叠。在这一部分损伤的病人中，也可以看到有类似下颞叶皮质损毁后的猴子的视觉缺陷，例如，当测验病人辨别图形的能力时，如果图形呈现在具有无关图案的背景上时，病

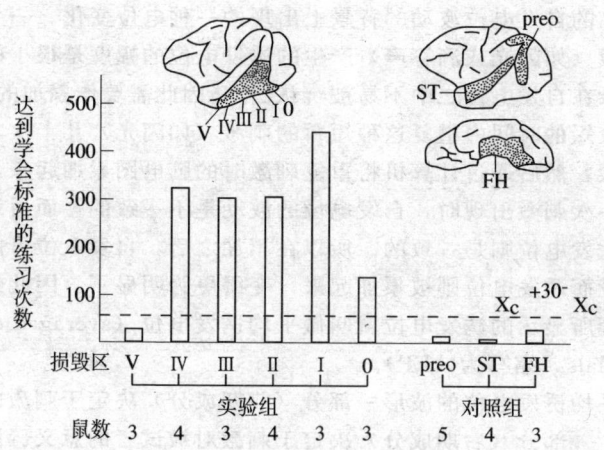

图 12-10 损伤的皮质区和视觉辨别作业的关系
preo＝前纹状皮质，ST＝颞上回，FH＝梨状回（M. Mishkin，1972）

人的辨别就会发生困难。看来人类的下颞叶皮质也参与高级的视觉的注意和分析功能。

**四、电刺激下颞叶的反应** 电刺激病人的下颞叶皮质的腹侧曾唤起过病人对某种往事情境（视觉的和听觉）的生动记忆。病人的报告往事浮现在眼前，旧日听到的某种声音（如邻妇唤小孩的声音）在耳边回响，仿佛身临旧境。但病人同时也知道自己现在的实际情况，因此他仍然意识到是旧事记忆的唤起。

# 关于高级过程的平均诱发电位的研究

## 平均诱发电位的性质

任何一种引起心理反应的刺激都能改变人的脑电图（EEG）。由刺激引起的脑电图的变化称为诱发电位（evoked potentials）。这是在脑的自发电位波动的背景上出现的一种电位变化。一个短暂的刺激（如闪光或滴答声）产生的诱发电位的幅度是很小的，而且混杂在自发电位之中不易被辨认出来。因此需要作累加的处理，即在较短的时间内重复这种短暂的刺激（如闪光）几十次，甚至几百次，然后通过计算机将重复刺激时的脑电图累加起来。因为在每一次刺激出现时，自发电位的波动是不一致的，而由刺激制约的诱发电位则是一致的。所以在累加之后，自发电位可能正负抵消，而诱发电位则被累加起来，变得更为明显了。因此经过这种处理所显示的诱发电位就叫做平均诱发电位（averaged evoked potentials，缩写为 AEP）。

平均诱发电位的波形一部分（前期成分）决定于刺激的物理特性，一部分（后期成分）决定于刺激对被试者的意义。因为在被试的脑中进行不同的高级过程时 AEP 的波形是不同的，所以记录和分析 AEP 就成为研究高级过程的生理相关物的一种有力手段。

## 平均诱发电位与注意

你也许有过这样的经验：当你专心听电话时，旁边的人们在谈论什么你不曾听清楚，但电话里的言语你却字字听清了。这不是因为你那只不接耳机的耳朵不够灵敏，而是因为你当时是在注意听电话。注意是一种高级过程，它使脑的加工活动在一定的时间内集中在感官传入的某一种信息方面。所以这种过程又叫做选择注意的过程。这是可用平均诱发电位来研究的。

例如，通过耳机给两耳以纯音，要求被试只注意听一耳的纯音。纯音中偶尔夹杂着几声长短不齐的高频声音。要求被试数出高频音出现的次数。与此同时记录脑电图，并用计算机进行平均诱发电位的处理（S. A. Hillyard et al., 1937）。

实验的记录证明，如果高频的声音刺激出现在要求被试注意倾听的一边，平均诱发电位的幅度就比较高。如果高频的声音刺激出现在被试不注意的一边，平均诱发电位的幅度就比较低。

人类的听觉的平均诱发电位一般都含有两个高峰值：一个叫做 $N_1$，这是在刺激开始后 80 到 110 毫秒之间出现的一个负波（在一般的图中它是向上的一个峰）；另一个叫做 $P_2$，是在刺激开始后的 160 到 200 毫秒之间出现的一个正波（在一般的图中，它是向下的一个峰）。在这种研究中所看到的有关选择注意和不注意的平均诱发电位的变化是在波形的 $N_1$ 部分。在 $N_1$ 以前的部分只和刺激的物理特性有关，不反映注意过程，$N_1$ 则是与注意或不注意有关的。

此外，还有出现更晚的波峰，叫做 $P_3$，这也是一个向下的正波峰，它出现在刺激开始后 250 到 400 毫秒之间。它对于所注意的信号刺激（即要求数出的高频音）的反应幅度最大，但是在标准刺激（即两耳同时有作为背景的纯音）之下它是不出现的。

研究者们认为 AEP 的 $N_1$ 成分反映对注意的刺激的定向方式 (stimulus set mode of attention)。$P_3$ 成分反映注意的反应定向方式 (response set mode of attention)。刺激定向的作用是使对所注意的那个感觉通道传入的信息更为敏感，同时阻挡了不注意的那些感觉通道传入的信息。这一注意过程发生在分析活动的早期，这就是 $N_1$ 出现早的原因。反应定向是另一种注意，这一过程是把进入的感觉刺激（即经过刺激定向模式过滤了的刺激）与记忆中的标准刺激样板作比较，以确定刺激的性质（属于认知过程）。在上述的实验中是以高频的信号音与标准的纯音的记忆样板作比较，当传入的信号音与标准的纯音不相同时 $P_3$ 就出现了。

研究在选择性注意时单位神经元放电的记录，看到了和平均诱发电位有一定关系的现象。

这种研究大都是用猴子做的。实验时给猴子戴上耳机，通过耳机随机地给左耳或右耳以纯音刺激。当要求猴子注意左耳时，试者开亮猴子左边的灯。在这种实验中，猴子是被固定在一个椅子上的。当它对注意的一耳接受的刺激做出正确反应（按一个键）时，可以得到一口食物的奖励。但是如果它反应另一个（不应注意的）耳的刺激时则得不到食物。这种训练三个月才能成功。当猴子学会做这一工作时，试者开始记录它的听觉皮质中的单个神经元的放电。从几个猴子的 77 个神经元中观察到，其中有 14 个神

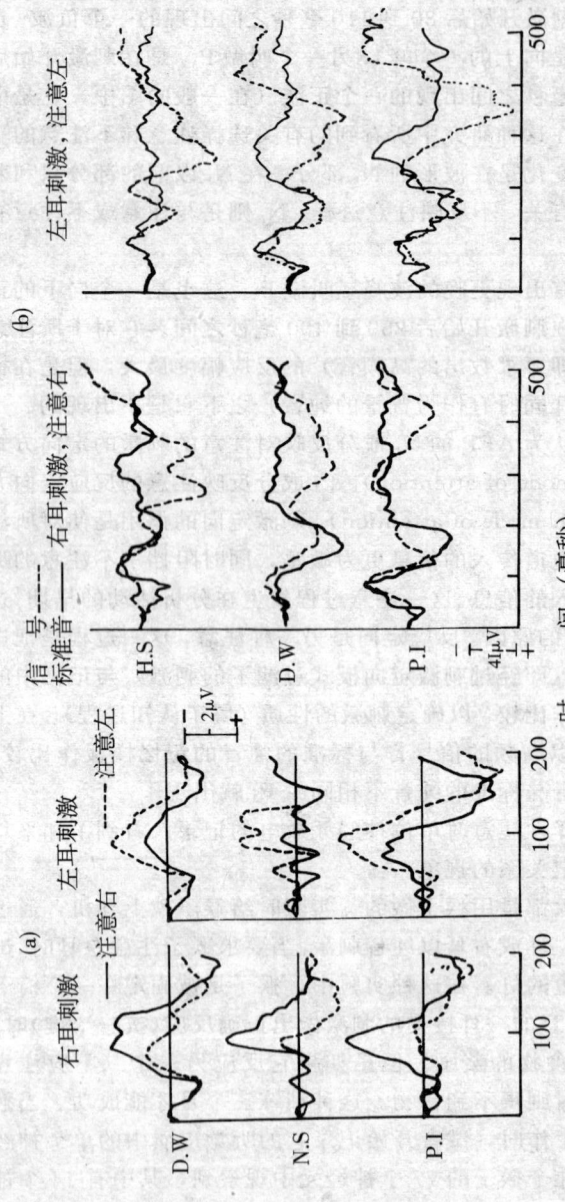

图12-1 (a)三个被试的注意倾听时的平均诱发电位,刺激和注意同为一边时AEP的幅度高,刺激和注意不同边时AEP幅度低。(b)三个被试的AEP的成分,虚线表示对于信号引起的AEP,实线表示对标准纯音的AEP, $P_3$ 成分(涂黑的区域)是由注意听的一耳中的信号音引起的,对于标准音(实线)则没有 $P_{36}$ (S.A.Hillyard et al.,1973)

经元对进入注意的耳中的纯音有加速放电的反应。无论注意的是右耳还是左耳，它们的放电反应都是增加的。最高的放电频率是发生在要注意的纯音开始后的 300 毫秒的时候。有的细胞是在两个耳中的纯音开始和终止的时候增加放电频率，但对于注意的纯音的放电频率的增加更多。

在选择性注意中，单位神经元放电的变化和平均诱发电位的全部关系现在还没有完全揭露。这是因为所观察到的单位神经元的数目与平均诱发电位的波形所反映的神经活动中所包含的神经元的数目相比，实在是太少了。然而，确实看到了单个神经元的放电在纯音开始和终止时是增加的，而增加的多少是和注意有正相关的。应记得，平均诱发电位中的 $N_1$ 成分的幅度也是和注意有正相关的。看来这些神经元的放电变化至少是和 $N_1$ 成分有关的。

## 平均诱发电位与行为定势

平均诱发电位的波幅可以反映行为定势，行为定势即被试准备对刺激要作何种反应。实验曾证明，在某些场合下，如何知觉一个刺激的一部分是由我们对刺激将会是什么样子的预见决定的。例如，在下面的一行数字或一行字母中：

    7 28 18 13 31
    Z D F 13 C

如果你读第一行数字时，你会把第四个看做数字，读为十三——"13"。如果你读第二行的字母时，你会把第四个同样的"13"读做为 B。这就是定势的作用。"13"是一个不确定的刺激，它被知觉为数或字母决定于已建立的行为定势。

用平均诱发电位研究行为定势的作用，其方法并不复杂。如，教导被试当看到屏幕上出现强光时按一电钮，出现弱光时按另一电钮，并告诉他在每次闪光出现之前先有一高频或低频的纯音，预示随后出现的闪光是强的或是弱的。例如高频预示将出现强光，低频音预示将出现弱光。一般对强光出现的 AEP 幅度大于对弱光的 AEP 幅度。但这可能只是由光的亮度性质决定的。检查定势的作用还要采取下一步的措施,即告诉被试,将出现两种强光和两种弱光,强光和弱光出现之前都还有和以前同样的预示强光和弱光的两种纯音。但在实际实验中,只给被试三种光:强光、中间光和弱光。在中间光出现之前,有时给预示强光的纯音,有时给预示弱光的纯音。实验发现,当中间光在预示强光的纯音之后出现时,产生的平均诱发电位的幅度大,在预示弱光的纯音之后,产生的平均诱发电位的幅度小。这证明,同一种刺激产生的平均诱发电位的幅度不完全决定于刺激的物理性质,而在一定的条件下决定于被试的行为定势。在这一种实验中,定势是由作为预示信号的纯音建立的(H. Begleiter et al., 1973)。

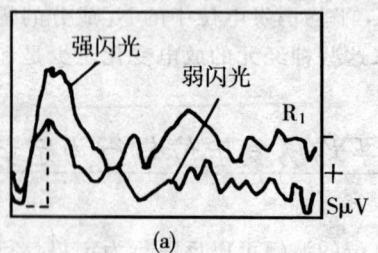

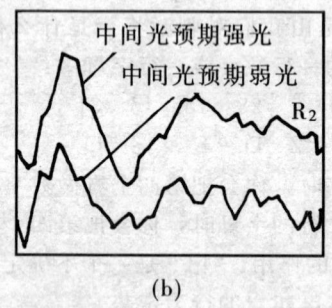

图 12-12 预期对 AEP 的影响,当被试预期亮光时,中间光的 AEP 较大。(H. Begleiter et al., 1973)

## 平均诱发电位与决策

平均诱发电位的幅度和波形也能反映决策过程。这种实验与上述实验略有不同。告诉被试屏幕上将出现一系列的闪光,有的亮,有的较暗。让被试看到亮光时按一个键,看到暗淡光时按另一个键。但在这一实验中没有预示性的纯音信号。让被试自己判断看到的是亮光还是较暗的光。这时从平均诱发电位中可以看到对亮光和暗淡光的反应波形是很不相同的。

进一步的实验是告诉被试,每次亮光出现后,反应对了就可以得到5分镍币,每做错一次扣20分。这只是希望引起被试的兴趣,可以多做几次实验记录。重要的是在这一实验中,给被试呈现三种光:强光、中间光和弱光。被试对中间光有时按强光的键,有时按弱光的键。这时得到的平均诱发电位的幅度揭示了一种很有趣的现象。当被试把中间光当做强光反应时,AEP 的幅度类似强光产生的幅度,当被试把中间光当做弱光反应时,AEP 幅度就像弱光产生的幅度。

这再次证实:平均诱发电位的幅度不决定于刺激的物理性质。在这一实验中也不决定于行为的定势,因为没有建立定势的预示

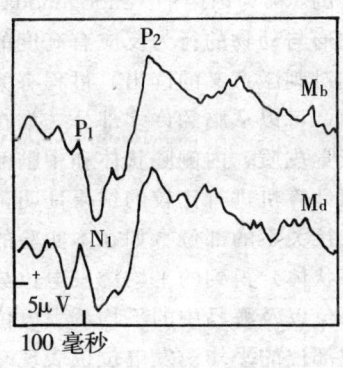

图 12-13 一个被试把中间光当做强光反应的 AEP$_{Mb}$ 和当做弱光反应的 AEPMd (H. Begleiter et al., 1975)

信号，因此有可能是决定于运动模式，即按不同位置的键时的动作。但是，如果让被试对着一个视觉刺激随便按这个或那个键时，平均诱发电位并无不同。因此可以确信，在这一实验中所看到的，在被试对同一强度的光刺激做不同的反应时记录的平均诱发电位之间的差别是和被试的判断或决策过程有关的。

## 平均诱发电位与记忆的定位

平均诱发电位的波形也能反映学习时动物脑内发生的某些过程。

如果训练猫去辨别两种不同频率的闪光，例如，训练猫当快速的闪光出现时去按左边的键，慢的闪光出现时按右边的键。训练成功后，猫对两种速度的闪光反应不同。它们的平均诱发电位的波形也不同。如果给猫以中间速度的闪光，猫有时当做高速的闪光反应，有时当做慢速的闪光反应。而平均诱发电位的波形是和猫的反应一致的。

已知平均诱发电位含有前期成分和后期成分。前者如 $N_1$ 是由刺激的性质决定的，称为外因的（exogenous）过程，后者如 $P_{300}$ 是由内在的过程决定的，称为内因的（endogenous）过程。受内因影响的后期成分的波形与动物的行为反应有高度的相关，常被认为和记忆的提取（或对刺激意义的读出）过程有关。

在这种实验中，可以从脑的许多部分，如在视觉皮质、外侧膝状体、海马、听觉皮质、内侧膝状体和中脑网状结构中得到平均诱发电位。但用计算机进行比较的结果证明，在脑的那些与刺激的通道性质有直接关系的部位（如在本实验的视觉刺激之下的视觉皮质、外侧膝状体）得到的平均诱发电位与行为反应最为一致，而且与这些部位以及海马中的平均诱发电位之间的相关也最高。然而脑的其他部位的平均诱发电位也表现有明显的内外过程的影响。这说明，与记忆有关的内生过程可能分布在脑的许多区域，只是与应该记忆的刺激的通道性质直接有关的脑区的平均诱发电位所反映的内生过程更为强烈一些。所以平均诱发电位的研究一方面使得人们理解到为什么损伤了与感觉刺激有关的皮质,即使感觉未完全丧失,也能严重妨害对这种感觉经验的记忆。另一方面也可以理解到记忆的贮存可能涉及到脑的广大区域。前者说明对于某种信息的记忆有定位的问题,后者说明在记忆过程中也有全脑的整合工作。这样,关于学习和记忆的脑功能定位理论和脑的等势理论,在平均诱发电位揭露的事实面前是可以调合起来的,即所记忆的信息的编码是有通道性质的,有一定的定位的,而信息的贮存过程则包含着广大脑区的工作。

由此可知,比记忆过程更为复杂的心理过程,如思维活动,可能要涉及到更多脑区的神经元线路。人的思维活动是多种多样的,是瞬息万变的,诚如诗人所描述的"思如风云变态中"。所以生理心理学的研究在思维的神经机制面前颇有"望洋兴叹"之感。只能从比较容易进行实验研究的方面作管窥蠡测,如本章中所讲到的一些题目。看来不免有点支离破碎。但这是现代科学的分析方法的必由之路,将来总会从累积的零碎知识中领悟到脑工作的全貌。

# 参考文献

## 教科书

1. Beatty, J. Introduction to Physiological Psychology: Information Processing in the Nervous System. Brook/Cole Publishing Company, 1975.
2. Bennett, T. L. Introduction to Physiological Psychology. Brook/Cole Publishing Company, 1982.
3. Bennett, T. L. Brain and Behavior. Brook/Cole Publishing Company, 1977.
4. Brown, H. Brain and Behavior. Oxford University Press, 1976.
5. Brown, T. S., and Wallace, P. M. Physiological Psychology. Academic Press, INC, 1980.
6. Bruce, R. Fundamentals of Physiological Psychology. Holt, Rinehart & Winston, 1977.
7. Carlson, N. R. Physiology of Behavior. Allyn and Bacon, INC, 1986.
8. Cotman, C. W., and McGaugh, J. L. Behavioral Neuroscience. Academic press, 1980.
9. Deutsch, J. A., and Deutsch, D. Physiological Psychology. The Dorsey Press, 1973.
10. Grossman, S. P. Essentials of Physiological Psychology. John Wiley & Sons, INC, 1973.
11. Groves, P., and Schlesinger, K. Introduction to Biological Psychology. Wm. C. Brown Company Publishers, 1979.
12. Plotnik, R., and Mollenauer, S. Brain and Behavior. Canfield Press, San Francisco, 1978.
13. Rosenzweig, M. R., and Leiman, A. L. Physiological Psychology. D. C. Heath and Company, 1982.
14. Schneider, A. M., and Tarshis, B. An Introduction to Physiological Psychology. Random House, 1975.

15. Thompson, R. F. Introduction to Physiological Psychology. Harper & Row, Publishers, 1975.